中等职业学校教材

化 工 基 础

第二版

刘盛宾　苏建智　主编

化学工业出版社
教 材 出 版 中 心
·北京·

图书在版编目（CIP）数据

化工基础/刘盛宾，苏建智主编．—2版．—北京：化学工业出版社，2005.7（2024.11重印）
中等职业学校教材
ISBN 978-7-5025-7479-6

Ⅰ．化… Ⅱ．①刘…②苏… Ⅲ．化学工业-专业学校-教材 Ⅳ．TQ

中国版本图书馆CIP数据核字（2005）第084310号

责任编辑：何　丽　于　卉　徐雅妮　　　装帧设计：于　兵
责任校对：陶燕华

出版发行：化学工业出版社　教材出版中心
（北京市东城区青年湖南街13号　邮政编码100011）
印　　刷：北京云浩印刷有限责任公司
装　　订：三河市振勇印装有限公司
850mm×1168mm　1/32　印张$12\frac{1}{2}$　字数332千字
2024年11月北京第2版第25次印刷

购书咨询：010-64518888　　　售后服务：010-64518899
网　　址：http://www.cip.com.cn
凡购买本书，如有缺损质量问题，本社销售中心负责调换。

定　　价：36.00元

第二版前言

《化工基础》自 1999 年出版以来，深受欢迎，多次重印。

修订的《化工基础》遵从于原版的体系、内容和特点。在每章前增加了学习目标；第二章流体流动与输送增加了流量测量的选用内容，对第三章非均相物系的分离与设备中的部分内容进行了整合，将沉降的基本概念单独列为一节，将第四章传热中传热速率方程式列入传热计算中，第十章化学工艺中增加了生物化工简介。修订版对原版中的一些错误进行了修正，力求引用最新标准，统计数据也尽量引用最新数据。

由于编者水平有限，书中不妥之处在所难免，恳请读者批评指正。

编　者

2005 年 6 月

前　　言

本书是根据全国化工中专教学指导委员会于 1996 年颁发的化工普通中等专业学校教学计划和相配套的《化工基础》教学大纲编写的。新教学大纲将教学内容分为基本内容（38 学时）和选择内容（44 学时），全部内容讲授约需 82 学时（不包含实验所需时数）。书中带有 * 号的内容，各学校可视具体情况选用。

本书在编写过程中，力求深入浅出，简明扼要，概念准确，表达清晰，图文并茂，便于组织教学，以便满足不同层次读者的需要。书中避免了一些繁杂的数学公式推导，侧重于基础知识、基本理论在实际应用中的分析讨论；适当增加了化工生产中的基本常识和新特点，有助于拓宽知识面，培养和启发学生解决问题的思路、方法及能力。

本书由四川泸州化工学校刘盛宾主编，并编写第一、二、三、四、五、九、十章；南京化工学校王纬武编写第六、七、八章；全书由湖南化工学校汤金石主审。初稿完成后，化工原理课题组于 1998 年 6 月 25～30 日在兰州石油化工学校组织召开了审稿会。参加审稿的有南京化工学校归宗燕、蒋丽芬，徐州化工学校周立雪，兰州石油化工学校陆小荣，沈阳化工学校顾立香，山西太原化工学校程葵阳，杭州化工学校屠金炎，湖北化工学校卢莲英，天津市化工学校徐善述，山东化工学校杜华，陕西石油化工学校汤晓云，湖南化工学校易卫国，上海化工学校傅爱华，北京市化工学校刘佩田，安徽合肥化工学校方向红，吉林化工学校杨丽萍，扬州化工学校徐忠娟，山东泰安化工学校庄伟强等，一些未能参加审稿会的学校还提供了书面意见。在此一并表示衷心感谢。

由于编者水平有限，书中难免有欠妥和错误之处，欢迎读者批评指正。

编　者

1998 年 8 月

目　　录

第一章 绪 论

学习目标

- 掌握：化工过程的构成；单元操作的概念；不定常过程与定常过程。
- 理解：本课程的内容、作用和任务；常用单元操作；物料衡算、能量衡算、平衡关系和过程速率基本表达和作用；常用单位换算。
- 了解：化学工业简介；本课程的性质。

第一节 化学工业简介

化学工业是以自然资源或农副产品为原料，通过物理变化和化学变化的处理，使之成为生产资料和生活资料的工业。简言之，凡是经化学变化为主要手段，生产化学产品的工业统称为化学工业。

化学工业是一个历史悠久的工业产业，其发展大致可分为三个阶段，即古代化学工业、近代化学工业和现代化学工业。

古老的化学工业源远流长，古代劳动人民在长期的生产实践中，逐步形成了以染料、漆器、陶瓷、炼丹、酿酒、火药、造纸等为代表的古代化学工业。早在7～9世纪，中国的造纸术、炼丹术、医药学等就传到阿拉伯和欧洲，对人类的科学技术进步和社会发展作出了卓越的贡献，也为近代化学工业的发展奠定了基础。

近代化学工业是以发展无机化工产品为特征。古代的化工生产方法和产品不能满足纺织、印染、火药、冶金工业发展对硫酸、纯碱和烧碱等的需求，18世纪末出现了以食盐为原料制造纯碱的氨碱法新工艺，并逐步获得发展。生产的不断发展，带动了硫酸和氯碱工业的发展，逐步形成了以三酸（硫酸、硝酸、盐酸）、两碱

（纯碱、烧碱）为核心的无机化学工业体系。

现代化学工业是从19世纪末20世纪初开始，以石油化工和有机化工产品为主要特征。钢铁工业和炼焦工业的兴起，形成了以煤为原料的有机化学工业，并推动了以电石、乙炔为原料的有机化工迅速发展。石油化工在技术上的重大突破，使石油、天然气成为化学工业的主要原料，开发出新的生产工艺，实现了生产装置的大型化和自动化。随着生物技术的发展，生物化工也迅速兴起。

化工产品种类繁多，根据其产品种类、使用原料和加工方法分为无机化工、有机化工、石油化工、高分子化工、医药化工、生物化工等，其产品已渗透到人们的衣、食、住、行等各个方面，使人民的生活更加丰富多彩。化学工业还为国防技术和信息产业的研究、开发提供了大量特种性能的原材料。

化学工业的发展突飞猛进，新技术不断涌现，高技术发展非常迅速，在国民经济中发挥着越来越重要的作用。

第二节　本课程的性质、作用和内容

化工基础是非化学工艺专业（如工业分析与检验、高分子材料加工、化工过程监控、化工机械、企业管理等）的一门基本技术课，是学习化工生产过程基本知识和共同性操作规律的综合性课程。本课程是理论性和实践性都很强的课程，它阐明如何综合运用物理和化学理论，并结合化学工程中的观点和方法来解决化工生产中的实际问题。

化学工业的原料来源广泛，产品种类繁多，生产方法各异。如聚乙烯和尿素的工业生产过程，流程如图1-1和图1-2所示。从以上化工生产过程可见，化工过程涉及化学反应、许多物理过程和化工工艺。本课程也包括这三部分内容。

化工过程除化学反应外，还涉及原料的前处理和反应产物的后处理等物理过程，如流体输送、传热、蒸馏、分离、干燥等，这些化工过程中的物理过程称为化工单元操作。化工单元操作是化工生

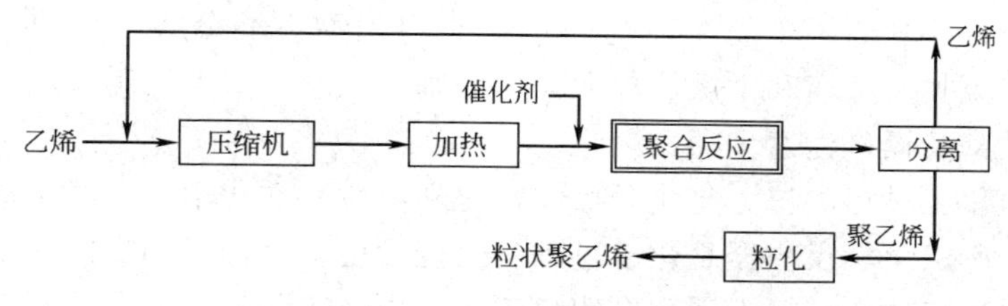

图 1-1　高压法生产聚乙烯流程方框图

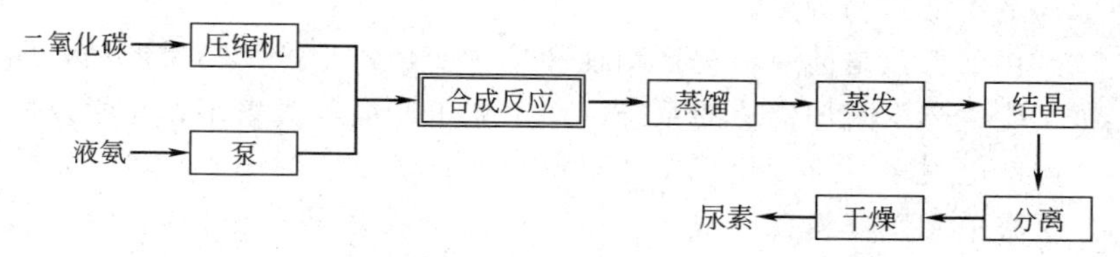

图 1-2　尿素生产流程方框图

产过程中普遍采用的，遵循共同的物理学定律，所用设备相似，具有相同作用的某一类基本操作。化工生产中的常见单元操作如表1-1所示。

表 1-1　常用单元操作

单元操作	目　　的	依　　据	传递过程
流体输送	输送流体、提高流体能量	输入机械能	动量传递
搅拌	混合、分散		
沉降	非均相物系的分离	流体与粒子(固或液)间作相对运动	
过滤	非均相物系的分离		
流态化	固体粒子的输送或实现某些过程的操作	固体粒子在流体中悬浮	
传热	改变物料的温度或相态	利用温度差	热量传递
蒸发	不挥发溶质的分离	供热使溶剂汽化	
吸收	气体混合物的分离	气体各组分溶解度的差异	质量传递
蒸馏	液体均相混合物的分离	液体各组分挥发度的差异	
萃取	液体均相混合物的分离	液体各组分溶解度的差异	
干燥	湿固体物料的去湿	供热使固体物料的湿分汽化	热、质传递
结晶	形成晶形物质	溶液过饱和度	

本课程介绍流体流动与输送、非均相物系的分离、传热、蒸发、吸收、蒸馏和干燥等单元操作的基本原理，基本计算方法，典型设备及操作注意事项。

化工过程的核心是化学反应，化学反应是在化学反应器中进行的，所以化学反应器是化工过程的关键设备，对产品的生产和质量起着决定性作用。本课程介绍化工生产中常用化学反应器的基本概念、基本结构和特点。

化工工艺是使原料进行物理和化学变化，生产出物质产品，同时又能生产出附加价值的系统。由于化工产品种类繁多，化学反应的类型也很多，所以化工工艺以特定的化学反应为中心，由特定工艺所需单元操作组合而成。化工工艺随着技术的进步日趋多样化，而化工设备则更具普遍性和通用性。化工工艺要求的不单是某一台设备的性能优良，而更重要的是全系统的性能优良，要做到节能、低耗、高效、安全、无污染。本课程对较为典型的化工工艺过程进行介绍和一定的分析。

第三节 学习本课程的方法

一、化工过程中的几个基本概念

化工过程涉及的基本概念有：物料衡算、能量衡算、平衡关系、过程速率和经济效益等。

1. 不定常过程和定常过程

在生产过程中，若设备中某一固定点上的物料状态（如流速、压力、密度和组成等）随时间变化，称为不定常过程。

在生产过程中的间歇操作和开、停车时一般认为是不定常过程。在不定常过程中设备内发生物料和能量的正或负的积累。

在生产过程中，若设备中某一固定点上物料状态不随时间变化，称为定常过程。在生产过程中连续正常过程可认为是定常过程。定常过程在设备内不发生物质和能量的积累。化工生产过程很多情况是连续正常操作，在本书中不作特殊说明时，其讨论对象均认为是定常过程。

2. 物料衡算

物料衡算是以质量守恒定律为基础的计算，用来确定进、出设备或过程的物料量和组成间相互数量关系，是化工计算的基础。通过物料衡算可以确定某些未知的物料量，找出提高原料利用率的途径，改变生产操作及正确选择设备的规格。

物料衡算的基本衡算式为：

进入系统的物料量＝出系统的物料量＋系统的积累量

对于定常过程来讲，无系统的积累量，则可表示为：

进入系统的物料量＝出系统的物料量

其中出系统的物料量包含系统损失的物料量。

3. 能量衡算

能量衡算是以能量守恒定律为基础的计算，用来确定进、出设备或过程的各项能量之间的相互数量之间的关系，也是化工计算的基础之一。其基本表达式为

体系能量增量＝体系与环境交换的能量

其中能量包括机械能和热量。

能量衡算不仅对生产工艺条件的确定、设备设计是不可缺少的，而且在生产中分析生产问题、评价技术经济问题、评价技术经济效果时也是很需要的。

4. 平衡关系

在一定条件下，过程变化达了一定极限，过程进行的正速率和逆速率相等，即达到平衡状态。在平衡状态下，当其他条件不变时，过程不可能进行。当条件发生变化时（如温度、压力），平衡被打破，建立新的平衡。所以平衡状态具有两种属性，即相对性和可变性。化工生产中利用其可变性使平衡向有利于生产的方向移动。

5. 过程速率

单位时间内过程的变化率称为过程速率。过程速率决定了过程进行的快慢。过程速率对于设备的工艺尺寸以及设备的操作性能有

着决定性的影响。

当体系如果不是处于平衡状态，就会发生体系趋向于平衡过程的变化。通常是偏离平衡状态越远，推动力越大，则变化过程的速率可能越大；过程阻力越大，则变化过程的速率可能越小。即过程速率与推动力成正比，与阻力成反比。通用表达式为：

$$过程速率=\frac{过程的推动力}{过程的阻力}$$

对于不同的过程，其推动力和阻力的内容各不相同，例如传热过程的推动力为温度差，单相内物质传递过程的推动力为浓度差；过程阻力比较复杂，与操作条件、物质的性质等有关，将会在有关章节分别介绍。

6. 经济效益

经济效益是各种生产方式下都普遍存在的客观经济范畴，一般是指在经济活动中所取得的劳动成果与劳动消耗之比，即

$$经济效益=\frac{劳动成果}{劳动消耗}$$

劳动成果常指最终的合格产品的价值，劳动消耗包括操作费用（人力、原材料、水电、维修等）、设备折旧（设备的造价和使用年限折算）以及占用的固定资产和流动资金。

显然，在一定的劳动消耗条件下，适合市场需求的合格产品越多，经济效益越好。为了提高经济效益，必须提高人的素质（思想素质和技术素质），开展技术革新，加强生产管理和经济核算，降低操作费用，提高设备的生产能力，做到产品适销对路，高产、优质、低耗，达到高效益的目的。

二、学习本课程的任务和方法

本课程的基本任务是：获得常见化工单元操作及设备的基础知识和基本原理；了解化工典型设备的构造和性能；初步掌握典型设备的计算方法；熟悉典型化工产品的生产工艺和流程特点，为学习后续课程和为从事本专业技术工作打好基础。

本课程理论联系实际紧密，面对的是工程问题，强调工程观

点。在学习中不仅要学习理论，更重要的是应用理论解决工程实际问题，从而提高综合分析和解决问题的能力。经济的发展需要众多知识的结合，只有不断积累知识，才能从量变到质变，才能适应经济建设的需要。

各门学科都有其自身的特点，针对本课程实践性强的特点，掌握和改进学习方法，才能取得较好的效果。为此，在学习过程中必须注意以下几点。

1. 理解和掌握基本理论

本课程是运用《化学》、《物理》等自然科学的基本定律，面对实际工程问题。当然，本课程也有其自身的理论体系。正确理解和掌握基本理论与其他课程一样，首先要理解各章的基本概念、基本原理、基本公式，这是学好本课程的基础。在这基础上联系实际，逐步深入，才能灵活应用，并有意识地培养工程观念。

2. 树立工程观念

处理工程技术问题在于要用工程观念去分析其可能性和合理性。所谓工程观念，就是必须同时具备的四种观念，即理论上的正确性，技术上的可行性，操作上的安全性，经济上的合理性。在这四个观念中，经济性是核心，并且相互联系，相互促进，形成一个有机的统一体。

3. 熟悉工程计算方法，培养基本计算能力

在实际生产过程中涉及的影响因素甚多，在很多情况下，单依靠理论分析有时只能给出定性的判断，往往要结合工业性试验、半工业试验（也称中间试验）才能得出定量的结果。在工程计算中，许多的基础数据（如物质的性质、有关的常数等）必须利用前人已取得的数据和结果，也就是说，在确定许多基础数据时，常常利用图表手册查取或用各种物性关系进行估算。化工基础数据的正确查取和选用，是比较繁杂的工作，在学习过程中和进行工程计算时，一定要给予高度重视。正确应用和熟练掌握图表的使用方法，是进行化工计算的基本技能之一。

在基本计算中，要注意单位的换算。本书采用中华人民共和国

法定计量单位。由于历史的原因，现在工程上和工程计算中可能还在使用其他的一些单位制，如工程单位制，即米·公斤力·秒（m·kgf·s）制等。不同的单位制，其物理量的单位是不一样的，如压力的法定计量单位为帕（Pa），而现还常见到如物理大气压（atm）、毫米汞柱（mmHg）、工程大气压（at）等。法定单位制与其他常见单位制之间的换算参见本书附录。

思　考　题

1. 什么是化学工业？
2. 什么是化工单元操作？常见的化工单元操作有哪些？
3. 化工基础课程的主要内容有哪些？学习本课程的任务是什么？
4. 什么是不定常过程和定常过程？它们的区别是什么？
5. 化工过程中物料衡算、能量衡算、过程速率的一般表达式是什么？
6. 在学习过程中为什么要注意单位的换算？

第二章　流体流动与输送

学习目标

- 掌握：流体的主要物性（密度、黏度）和压力的定义、单位及表示；流量、流速及它们之间的关系；流体静力学基本方程式、连续性方程、机械能衡算式及其应用；流体流动类型、雷诺数及计算；离心泵的基本结构、工作原理和主要性能参数。
- 理解：流体在圆形管中的流动阻力；离心泵的安装高度、类型、选用及操作。
- 了解：化工管路的基本知识；流量的测量；其他类型泵、气体压缩和输送机械。

具有流动性的物体通称为流体，包括气体和液体两大类。

化工生产中所用的原料、加工后得到的半成品或产品，大多数是流体。生产过程中，流体物料按生产工艺的要求，通过管道，用流体输送机械输送到各工段、车间的设备中进行物理或化学变化。流体流动中管径的大小，输送机械所消耗的能量，传热、传质等过程和化学反应进行的好坏，均与流体的流动状况密切相关，并明显影响着生产的投资费用和操作费用。因此流体流动与输送是化工生产中的一个重要单元操作，流体流动规律也是进行其他过程的基础。

第一节　基本概念

流体是由不断运动着的分子所构成，在研究流体运动时，将流体视为无数质点（若干分子所构成的微团）所组成的连续介质，并充满所占全部的流动空间。在生产实际中，重点研究因外部原因（如重力、离心力、压力差等）引起的流体的整体流动，而不研究流体内部的分子运动。

一、流体的主要性质

（一）密度

1. 密度的定义

单位体积流体所具有的质量称为流体的密度，其表达式为

$$\rho=\frac{m}{V} \tag{2-1}$$

式中 m——流体的质量，kg；

V——流体的体积，m^3；

ρ——流体的密度，kg/m^3。

单位流体质量所具有的体积称为流体的比体积，其表达式为

$$v=\frac{V}{m}=\frac{1}{\rho} \tag{2-2}$$

式中 v 单位为 m^3/kg。

2. 液体的密度

纯液体的密度可以通过实验测得。压力对液体密度影响很小，常可忽略其影响，故液体又可称为不可压缩流体；温度对液体密度有一定的影响，温度不同，同一种液体的密度不同。不同温度下液体的密度值，可由有关图表手册中查取（如附录七）。

3. 气体的密度

气体密度随温度和压力的变化很大，气体又称为可压缩流体。工程上对温度不太低、压力不太高的气体，常用理想气体状态方程近似计算其密度。

$$pV=nRT=\frac{m}{M}RT$$

所以

$$\rho=\frac{m}{V}=\frac{pM}{RT} \tag{2-3}$$

式中 p——气体压强，kPa；

T——气体温度，K；

M——气体的摩尔质量，kg/kmol；

R——通用气体常数，取 $R=8.314$kJ/(kmol·K)。

已知气体混合物中各组分的摩尔分数 y，可根据平均摩尔质量 M_m 的计算式

$$M_m = M_1 y_1 + M_2 y_2 + \cdots = \sum_{i=1}^{n}(M_i y_i) \tag{2-4}$$

计算出混合气体的平均摩尔质量，将其代入式（2-3），可求出混合气体的密度 ρ_m。

（二）黏度

实际流体流动时流体分子之间产生内摩擦力的特性称为流体的黏性，黏性越大的流体，其流动性越差，流动阻力就越大。衡量流体黏性大小的物理量称为黏度，用 μ 表示。黏度是流体的物质性质之一。

理想流体不具黏性，因而流动时不产生摩擦阻力。

流体的黏度可由实验测定或由有关图表手册中查取（如附录七）。黏度的单位为 Pa·s，但在一些手册中黏度还保留有物理单位制，即泊（P）或厘泊（cP），其换算关系为

$$1\text{ 厘泊(cP)}=10^{-2}\text{泊(P)}=10^{-3}\text{Pa·s}$$

流体的黏度随温度的变化而变化。液体的黏度随温度的升高而降低，气体的黏度随温度升高而增大。

压力对液体黏度的影响可忽略不计；气体的黏度只有在极高或极低压力下才有变化，一般情况下可不予考虑其影响。

混合物的黏度在缺乏实验数据时，可选用经验公式估算。

二、流体的压强（压力）

（一）压强

垂直作用于流体单位面积上的力的大小称为流体的压强，其表达式为

$$p=\frac{P}{A} \tag{2-5}$$

式中　P——垂直作用于流体的力，N；

A——作用面的面积，m^2；

p——压强（或压力），N/m^2，即 Pa（称为帕斯卡或简称帕）。

压力目前在有关手册、书籍和工程实际中还常用其他单位，这些单位有：物理大气压（atm）、毫米汞柱（mmHg）、米水柱（mH_2O）、工程大气压（at）等，在实际应用过程中应注意单位的换算，其换算关系见附录二。

习惯上也常把压强称为压力。

（二）压力的表示法

在生产实际中，测压仪表所测得的压力为表压，不是真实压力。而在计算过程中，许多公式中应该用真实压力。真实压力一般称为绝对压力。

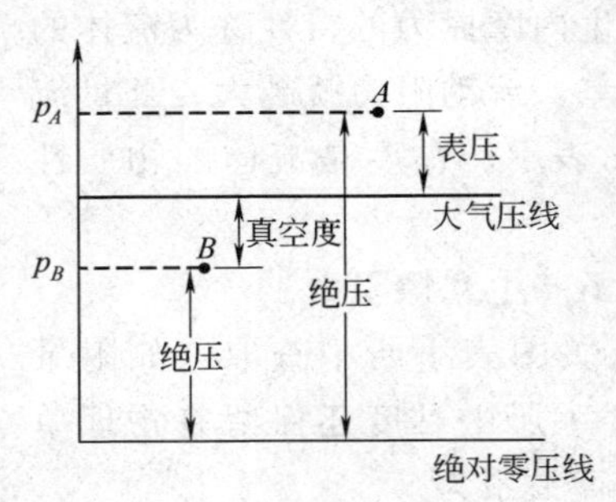

图 2-1　绝压、表压、真空度的关系

以绝对零压为起点的压力称为绝对压力（简称绝压）。以大气压为起点，比大气压高的部分称为表压；比大气压低的部分称为真空度（又称为负表压）。表压与绝压、真空度与绝压的关系如图 2-1 所示，图中 A 点为压力高于大气压时的情况，B 点为压力低于大气压时的情况。

由图可知　　　　　　绝压＝表压＋大气压

绝压＝大气压－真空度

必须指出，大气压随温度、湿度和海拔高度而变。故同一表压，在不同地区的绝压是不相同的，同地区的大气压也随季节和气候的变化而变化。所以在将表压或真空度换算成绝压时，大气压应为当地实测的大气压（当地大气压）。

为避免不必要的错误，本书规定凡使用表压或真空度时，必须注明，否则视为绝压。如表压 120kPa 或 $p_{表}=120kPa$；真空度 72kPa 或 $p_{真}=72kPa$。

【例 2-1】 某设备顶部真空表的读数为 600mmHg，该设备顶部的绝压为多少 kPa？当地大气压为 1atm。

解：当地大气压 $p_a=1\text{atm}=101.3\text{kPa}$。
设备顶部的真空度

$$p_{真}=600\text{mmHg}=600\times133.3=79.98\text{kPa}$$

设备顶部的绝压

$$p=p_a-p_{真}=101.3-79.98=21.32\text{kPa}$$

三、流量与流速

（一）流量

1. 体积流量

单位时间内通过流道有效截面的流体体积称为体积流量，用 V_s 表示，其单位为 m^3/s（或 m^3/h）。

2. 质量流量

单位时间内通过流道有效截面的流体质量称为质量流量，用 W_s 表示，其单位为 kg/s（或 kg/h）。

（二）流速

1. 平均流速

单位时间内流体沿流动方向流过的距离称为平均流速，简称流速，用 u 表示，其单位为 m/s。

工程上流体充满圆形管内流动时，在管内截面上各流体质点的点速度是不同的。管中心的点速度最大，越接近管壁，则点速度越小，紧附管壁的流体点速度为零，通常所指的流速实际上为截面上各点速度的平均值，即平均流速。

2. 质量流速

单位时间内流过单位有效截面积的流体质量称为质量流速，用 G 表示，其单位为 $kg/(m^2\cdot s)$。

上述各种流量和流速间的相互关系如下

体积流量　$$V_s=uA \tag{2-6}$$

式中　A——流通的有效截面积，m^2。

流速 $$u=\frac{V_s}{A} \tag{2-7}$$

质量流量 $$W_s=V_s\rho=uA\rho \tag{2-8}$$

质量流速 $$G=\frac{W_s}{A}=u\rho \tag{2-9}$$

式（2-6）和式（2-8）是常用的流量方程。

由于气体的体积随温度、压力变化，则体积流量是随着温度、压力的变化而变化，而质量流量对于定常流动过程，是不随温度、压力的变化而变化的。当用体积流量和流速表示气体时，须注明温度和压力条件；用质量流量和质量流速表示气体时，就不需注明温度和压力条件。

对于内直径为 d 的圆形管道，流速与体积流量的关系为

$$u=\frac{4V_s}{\pi d^2}=\frac{V_s}{0.785d^2}$$

【例 2-2】 混合气体中含 H_2 的体积分数为75%，N_2 的体积分数为25%，在温度40℃和压力 1.52×10^5Pa下，以15m/s的流速流经内径为100mm的管道时，试求该气体的体积流量（m^3/h）和质量流量（kg/h）。

解：(1) 体积流量

$$V_s=uA=\frac{\pi}{4}d^2u=\frac{\pi}{4}\times(0.1)^2\times15=0.1178\text{m}^3/\text{s}=424\text{m}^3/\text{h}$$

(2) 质量流量

混合气体的平均摩尔质量

$$M_m=\sum_{i=1}^{n}(M_iy_i)=2\times0.75+28\times0.25=8.5\text{kg/kmol}$$

混合气体的平均密度

$$\rho_m=\frac{pM_m}{RT}=\frac{1.52\times10^2\times8.5}{8.314\times(273+40)}=0.496\text{kg/m}^3$$

$$W_s=V_s\rho_m=424\times0.496=210\text{kg/h}$$

第二节　流体静力学

在重力场中，流体在重力及压力的作用下达到平衡时，流体便处于相对静止的状态。流体静力学就是研究流体处于静止状态下内部压力的变化规律。

一、流体静力学基本方程式

如图 2-2 所示，容器中盛有静止的液体，从中任取一段垂直液柱，此液柱底面积为 A，液体密度为 ρ，以容器底为基准水平面，液柱上、下端面与基准水平面的垂直距离分别为 Z_1、Z_2，则此液柱的受力情况有

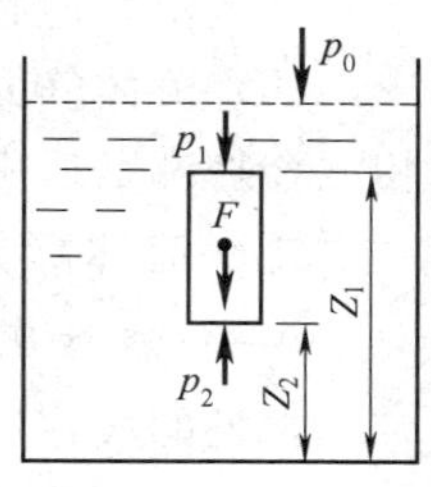

图 2-2　静力学方程的推导

作用于液柱上面的力　$P_1=p_1A$　（方向向下）

作用于液柱下面的力　$P_2=p_2A$　（方向向上）

液柱自身的重力

$$F=mg=V\rho g=A(Z_1-Z_2)\rho g \quad （方向向下）$$

液柱处于静止状态时，在垂直方向上各力的代数和为零。

即
$$P_1+F-P_2=0 \quad 或 \quad P_1+F=P_2$$

则
$$p_1A+A(Z_1-Z_2)\rho g=p_2A$$

$$p_2=p_1+(Z_1-Z_2)\rho g \tag{2-10}$$

将液柱上面取在液面上，液面上的压力为 p_0，液柱高度 $h=(Z_1-Z_2)$，上式为

$$p_2=p_0+h\rho g \tag{2-10a}$$

式（2-10）和式（2-10a）为流体静力学基本方程式，用于确定静止流体内部压力的变化。由静力学基本方程式可知以下几点。

（1）静止液体内部任意点的压力，等于液面压力加上该点距液面深度所产生的压力，该点距液面越深则压力越大。

（2）液面压力发生变化时，必将引起液体内部各点压力发生同

样大小的变化。

(3) 在静止的同一种连续液体内部，处于同一水平面上各点的压力因深度相同，其压力也相同。此水平面称为等压面。

(4) 若将式 (2-10a) 各项同除以 ρg，则

$$\frac{p_2-p_0}{\rho g}=h \tag{2-10b}$$

式 (2-10b) 说明，压力差（或压力）的大小可以用一定高度的流体柱来表示，但必须注明该流体的密度值。

(5) 流体静力学基本方程式对液体、压力变化不大的气体及均相混合物都是适用的。

二、流体静力学基本方程式的应用

(一) 液柱压力计（U形管压差计）

常见的液柱压力计是由一根透明的U形管构成，管内盛有与被测流体不互溶和不发生化学反应的指示液，密度为 ρ_i，指示液密度 ρ_i 须大于被测流体的密度 ρ，随着测量的压力差 (p_1-p_2) 的不同，U形管中指示液显示不同的高度差 R。

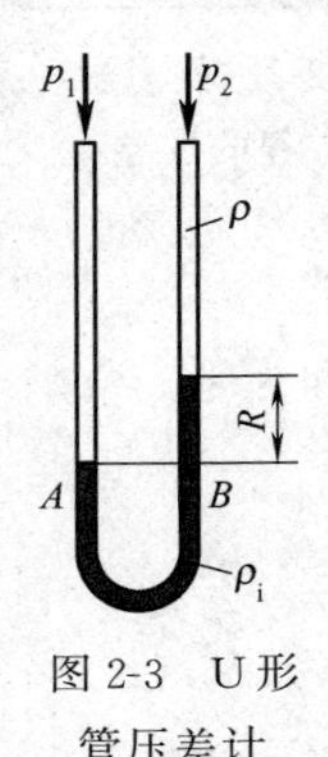

图 2-3 U形管压差计

用U形管压力计测量两点的压力差时，用接管将U形管两端分别与被测流体的1、2点连通，这时接管内和U形管内指示液以上的空间应充满被测流体。当被测1、2点的压力为 $p_1>p_2$ 时，在图2-3中取等压面 A-B，被测1、2点与等压面的垂直距离为 h。由于U形管内的指示液处于静止状态，根据流体静力学基本方程式可得

$$p_A=p_B$$

$$p_A=p_1+h\rho g$$

$$p_B=p_2+(h-R)\rho g+R\rho_i g$$

$$\Delta p=p_1-p_2=(\rho_i-\rho)Rg \tag{2-11}$$

应用式（2-11）时，被测的1、2点必须保持处于同一水平位置上，才能得到正确的、真正的压差。当压差一定时，U形管压差计的读数R与密度差（$\rho_i-\rho$）有关，密度差越大，则读数R越小。为了减小读数误差，应合理选择指示液的密度，使读数R保持在一个适宜的测量范围内。

若被测流体为气体时，因气体密度远小于指示液的密度，可将式（2-11）改写为

$$\Delta p=(p_1-p_2)\approx\rho_i Rg \tag{2-11a}$$

如果U形管压差计的一端与被测流体相连，而另一端与大气相通，就可以用来测量某一点的表压或真空度。

在某些情况下，可用密度较小的空气作指示剂。此时，指示剂的密度ρ_i小于被测流体的密度ρ，应将U形管倒置，称为倒U形管压差计。它只能用于测量液体的压差，相应压差与读数R的关系式为

$$\Delta p=p_1-p_2=(\rho-\rho_i)Rg \tag{2-12}$$

【例2-3】 用U形管压差计测量某设备进、出口间的压力差，设备进出口在同一水平位置，如图2-4所示。U形管内指示液为汞，（1）若设备中流动的是水，压差计上的读数为35cm，求此设备进、出口间的压力差；（2）若设备中流动的是密度为2.5kg/m³的气体，在相同压力差的情况下，求U形管中指示液的读数为多少厘米？

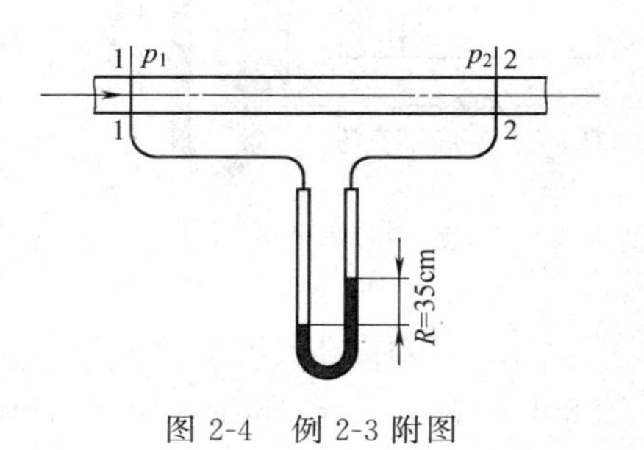

图2-4　例2-3附图

解：取汞的密度$\rho_i=13600\text{kg/m}^3$。

（1）已知水的密度$\rho=1000\text{kg/m}^3$，$R=35\text{cm}=0.35\text{m}$，则压力差为

$$\Delta p=(\rho_i-\rho)Rg=(13600-1000)\times 0.35\times 9.81$$
$$=43.26\times 10^3\text{Pa}$$
$$=43.26\text{kPa}$$

(2) 当设备中流体为气体时

$$R=\frac{\Delta p}{(\rho_i-\rho)g}=\frac{43.26\times 10^3}{(13600-2.5)\times 9.81}=0.3243\text{m}=32.43\text{cm}$$

或
$$R\approx\frac{\Delta p}{\rho_i g}=\frac{43.26\times 10^3}{13600\times 9.81}=0.3242\text{m}=32.42\text{cm}$$

(二) 液位测量

化工生产中常需了解容器中液体的储存量，或需要控制容器内液位的高度，就必须进行液位的测量。液位测量的方法有很多，多数液位测量的原理遵循流体静力学基本方程式。

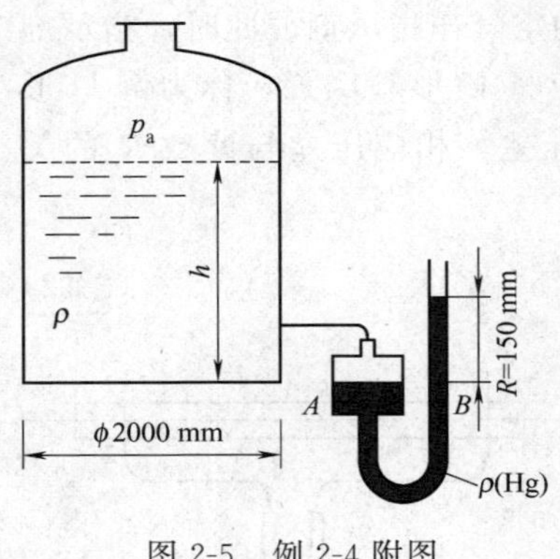

图 2-5　例 2-4 附图

【例 2-4】 储槽内存放有密度 $\rho=860\text{kg/m}^3$ 的溶液，与槽底部测压孔相连的 U 形管压差计中汞柱的读数为 150mm，U 形管杯中汞的液面正好与储槽的内底水平，如图 2-5 所示，储槽液面上方为大气压。试求该条件下储槽内溶液的体积为多少立方米和质量为多少吨？

解：取汞的密度 $\rho(\text{Hg})=13600\text{kg/m}^3$，已知溶液的密度 $\rho=860\text{kg/m}^3$，$R=150\text{mm}=0.15\text{m}$，U 形杯管中等压面为 A-B 面，则

$$p_A=p_a+h\rho g$$
$$p_B=p_a+R\rho(\text{Hg})g$$

因为
$$p_A=p_B$$

所以
$$h=\frac{R\rho(\text{Hg})}{\rho}=\frac{0.15\times 13600}{860}=2.37\text{m}$$

溶液体积　　　$V=hA=2.37\times\frac{\pi}{4}\times 2^2=7.44\text{m}^3$

溶液质量　　　$m=V\rho=7.44\times 860=6400\text{kg}=6.40\text{t}$

（三）液封高度

化工生产中为了操作安全可靠，在某些场合可采用液封装置，根据流体静力学基本方程式可确定出液封高度。

【例 2-5】 如图 2-6 所示，为了控制乙炔（易燃、易爆）发生炉的操作表压不超过 80mmHg，需在炉外安装安全水封，当炉内压力超过规定值时，乙炔气体从水封管中经水槽放入大气。求水封管插入水槽的深度 h 为多少米？

解： 以炉内允许最大表压 80mmHg 为极限值，气体刚好充满水封管。取水封管口为等压面，如图中 A-B 面，则 $p_A=p_B$。

已知炉内压力 $p_{表}=80\text{mmHg}=80\times 133.3=10.66\times 10^3\text{Pa}$，水的密度 $\rho=1000\text{kg/m}^3$。

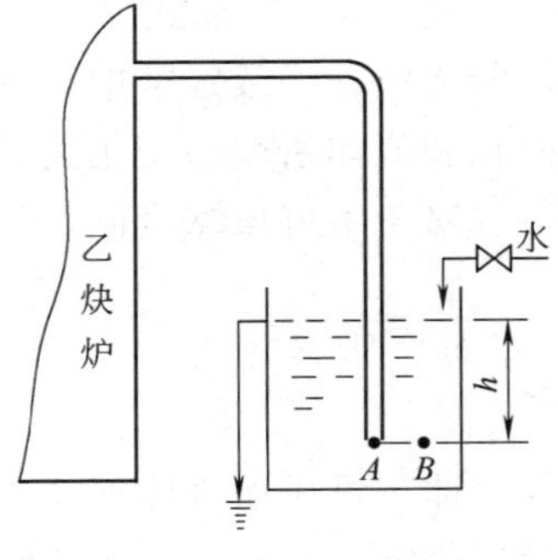

图 2-6　例 2-5 附图

因

$$p_A=p_a+p_{表}$$
$$p_B=p_a+h\rho g$$

故

$$h=\frac{p_{表}}{\rho g}=\frac{10.66\times 10^3}{1000\times 9.81}=1.09\text{m}$$

所以为了安全起见，实际水封管插入水槽水面下的深度应略小于 1.09m。

第三节　流体连续定常流动时的衡算

一、流体连续定常流动时的物料衡算

当流体充满在如图 2-7 的管道作连续定常流动时，在流动系统中没有添加和漏损的情况下，根据质量守恒定律，对该系统做物料

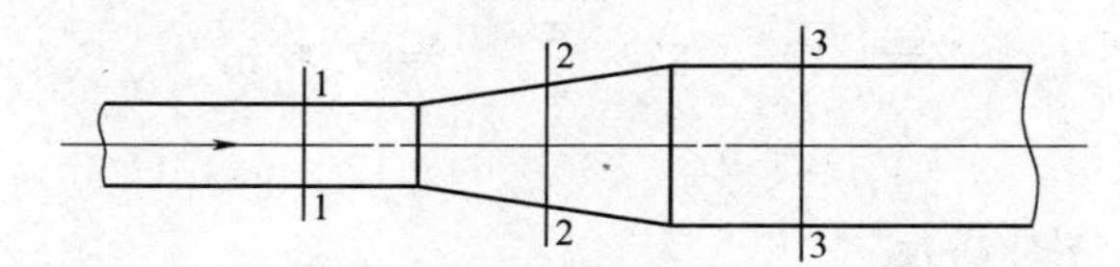

图 2-7　流体流动的连续性

衡算可知，通过管道各截面的质量流量应相等。

即
$$W_{s1}=W_{s2}=W_{s3} \tag{2-13}$$

或
$$A_1u_1\rho_1=A_2u_2\rho_2=A_3u_3\rho_3=\text{常数} \tag{2-13a}$$

式（2-13）和式（2-13a）又称为流体流动的连续性方程。它说明流体在连续定常中，流经各截面上的质量流量相等，流速随截面积和流体密度的变化关系。

对于不可压缩流体，ρ=常数，式（2-13a）可改写为

$$A_1u_1=A_2u_2=V_s \tag{2-13b}$$

或
$$\frac{u_1}{u_2}=\frac{A_2}{A_1} \tag{2-13c}$$

即不可压缩流体不仅流经各截面的质量流量相等，而且体积流量也相等；流速与管道截面积成反比。

当不可压缩流体在圆形管道中流动时，式（2-13c）又可写为

$$\frac{u_1}{u_2}=\left(\frac{d_2}{d_1}\right)^2 \tag{2-13d}$$

由式（2-13d）可知：体积流量一定时，流速与圆形管直径的平方成反比。

【例 2-6】 水连续定常地从粗管流入细管。已知粗管内直径是细管内直径的两倍。求细管内水的流速是粗管内的几倍？

解：设粗管内直径为 d_1，流速为 u_1；细管内直径为 d_2，流速为 u_2。

因
$$d_1=2d_2$$

故
$$\frac{u_1}{u_2}=\left(\frac{d_2}{d_1}\right)^2=\frac{1}{4}$$

所以细管中的流速
$$u_2=4u_1$$

二、流体定常流动时的机械能衡算

（一）流体流动时的机械能

流体具有做功的本领就具有能量。可以推动机械做功的能量称为机械能，如水力或风力发电、液压传动等。

1. 流动流体具有的机械能

（1）位能　流体在重力作用下，因质量中心高出所选基准面而具有的能量。

质量为 m 的流体，因高出基准面 Z 所具有的位能是（mZg），相当于将质量为 m 的流体提升到高度为 Z 时所做的功。

$$\text{位能}=mZg$$

位能的单位为 $\mathrm{kg}\cdot\mathrm{m}\cdot\frac{\mathrm{m}}{\mathrm{s}^2}=\mathrm{N}\cdot\mathrm{m}=\mathrm{J}$。

（2）动能　流体在一定速度下流动时具有的能量。

$$\text{动能}=\frac{1}{2}mu^2$$

动能的单位为 J。

（3）静压能　流体在一定压力下所具有能量。

流动流体内部与静止流体内部一样，任一处都有一定的压力存在。若输水管壁上出现一小孔，水会经小孔喷射一定的高度，此高度即为流动流体具有一定压力的表现。流体在某截面处具有一定的压力 p，这就需要后面的流体对其做一定的功，才能通过截面流入系统，于是流体就带着与此相当的能量进入系统。

将质量为 m，体积为 V 的流体，压入压力为 p 的系统，其作用力为 pA，距离为 V/A，则所做的功为

$$\text{力}\times\text{距离}=pA\times\frac{V}{A}=pV=\frac{mp}{\rho}$$

其所做的功即为流体的静压能$\frac{mp}{\rho}$，其单位为 J。

2. 流体与外部能量的交换

（1）外加机械能　流体通过流动系统中的输送机械时所获得的机械能，每千克流体的外加机械能用 E 表示。

外加机械能应列为输入系统的能量。

(2) 机械能损失　流体流动时，因克服摩擦阻力而消耗的部分机械能。这部分能量在流动过程中转化为热，散失于周围的环境中不能回收而损失掉了，所以又称为阻力损失。每千克流体的机械能损失用 E_f 表示。

机械能损失应列为输出系统的能量。

(二) 流体定常流动的机械能衡算

在图 2-8 所示的定常流动系统中，通过机械能衡算，可以得出流体流动时的伯努利方程式。

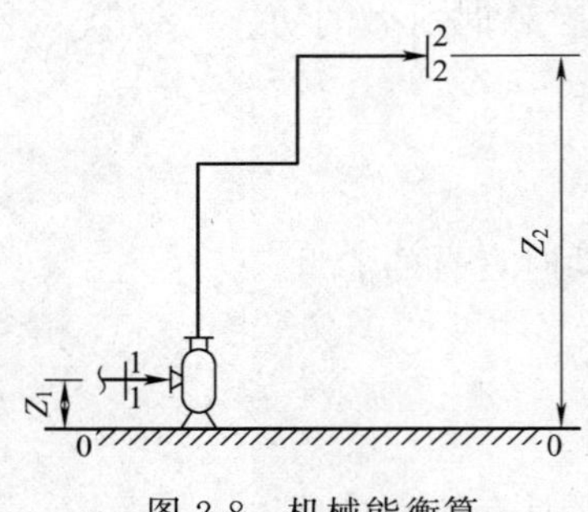

图 2-8　机械能衡算

在图 2-8 所示的流动系统中，取 1-1 至 2-2 截面为衡算范围，0-0 面为基准水平面。

输入 1-1 截面的总机械能为

$$mZ_1g+\frac{1}{2}mu_1^2+\frac{mp_1}{\rho}+mE$$

输出 2-2 截面的总机械能为

$$mZ_2g+\frac{1}{2}mu_2^2+\frac{mp_2}{\rho_2}+mE_f$$

因为输入系统的机械能等于输出系统的机械能（包括机械能损失），所以有

$$mZ_1g+\frac{1}{2}mu_1^2+\frac{mp_1}{\rho_1}+mE=mZ_2g+\frac{1}{2}mu_2^2+\frac{mp_2}{\rho_2}+mE_f \tag{2-14}$$

式 (2-14) 在应用中，为计算方便，常采用不同的衡算基准，得到不同形式的伯努利方程式。

1. 以单位质量流体为衡算基准

对于不可压缩流体，有 $\rho_1=\rho_2=\rho=$ 常数。将式 (2-14) 各项同除以 m，可得不可压缩流体的伯努利方程式。

即
$$Z_1g+\frac{1}{2}u_1^2+\frac{p_1}{\rho}+E=Z_2g+\frac{1}{2}u_2^2+\frac{p_2}{\rho}+E_f \tag{2-15a}$$

式中各项的单位为 J/kg。

2. 以单位重量流体为衡算基准

将式（2-14）各项除以 mg，可得不可压缩流体伯努利方程式的另一表达式。

即
$$Z_1+\frac{1}{2g}u_1^2+\frac{p_1}{\rho g}+\frac{E}{g}=Z_2+\frac{1}{2g}u_2^2+\frac{p_2}{\rho g}+\frac{E_f}{g}$$

上式中 $E/g=H$，$E_f/g=h_f$，则得

$$Z_1+\frac{1}{2g}u_1^2+\frac{p_1}{\rho g}+H=Z_2+\frac{1}{2g}u_2^2+\frac{p_2}{\rho g}+h_f \qquad (2\text{-}15b)$$

式中各项的单位为 $N \cdot m/N=m$。

工程上将单位重量流体所具有的各种形式的能量统称为压头，即位压头（Z）、动压头$\left(\frac{u^2}{2g}\right)$、静压头$\left(\frac{p}{\rho g}\right)$、外加压头（$H$）和损失压头（$h_f$）等。由于在式（2-15b）中关系到流体密度，所以在表示压头单位时应注明为何种流体。

*3. 以单位体积为衡算基准

将式（2-14）各项除以 m/ρ，则

$$Z_1\rho g+\frac{u_1^2\rho}{2}+p_1+\rho E=Z_2\rho g+\frac{u_2^2\rho}{2}+p_2+\rho E_f \qquad (2\text{-}15c)$$

式中各项的单位为 $N \cdot m/m^3=N/m^2=Pa$。

单位体积流体所具有的能量为压力单位。将式（2-15a）各项乘以 ρ 也可得到式（2-15c）。在实际生产和管路流体阻力计算中，用压力的变化来表示能量的损失是可行的，常称为压力降。

常用的不可压缩流体的伯努利方程式为式（2-15a）和式（2-15b）。伯努利方程式和连续性方程是研究流体定常流动时常用的两个最基本的规律。

（三）伯努利方程式的讨论

（1）若流体无机械能损失，又无外加机械能时，则式（2-15a）可简化为

$$Z_1 g+\frac{1}{2}u_1^2+\frac{p_1}{\rho}=Z_2 g+\frac{1}{2}u_2^2+\frac{p_2}{\rho} \qquad (2\text{-}16)$$

从该式可见，在上述流动条件下，管路任一截面上流动流体的

各项机械能之和相等，即流体的总机械能为常数；但不同截面上每一种机械能不一定相同等，各机械能间可以相互转换。如流体从粗管流到细管，粗管中流速较慢，压力较高，而细管中流速较快，压力较低，这就是静压能与动能的转换。

式（2-16）常称为理想流体的伯努利方程式。实际上并不存在真正的理想流体，但这种设想对解决工程问题具有重要意义。

（2）式（2-15a）和式（2-15b）中的外加机械能 E（或外加压头 H）是确定流体输送机械功率的重要依据。在单位时间内输送机械对流体所作的有效功称为有效功率，用 N 表示，单位为 J/s 或 W。即

$$N=W_{s}E \tag{2-17}$$

或

$$N=W_{s}Hg \tag{2-17a}$$

从式（2-15a）的推导过程可知，外加机械能 E 为输入系统的能量，应用伯努利方程式时，应加在流动系统的上游侧的截面上；用式（2-15a）计算外加机械能 E 时，其结果可能为正，也可能为负。当 E 为正时，说明系统需加入外加机械能；当 E 为负时，说明系统不需外加机械能，能依靠自身的能量流动（自流），理论上说，此时还可向外输出能量。

（3）机械能损失是输出系统的能量，从式（2-15a）可知，其数值永远为正，应用伯努利方程式时，要加在流动系统的下游侧截面上。

（4）若系统中的流体是静止的，没有阻力损失和外加能量，即 $u=0$、$E=0$、$E_{f}=0$，式（2-15a）可写为

$$Z_{1}g+\frac{p_{1}}{\rho}=Z_{2}g+\frac{p_{2}}{\rho}$$

或

$$p_{2}=p_{1}+(Z_{1}-Z_{2})\rho g$$

此式即为流体静力学基本方程式。由此可见，伯努利方程式不仅表达了流体流动的基本规律，而且还包含了流体静止状态时的基本规律，或者说流体的静止状态是流动状态的一个特殊形式。

（5）一般液体可认为是不可压缩流体，式（2-15）适合于一般液体；对于不可压缩流体（如气体）的流动，若两截面间系统压力

变化较小，小于原压力的20%$\left(\frac{p_1-p_2}{p_1}<20\%\right)$时，仍可用不可压缩流体的伯努利方程式计算，但流体的密度要用两截面间的平均值代替，即平均密度$\rho_m=\frac{\rho_1+\rho_2}{2}$。

三、伯努利方程式的应用

式（2-15a）和式（2-15b）是最常用的伯努利方程式的形式，几乎所有的流体流动问题都可以用该方程式解决，所以伯努利方程式应用是非常广泛的。在这里介绍一下伯努利方程应用注意事项并举几个较为典型的应用例子。

（一）伯努利方程式应用注意事项

（1）作示意图　在计算前可根据题意画出流程示意图，标出流动方向，列出主要数据，使计算系统清晰，有助于正确理解题意和解题。

（2）选取截面　截面的选取实质上是确定能量衡算范围。两截面间的流体应是连续定常流动；用式（2-15a）～式（2-15c）和式（2-16）计算时，1-1截面应选为上游，2-2截面应选为下游；截面应与流向垂直；截面上的已知条件应最多，并包含欲求的未知数；求外加机械能时，输送机械应在衡算范围内；选储槽、设备的液面为截面时，因其截面积远大于管道截面积，视为大截面上的流速为零；选敞口储槽或通大气的管出口为截面时，可取该截面上的压力为大气压。

（3）选取基准水平面　原则上任意选取基准水平面而不影响计算结果。但要计算方便，一般可选取地平面或两截面中位置低的截面作基准水平面；要经截面的中心位置计算距基准面的垂直距离，取基准面以上的垂直距离为正值，基准面以下的为负值。

（4）统一计量单位　采用不同计算基准计算时，方程式中各项能量的单位要一致；两截面上的压力可以同时用绝压或表压，但必须统一。

（二）确定管路中流体的流速或流量

流体的流量是化工生产和科学实验中的重要参数之一，往往需要测量和调节其大小，使操作稳定，生产正常，以制得合格产品。

下例是根据已知的管路系统，应用伯努利方程式计算其流速或流量。

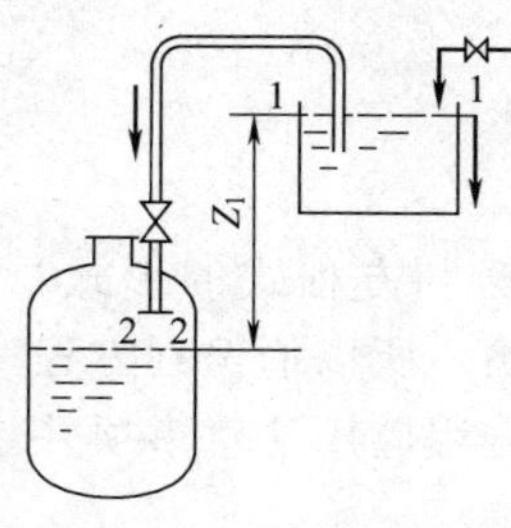

图 2-9 例 2-7 附图

【例 2-7】 在常压下用虹吸管从高位槽向反应器内加料液，高位槽与反应器均通大气。如图 2-9 所示。高位槽液面比虹吸管出口高出 2.09m，虹吸管内径为 20mm，阻力损失为 20J/kg。试求虹吸管内流速和料液的体积流量（m^3/h）为多少？

解：取高位槽液面为 1-1 截面，虹吸管出口为 2-2 截面，以 2-2 截面为基准水平面。已知条件有 $Z_1=2.09m$，$Z_2=0$，$u_1=0$，$p_1=p_2=0$（表压），$E=0$，$E_f=20J/kg$ 伯努利方程式简化后得

$$Z_1 g=\frac{1}{2}u_2^2+E_f$$

（此式说明在此条件下，位能转化为动能和克服阻力损失）

即 $$u_2^2=2(Z_1 g-E_f)=2\times(2.09\times 9.81-20)=1.0$$

故 $$u_2=1m/s$$

体积流量

$$V_s=uA=1\times 0.785\times 0.02^2=3.14\times 10^{-3}m^3/s=1.13m^3/h$$

（三）确定设备之间的相对位置

在化工生产中，有时为了完成一定的生产任务，需确定设备之间的相对位置，如高位槽的安装高度、水塔的高度等。

【例 2-8】 如图 2-10 所示的高位槽，要求出水管内的流速为 2.5m/s，管路的损失压头为 5.68m 水柱。试求高位槽稳定水面距出水管口的垂直高度为多少米？

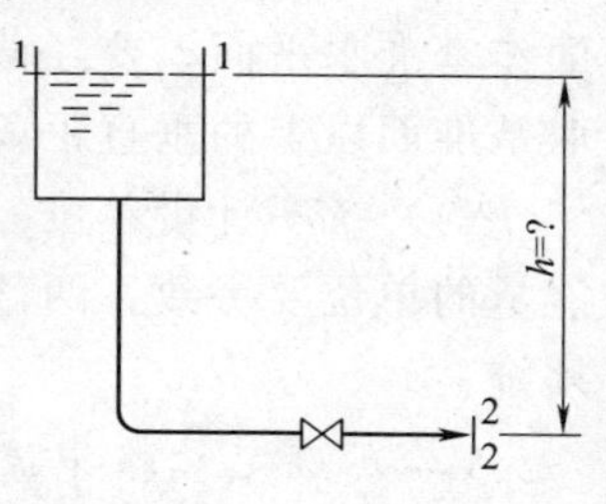

图 2-10 例 2-8 附图

解：取高位槽水面为 1-1 截面，出水管口为 2-2 截面，基准水平面通过 2-2

截面的中心，则已知条件有

$$Z_1=h,u_1=0,p_1=p_2=0（表压），$$
$$u_2=2.5\text{m/s},Z_2=0,$$
$$H=0,h_f=5.68\text{m 水柱}$$

伯努利方程式简化为

$$Z_1=\frac{1}{2g}u_2^2+h_f$$

所以 $$h=\frac{2.2^2}{2\times9.81}+5.68=6\text{m}$$

（四）确定流体流动所需的压力

在化工生产中，对近距离输送腐蚀性液体时，可采用压缩空气或惰性气体来取代输送机械，这时要计算为满足生产任务所需的压缩空气的压力大小。

【例 2-9】 某车间用压缩空气压送 98%的浓硫酸，从底楼储罐压至 4 楼的计量槽内，如图 2-11 所示，计量槽与大气相通。每批压送量为 10min 内压完 0.3m^3，硫酸的温度为 20℃，机械能损失为 7.66J/kg，管道内径为 32mm。试求所需压缩空气的表压为多少千帕？

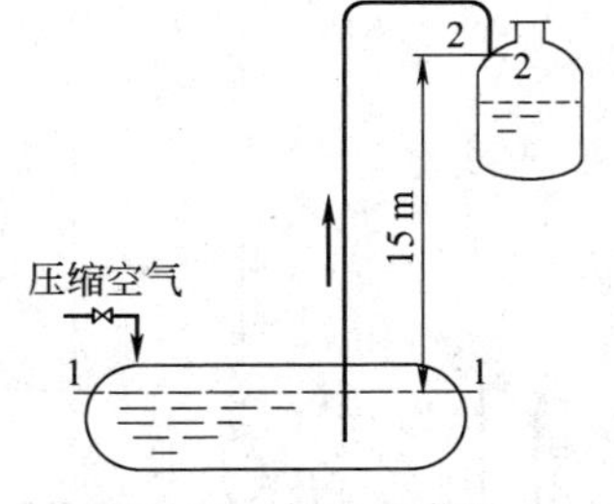

图 2-11　例 2-9 附图

解： 取硫酸储槽液面为 1-1 截面，管道出口为 2-2 截面，以 1-1 截面为基准水平面，则已知条件有

$$Z_1=0,u_1=0,E=0,Z_2=15\text{m},$$
$$p_2=0（表压）,E_f=7.66\text{J/kg},$$
$$u_2=\frac{V_s}{\frac{\pi}{4}d^2}=\frac{0.3/(10\times60)}{0.785\times0.032^2}=0.622\text{m}^3/\text{s}$$

查附录七得硫酸的密度 $\rho=1831\text{kg/m}^3$

伯努利方程式简化为

$$\frac{p_1}{\rho}=Z_2g+\frac{u_2^2}{2}+E_f$$

（此式说明在此条件下，静压能转化为位能、动能和克服阻力损失）

即 $p_1=\rho\left(Z_2 g+\dfrac{u_2^2}{2}+E_f\right)=1831\times\left(15\times9.81+\dfrac{0.622^2}{2}+7.66\right)$

$=2.839\times10^5\text{Pa}=283.9\text{kPa}$（表压）

为保证压送量，实际表压应略大于 283.9kPa。

（五）确定流体流动所需的外加机械能

用伯努利方程式计算管路系统的外加机械能或外加压头，是选择输送机械型号的重要依据，也是确定流体从输送机械所获得有效功率的重要依据。

【例 2-10】 某厂用泵将密度为 1100kg/m^3 的碱液从碱池输送至吸收塔，经喷头喷出，如图 2-12。泵的吸入管是 $\phi108\text{mm}\times4\text{mm}$，排出管是 $\phi76\text{mm}\times2.5\text{mm}$ 钢管，在吸入管中碱液的流速为 1.5m/s。碱液池中碱液液面距地面 1.5m，进液管与喷头连接处的表压为 0.3at，距地面 20m，碱液流经管路的机械能损失为 30J/kg。试求输送机械的有效功率。

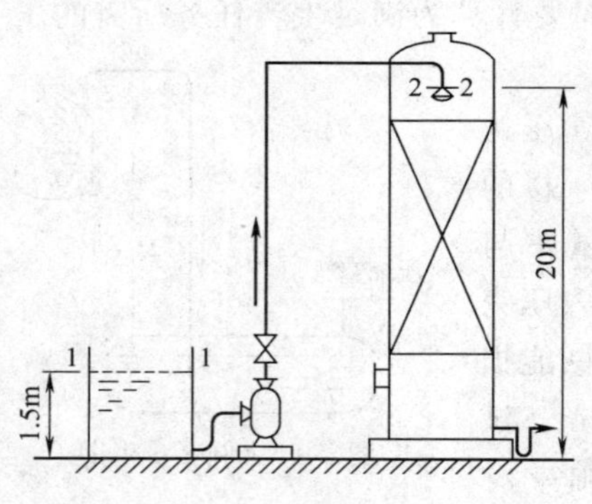

图 2-12 例 2-10 附图

解：取碱液池液面为 1-1 截面，管道与喷头连接处为 2-2 截面，以地面为基准水平面，则已知条件有

$Z_1=1.5\text{m}, u_1=0, p_1=0$(表压)$, Z_2=20\text{m},$

吸入管内流速 $u_0=1.5\text{m/s}$

吸入管内径 $d_0=108-2\times4=100\text{mm}$

排出管内径 $d_2=76-2\times2.5=71\text{mm}$

$$u_2=u_0\left(\frac{d_0}{d_2}\right)^2=1.5\times\left(\frac{100}{71}\right)^2=2.98\text{m/s}$$

$p_2=0.3\text{at}=0.3\times98.1\times10^3=29.4\times10^3\text{Pa}$（表压），$\rho=1100\text{kg/m}^3$，$E_f=30\text{J/kg}$

伯努利方程式简化为

$$E=(Z_2-Z_1)g+\frac{p_1-p_2}{\rho}+\frac{u_2^2-u_1^2}{2}+E_f$$

$$=(20-1.5)\times 9.81+\frac{29.4\times 10^3}{1100}+\frac{2.98^2}{2}+30$$

$$=242.7\text{J/kg}$$

（E 为正值，说明此系统需外加机械能才能完成）

$$W_s=u\rho A=1.5\times 1100\times\frac{\pi}{4}\times(0.1)^2=12.95\text{kg/s}$$

有效功率

$$N=W_sE=12.95\times 242.7=3140\text{W}=3.14\text{kW}$$

第四节　化工管路及流动阻力

化工管路的作用是按生产工艺要求将有关的机器、设备和仪表等连接起来，以输送流体。在许多化工厂中，管路纵横交错，被称为化工厂的血管，其建设投资费往往占建厂总投资的 30%以上。

化工管路的种类繁多，一般由管子、管件、阀门和其他附件所组成。不同的生产对管路有不同的要求，管路不同其阻力损失也不一样。通过本节的学习，应熟悉常用管子、管件和阀门的名称、规格、型号，并能正确选用管子，初步掌握管路阻力计算方法。

一、化工管路的基本知识

化工管路所用的管子、管件和阀门都有统一的技术标准，以便于设计、制造、施工、维修和批量生产及降低成本。

（一）管子与管件的公称标准

1. 公称直径

公称直径是与管子或管件的内径相接近的整数值。公称直径既不是内径，也不是外径，常用 DN 表示，如水煤气管的规格表示；有的管子用外径×壁厚表示其规格，如无缝钢管用 $\phi 108\text{mm}\times 4\text{mm}$ 表示。

2. 公称压力

公称压力是管子和管件名义上能够承受的压力，在数值上刚好等于第一级工作温度下的最大压力。最大工作压力随介质工作温度的升高而降低，为了保证管路工作时的安全，管子和管路附件能承受的最大工作压力将低于公称压力，参见表 2-1。公称压力用 pN 表示。

表 2-1　钢材及制件的公称压力和最大工作压力（摘录）

材　　料	介质工作温度/℃						
Q235A	至 200	250	275	300	325	350	
10、20、35、20g	至 200	250	275	300	325	350	375
16Mn	至 200	300	325	350	375	400	410
15MnV	至 250	300	350	375	400	410	420
公称压力/MPa	最大工作压力/MPa						
0.1	0.1	0.09	0.09	0.08	0.08	0.07	
0.25	0.25	0.23	0.21	0.20	0.19	0.18	0.17
0.6	0.6	0.55	0.51	0.48	0.45	0.43	0.40
1.0	1.0	0.92	0.86	0.81	0.75	0.71	0.67
1.6	1.6	1.5	1.4	1.3	1.2	1.1	1.05
2.5	2.5	2.3	2.1	2.0	1.9	1.8	1.7
4.0	4.0	3.7	3.4	3.2	3.0	2.8	2.7
6.4	6.4	5.9	5.5	5.2	4.9	4.6	4.4
10.0	10.0	9.2	8.6	8.1	7.6	7.2	6.8

注：表中所列压力均为表压。

（二）常用管子

化工生产中常用的管子按材料可分为金属管、非金属管和衬里管三大类。

1. 金属管

（1）有缝钢管（水煤气管）　有镀锌的（白铁管）和不镀锌的（黑铁管）；按壁厚有普通管和加厚管等类型。宜输送水、蒸汽、煤气、压缩空气、碱液和类似介质。其规格用公称直径 Dg 或 DN（mm）表示，习惯上也有用英寸（in）表示。

（2）无缝钢管　按制造方法分为热轧和冷拔两类；按用途分为

普通用和专用（化肥用、锅炉用、石油裂化用、不锈耐酸钢管等）两类。可用于高压、高温、易燃易爆和有毒介质的管路上。其规格用外径×壁厚表示，单位为mm。

以上两种常用管子的规格见附录。

（3）铸铁管　强度差，管壁厚而笨重。主要用于地下给水总管、煤气总管和排水管。

此外，化工生产中还用到有色金属管，紫铜管、黄铜管、铝管、铅管钛管及其合金管等。

2. 非金属管

（1）陶瓷管和玻璃管　耐腐蚀性好，但性脆，强度低。陶瓷管多用于排除腐蚀性污水；玻璃管由于透明，有时也用于某些特殊介质的输送。

（2）塑料管　种类很多，常用的有聚氯乙烯管、聚乙烯管、玻璃钢管等。质轻，抗腐蚀，一般耐热性和耐寒性较差，不耐压。一般用于常温、常压下的酸、碱液的输送和上、下水管等。随着材料技术的发展，塑料管的用途日益广泛。

此外，非金属管还有橡胶管、水泥管等。

（三）管子的连接形式

按生产工艺的要求，常需将管子与管子、管子与管件或阀门及设备等连接起来，使之形成一个严密的管路系统或生产流程。

（1）焊接连接　是化工管路中最重要而应用最广的连接方法，焊缝强度高，严密性好，不需附件，成本低，使用方便，但不能拆卸。所有压力管道应尽量采用焊接。

（2）法兰连接　由一对法兰、垫片和若干螺栓、螺母组成。具有较好的严密性和强度，可以拆卸，在化工管路中广泛应用。法兰的种类很多，已有统一标准，可按公称直径和公称压力选用。

（3）螺纹连接　一般适用于管径≤50mm，工作压力低于1MPa、介质温度≤100℃的有缝钢管或某些塑料管的连接，拆卸方便。

（4）承插连接　适用于埋地或沿墙敷设的低压给、排水管。如铸铁管和塑料管等，铸铁管的承插口多用石棉和水泥进行封口。

（四）常用管件

管路中的附件通称为管件。主要起连接、引导流动方向、改变管路直径和堵塞管路等用。最基本的管件如图 2-13 所示。

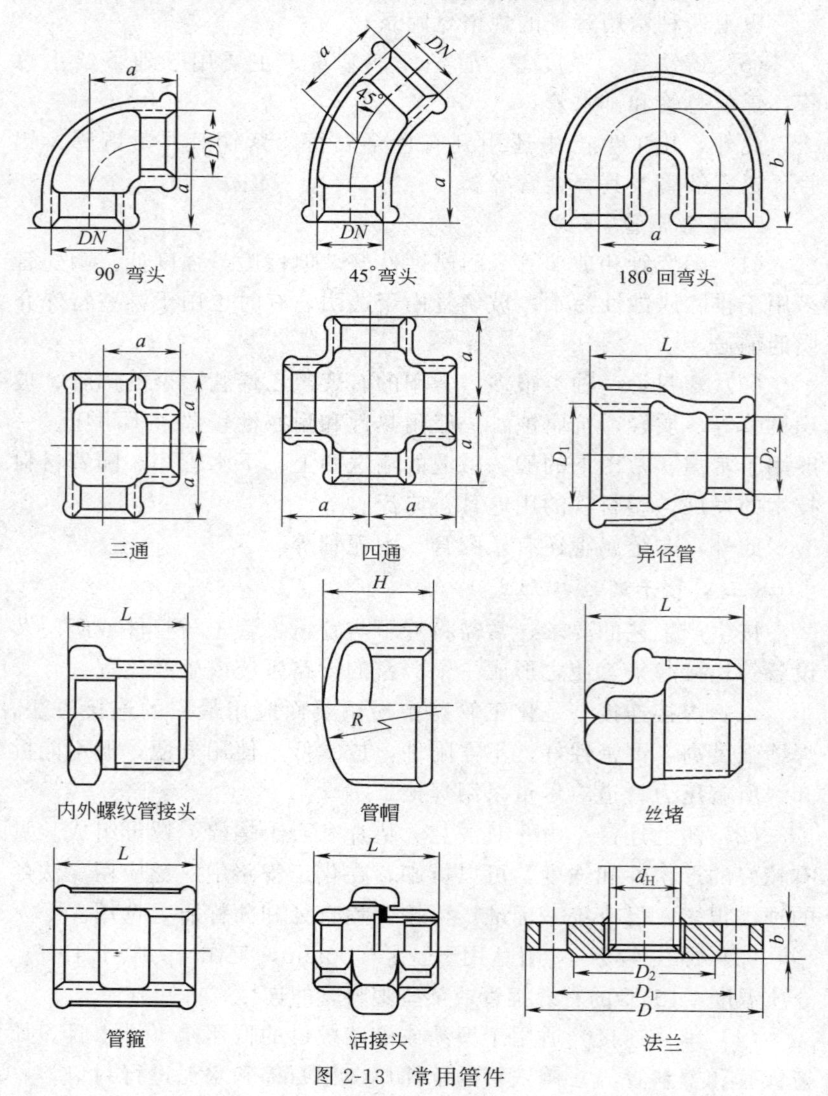

图 2-13 常用管件

（1）连接用管件　内螺纹管接头、外螺纹管接头、活接头、法兰等。

（2）引导方向用管件　45°、90°、180°弯头。

（3）分、合流体用管件　等径或变径的三通、四通。

（4）改变管路直径用管件　同心异径管、偏心异径管。

（5）堵塞管路用管件　管帽、丝堵、法兰盖。

（五）常用阀门

阀门主要用来控制、调节流量和关闭流体通道，在化工生产中广泛使用。部分常用阀门的结构见图 2-14。

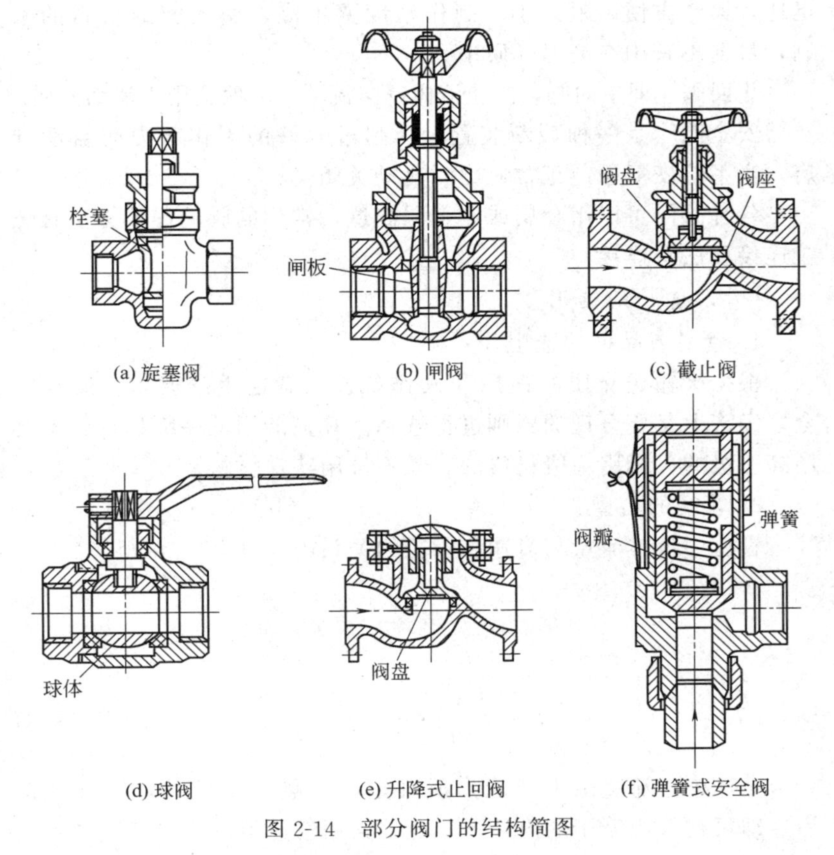

图 2-14　部分阀门的结构简图

闸阀　在阀体内有一闸板与介质流向垂直，利用闸板的升降控制阀的开度。密封性能好、阻力小，具有一定的调节流量性能，但密封易磨损，不适合于输送含有颗粒的介质。常使用在大口径管路上。

截止阀　利用装在阀杆下面的阀盘与阀体的突缘部分相配合来控制阀的开度。结构比闸阀简单，可调节流量，应用广泛。但阻力较大，不太适用于带颗粒介质。安装时具有方向性。

球阀　有一个中间带有穿孔的球体作阀芯，靠旋转阀芯控制阀的启闭。可做成直通、三通或四通。球阀结构简单，零件少，开关迅速，操作方便，阻力小，制作精度要求高，由于密封材料的限制，目前不宜用在高温介质中。

止回阀　即单向阀，防止流体反向流动，一般适用于清洁介质。

安全阀　是一种截断装置，当超过允许的工作压力时自动开启，当系统恢复原定正常压力时自动关闭。

各种阀门可以用金属或非金属制造，常用的阀门连接方法有螺纹连接和法兰连接。

（六）管子的选用

1. 管材或品种的选用

根据被输送介质的性质和操作条件，满足生产要求。既要安全，经济上又要合理的原则进行选择。凡是能用低一级的，就不要用高一级的；能用一般材料的，就不选用特殊材料。

2. 管径的估算

管道中流体流量与流速和管径的关系由式（2-7）可得

$$u=\frac{4V_{\mathrm{s}}}{\pi d^{2}}$$

即

$$d=\sqrt{\frac{4V_{\mathrm{s}}}{\pi u}}=\sqrt{\frac{V_{\mathrm{s}}}{0.785u}} \tag{2-18}$$

生产中，流量由生产能力所确定，一般是不变的，选择流速后，即可初算出管子的内径。工业上常用流速范围可参考表2-2。

表 2-2　某些流体在管道中常用的流速范围

流体种类及状况	流速 /(m/s)	流体种类及状况	流速 /(m/s)
水及一般液体	1～3	易燃、易爆的低压气体	<8
黏度较大液体	0.5～1	饱和水蒸气：0.3MPa 以下	20～40
低压气体	8～15	饱和水蒸气：0.8MPa 以下	40～60
压力较高气体	15～25	过热水蒸气	30～50

初算出管内径后，按算出的管内径套管子的公称直径（考虑工作压力）查管子规格表，确定实际内径和实际流速。

在选择管子直径时，应注意使操作费用和投资折旧费用最低。当流速选得越大，所需的管子直径越小，管子的投资折旧费越小，但输送流体的动力消耗和操作费用将增大。

【例 2-11】 现欲安装一低压的输水管路，水的流量为 $7m^3/h$，试确定管子的规格，并计算其实际流速。

解：因输送低压的水，故选镀锌的水煤气管。由表 2-2 知，选水的流速为 1.5m/s，则

$$d=\sqrt{\frac{V_s}{0.785u}}=\sqrt{\frac{7/3600}{0.785\times1.5}}=0.0406\text{m}=40.6\text{mm}$$

查附录中管子规格表，$Dg40$ 的水煤气管（普通管）的外径为 48mm，壁厚为 3.5mm，实际内径为 48－2×3.5＝41mm＝0.041m。

实际流速　$u=1.5\times\left(\frac{40.6}{41}\right)^2=1.47\text{m/s}$

二、流体流动类型

（一）流体流动类型

流体充满导管作连续定常流动时，有两种本质不同的流动类型，即层流和湍流。

层流（又称滞流）　流体的质点沿管轴方向做规则的平行直线运动，质点之间不干扰及相混。因此，整个导管内的流体如同一层一层的流体平行流动。

湍流（又称紊流）　流体的质点有剧烈的扰动、碰撞和混合，做不规则的紊乱运动。因此，流体质点除沿导管向前整体流动外，

各质点的运动速度在大小和方向上随时都在发生变化。

（二）流体流动类型的判别——雷诺数

流体的流动类型可以在雷诺实验中进行观察，其实验装置如图2-15。清水从恒位槽稳定定常地流入玻璃管，玻璃管进口处中心插有连接红墨水的细管，分别用阀A、B调节清水和红墨水的流量，使两者的流速基本一致。此时，可以观察到：当清水流速不大时，红墨水在玻璃管中心呈明显的细直线随清水流动，如图2-16（a）所示，此现象说明流体质点沿管轴做平行直线运动。逐渐增大流速（流量），可观察到作直线流动的红色细线出现波动而呈波浪式细流，如图2-16（b）所示。继续增大清水流速至某一值时，红色细线波动加剧或断裂，很快和清水完全混合，如图2-16（c）所示。

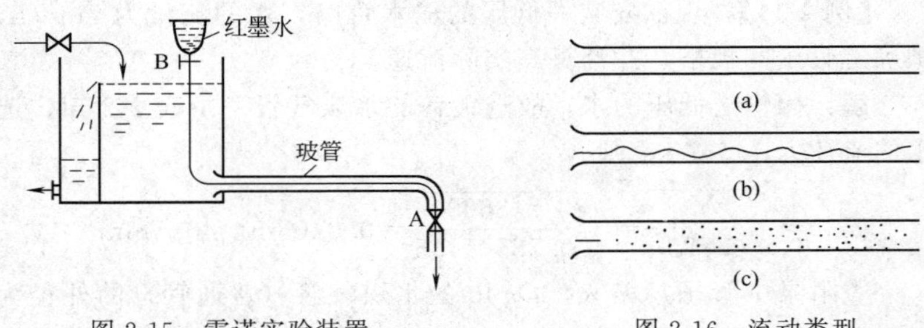

图2-15　雷诺实验装置　　　　图2-16　流动类型

对不同的流体和不同尺寸的管道进行大量的实验后证明，流体流动类型不仅与流速 u 有关，还与流体的物性（密度 ρ、黏度 μ）及管道形状（如圆管内径 d）有关，将这些因素组成一个复合数群，称为雷诺数 Re，即

$$Re=\frac{du\rho}{\mu} \tag{2-19}$$

雷诺数是一个无因次数群（式中各物理量用同一种单位制进行计算时，得到的是无单位的数），由此特征数可判别流体流动类型。在一般情况下，当 $Re<2000$ 时，流体的流动类型为层流；当 $Re>4000$ 时，流体的流动类型为湍流；在 $2000\leqslant Re\leqslant 4000$ 时，流动类型属不稳定的过渡区，过渡区可能是层流，也可能是湍流，其流

动类型与外界条件的影响有关，如管径或流向的改变、外来的轻微振动等，都容易形成湍流。

【例 2-12】 求 20℃时煤油在圆形直管内流动时的 Re 值，并判断其流型。已知管内径为 50mm，煤油的流量为 $6m^3/h$，20℃下煤油的密度为 $810kg/m^3$，黏度为 3mPa·s。

解：已知 $d=0.050mm$，$\rho=810kg/m^3$，$\mu=3\times10^{-3}Pa\cdot s$，煤油在管中的流速为

$$u=\frac{V_s}{0.785d^2}=\frac{(6/3600)}{0.785\times(0.050)^2}=0.849m/s$$

此时 Re 为

$$Re=\frac{du\rho}{\mu}=\frac{0.050\times0.849\times810}{3\times10^{-3}}=1.146\times10^4>4000$$

所以流型为湍流。

Re 反映了流体流动的湍动程度，Re 值越大，湍动程度越大，内摩擦也越大，所以流体阻力的大小与 Re 值有直接的关系。

还须指出，无论流体的湍动程度如何剧烈，由于流体的黏性，在紧靠管内壁处总有一层做层流流动的流体薄层，称为层流内层。此层流内层的厚度随 Re 的增大而减薄，它的存在对流体阻力、传热和传质等过程影响较大。

三、管路阻力计算

实际流体会产生阻力，而流体的黏性（内摩擦力）是产生流体阻力的内因，流动类型是产生流体阻力的外因。要克服阻力，则需消耗一部分机械能。

为便于讨论和计算，将流体流经管路的机械能损失分为直管阻力和局部阻力两类。

（一）圆管内直管阻力

1. 直管内阻力计算通式

由理论推导可得到圆形直管内阻力，用 E_L 表示或 h_L（损失压头），其计算式通式为

$$E_L=\lambda\frac{l}{d}\frac{u^2}{2} \tag{2-20}$$

或
$$h_L=\lambda\frac{l}{d}\frac{u^2}{2g} \tag{2-20a}$$

式中 λ——摩擦系数，无因次；

l——直管长，m。

对于等径的水平直管，将式（2-20）各项乘以密度得

$$\Delta p=\rho E_L=\lambda\frac{l}{d}\frac{u^2\rho}{2} \tag{2-20b}$$

式（2-20b）中可知，流体在直管中的直管阻力或压头损失与摩擦系数、直管长度、流速及管道直径有关。而摩擦系数与雷诺数有关，对于湍流流动时，有的情况下还与管壁粗糙度有关。摩擦系数与雷诺数及管壁粗糙度的关系如图 2-17 所示。

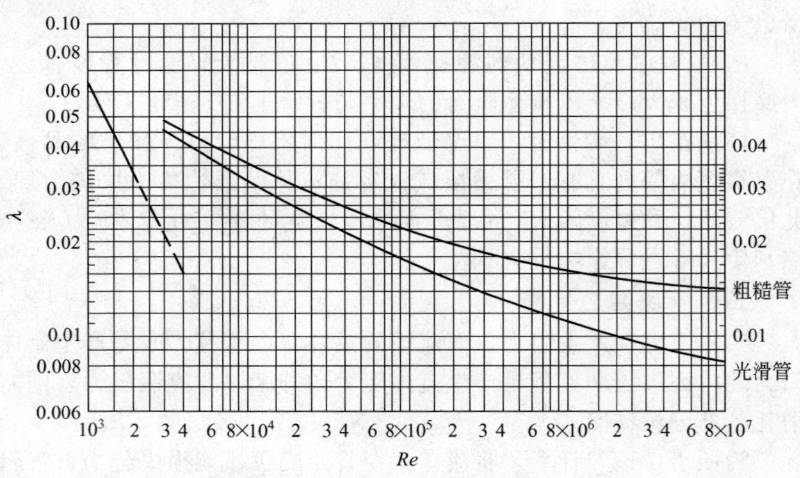

图 2-17 摩擦系数 λ 与雷诺数 Re 的关系

2. 摩擦系数 λ

（1）层流时的摩擦系数 当 $Re<2000$ 时，理论推导和实验证明，摩擦系数 λ 只与雷诺数 Re 有关，与管壁粗糙度无关，其计算式为

$$\lambda=\frac{64}{Re} \tag{2-21}$$

在图 2-17 中，λ 与 Re 成直线关系。

（2）湍流时的摩擦系数　当 $Re>4000$ 时，摩擦系数的影响因素比层流时复杂得多，为了简化计算，根据管道管内壁粗糙度，将管道分为粗糙管与光滑管。如将钢管和铸铁管等认为是粗糙管；将玻璃管、黄铜管、铅管、塑料管等认为是光滑管。粗糙管和光滑管摩擦系数 λ 与雷诺数 Re 的关系见图 2-17。

对于 $2000\leqslant Re\leqslant 4000$ 时，过渡区流动类型是不稳定的，计算阻力时将过渡区视为湍流，按湍流查取摩擦系数值。

【例 2-13】 20℃的硫酸在 1in 的普通有缝钢管中以 0.2m/s 流速流动，管长 100m，试求阻力损失和压力降。若同样流速下流动的是水，则阻力损失和压力降又是多少？

解　（1）查 20℃时硫酸的物性，$\mu=23\text{mPa}\cdot\text{s}$，$\rho=1831\text{kg/m}^3$

1in 普通有缝钢管的内径 $d=33.5-2\times3.25=27\text{mm}$

$$Re=\frac{du\rho}{\mu}=\frac{0.027\times0.2\times1831}{23\times10^{-3}}=430<2000\quad \text{属层流}$$

$$\lambda=\frac{64}{Re}=\frac{64}{430}=0.1488$$

$$E_{\text{L}}=\lambda\ \frac{l}{d}\ \frac{u^2}{2}=0.1488\times\frac{100}{0.027}\times\frac{0.2^2}{2}=11.0\text{J/kg}$$

$$\Delta p=\rho E_{\text{L}}=1831\times11=20.14\times10^3\text{Pa}$$

（2）查 20℃水的物性，$\mu=1.005\text{mPa}\cdot\text{s}$，$\rho=998\text{kg/m}^3$

$$Re=\frac{du\rho}{\mu}=\frac{0.027\times0.2\times998}{1.005\times10^{-3}}=5362>4000\quad \text{属湍流}$$

钢管为粗糙管，查图 2-17 $\lambda=0.042$

$$E_{\text{L}}=0.042\times\frac{100}{0.027}\times\frac{0.2^2}{2}=3.11\text{J/kg}$$

$$\Delta p=998\times3.11=3.10\times10^3\text{Pa}$$

（二）局部阻力

流体流经管路中的局部部件，如弯头、阀门、管道骤然缩小或扩大时，流体的流速或流向突然发生变化，出现涡流和加剧扰动，使这些局部位置处的阻力显著增加，流体通过这些局部位置的机械能损失称为局部阻力，用 E_c 表示。局部阻力的计算有两种计算方法。

1. 当量长度法

将局部阻力折算成相当于同管径直管长度所产生的阻力，此折算的直管长度称为当量长度，用 l_e 表示。当量长度值由实验测定，列于表 2-3。由直管阻力计算可得

$$E_c=\lambda \frac{l_e}{d}\frac{u^2}{2} \tag{2-22}$$

2. 阻力系数法

克服局部阻力引起的机械能损失，可以用动能的倍数来表示。即

$$E_c=\zeta \frac{u^2}{2} \tag{2-23}$$

式中　ζ——局部阻力系数，由实验测定。常用值列于表 2-3 中。

（三）总阻力计算

1. 总阻力计算式

管路和总阻力包括了衡算范围内的全部直管阻力和局部阻力之和。当为等径管时，其计算式为

（1）用当量长度法计算局部阻力时

$$E_f=\lambda \frac{l+\sum l_e}{d}\frac{u^2}{2} \tag{2-24}$$

（2）用阻力系数法计算局部阻力时

$$E_f=\left(\lambda \frac{l}{d}+\sum \zeta\right)\frac{u^2}{2} \tag{2-25}$$

式中　$\sum l_e$——各局部当量长度之和，m；

$\sum \zeta$——各局部阻力系数之和。

当流体流经的截面发生变化时，应按不同的管径分段计算。计算管道骤然缩小或扩大时的局部阻力，采用较小截面处的流速。

局部阻力计算比较繁琐，误差较大，用不同的方法计算的结果

表 2-3　常用管件和阀门的当量长度与阻力系数值

<table>
<tr><th>名　称</th><th>l_e/d</th><th colspan="12">ζ</th></tr>
<tr><td>标准弯头 45°
90°</td><td>15
30～40</td><td colspan="12">0.35
0.75</td></tr>
<tr><td>方形弯头 90°</td><td>60</td><td colspan="12">1.3</td></tr>
<tr><td>180°回弯头</td><td>50～75</td><td colspan="12">1.5</td></tr>
<tr><td rowspan="3">三通</td><td>40</td><td colspan="12">0.4</td></tr>
<tr><td>60</td><td colspan="12">1</td></tr>
<tr><td>90</td><td colspan="12"></td></tr>
<tr><td>活管接(活接头)</td><td></td><td colspan="12">0.4</td></tr>
<tr><td>截止阀 全开
1/2 开</td><td>300</td><td colspan="12">6.4
9.5</td></tr>
<tr><td>闸阀 全开
3/4 开
1/2 开
1/4 开</td><td>7
40
200
800</td><td colspan="12">0.17
0.9
4.5
24</td></tr>
<tr><td>由容器入管口</td><td>20</td><td colspan="12">0.5</td></tr>
<tr><td>由管口入容器</td><td>40</td><td colspan="12">1</td></tr>
<tr><td rowspan="2">突然扩大
S_1　S_2</td><td rowspan="2"></td><td>S_1/S_2</td><td>0.1</td><td>0.2</td><td>0.3</td><td>0.4</td><td>0.5</td><td>0.6</td><td>0.7</td><td>0.8</td><td>0.9</td><td>1</td><td>0</td></tr>
<tr><td>ζ</td><td>0.81</td><td>0.64</td><td>0.49</td><td>0.36</td><td>0.25</td><td>0.16</td><td>0.09</td><td>0.04</td><td>0.01</td><td>0</td><td>1</td></tr>
<tr><td rowspan="2">突然缩小
S_1　S_2</td><td rowspan="2"></td><td>S_1/S_2</td><td>0.1</td><td>0.2</td><td>0.3</td><td>0.4</td><td>0.5</td><td>0.6</td><td>0.7</td><td>0.8</td><td>0.9</td><td>1</td><td>0</td></tr>
<tr><td>ζ</td><td>0.47</td><td>0.45</td><td>0.38</td><td>0.34</td><td>0.30</td><td>0.25</td><td>0.20</td><td>0.15</td><td>0.09</td><td>0</td><td>0.5</td></tr>
</table>

也有差异。做近似计算时，对不很复杂的管路系统，局部阻力可估计为直管阻力的 30%～50%。

2. 降低流体阻力的途径

当流量一定时，将流速与流量的关系式 $u=\frac{4V_s}{\pi d^2}$ 代入式(2-24)，整理后得

$$E_f=\lambda\frac{(l+\sum l_e)8V_s^2}{\pi^2}\frac{1}{d^5} \tag{2-26}$$

从式（2-26）中可见，湍流时 λ 值变化不大，可近似认为阻力损失与管径的 5 次方成反比。管径增大，阻力损失减少，动力消耗也将减少。所以适当增大管径，对大流量的输送是很重要的，特别对低压气体在真空管路中更显重要。

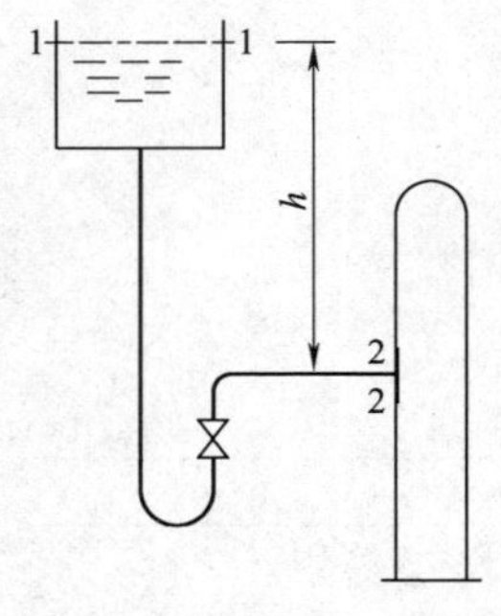

图 2-18 例 2-14 附图

【例 2-14】 用高位槽使料液自动流入精馏塔，如图 2-18 所示，要求向塔内连续定常进料。高位槽液面恒定，塔内操作压力为 40kPa（表压），进料量为 $50m^3/h$，已知料液的密度为 $900kg/m^3$，黏度为 1.5mPa·s，接管规格为 $\phi108mm\times4mm$ 钢管，直管长度为 9m，管路上有一个 180°回弯头，一个 90°标准弯头，一个全开截止阀，则高位槽的液面要高出塔的进料口多少米才能达到要求？

解：取高位槽液面为 1-1 截面，塔进料管口（未出管口）为 2-2 截面，以 2-2 截面中心线为基准水平面，在 1-2 截面间列伯努利方程式有

$$Z_1g+\frac{u_1^2}{2}+\frac{p_1}{\rho}=Z_2g+\frac{u_2^2}{2}+\frac{p_2}{\rho}+E_f$$

已知 $u_1=0$，$p_1=0$（表压），$Z_2=0$，$p_2=40kPa$（表压），

$$u_2=\frac{V_s}{A}=\frac{50/3600}{0.785\times0.1^2}=1.77m/s$$

$$Re=\frac{du\rho}{\mu}=\frac{0.1\times1.77\times900}{1.5\times10^{-3}}=1.06\times10^5 \quad 属湍流$$

钢管为粗糙管，查图 2-17 得：$\lambda=0.022$

查表 2-3 可得

$$储槽入管口\frac{l_e}{d}=20，180°回弯头一个\quad\frac{l_e}{d}=75，$$

$$90°标准弯头一个\quad\frac{l_e}{d}=40，全开截止阀一个\quad\frac{l_e}{d}=300$$

则
$$\sum\frac{l_e}{d}=435$$

$$E_f=\lambda\frac{l+\sum l_e}{d}\frac{u^2}{2}=0.022\times\left(\frac{9}{0.1}+435\right)\times\frac{1.77^2}{2}=18.1\text{J/kg}$$

$$hg=\frac{p_2-p_1}{\rho}+\frac{u_2^2}{2}+E_f=\frac{40\times10^3}{900}+\frac{1.77^2}{2}+18.1=64.1\text{J/kg}$$

所以
$$h=\frac{64.1}{9.81}=6.53\text{m}$$

为保证所需的流量，并考虑适当的调节余地，可取高位槽液面高出塔进料管口为 7m。

*第五节　流量测量

在化工生产过程中，常常需要测量流体的流速或流量。测量装置的型式很多，本节介绍的是以流体机械能守恒原理为基础，利用动能变化和静压能变化关系来实现流量测量的装置，所以也是伯努利方程式的应用实例之一。

一、孔板流量计

（一）结构

在管道中装有一块中央开有圆孔的金属板，其孔口与流动方向垂直，在厚度方向上沿流向以 45°角扩大，呈锐孔，见图 2-19。孔板前后开有测压孔，孔板常用法兰固定于管道中。

（二）测量原理

在图 2-19 所示的水平管路中，流体由管道截面 1-1′以流速 u_1 流过锐孔板，因流道的突然缩小，使流体的流速增大而压力降低。由于惯性作用，流体经锐孔流出后，流动截面会继续收缩至截面 2-2′，此处流速最大而压力最小，称为缩脉。

设管内截面积为 A_1，孔口截面积为 A_0，缩脉的截面积为 A_2。但 A_2 无法直接测取，所以近似用孔口处流速 u_0 代替缩脉处的流速 u_2。若用 U 形管压差计测量孔板前后的压差，U 形管中指示液

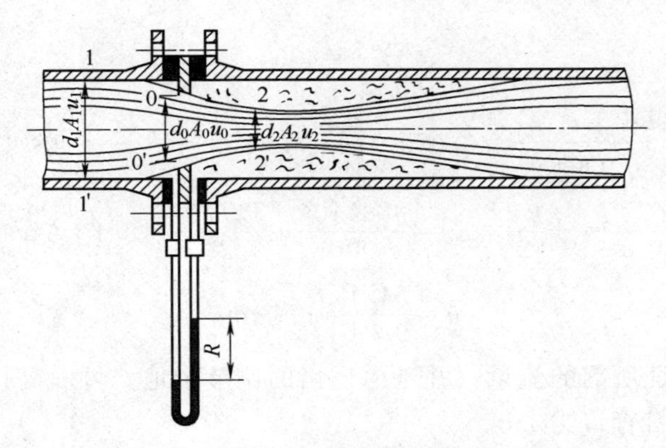

图 2-19　孔板流量计

的密度为 ρ_i，将流动阻力、缩脉等影响因素用系数 c_1 来进行校核，根据伯努利方程式、不可压缩流体的连续性方程和 U 形管压差计的测压原理式，可得孔口处流速 u_0 与 U 形管压差计中读数 R 的关系式为

$$u_0=\frac{c_1}{\sqrt{1-\left(\frac{A_0}{A_1}\right)^2}}\sqrt{\frac{2(\rho_i-\rho)gR}{\rho}} \tag{2-27}$$

令 $c_0=\frac{c_1}{\sqrt{1-\left(\frac{A_0}{A_1}\right)^2}}$，称为孔流系数。

则
$$u_0=c_0\sqrt{\frac{2(\rho_i-\rho)gR}{\rho}} \tag{2-27a}$$

于是管内流体的体积流量为

$$V_s=u_0A_0=c_0A_0\sqrt{\frac{2(\rho_i-\rho)gR}{\rho}} \tag{2-28}$$

从式（2-27a）和（2-28）可知，当 c_0 为已知时，读出 U 形管压差计的读数，即可计算出体积流量。

孔流系数 c_0 的影响因素很多，如流体流经孔板的流动情况、测压口的位置、孔口形状及加工精度和 A_0/A_1 值等。一般不同的孔板流量计的孔流系数由实验测定，在说明书上有用实验测得的数据所作的图形。孔板流量计的测量范围，应该是孔流系数不随雷诺数变化的区域。一般选用的孔流系数值为0.6～0.7。

孔板流量计的结构简单，制造、安装、使用均较方便，在工程上被广泛采用。但流体通过孔板时局部阻力大。

二、转子流量计

（一）结构

如图2-20所示，转子流量计是由一支上粗下细的微锥形玻璃管及直径略小于玻璃管直径用金属或其他固体材料制成的转子（又称为浮子）所构成，转子材料的密度应大于被测流体的密度。

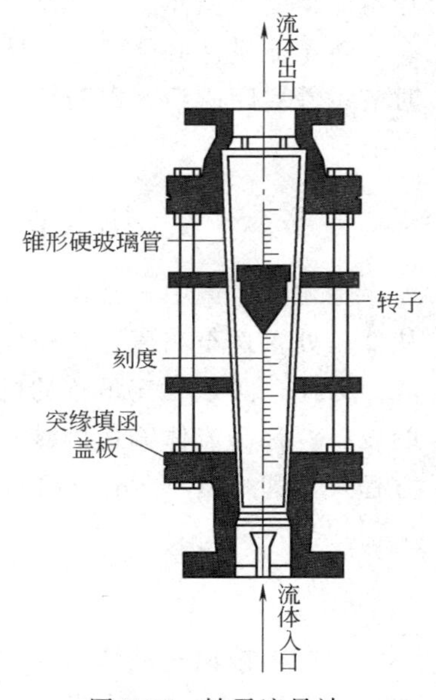

图2-20　转子流量计

（二）测量原理

当流量为零时，转子处于玻璃管的底部。当有一定流量流体流过时，流体自下而上流过转子与玻璃管壁间的环隙截面，由于转子上方截面较大，环隙截面积较小，此处流速增大，压力降低，使转子上下端面产生了压力差，对转子产生了一个向上的推力；当此力超过转子的重力与浮力之差值时，转子将上移，由于玻璃管是上大下小的锥形体，故环隙截面随之增加，在同一流量下，环隙流速减小，两端压差也随之降低。当转子上升到一定高度时，由转子两端的压差所造成的向上推动力等于转子所受重力与浮力差时，在一定的流量下，转子将稳定悬浮于该高度位置上。流量增大时，通过原来位置的环隙截面的流速增大，这样作用于转子上、下端的压差也将随之增加，但转子所受的重力与浮力之差并不发生变化，因而转子必上浮到一个新的高度，直至达到新的力平衡为止。流量越大，转子的平衡位置越高，故转子上升位置的高低可以直接反映流体流量的大小，转子流量计玻璃管表面上的刻度就直接反映了流量的大小。

转子流量计上流量的刻度值，一般是在出厂前用 20℃ 清水（测量液体的流量计）或 20℃、101.3kPa 的空气（测量气体的流量计）进行标定的，若实际生产中用于不同介质，则应进行校核或重新标定。

转子流量计读数方便，阻力损失较小，测量范围较宽。但玻璃管不能承受高温高压，且易碎。所以在选用时应注意使用条件。

转子流量计必须垂直安装在管路上，而且必须下进上出。操作时应缓慢启闭阀门，以防转子的突然升降而击碎玻璃管。

第六节　流体输送机械

在化工生产中，常需将一定量的流体从某处输送到另一处，或从低压处输送至高压处，流体沿管路输送过程中又将损失部分机械能。为此，必须补充足够的机械能，这种为输送流体而提供机械能的设备，称为流体输送机械。输送机械应提供的机械能可用伯努利方程式，即式（2-15b）确定，即

$$H=\Delta Z+\frac{\Delta u^2}{2g}+\frac{\Delta p}{\rho g}+h_f$$

生产上被输送流体的性质和操作条件差异很大，为适应各种流体的输送而发展了很多类型的输送机械。流体输送机械分为液体输送机械（常称为泵）和气体输送机械（又称为风机或压缩机）；目前常用的流体输送机械按工作原理可分为离心式、往复式、旋转式和流体作用式四种。

一、离心泵

离心泵是用于输送液体的流体输送机械，在生产中应用最广泛，在化工用泵中约占 80%左右。

（一）离心泵的结构和工作原理

离心泵的结构如图 2-21 所示，基本部件是旋转的叶轮和固定的泵壳。叶轮安装在由原动机（如电机、透平机等）带动的泵轴上，并密封在泵壳内。叶轮通常是由 4～12 片后弯叶片组成，根据被输送液体的特性分为开式、半闭式和闭式叶轮，如图 2-22。泵壳为蜗壳形，叶轮的旋转方向与蜗壳流道逐渐扩大的方向一致。在泵壳中央有吸入口与吸入导管相连接，吸入导管末端装有带滤网的底阀（单向阀）；泵壳在切线方向上有排出口与压出导管相连接，再装上出口调节阀。

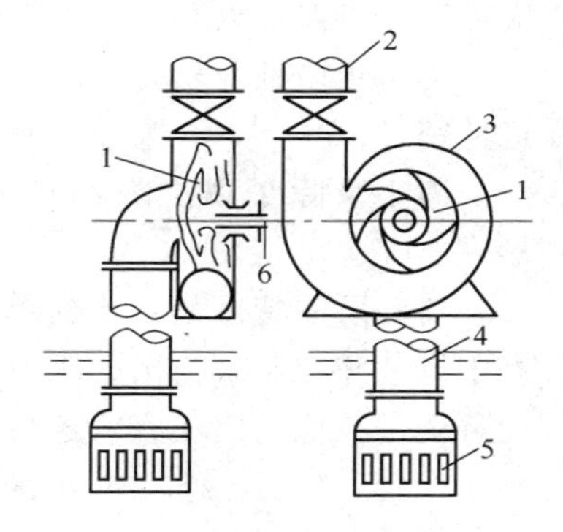

图 2-21　离心泵的构造和装置

1—叶轮；2—压出导管；3—泵壳；4—吸入导管；5—底阀；6—泵轴

启动泵前泵壳内要充满被输送的液体，当原动机带动叶轮旋转时，叶轮内的液体受离心力的作用抛向外缘，使液体的流速（流速可达15～25m/s）和压力都有增加，进入逐渐变宽的壳体通道后，液体的部分动能又转化为静压能而以较高压力进入压出导管，被输送到所需管路系统。液体被叶轮抛出后，在叶轮中央形成真空，在储槽压力作用下液体被压入泵内。

从离心泵的工作过程来看，如果离心泵在启动前泵内和吸入管

图 2-22　叶轮的类型

内没有充满液体，存在有空气时，叶轮旋转后，密度极小的空气所受离心力很小，不能被排出，使叶轮中央的负压太小而不足以吸入液体，形成叶轮的空转，这种现象称为气缚现象。所以在泵启动前应灌液，以保证离心泵的正常运转。

为防止泵轴与泵壳处的漏液或漏入空气，必须采用填料密封或机械密封。

离心泵除了以上介绍的常用的结构外，还有其他一些结构形式。

离心泵的特点是结构简单，流量均匀，可用耐腐蚀材料制造，易于调节和控制，输出的压力不太高，但有较大的流量，维修较方便且费用较低，但不宜输送高黏度液体。

（二）离心泵的性能和特性曲线

在离心泵的铭牌上标注有由泵生产厂测定出的性能参数，如流量、扬程、轴功率、效率、转数和汽蚀余量等。

1. 流量（又称为送液能力）

泵在单位时间内输送的液体量，常用体积流量 V_s 表示，单位为 m^3/s 或 m^3/h。其大小主要取决于泵的结构、尺寸（叶轮直径和流道尺寸）及转速等。

2. 扬程（又称为压头）

离心泵对单位重量液体所提供的有效机械能，用 H 表示，其单位为 m。扬程大小取决于泵的结构尺寸、转速和流量等。在一定转速下，扬程与流量之间存在一定的对应关系。目前泵的扬程尚不能从理论上准确计算，而是借助实验进行测定。

用图 2-23 的实验装置来进行扬程计算式的推导和升扬高度的说明。在图 2-23 的实验装置中，泵的吸入口和排出口分别装有真空表和压力表，在真空表和压力表处取截面 a-a 和 b-b，在 a-b 截面间列伯努利方程式

$$Z_a+\frac{1}{2g}u_a^2+\frac{p_a}{\rho g}+H=Z_b+\frac{1}{2g}u_b^2+\frac{p_b}{\rho g}+h_{f(a-b)}$$

由于 a-b 截面间距离很短，$h_{f(a-b)}$ 可不计，取 $Z_b-Z_a=h_0$，

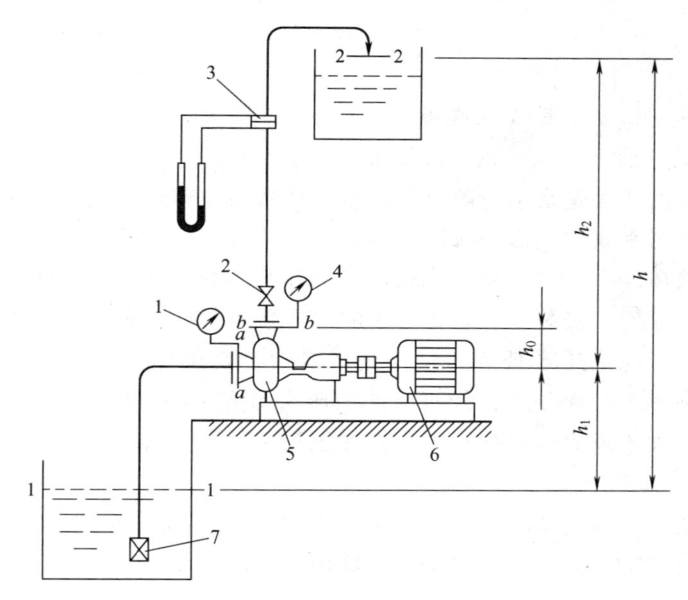

图 2-23 离心泵实验装置

1—真空表；2—调节阀；3—流量计；4—压力表；5—离心泵；6—电动机；7—底阀

则
$$H=h_0+\frac{u_b^2-u_a^2}{2g}+\frac{p_a-p_b}{\rho g} \tag{2-29}$$

若 $u_a \approx u_b$，则泵的扬程为

$$H=h_0+\frac{p_a-p_b}{\rho g} \tag{2-29a}$$

式中 p_a——a-a 截面上的压强，Pa；

p_b——b-b 截面上的压强，Pa。

如果以水池液面为 1-1 截面，管出口为 2-2 截面，并以 1-1 截面为基准水平面，在 1-2 截面之间列伯努利方程式，可得该系统的外加压头计算式，即

$$H=(Z_2-Z_1)+\frac{u_2^2-u_1^2}{2g}+\frac{p_2-p_1}{\rho g}+h_f$$

因 $p_1=p_2$，$u_1=0$，取 $Z_2-Z_1=h$，并 $h=h_1+h_2$

则有
$$H=h+\frac{u_2^2}{2g}+h_f \tag{2-30}$$

升扬高度 h 是吸入高度 h_1 和排出高度 h_2 之和，即 $h=h_1+h_2$，也是伯努利方程式中位压头之差。

泵的扬程是泵本身固有的特性，其结构和转速一定后，以要输送水及与水物性相似的液体，离心泵的特性是不变的。而外加压头是指液体经一定的管路系统时，需要补充多少机械能才能满足生产要求。显然，安装在管路系统中的离心泵，其扬程必须略大于外加压头才能完成生产任务，这是选择泵的必要条件之一。对于如图2-23所示的管路系统，扬程、外加压头与升扬高度三者的关系为：扬程略大于或等于外加压头，外加压头大于升扬高度。

3. 轴功率

泵在运转时从原动机所获得的功率，为轴功率，用 N_a 表示，单位为 W 即 J/s。离心泵的轴功率由实验测定。

4. 效率

泵的有效功率与轴功率之比称为效率，用 η 表示。有效功率是指液体经泵后所获得的实际功率，也就是泵对液体所做的净功率，用 N 表示，其计算式为

$$N=V_s\rho Hg \tag{2-31}$$

由于泵内存在着能量的损失，使部分轴功率不能用于液体的输送，则效率为

$$\eta=\frac{N}{N_a}=\frac{V_s\rho Hg}{N_a} \tag{2-32}$$

或
$$N_a=\frac{N}{\eta}=\frac{V_s\rho Hg}{\eta} \tag{2-32a}$$

5. 离心泵的特性曲线

离心泵的特性曲线是指泵的主要性能参数扬程 H、轴功率 N_a、效率 η 与流量 V_s 的关系曲线。泵的制造厂将特性曲线附在说明书中，供使用者选泵和操作时参考。

图 2-24 为 IS 100-80-125 型离心泵的特性曲线，此曲线随转速

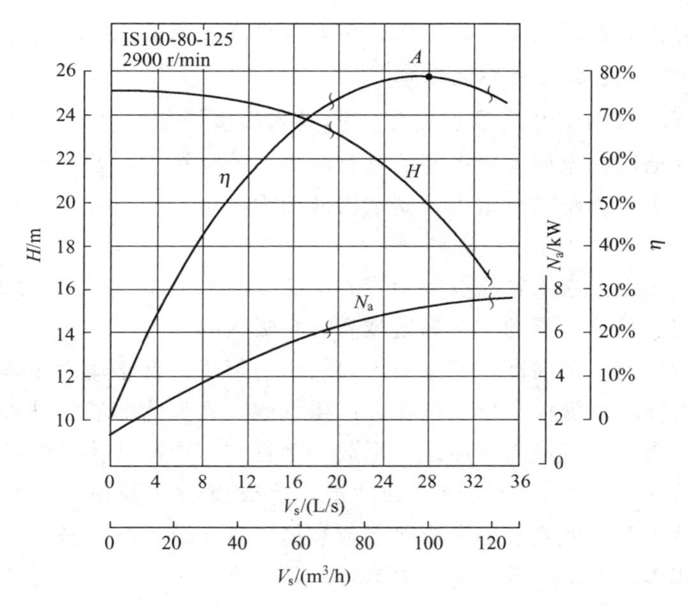

图 2-24　IS 100-80-125 型离心泵特性曲线

A 点最高效率的性能参数：$V_s=100m^3/h$（27.8L/s）；$H=20.0m$；

$\eta=78\%$；$N_a=7kW$；$n=2900r/min$；$\Delta h=4.5m$

而变。各种不同型号的离心泵都有独特的特性曲线，但它们具有共同的特点。

(1) H-V_s 曲线　表示扬程与流量的关系。离心泵的扬程一般随流量的增大而下降。

(2) N_a-V_s 曲线　表示轴功率与流量的关系。轴功率随流量的增大而上升，流量为零时轴功率最小。所以离心泵在启动时，要关闭泵的出口阀，使启动电流最小，以保护电机。

(3) η-V_s 曲线　表示泵的效率与流量的关系。当流量为零时，效率为零；流量增大，效率随之上升至最大效率点；流量再增大，效率便下降。说明离心泵在一定转速下有一个最高效率点 A，A 点称为设计点，泵在设计点所对应的扬程、流量下工作最经济。离心泵铭牌上标出的性能参数就是设计点的最佳参数。在选用离心泵时，应使之在设计点附近工作，一般取最高效率的90%以上。

（三）离心泵的安装高度

离心泵的安装高度也就是泵的吸入高度，如图2-23中的h_1，即储水槽液面至泵入口中心的垂直距离。若叶轮入口处能形成绝对真空，吸入管路没有阻力，储水槽液面为一个大气压时，离心泵的最大吸入高度为10.33m。

实际上，吸入管路有阻力存在，泵吸入口不可能为绝对真空。在一定流量下，泵的安装高度越高，泵吸入的压力越低。当泵的安装位置达到一定高度，使泵吸入口的压力等于或低于输送液体的饱和蒸汽压时，液体会发生汽化，产生气泡，含气泡的液体进入叶轮后，压力升高气泡迅速凝结，形成局部真空，周围液体以极高的速度冲向原气泡处，产生极大的冲击，造成撞击和振动，并发出噪声，严重时使叶轮表面形成斑点或裂缝，日久致使叶轮被冲蚀成海绵状或大块脱落，泵不能正常运转，甚至吸不上液，这种现象称为离心泵的汽蚀现象。

为避免汽蚀现象的发生，叶轮中心处的压力必须高于液体的饱和蒸汽压，也就是说泵的安装高度不能太高和吸入管阻力不能过大，使泵在运转时其入口处的动压头与静压头之和大于被输送液体在操作温度下的饱和蒸汽压头，入口处的动压头与静压头之和与被输送液体在操作温度下的饱和蒸汽压头之差值称为允许汽蚀余量（简称汽蚀余量），用Δh表示，其表达式为

$$\Delta h=\left(\frac{p_1}{\rho g}+\frac{u_1^2}{2g}\right)-\frac{p_v}{\rho g} \tag{2-33}$$

式中　p_1——泵吸入口处的压力，Pa；

u_1——泵吸入口处液体的流速，m/s；

p_v——操作温度下被输送液体的饱和蒸汽压，Pa。

汽蚀余量也是离心泵的性能参数之一，由泵制造厂通过实验测定，列入泵的产品样本中，供确定离心泵的安装高度时使用。离心泵的最大安装高度h_g的计算式为

$$h_g=\frac{p_0}{\rho g}-\frac{p_v}{\rho g}-h_{f1}-\Delta h \tag{2-34}$$

式中　h_g——最大安装高度，m；

p_0——储槽液面压力，Pa；

h_{f1}——吸入管路的阻力损失，m。

为安全可靠，泵的实际安装高度应比最大安装高度低0.5～1m。

（四）离心泵的类型和选用

1. 离心泵的类型

离心泵的类型和规格较多，都用拼音字母和数字组成代号来表示，可查有关的说明。常用离心泵的类型和系列代号如下。

（1）IS型　为单级单吸离心泵。用于输送清水和类似清水的其他液体，结构可靠、振动小、噪声低、效率较高。输送介质温度不超过80℃，全系列流量范围6.3～400m^3/h，扬程范围5～125m，转速为2900r/min和1450r/min。

以IS 80-65-160为例说明其型号表示。

IS——单级单吸离心泵；

80——泵入口直径，mm；

65——泵出口直径，mm；

160——泵叶轮的名义直径，mm。

（2）D型　为单吸多级离心泵（离心泵的级数就是它串联的叶轮数）。用于输送不超过80℃的清水和类似清水的液体。它是一组流量小、扬程高的泵，级数越多，扬程越高。全系列有2～12级。

（3）S型　为单级双吸离心泵。用于输送不超过80℃的清水和类似清水的液体，这类泵的流量大，有两个吸入口。

（4）F型　为单级单吸耐腐蚀离心泵，F后字母表示结构材料。用于输送－20～105℃不含固体颗粒的有腐蚀性的液体。流量范围2～40m^3/h，扬程范围15～105m。

（5）Y型　为离心油泵。用于输送不含固体颗粒的石油产品，温度－20～400℃，流量范围2～600m^3/h，扬程范围32～200m。

2. 离心泵的选用

选择离心泵时，一般按下列步骤进行。

（1）选择离心泵的类型　根据被输送液体的性质和操作条件，是否含有固体颗粒及腐蚀性，决定泵类型或结构材料。

（2）确定流量和所需外加压头　根据输送的管路系统和生产任务，确定流量及所需外加压头。流量在一定范围内变动时，应以最大流量为准。外加压头用伯努利方程式计算。

（3）选泵的具体型号规格　按已选择泵的类型和已确定的流量和外加压头，查泵的产品目录，所选泵的流量和扬程可略大一些，可取计算值的 1.05～1.1 倍，但要注意所选的泵应在最高效率左右的范围内工作。选定后应列出该泵的各种性能参数。当输送液体的密度大于水的密度时，要核算轴功率，以确定电机的功率。

（五）离心泵的操作

1. 离心泵的启动

启动前，需盘轴，检查泵轴和电机轴是否转动灵活；要在泵体内和吸入管内灌液排气，以防止气缚现象的发生；灌液后关闭泵的出口阀，然后启动泵，以使启动功率最小；泵运转后，逐渐打开出口阀，进入正常操作。

2. 离心泵的运转

离心泵常用出口阀调节流量；正常运转过程中，要定期检查泵的润滑情况，防止轴承和电机过热；检查泵轴的密封情况，漏液时要及时修理。

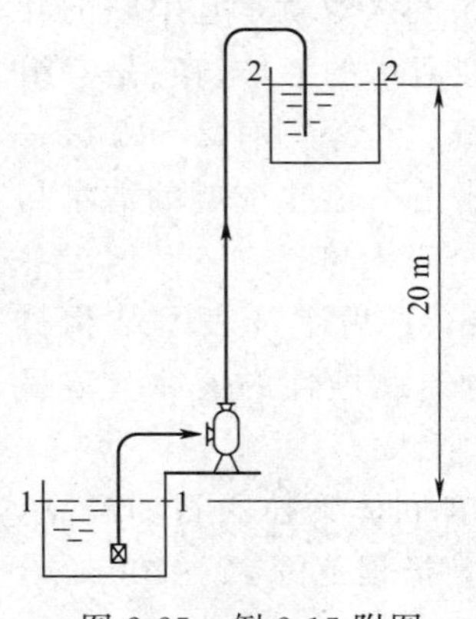

图 2-25　例 2-15 附图

3. 离心泵的停车

正常停泵时要先关闭泵的出口阀，再停电机，防止液体倒流冲击叶轮；长期停泵应将泵内和管路中的液体排净。

【例 2-15】　用泵将敞口槽中的水送到敞口高位槽，两槽水位恒定，如图 2-25。输水量为 40～46m^3/h，最大流量下吸入管路损失压头为 1.5m，排出管路损失压头为 8.5m，试选择一台合用的泵，并确定泵的实际安装高度。大气压为 98.6kPa。①输送 20℃的水；②输送 65℃的水。

解：取两槽液面分别为 1-1 和 2-2 截面，并以 1-1 截面为基准水平面，在 1-2 截面间列伯努利方程式，则外加压头为

$$H=(Z_2-Z_1)+\frac{u_2^2-u_1^2}{2g}+\frac{p_2-p_1}{\rho g}+h_f$$

已知 $Z_1-Z_2=20\text{m}$，$p_1=p_2=0$（表压），$h_f=1.5+8.5=10\text{m}$，动压头差忽略不计。

则
$$H=20+10=30\text{m}$$

用 $V_s=46\text{m}^3/\text{h}$，$H=30\text{m}$ 查附录。输送水选用 IS 型泵。在附录中有两种型号的泵可用，主要性能参数如下表。对两种泵进行比较，显然应选 IS 80-65-160 型泵，因为其效率较高，所需轴功率较少。

型　　号	流量 /(m³/h)	扬程 /m	效率 /%	轴功率 /kW	转数 /(r/min)	汽蚀余量 /m
IS 80-65-160	50	32	73	5.97	2900	2.5
IS 100-65-315	50	32	63	6.92	1450	2

① 输送 20℃水时，查得 $\rho=998.2\text{kg/m}^3$，$p_v=2.334\text{kPa}$，已知 $p_0=98.6\text{kPa}$，$\Delta h=2.5\text{m}$

则
$$h_g=\frac{p_0}{\rho g}-\frac{p_v}{\rho g}-h_{f1}-\Delta h$$

$$=\frac{(98.6-2.334)\times 10^3}{998.2\times 9.81}-1.5-2.5=5.83\text{m}$$

实际安装高度为　　$5.83-1=4.83\text{m}$

② 输送 65℃水时，查得 $\rho=980.5\text{kg/m}^3$，$p_v=25.5\text{kPa}$

则
$$h_g=\frac{(98.6-25.5)\times 10^3}{980.5\times 9.81}-1.5-2.5=3.6\text{m}$$

实际安装高度为　　$3.6-1=2.6\text{m}$

将该泵安装在液面上方 2.6m 以下，能保证输送 20℃或 65℃的水。

二、其他类型泵

（一）往复泵

往复泵也是化工生产中较常用的一种泵，它主要由泵缸、活塞和单向阀（吸入阀和排出阀）所构成。活塞由曲轴连杆经驱动机构带动作往复运动，图 2-26 为单动往复泵的结构示意图。

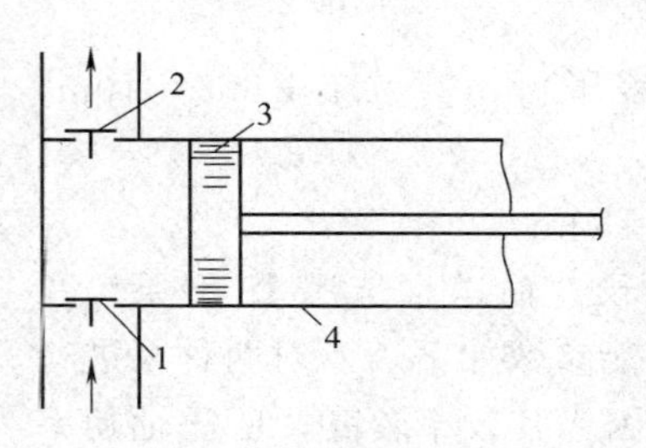

图 2-26　单动往复泵示意图
1—吸入阀；2—排出阀；3—活塞；4—泵缸

如图 2-26 所示，当活塞向右运行时，泵缸内工作容积增大而形成负压，吸入阀开启，液体进入泵缸内，进行吸液，当活塞运行到右死点时，吸液结束；当活塞向左运行时，泵缸内工作容积缩小，在活塞的挤压下使液体压力升高，吸入阀受压关闭，排出阀打开向外排液，当活塞运行到左死点时，排液结束。活塞不断做往复运动，液体交替吸入和排出。由此可见，往复泵是由活塞将外功以静压能的方式直接传递给液体的，而且不能连续地排出液体，流量非常不均匀。

为改善单动泵的流量不均匀性，可采用双动泵或多联泵。双动泵是在活塞两侧的泵体内分别装有吸入阀和排出阀，活塞往复运行一次，完成吸液和排液各两次，但流量仍有波动。多联泵为多台单动泵并联构成，其流量较单动泵均匀得多。

往复泵的扬程与流量无关；往复泵有自吸能力，启动前不必向泵缸内灌液，但吸上高度也受到一定的限制，储液池液面的压力、液体温度和密度以及活塞往复的次数等都将影响吸上高度的大小。

往复泵属正位移泵（又称为容积式泵），其特点是利用工作容积的变化来吸入和排出液体，一经启动必须有一定体积的液体吸入和排出。因此，在启动往复泵前必须先打开管路中的出口阀，否则泵缸内压力会急剧上升，轴功率增大，以至缸体破裂或电机烧坏。为此，必须设置安全阀防止事故发生，并且在出口阀前还应设置支路和支路阀，如图 2-27 所示。往复泵的流量调节通常采用支路调节法，操作中出口阀和支路阀不能同时关闭。

往复泵主要用于高扬程、小流量的场合，尤其适合于输送高黏度液体，但不宜输送腐蚀性和含固体颗粒的液体。

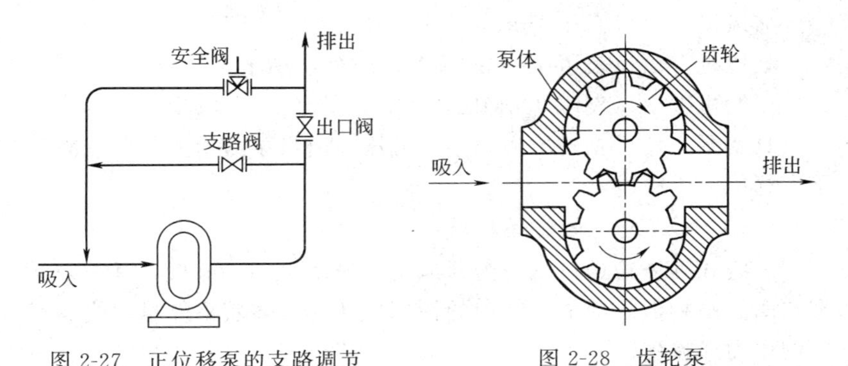

图 2-27　正位移泵的支路调节　　图 2-28　齿轮泵

（二）旋转泵

旋转泵也属于正位移泵。其工作原理是靠泵体内一对转子的旋转作用而吸入和排出液体，故又称为转子泵。旋转泵的类型很多，生产中常见的有齿轮泵、螺杆泵。

齿轮泵主要由泵体和一对相互啮合的齿轮所构成，如图 2-28 所示。由电机带动的那个齿轮为主动轮，另一个为从动轮。

齿轮旋转时，在吸入口一侧的齿轮相互分开，齿间容积增大，压力降低而将液体吸入齿穴中；然后分两路由齿沿壳壁被旋转推至排出口一侧，两齿轮啮合处容积缩小，压力增大而被压出。

用一对相互啮合的螺杆代替齿轮，可制成双螺杆泵。

齿轮泵结构简单紧凑，制造维修方便，有自吸能力，但流量和出口压力脉动较大。一般用支路阀调节流量。

齿轮泵适用于高扬程、小流量的场合，宜于输送不含固体颗粒、无腐蚀性、高黏度液体及糊状液体。常用作液压和油品的输送。

三、气体压缩和输送机械

气体输送机械可按工作原理分为离心式、往复式、旋转式及流体作用式四类。由于气体的物性与液体有所不同，特别是气体的可压缩性，使之在设备结构上有其自身的特点。气体输送机械又可按出口表压或进出口压力之比（称为压缩比）分类。

通风机　出口表压 15kPa 以下，压缩比 1～1.15。

鼓风机　出口表压 15～300kPa，压缩比小于 4。

压缩机　出口表压 300kPa 以上，压缩比大于 4。

真空泵　使设备内压力小于大气压，出口压力为大气压或略高于大气压。

（一）离心式气体输送机械

离心式气体输送机械分为通风机、鼓风机和压缩机，其工作原理与离心泵相似，即依靠叶轮的快速旋转使气体获得能量，提高气体的压力而排出。

1. 离心式通风机

离心式通风机的结构简图如图 2-29。叶轮上叶片较多且较短，叶片可采用平直、后弯或前弯叶片，为单级叶轮，蜗壳的气体流道一般为矩形，一般尺寸较大。按出口压力又分为以下几类：

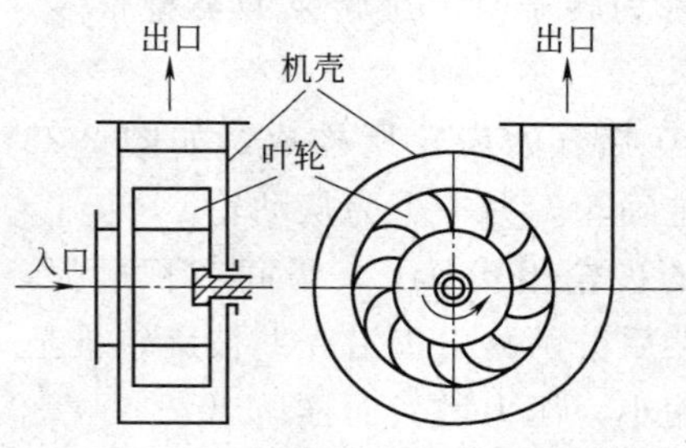

图 2-29　离心式通风机简图

低压通风机　出口表压 1kPa 以下；

中压通风机　出口表压 1～3kPa；

高压通风机　出口表压 3～15kPa。

离心式通风机的主要性能参数有风量（体积流量）、风压（单位体积气体所获得的机械能）、轴功率与效率。

2. 离心式鼓风机

离心式鼓风机又称涡轮鼓风机或透平鼓风机，常采用多级叶轮，各级叶轮大小相同。送风量较大，但出口压力仍不高。

3. 离心式压缩机

离心式压缩机常称为透平压缩机，它的叶轮级数较多，通常在

10 级以上，转速较高，一般在 5000r/min 以上。由于压缩比较高，气体体积缩小，温度升高，因而叶轮的直径和宽度逐级缩小，并将压缩机分为几段，每段若干级，在段间设置中间冷却器，以免气体温升过高。

离心式压缩机流量大，供气均匀，体积小，易损件少，调节性能好，运转平稳且安全可靠，维修方便，机内无润滑油污染气体，但制造的材料和精度要求高，流量偏离设计点时效率显著下降，一般要在最高效率的 85%以上操作。现此种压缩机的应用较为广泛。

（二）往复式压缩机

往复式压缩机的构造和工作原理与往复泵相似。主要由汽缸、活塞、吸入和排出阀（单向阀）所构成。结构简图如图 2-30 所示。依靠活塞在汽缸内做往复运动，汽缸内容积作周期性变化，而完成吸气和排气过程。

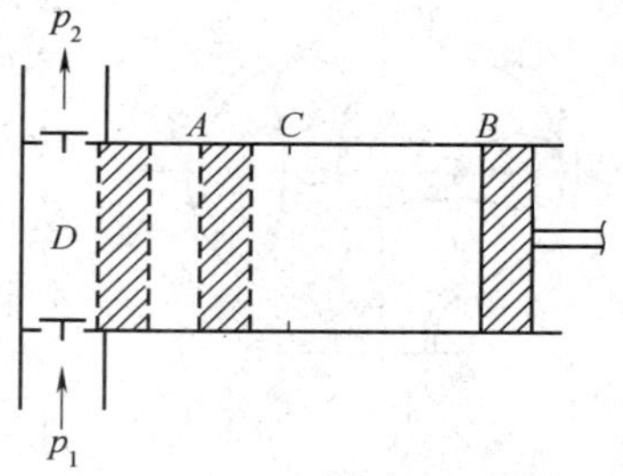

图 2-30　单级往复式压缩机的工作过程

在压送过程中，由于被压缩气体的体积和温度将发生变化，所以在工作过程和设备结构上有其自身的特点。如图 2-30 所示的压缩过程，当活塞从右死点（*B* 点）往左运行时，气体被压缩，体积减小，压力增大，吸入阀关闭；当活塞运行到一定位置（汽缸内压力等于或略大于排气管路压力 p_2 即 *C* 点）时，排气阀打开，开始排气；当活塞运行到左死点（*D* 点）时，排气结束；活塞返回往右运行，体积增大，压力降低，排出阀关闭；当活塞运行到一定位置（汽缸内压力等于或略小于吸气管路压力 p_1 即 *A* 点）时，吸气阀打开，开始吸气；当活塞运行到右死点时，吸气结束。在结构上要求吸入阀和排出阀更轻巧且便于启闭；活塞与汽缸盖间的空隙距离（余隙）要小；活塞与汽缸内壁配合需更严密；要附设散热或冷却装置以降低温度。

当要求的终压较高（压缩比大于 8）时，用一个汽缸不能达到要求，应采用多级压缩。将两个或两个以上的汽缸串联起来的装置为多级压缩，气体每压缩一次称为一级。实现多级压缩的关键是在每级之间设置冷却器，将气体温度降低后送入下一级压缩。

往复式压缩机的排气量（流量）是不均匀的，因此在气体出口要与稳压气罐相连接，使输出气体均匀和稳定，同时可使气体中夹带的液沫沉降下来。其排气量的调节可采用支路回流调节或改变操作台数等方法。在操作中必须注意汽缸的冷却和活动部件的润滑情况。

（三）旋转式风机

旋转式风机的特点是机壳内有一个或二个转子，转子直接加压于气体，使气体的静压能提高。常见的旋转式风机有罗茨鼓风机。

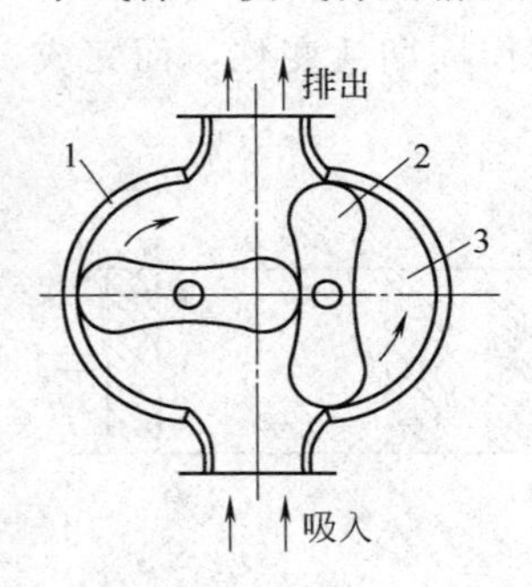

图 2-31　罗茨鼓风机简图
1—机壳；2—转子；3—所送气体体积

罗茨鼓风机的工作原理类似齿轮泵。如图 2-31，机壳内有两个腰形转子，两转子与机壳间的缝隙很小，使转子能自由旋转而无泄漏。两转子旋转方向相反，气体从一侧吸入，从另一侧排出。若改变转子旋转方向，可使吸入口与排出口互换。

罗茨鼓风机的风量与转速成正比；转速一定时，若出口压力变化，风量出基本不变。出口的最大表压为 80kPa，操作温度不超过 80℃，否则会引起转子受热膨胀而卡住。出口应安装稳压气罐，流量用支路回流调节法，且出口阀不能完全关死。

（四）喷射泵

喷射泵是利用流体流动时，在一定条件下静压能与动能的相互转换原理来吸入和排出流体的。如图 2-32 为单级喷射泵，工作流体可以是气体、蒸汽或液体，被吸流体可是气体或液体。当工作流体经喷嘴时，以很高的速度喷出，静压能转换成动能，在喷嘴处形成低压而将被输送的流体吸入；被吸流体与工作流体一起进入混合室，后经扩大管，在扩大管中因流速逐渐降低，则压力逐渐增大，

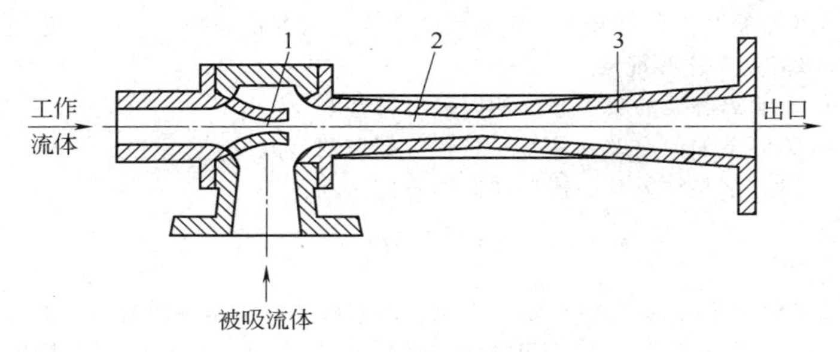

图 2-32 单级喷射泵

1—喷嘴；2—混合室；3—扩大管

并从出口排出。

在生产中，喷射泵用于抽真空时，称为喷射式真空泵。如蒸汽喷射泵，其工作流体为高压蒸汽，吸入气体与之混合后排出。单级蒸汽喷射泵可产生的绝压为13kPa，若要得到更高的真空度时，常需将几个喷射真空泵串联起来成为多级喷射泵。

喷射泵还可用于吸收、冷却、混合和除尘等。

喷射泵结构简单，紧凑，没有运动部件，维修量小，能输送高温、腐蚀性及含固体微粒的流体。但效率低，且工作流体消耗量大。

思 考 题

1. 密度、比体积、黏度、流量及流速的定义及单位是什么？气体密度与哪些因素有关？

2. 流体的静压力大小与哪些因素有关？表压和真空度与大气压是什么关系？

3. 静止流体内部压力的变化规律是什么？如何判断等压面？

4. 流量方程与连续性方程如何表示？

5. 流体流动具有哪些机械能？说明伯努利方程式的意义及各项的物理意义。应用伯努利方程式时应注意哪些问题？

6. 层流与湍流有什么不同？如何判断？

7. 说明离心泵的工作原理及主要性能参数。

8. 离心泵的特性曲线有什么意义？如何选择离心泵？

9. 离心泵为什么会出现气缚或汽蚀现象？这些现象对离心泵的运行有何影响？如何克服这些现象？

10. 影响离心泵的吸上高度的因素有哪些？

11. 离心泵如何启动和停车？操作中如何调节流量？

12. 离心泵与往复泵的构造和操作有何区别？

习　　题

2-1　储槽内存有20℃四氯化碳8t，该储槽的体积至少应有多少立方米？

2-2　空气在30℃和真空度为0.048MPa下的密度是多少？当地大气压为0.1MPa。

2-3　某厂焦煤气的组成如下表，求煤气在0.1MPa、20℃时的密度。

组成	CO_2	C_2H_4	O_2	CO	CH_4	H_2	N_2
体积分数	0.018	0.02	0.007	0.065	0.24	0.58	0.07

2-4　敞口容器内装有3.5m深的油，该油的密度为920kg/m^3，求容器底部的压力，以Pa和at表示。

2-5　密度为1820kg/m^{3}的硫酸，定常流过内径为50mm和68mm组成的串联管路，体积流量为150L/min。试求硫酸在大管和小管中的质量流量(kg/s)、流速（m/s）。

2-6　用普通U形管压差计测量原油通过孔板时的压差，指示液为汞（汞的密度可取为13600kg/m^3），原油的密度为860kg/m^3，压差计上测得的读数为18.7cm。计算原油通过孔板的压力差（kPa）。

2-7　如图2-33所示，用一倒U形管压差计测定输水管AB两点间的压差，指示剂为空气，读数为300mm，试计算A、B两点的压差为多少帕？

2-8　如图2-34所示，用U形管压差计测量密闭容器中液体上方的压力。

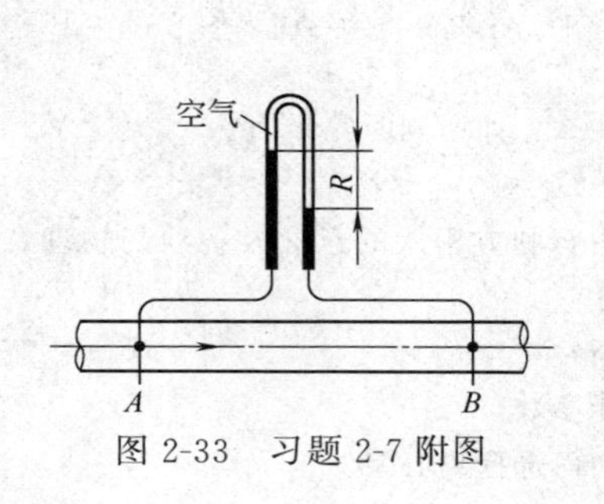

图2-33　习题2-7附图

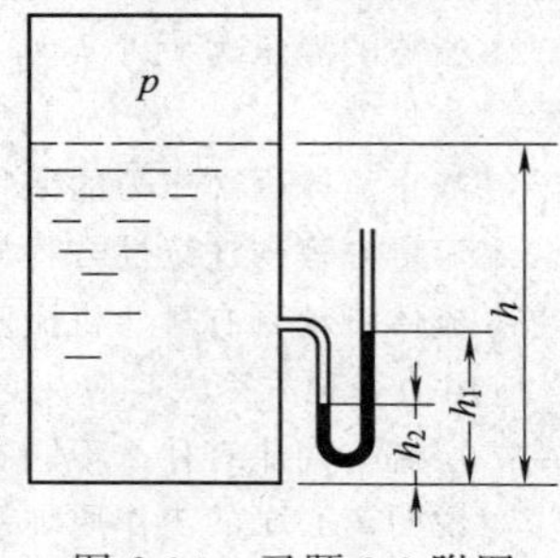

图2-34　习题2-8附图

已知液体的密度为 1000kg/m³，压差计内指示液为汞，$h=3\text{m}$，$h_1=1.3\text{m}$，$h_2=1\text{m}$，当地大气压为 101.3kPa。求液面上方的表压和绝压各为多少千帕？

2-9　如图 2-35 所示的气柜内最大压力（表压）为 29.4kPa，求液封槽内水上升的高度为多少米？

2-10　如图 2-36 所示，一输水系统的管路为 ϕ48mm×3.5mm，定常流动时已知该系统的全部阻力损失为 $E_f=31(u^2/2)$ J/kg（式中 u 为管内流速 m/s）。求水的体积流量为多少？若水的体积流量增加 20%，应将高位槽水面升高多少？

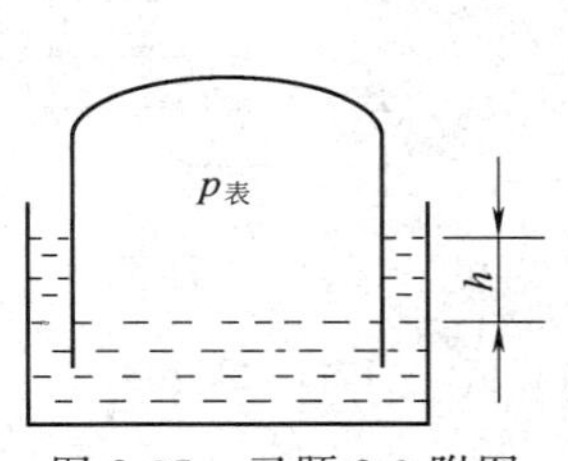

图 2-35　习题 2-9 附图

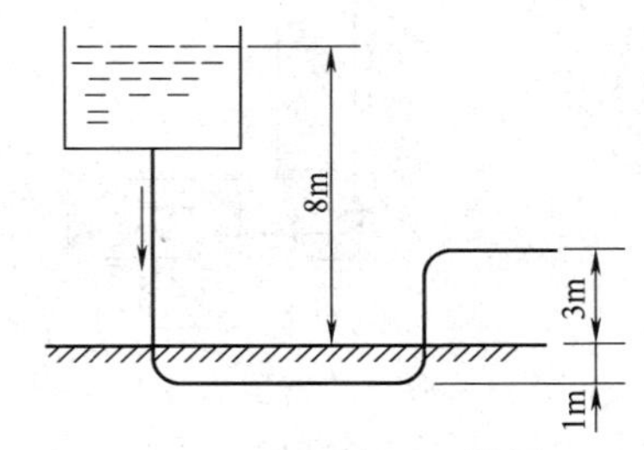

图 2-36　习题 2-10 附图

2-11　如图 2-37 所示，甲烷以 1700m³/h 的流量定常流过管路，管路是内径从 200mm 逐渐缩小到 100mm，在粗细两管上连有一 U 形管压差计，指示液为水。甲烷通过管路时，U 形管压差计的读数为多少毫米？（设甲烷与水的密度分别为 1.43kg/m³ 和 1000kg/m³，甲烷的流动阻力损失可忽略不计）

2-12　如图 2-38 所示，高位槽内水面离地面 10m，水从 ϕ108mm×4mm 的管中流出，导管出口离地面 2m，管路阻力损失为 73.04J/kg。试计算：①A-A 截面处的流速；②水的流量，以 m³/h 表示。

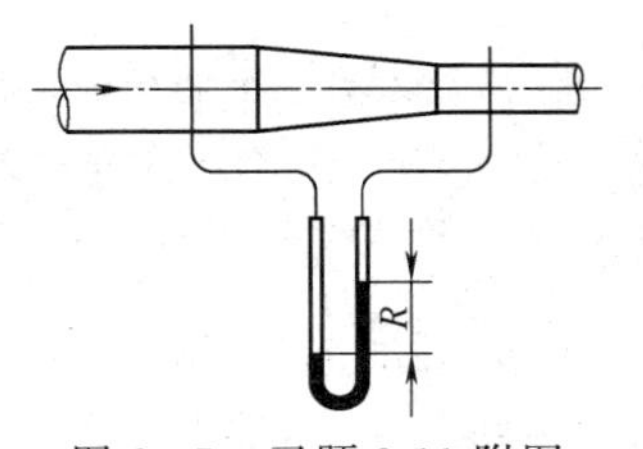

图 2-37　习题 2-11 附图

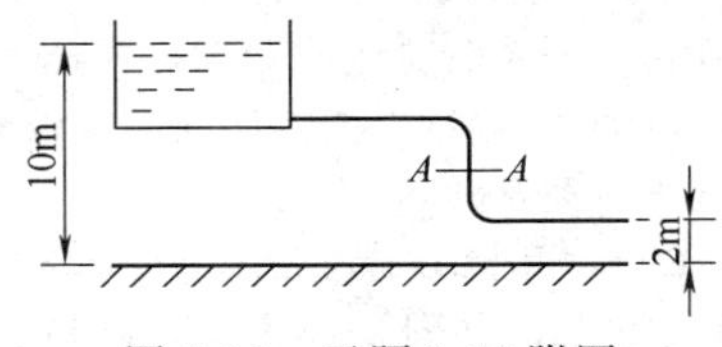

图 2-38　习题 2-12 附图

2-13　如图 2-39 所示，将 25℃水由水池打至高位槽，槽的水平面高于池面 50m，管路阻力损失为 2.14mH_2O，流量为 34m³/h，需外加多少有效功率才能达到目的？

2-14　如图 2-40 所示，冷冻盐水循环系统的管路直径均相同，盐水流量为 $40m^3/h$。盐水由 A 流过换热器至 B 的阻力损失为 100J/kg，由 B 流经泵至 A 的阻力损失为 50J/kg，盐水的密度为 $1100kg/m^3$。试计算：①泵出口压力（表压）为 0.255MPa 时，B 处压力表的读数为多少？②该系统所需有效功率为多少千瓦？

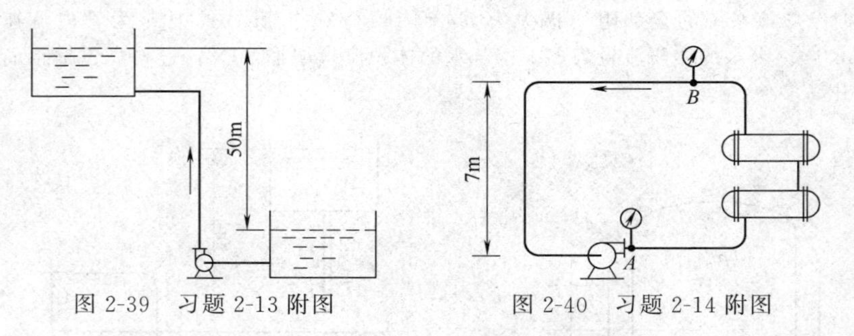

图 2-39　习题 2-13 附图　　　　图 2-40　习题 2-14 附图

2-15　某溶液的密度为 $980kg/m^3$，性质与水相似，当料液的流量为 50t/h 时，试选择流速分别为 1.5m/s 与 2.5m/s 所需的管子规格。

2-16　求下列流体在 $\phi57mm\times3.5mm$ 管内流动时，要保持层流状态允许的最大流速。

①20℃的水；②黏度为 35mPa·s，密度为 $965kg/m^3$ 的油；③20℃、常压下的干空气。

2-17　20℃的水以流速 1m/s 流经内径为 20mm 的圆管，试判断水的流形。

2-18　某油品以层流状态在直管内定常流动，流量不变时，下列情况阻力损失为原来的多少？

①管长增加一倍；②管径增大一倍；③提高油温使黏度为原来的 1/2（密度变化不大）。

2-19　密度为 $1100kg/m^3$ 的水溶液，由一个储槽流入另一个储槽，管路直管长 30m，管道为直径 $\phi114mm\times4mm$ 的钢管，管路中还有一个全开闸阀，两个 90°标准弯头。溶液在管内的流速为 1m/s，黏度为 $1\times10^{-3}Pa\cdot s$。求管路的阻力损失。

2-20　用离心泵将密度为 $1000kg/m^3$、黏度为 $1\times10^{-3}Pa\cdot s$ 的水从水池送到水洗塔，如图 2-41 所示。已知水池液面比地面低 2m，水洗塔中喷头与管子连接处离地面 24m，管路直管长为 46m，管径均为 $\phi114mm\times4mm$ 的钢管，管路中有一个底阀（阻力系数为 7），一个 1/2 开闸阀，三个 90°标准弯头，要求流量为 $56m^3/h$，喷头入口处的压强为 120kPa（表压）。求泵的有效功率。

2-21　某车间根据生产任务购回一台离心泵。泵的铭牌上标出的流量 $V_s=30m^3/h$，扬程 $H=24mH_2O$，转速 $n=2900r/min$，允许汽蚀余量 $\Delta h=2.0m$。现流量和扬程均符合要求，已知吸入管路全部阻力损失为 $1.5mH_2O$，当地大气压为 736mmHg。试计算：①输送敞口储槽内 20℃的水时，泵的安装高度为多少米？②若水温提高到 80℃时，上述安装高度能否保证泵的正常运行？

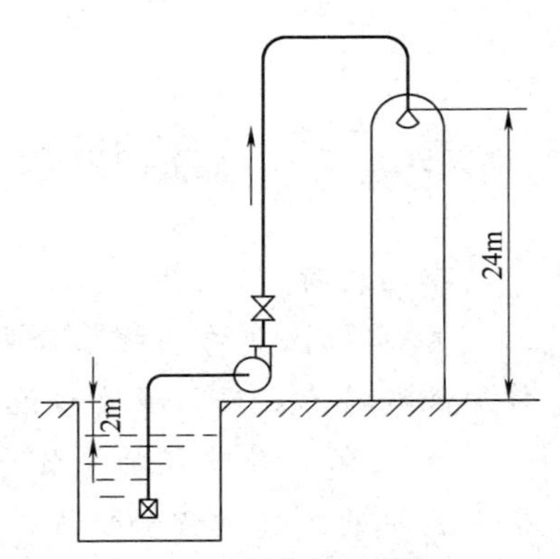

图 2-41　习题 2-20 附图

2-22　试选择下列各输水管路所用离心泵的型号及主要性能参数，并计算所需的轴功率。

①流量 $90m^3/h$，外加压头 46m；②流量为 $23m^3/h$，外加压头 18m。

2-23　某厂需将敞口储槽内 80℃的水送往常压凉水塔内冷却，以便于循环使用。循环水量为 $12m^3/h$，升扬高度为 6m，吸入管路的损失压头为 2.5m，排出管路的损失压头为 3m，动压头忽略不计。试选择一台适宜的离心泵，并确定安装高度。当地大气压为 98.1kPa。

第三章　非均相物系的分离与设备

学习目标

• 掌握：非均相物系分离的目的；旋风分离器的结构、工作原理和特点；转筒真空过滤机的工作过程和特点。

• 理解：非均相物系的分类；沉降与过滤的基本概念；板框压滤机的工作过程和特点。

• 了解：其他除尘器；过滤离心机的工作过程。

第一节　概　　述

有两种以上相态同时存在的混合物称为非均相混合物，这种物系各处物料性质不均匀，且有明显的相界面。非均匀混合物系有气-固混合物（如含尘气体）、液-固混合物（悬浮液）、液-液混合物（互不相溶液体形成的乳浊液）、气-液混合物以及固-固混合物等。

在一般情况下，非均相混合物中悬浮在气体或液体中的粒子（固体或液体）处于分散状态，称为分散物质（又称为分散相）；包围分散物质的气体或液体处于连续状态，称为连续介质（又称为连续相）。如气-固混合物中固体粒子为分散物质，而气体为连续介质；气-液混合物中液体粒子为分散物质，气体为连续介质；液-液混合物中分散的粒子为分散物质，另一连续的液体为连续介质等。

一、非均相物系的分类和分离方法

非均相物系如前所述，本章限于讨论流体为连续介质的非均相混合物的分离，即讨论气-固混合物和液-固混合物的分离。这类分离是利用两相之间物理性质的差异，在外力（如重力、离心力和压力差等）作用下的机械分离方法进行的。由于物系性质和悬浮粒子大小的不同，有着不同的分离方法和设备，表 3-1 为非均相物系的主要分离方法和典型设备。

表 3-1 非均相物系的分离方法及设备

非均相物系	分离方法	分离设备
气-固相	沉降法 离心法 过滤法	降尘室、电除尘器 旋风分离器 袋滤器
液-固相	沉降法 离心法 过滤法	沉降稠厚器 过滤离心机、沉降离心机、旋液分离器 板框压滤机、转筒真空过滤机等

二、非均相物系分离的目的

1. 净化连续介质

为满足物流进一步加工的需要，需将物流进行净化。如在硫酸和合成氨生产中，原料气需进行除尘、除雾或除沫等，即对原料气进行气-固或气-液分离，净化气体。

2. 回收分散物质

回收含有有用物质的一相。如纯碱生产中，需将碳酸氢钠晶体（分散物质）从母液中分离出来，作为产品；从气流干燥器排出的气体所夹带的固体产品颗粒，必须分离回收。

3. 环境保护和综合利用

生产中排放的废气、废液必须符合排放标准，排放前应将有用或有害物质分离出来。如硫酸生产采用水洗流程，产生的污水中含有矿尘、酸、砷及硒等有害物质，需要分离净化后才能排放。在保护环境的同时，要尽量考虑变废为宝，提高经济效益。

第二节 沉降的基本概念

一、重力沉降

重力沉降是在重力场中，流体（连续介质）中所含的粒子（分散物质）靠重力作用下沉，与周围流体发生相对运动，而实现分离的操作。

当流体中的粒子在重力作用下沉降时，所受到的作用力有重力、浮力和摩擦阻力。初始阶段粒子下沉的速度较慢，受到的摩擦阻力较小，粒子所受到的浮力与摩擦阻力之和小于重力时，粒子作加速运动。随着粒子下沉速度的加快，摩擦阻力不断增大，直到摩擦阻力与浮力之和等于重力时，粒子以加速运动的末速度，做等速下降，这种不变的降落速度称为重力沉降速度，简称为沉降速度。沉降速度的大小表明了粒子沉降的快慢程度。

沉降速度的大小与粒子的大小和密度等有关，还与流体（连续介质）的性质有关，可根据有关公式计算，也可由实验测得。

二、离心沉降

利用离心力的作用使固体粒子迅速沉降实现分离的操作，称为离心沉降。

（一）分离因数

分离因数是衡量离心分离设备分离能力的重要指标，它反应了离心力场的大小，即分离能力的强弱，用符号 K_c 表示。分离因数是离心力 F_c 与重力 F 之比，亦即为离心加速度 a 与重力加速度 g 之比。

$$K_c=\frac{F_c}{F}=\frac{mr\omega^2}{mg}=\frac{r\omega^2}{g}=\frac{a}{g} \tag{3-1}$$

式中 m——物料的质量，kg；

r——转鼓内半径，m；

ω——转鼓旋转角速度，s^{-1}。

通常离心力场比重力场大几百到几万倍。分离因数越大，则离心力越大，分离能力就越强。从式（3-1）可见，为提高分离因数，常采用增加转鼓转速的办法。超高速管式离心机的 K_c 可达60000。

（二）离心机的分类

（1）按分离因数大小分类：常速离心机（$K_c<3500$，一般为

600～1200)、高速离心机（K_c＝3500～50000)、超高速离心机（K_c＞50000)。

(2) 按操作性质分类：过滤式、沉降式和分离式离心机。

(3) 按操作方法分类：间歇式和连续式离心机。

(4) 按转鼓轴线位置分类：立式和卧式离心机。

第三节　气固分离

气固分离是从气体中除去固体粒子的分离操作，常用于原料气的净化、回收气体中有价值的固体粒子和除去排放气中的粉尘等。

一、旋风分离器

旋风分离器是利用离心力从气流中分离所含固体粒子的设备。

(一) 结构与操作原理

一般旋风分离器由外圆筒（上部为圆筒形，下部为圆锥形)、进气管、排气管、排灰口和集灰箱组成，如图 3-1。

操作时，含尘气体以 10～25m/s 的速度，由进气管沿筒体的切线方向进入。在离心力作用下，固体粒子被甩向器壁，并在重力和向下气流的带动下，沿器壁下滑，最后经排灰口落入集灰箱中。净化的气体，以锥体下端沿中心轴向而旋转上升，由排气管排出。

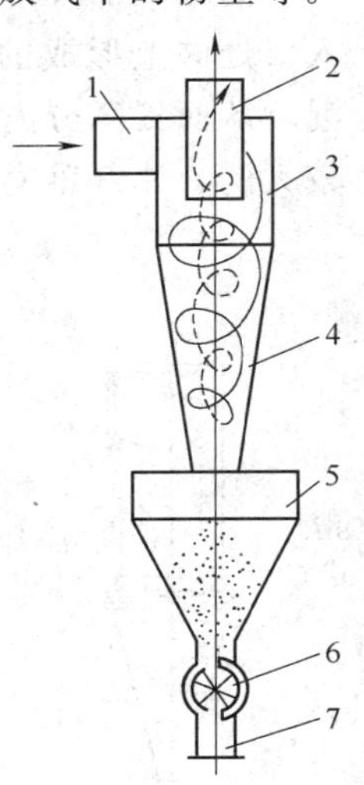

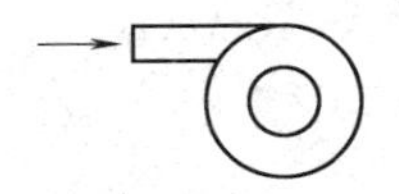

图 3-1　旋风分离器
1—进气管；2—排气管；3—圆筒外壳；4—锥体；5—集灰箱；6—星形阀；7—排灰管

旋风分离器结构简单，制造方便，性能良好，操作条件较宽，可以处理高温含尘气体，因此广泛应用于工业生产。通常旋风分离器宜分离 5～200μm 的粒子，过小的粒子其分离效率较低，对于大于 200μm 的粒子最好使用降尘室先予除去。旋风分离器不适用于分离黏性大、含湿量高、腐蚀性强的物系，否则影响分离效率，甚至堵塞分离器。

（二）结构型式

旋风分离器是一种较为常见的通用设备，已定型生产，可以从有关手册中查到其主要结构尺寸及性能。

中国生产的旋风分离器型号有 CLT、CLT/A、CLP/A、CLP/B 及扩散式等。CLT 是最原始的旋风分离器，目前已被淘汰。上述代号中，C 表示除尘器，L 表示离心式，A、B 表示产品的类别。

1. CLT/A 型

如图 3-2（a）所示，气体进口采用倾斜螺旋切向引入，可消除入口处向上形成的小旋涡气流，减少气流对排气管处的干扰与反混，从而提高分离效率，降低阻力。这种结构适用于密度和颗粒都较大的、非纤维类的干粉尘分离。

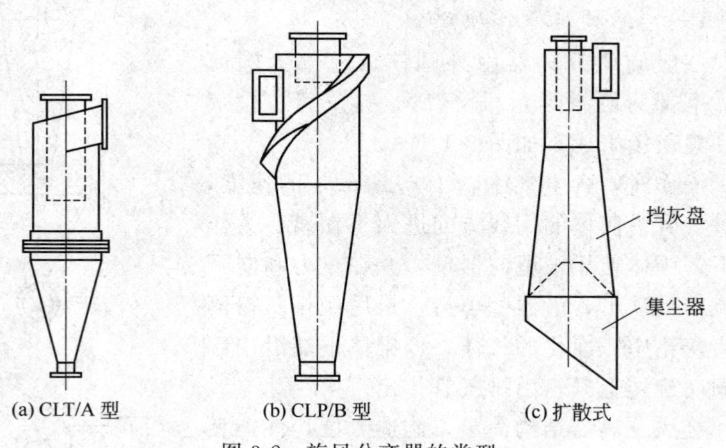

图 3-2　旋风分离器的类型

2. CLP 型

如图 3-2（b）所示，是带有旁路分离室的旋风分离器，采用蜗旋式进口，旁路分离室为半螺旋线或螺旋线。根据筒体及旁路分离室的不同，又分为 A 和 B 两种。A 型为双锥体，B 型为单锥体。与一般的旋风分离器比较有较多的不同之处，即设有旁路分离室，进气管位置较低，排气管插入深度较浅。这种结构有利于细小粒子的聚积，从而提高除尘效率，缺点有筒体高大，检修不太方便。B型较A型的阻力小，而除尘效率相近，故B型应用较广。

3. 扩散式

如图3-2（c）所示，其主要特点是圆筒以下部分为倒锥形，在底部装有挡灰盘，挡灰盘下面为集灰箱。挡灰盘为倒置漏斗形，顶部中央有孔，下沿与器壁底圈有缝隙，尘粒经此缝隙至集灰箱。挡灰盘能有效防止已沉下的细粉被气流重新卷起，故除尘效率较高，应用较广。

二、其他除尘器

（一）降尘室

降尘室是最早的重力沉降设备，常用于含尘气体的预分离。

降尘室实际上是具有宽截面的通道，如图3-3所示。为提高降尘室的生产能力，可在降尘室内设置水平隔板构成多层降尘室，每层高度为25～100mm，颗粒沉降到各层隔板表面，使出灰不太方便。降尘室中气速不宜过大，以防止气流湍动卷起已沉降的尘粒，一般气速应控制在1.5～3m/s以下。

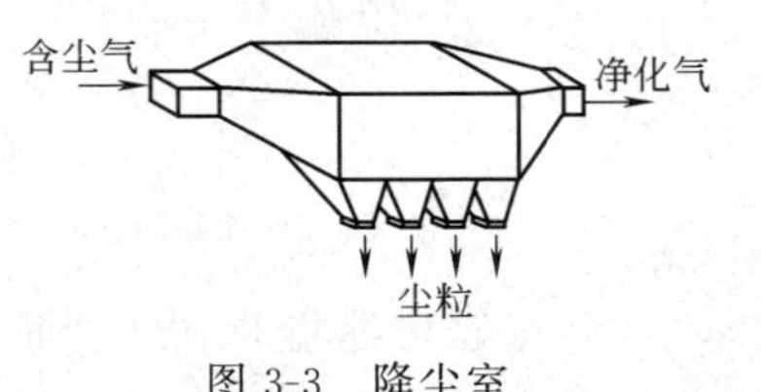

图3-3　降尘室

降尘室结构简单，气流阻力小，但体积庞大，分离效率低，适于分离75μm以下的尘粒。

（二）袋滤器

袋滤器是利用滤布过滤气体中粉尘的净化设备。图3-4为脉冲袋滤器的结构示意图。含尘气体由下部进气管进入，分散通过滤袋时，粉尘被截留在袋的外侧，通过滤袋净化的气体，从上部出口排出。

滤袋外的粉尘，一部分借重力落至灰斗内，剩在滤袋上的粉尘隔一段时间用压缩空气吹一次，使粉尘落入灰斗，经排灰阀排出。一般袋滤器有几十个滤袋，并分成3～4组，在操作中其中一组处于吹落卸灰状态，其余各组进行正常除尘。每组是处于除尘还是卸尘，均由自控阀按规定顺序进行。

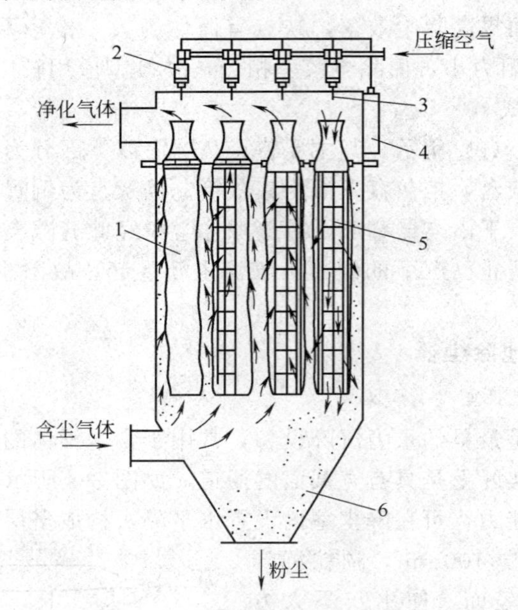

图 3-4 脉冲袋滤器示意图

1—滤袋；2—螺旋阀；3—喷嘴；4—自控器；5—骨架；6—灰斗

袋滤器可捕集非黏性、非纤维性的工业粉尘，除尘效率高，允许风速大，但需要较高压力的压缩空气。当气体中含有水汽或处理吸水性粉尘时易堵塞，故使用范围受到一定限制。

（三）湿法除尘

湿法除尘主要依靠亲水的尘粒与水、水滴或其他液体相互接触或碰撞，使尘粒黏附或凝聚，从而与气体分离。只有含尘气体允许被增湿或冷却，且粉尘分离出来是无价值的，同时又不污染环境时，采用湿法除尘是有效的。图 3-5 为常用的几种湿法除尘型式。

1. 喷淋式除尘器

一般要求气速不超过 1～2m/s，因气速较低，故阻力小，可作为初步净化用。缺点是设备庞大，效率低。

2. 鼓泡式除尘器

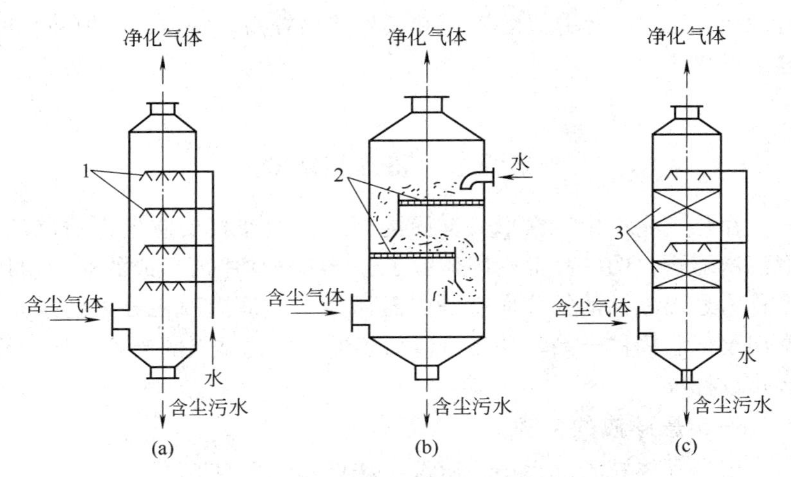

图 3-5　几种湿法除尘的型式

(a) 喷淋式；(b) 鼓泡式；(c) 填料式

1—喷嘴；2—筛板；3—填料

气体经筛板上的筛孔鼓泡上升，产生很多泡沫，气液两相接触充分，扰动激烈，除尘效率高。还可以采用多层筛板，进一步提高除尘效率。

3. 填料式除尘器

一般气速为 2～3m/s，不超过 4m/s。填料的密度和厚度越大，除尘效率越高，但阻力损失也相应增加。还可以用 ϕ(10～40)mm 的聚氯乙烯空心小球代替填料，形成湍球塔，提高除尘效率。

（四）静电除尘器

静电除尘是利用强电场中气体发生的电离作用，使尘粒带电荷而被电极所吸引，尘粒便从气体中被除去。

通常阴极为金属丝，其直径为 1.5～2mm，阳极为管状或平板状，电极之间的距离是 100～200mm。在管状电除尘中，单管处理量小，往往排列成多管。

电除尘适用于 0.01μm 以上的各类粉尘或烟雾的除去，除尘效率高，阻力小，可以处理高温和具有腐蚀性的气体，操作可实现全自动化。不足之处是设备费用和操作费用较高，安装、维护和管理要求严格。

第四节　液固分离

在化工生产中，常形成液固混合物。如液相反应生成的沉淀、溶液浓缩析出的结晶等。固体粒子悬浮于液体中所形成的非均相物系称为悬浮液。液固分离就是将悬浮液中的液固两相分离的操作。常用于回收固体产品；获得澄清的溶液；净化排放的废液，使之符合排放标准。

一、悬浮液的分类

根据固体粒子的大小，通常将悬浮液分为四类。

(1) 粗粒子悬浮液　固体粒子的直径大于 100μm。

(2) 细粒子悬浮液　固体粒子的直径为 0.5～100μm。

(3) 浑浊液　固体粒子的直径为 0.1～0.5μm。

(4) 胶体溶液　固体粒子的直径在 0.1μm 以下。

根据物系的性质和粒子的大小，可采用不同的方法分离悬浮液。

二、沉降设备

当沉降分离的目的主要是为了得到澄清液时，所用设备称为澄清器；若是为了得到含固体粒子的沉淀物时，所用设备称为稠厚器或增稠器。悬浮液的增稠常作为过滤分离的预处理，以减小过滤设备的负荷。

图 3-6 所示为连续操作的沉降器，通常是底部略带锥形的圆槽，具有澄清液体和增稠悬浮液的双重功能。操作时，悬浮液由进料管于中心的液面下方 0.3～1.0m 处连续加入。无扰动或扰动不大时，并在此处的横截面上散开，澄清液慢慢上升，固体粒子逐渐下沉至底部。在器底装有转速为 0.025～0.5r/min 的齿耙，将沉淀的粒子缓慢地耙向底部中央的排渣口排出。清液经顶部周圈上的溢流管连续导出。

大的沉降器直径可达 10～100m，深 2.5～4m。这类沉降器结

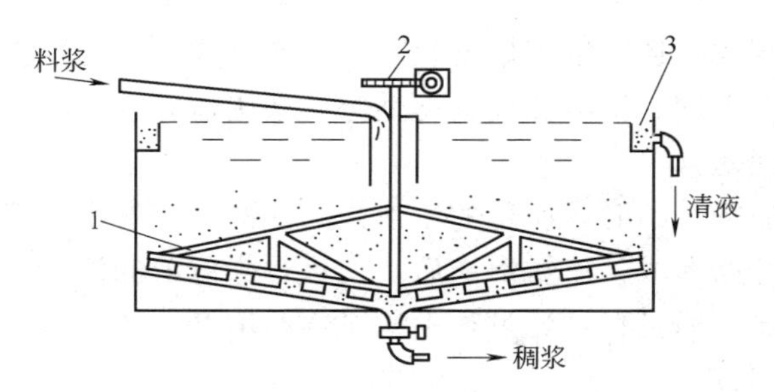

图 3-6　连续沉降槽

1—齿耙；2—转动机构；3—溢流槽

构简单，处理量大，而且操作可以连续化和机械化。

悬浮液的分离还可用旋液分离器。旋液分离器是利用离心沉降作用从液相中分离出固体粒子的设备。其结构和操作原理与旋风分离器类同。但旋液分离器的直径比旋风分离器要小，可增大惯性离心力；圆锥部分要长，有利于提高分离效率。由于固体粒子快速旋转下降，会造成器壁的严重磨损，故应采用耐磨材料制造。

此外，对于分离效率要求很高、悬浮液中固体含量低或粒子很小的一些分离过程可采用沉降离心机，如管式分离机、螺旋卸料沉降离心机等。

三、过滤

（一）过滤的基本概念

过滤是将悬浮液中的固体粒子截留在一种多孔介质上，达到液固分离的操作。过滤操作所处理的悬浮液称为滤浆或料浆，多孔介质称为过滤介质，悬浮液中的液体称为滤液，被截留的固体粒子称为滤饼或滤渣，过滤的基本过程如图 3-7 所示。

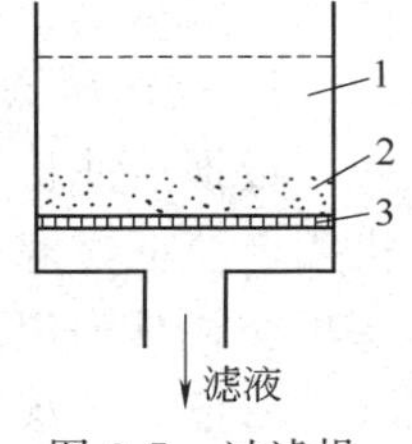

图 3-7　过滤操作示意图

1—滤浆；2—滤饼；3—过滤介质

过滤介质是起到初始截留固体粒子的作用，固体粒子在过滤介质的细孔上形成“架桥”现象，使细孔变窄，从而将固体粒子截留在过滤介质上。工业上常用的过滤介质有天然介质（又称滤布），可由棉、毛、丝、麻等天然纤维及各种合成材料制成，还可以用玻璃丝、金属丝制成丝网。根据悬浮液的性质，操作温度、压力和设备类型等，选用适宜的过滤介质是生产中的重要问题。

在过滤刚开始时，所得的滤液是浑浊的。当发生“架桥”现象后，滤饼开始形成，滤饼形成后，便可得到澄清的滤液，此时才视为有效过滤，而且在过滤过程中滤饼逐渐增厚，滤饼起着实际的过滤介质作用。

过滤过程中，滤液须克服过滤介质和滤饼的流动阻力。在多数情况下，滤饼的阻力是主要的，而滤饼的阻力与滤饼的厚度及特性有关。过滤过程的推动力分为重力、压力差（加压或真空）和离心力。以重力为推动力的过滤速率较小，工业生产中常采用压力差或离心力作为推动力，以克服过滤的阻力，增大过滤速率。

过滤操作进行到一定时间后，须将滤饼清洗后移走，才能重新开始过滤。因此过滤操作至少包括过滤、洗涤、去湿、卸料四个阶段，过滤设备也应能完成这四个阶段的操作任务。

（二）压差过滤设备

过滤悬浮液的设备称为过滤机。生产上使用的过滤机类型很多，按过滤推动力分为加压过滤机、真空过滤机；按操作方式可分为间歇式和连续式过滤机。

间歇过滤机结构简单，多采用加压操作，常见的有板框压滤机、叶滤机等。连续过滤机多采用真空操作，常见的有转筒真空过滤机、圆盘真空过滤机等。

1. 板框压滤机

板框压滤机是广泛应用的一种间歇操作的加压过滤机，主要由机头、滤框、滤板、尾板和压紧装置构成，它由滤框、过滤介质和滤板交替排列组成若干个滤室。图 3-8 所示为明流式板框压滤机。

滤框和滤板通常为正方形，也有长方形和圆形，明流式压滤机的板和框上方两角都开有圆孔，一孔作为滤浆通道，另一孔作为洗涤水通道，见图 3-9。滤框内部空间用于容纳滤饼，滤板的中间板面呈条状或网状，凹下的沟槽走滤液或洗涤水，凸面支撑滤布，滤

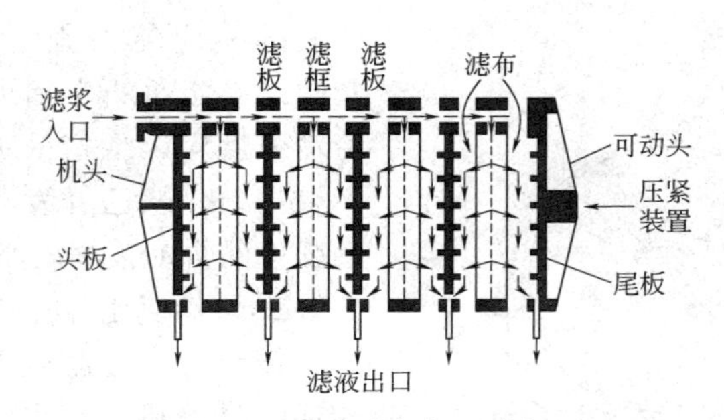

图 3-8　明流式板框压滤机

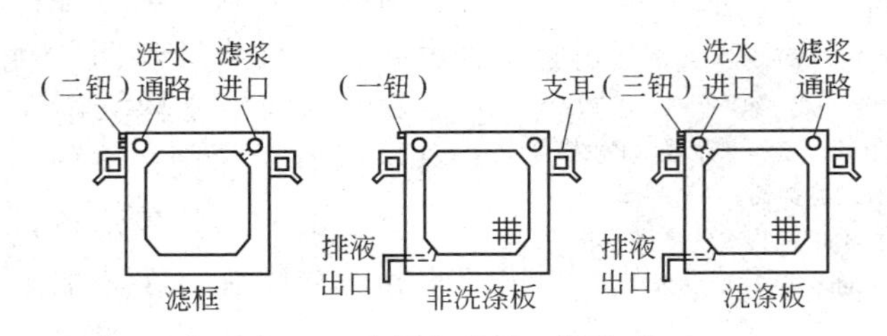

图 3-9　滤框与滤板（明流式）

布夹在交替排列的滤板和滤框中间，严密压紧，以防止渗漏。

过滤时，洗涤水通道入口关闭，滤浆通道入口开启。滤浆由滤框角孔进入滤框内，分别穿越两侧滤布。滤渣充满滤框时停止过滤，然后开始洗涤阶段。这种设备滤液经每块滤板下方的板角孔道，各自通过出口旋塞直接排出机外（明流式）。

滤板分为洗涤板和非洗涤板，结构上的区别在于洗涤板有上方角孔连通洗水通道，洗水可直接进入。过滤时两板操作情况相同，洗涤时则有别。滤板与滤框外侧均铸有标记，如小钮。非洗涤板为一钮，滤框为二钮，洗涤板为三钮。头板与尾板均为洗涤板。板与框按钮数 1-2-3-2-1 顺序排列。

板框压滤机每个循环由装配、压紧、过滤、拆开、卸料和清理等操作构成。压紧方式有手动、机械和液压三种，现已形成系列规格。

板框压滤机的优点是过滤面积大，允许采用较高的压力差，对

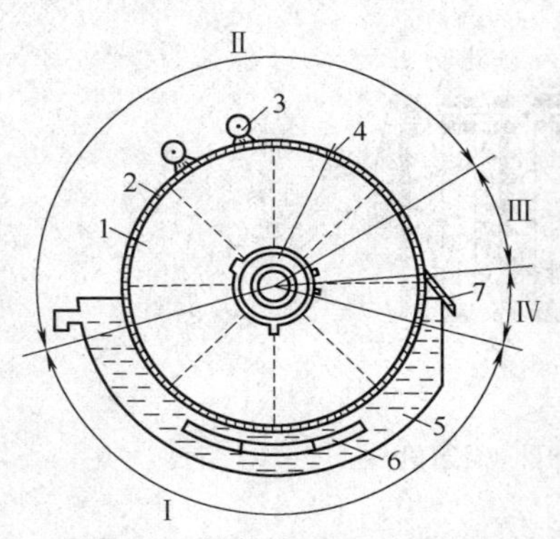

图 3-10　转筒真空过滤机简图

1—转鼓；2—丝网；3—喷嘴；4—分配头；5—滤浆槽；6—摆动式搅拌器；7—刮刀

Ⅰ—过滤区；Ⅱ—洗涤脱水区；Ⅲ—卸料区；Ⅳ—再生区

滤浆的适应能力强，结构简单。其缺点是板框拆装、滤饼清除的劳动强度大，生产效率低，洗涤不够均匀。现已开发出可减轻劳动强度的自动板框压滤机。

2. 转筒真空过滤机

转筒真空过滤机是应用较广的连续过滤机。其主要部件是能转动的水平圆筒和分配头。圆筒表面有一层金属丝网，网上覆盖滤布，筒的下部浸入滤浆中，如图 3-10 所示。圆筒沿圆周分成若干个互不相通的扇形格，每格的小孔通分配头。在分配头的作用下，转筒在旋转一周的过程中，每个扇形格表面即可按顺序完成过滤、洗涤、吸干、吹松、卸饼、再生等操作。

分配头是实现按顺序操作的关键部件，由固定盘和转动盘构成。因分配头有四个室，故转筒大致可分为四个工作区域。如图 3-11，转动盘上有许多小孔，固定盘上的凹槽与真空管或压缩空气管相接通。转动盘随转筒转动，转动盘上的小孔依次与固定盘上的真空和压缩空气相连通。四个区域的工作过程如下。

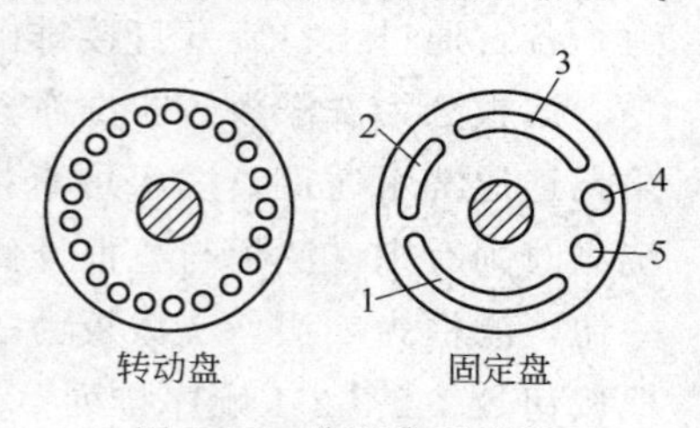

图 3-11　分配头示意图

1，2—与减压管和滤液储槽相通的凹槽；3—与减压管和洗液储槽相通的凹槽；4，5—与压缩空气相通的孔

（1）过滤区Ⅰ　此时过滤室通过转动盘上的孔与固定盘的凹槽 1（真空系统）相连。滤液在真空作用下通过滤布进入滤室，经分配头中心管排出。固体粒子被截留在滤布表面，形成滤饼层。

（2）洗涤脱水区Ⅱ　过滤室离开滤浆液面，过滤停止，但在与凹槽 2 相连的真空作用下，仍继续将滤饼中的滤液吸干。进入洗涤区，洗液通过喷嘴均匀地喷洒在滤饼上，洗去残留在滤饼中的滤液，洗液在与凹槽 3 相连的真空作用下，经分配头排出。在旋转过程中滤饼被脱水吸干后进入卸料区。

（3）卸料区Ⅲ　压缩空气经分配头固定盘上的孔 4 进入Ⅲ室，在压缩空气作用下，使滤饼与滤布分离，随后由刮刀将滤饼刮下。

（4）再生区Ⅳ　卸料后，转动盘上小孔与固定盘上的孔 5 相对，压缩空气或蒸汽吹落滤布上的颗粒，防止堵塞滤布孔隙，减小过滤阻力，使滤布再生。

转筒真空过滤机过滤面积一般为 $2\sim50m^2$，转速为 $0.1\sim3$ r/min。操作可连续自动进行，生产能力大，洗涤效果好，能处理浓度变化大的悬浮液，在制碱、造纸、制糖、采矿等工业中广泛应用。但转筒真空过滤机结构复杂，过滤面积不大，滤饼湿含量大，能耗高，不适宜过滤高温悬浮液。

（三）过滤离心机

过滤离心机是将过滤和离心分离相结合，用于分离悬浮液的设备。它具有结构紧凑，体积小，质量轻，分离效率高，生产能力大，辅助设备少等优点，应用广泛。

1. 卧式刮刀卸料离心机

这种离心机的特点是在转鼓连续高速运转下，能自动间歇地进行加料、分离、洗涤、甩干、卸料、洗网等工序的操作，各工序的操作可在一定范围内根据实际需要调整，且能自动控制。这种离心机应用广泛，适应性强，尤其适用于大规模生产。

卧式刮刀卸料离心机的大致结构如图 3-12，进料阀自动定时开启，悬浮液经加料管进入，均匀地分布在高速运转的转鼓内表面。滤液经滤网和鼓壁上的小孔被甩到鼓外，固体留在鼓内壁。当滤饼达到一定厚度时，停止加料，进行洗涤、甩干。然后刮刀在液压传动下上移，将滤饼刮入料斗卸出，最后清洗转鼓滤网，完成一个操作周期。

2. 卧式活塞推料离心机

卧式活塞推料离心机是连续进料，脉动卸料，同时在转鼓内的不同部位完成各工序的操作。适用于固体含量≥30%，固体粒子直径>0.25mm，进料浓度比较稳定的悬浮液的分离。它具有处理量大、卸料时晶体受损小的特点。

卧式活塞推料离心机的大致结构见图3-13，操作时，悬浮液由加料管连续地经锥形料斗进入转鼓底部，在离心力作用下，固体被截留在筛网上形成滤饼。随转鼓一起旋转的推料盘不断做往复运动，将滤饼沿转鼓轴向推至下料斗。滤饼在被推移的过程中，可进行洗涤、甩干。

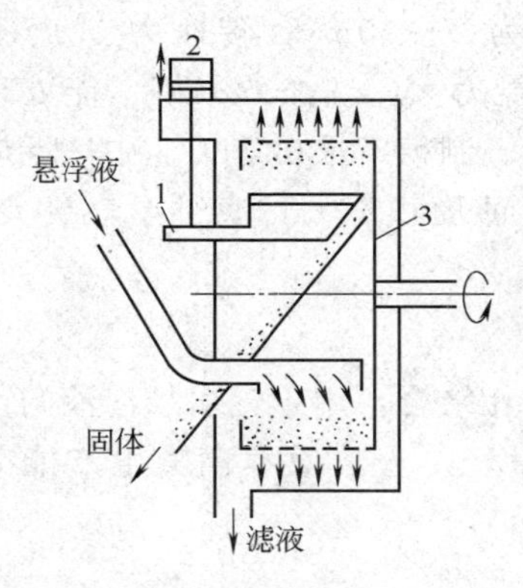

图3-12　卧式刮刀卸料离心机示意图

1—刮刀；2—液压传动；3—转鼓

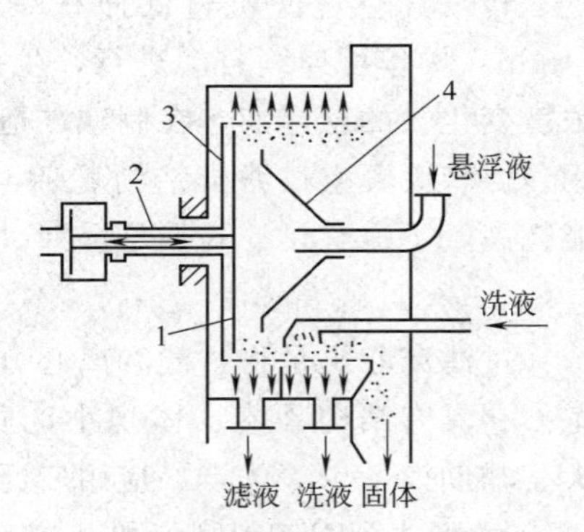

图3-13　卧式活塞推料离心机示意图

1—推料盘；2—转鼓轴；3—转鼓；4—锥形料斗

思考题

1. 什么叫非均相物系？分离的目的是什么？
2. 什么是重力沉降速度？它与哪些因素有关？
3. 什么叫离心分离因数？提高分离因数的措施有哪些？
4. 重力沉降与离心沉降有何不同？
5. 气固分离应用在哪些方面？有哪些分离方法和设备？

6. 说明旋风分离器的操作原理。
7. 液固分离应用在哪些方面？有哪些分离方法和设备？
8. 说明沉降、过滤有什么区别？
9. 简述板框压滤机的工作过程。
10. 简述真空转筒过滤机的工作过程。
11. 说明常用过滤离心机的结构及特点。

第四章 传 热

学习目标

• 掌握：热传导的基本定律及热导率；平壁和圆筒壁的定常导热计算；传热推动力与热阻的概念；对流给热基本过程、对流给热基本方程及对流给热系数；传热速率方程式、热量衡算、平均温度差及计算、传热系数计算及讨论。

• 理解：传热在化工生产中的应用；传热的三种基本方式及特点；间壁式换热的传热过程；常用载热体；流体无相变化时对流给热系数的影响因素及各特征数的意义；列管换热器的结构、特点；传热过程的强化。

• 了解：流体无相变化时对流给热系数的计算；列管换热器的选用；其他类型换热器的结构、特点。

第一节 概 述

一、传热在化工生产中的应用

在化工生产过程中，流体的温度控制是过程进行的重要条件。如在一般的化学反应中有着一定的热效应，要维持一定的反应温度，就需引出或引进热量，或在反应前和反应后要进行加热或冷却；在其他的一些单元操作中，往往需要输入或输出热量。所以流体间的热量传递成为化工生产中的基本操作。

根据生产过程的情况，对传热过程提出了不同的要求。

(1) 强化传热过程　在工业生产过程中，常需将温度较低或温度较高的流体升温或降温，并控制在一定温度范围内。这就希望在单位时间、单位传热面积的热量传递越多越好。

（2）削弱传热过程　当设备或管路的外壁温度高于或低于环境温度时，必将进行热量或冷量的交换而损失，这就需要保温或保冷，此时应使单位时间、单位传热面上传递的热量越少越好。

在化工生产中，由于原料和生产方法的不同，热能的消耗和利用有很大差异。生产中的化学反应有很多是放热反应，应很好地利用和回收这些余热，减少能源消耗，降低生产成本。热能的利用应主要考虑以下问题。

（1）回收余热生产蒸汽　对于在生产过程中的高温余热，应进行回收，以产生较高压力的蒸汽，如合成氨和硫酸生产中利用废热锅炉产生的较高压力蒸汽，利用废热所产生的蒸汽可进行逐级综合利用。高压蒸汽用于带动高压运转设备（如透平压缩机）；蒸汽压力降低后，部分作为工艺用蒸汽，部分用于带动中压设备运行；低压蒸汽部分用于加热蒸汽，部分还可带动低压设备的运行。

（2）充分利用反应热　生产中常遇到参与反应的冷流体需要加热至一定的温度，而反应后的流体又需要冷却，让冷流体和热流体进入同一换热器进行传热，既可达到加热又可达到冷却之目的。

二、传热的基本方式

在不消耗外功的情况下，热量总是从高温向低温方向传递。物系内部或物系之间由于温度的不同，热量从一处转移到另一处的过程叫热量传递，即传热。传热的推动力为冷热物体间的温度差。根据传热机理的不同，热量传递有三种基本方式：传导、对流和辐射。

（一）热传导

由于物体本身分子或电子的微观运动使热量从高温部位传向低温部位的过程称为热传导，又称为导热。

热传导发生在物体内部或直接接触的物体之间，物体质点不发生明显的位移。固体中的传热是热传导的结果，静止流体内及传热方向与做层流流动流向呈垂直的传热以热传导为主。

（二）对流传热

流体质点因相对位移，将热量从一处传递到另一处的过程称为对流传热。对流传热只发生在流体内部。由于流体产生对流的原因不同，又分为自然对流和强制对流。当流体内部因温度不同，使流体产生密度差异，从而引起流体质点的相对运动，称为自然对流；当质点的运动是由外界机械功或外力作用而强制进行的，则称为强制对流。显然强制对流因流体质点运动较剧烈，有较好的传热效果。

化工生产中，常为流体在流过温度不同的壁面时与该壁面间所发生的传热传递，这种传热过程既有对流传热，同时总伴有流体分子热运动所引起的热传导，所以这样的传热过程统称为对流给热。

（三）热辐射

任何物体，只要其热力学温度在零度以上，都能随着温度的不同以一定范围波长电磁波的形式向外界发射能量，同时又会吸收来自外界物体的辐射能。当物体向外辐射的能量与其从外界吸收的辐射能不相等时，该物体就与外界发生了热量的传递，这种传递方式称为热辐射，又称为辐射传热。

热辐射不需要物体间的直接接触。只有在物体间的温度差相差很大时，辐射才成为传热的主要方式。

在实际的传热过程中，上述三种方式是同时存在的。在温度差不很高时，辐射传递的热量很小，所以在一般的传热过程的讨论中，以热传导和对流传热两种方式为主。

三、工业生产上的换热方式

（一）工业生产上的换热方式

1. 混合式换热

冷热两种流体直接混合接触交换热量，称为混合式换热。这种方法所用设备简单，传热面积大，传热效果好，但要求两流体不发生化学反应或工艺上要求不能混合的流体。如直接用水蒸气加热水；合成氨生产中半水煤气需要降温与除尘，可用冷却水与半水煤气在洗气塔内直接接触换热，同时达到降温和除尘之目的。

2. 间壁式换热

冷热流体分别在固体壁面的两侧，热量通过壁面达到换热的目的称为间壁式换热。间壁式换热是工业生产中的主要换热方法，冷热流体被固体壁面隔开，各走各的道，互不混合。间壁式换热器的类型很多，最简单而又较典型的套管换热如图 4-1 所示。

在间壁式换热中，热量的传递包含了三个过程：①热流体以对流给热的方式将热量传递给壁面一侧；②热量由壁面的一侧以导热方式传递到另一侧；③热量由壁面的另一侧以对流给热的方式传递给冷流体。

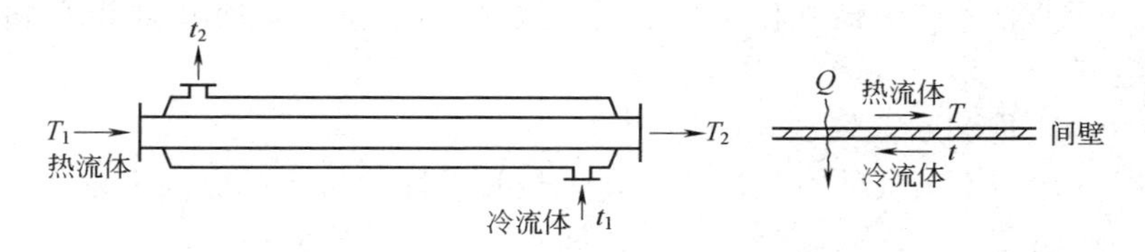

图 4-1 套管换热器中的换热

3. 蓄热式换热

这种类型的设备常称为蓄热炉，是一种间歇操作的换热方法。首先热流体通过装填有热容量大的固体填充物的炉内，放出热量使炉温升高；然后停止通入热流体，改通冷流体，冷流体吸收热量，从而达到换热之目的，当炉温降低到一定程度后，改通热流体，这样循环进行，这种换热的方法称为蓄热式换热。主要用于气体间的换热。

生产中多数情况是不允许冷热流体接触混合的，所以间壁式换热在生产中应用广泛。本章主要介绍间壁式换热。

(二) 常用的加热剂和冷却剂

使工艺流体被加热或冷却的流体，通称为载热体。起加热作用的热载热体称为加热剂，加热剂在换热过程中放出热量；起冷却作用的冷载热体称为冷却剂，冷却剂在换热过程中获得热量。生产中常见的载热体见表 4-1。

选择一种适宜的载热体，应考虑以下几个方面：①满足工艺要求的温度；②载热体的温度要易于调节，热稳定性好；③无毒性，不易燃，不易爆，腐蚀性小，安全可靠；④价格低廉，来源充足。

表 4-1 常用载热体

载热体	热水	饱和蒸汽	矿物油	联苯混合物	熔盐
适用温度/℃	40～100	100～180	180～250	255～380	142～530
载热体	烟道气	水	空气	盐水	液氨
适用温度/℃	500～1000	0～80	＞30	0～15	＜－15

工业生产中最常使用的加热剂为饱和水蒸气，冷却剂为水和空气。

1. 饱和水蒸气

饱和水蒸气的冷凝潜热大，传热效果好，而且在给定压力下的冷凝温度恒定，即温度与压力之间有着严格的对应关系，可以用改变压力的方法来准确调节或控制温度。饱和水蒸气输送方便，价廉，无毒，不燃不爆，热稳定性好，腐蚀性小，在生产中广泛使用。

饱和水蒸气适用于加热温度在 180℃以下，如果温度过高，将引起设备费用的提高。用饱和水蒸气作加热剂时，可采用直接加热或间壁加热两种方式。当被加热流体可以被稀释或润湿时，则可采用直接蒸汽加热方式，蒸汽所含的热量能充分利用，操作方便，设备简单；当生产中不允许物流与蒸汽混合时，则应采用间壁加热方式，换热过程中一般只利用蒸汽的冷凝潜热，然后将冷凝温度下的冷凝水及时排出。

2. 水和空气

取自然环境中的水和空气作为冷却剂，可以将物流冷却到环境温度，但若要将物流冷却到环境温度及以下时，则需将水和空气进行处理。而水作冷却剂时，其温度是不能低于 0℃的。水和空气的温度因环境和地区的不同而异。

水包括江河、自来水、地下水和循环水等。江河水的温度与季节有关，一般不低于 20～30℃；地下水的温度较恒定。为节约用水和保护环境，应尽量采用循环水系统。

水比空气具有更大的热容量，并传热效果较好。生产上冷却水经换热后的终温与其用量有关，终温过低，用水量增大，操作费用上升。冷却水的终温一般低于60℃，以免结垢严重。水与被冷却流体之间应有5～30℃的温度差，如换热器出口处被冷却流体的温度为45℃，则该处的水温应在40℃以下。

用水作冷却剂也分直接冷却和间接冷却两种方式。当工艺物流允许与水接触时，可直接喷水冷却，且方便易行。否则应采用间接冷却方式。

在缺水地区，较广泛采用空气作冷却剂。空气来源方便，换热过程中不易产生垢层。但空气热容量小，传热效果较差，所需的空气量大，换热面积也较大。

（三）定常传热与非定常传热

在换热器中，热量传递的快慢用传热速率来表示。传热速率是指单位时间内通过传热面的热量，用 Q 表示，单位为J/s或W。

在传热过程中，与传热方向垂直的任一截面上各点的状态（温度，传热速率等）不随时间变化，称为定常传热。定常传热时，在传热方向上的传热速率不变，但温度将发生变化。连续生产过程认为是定常传热。

当任一截面上各点的状态随时间而变化时，则称为非定常传热。一般间歇操作和连续生产中的开车或停车，为非定常传热。本章只讨论定常传热中的有关问题。

第二节　热　传　导

一、导热基本方程

（一）傅里叶定律

在一个质量均匀，化学性质稳定的固体平壁内，如图4-2所示，当壁面两侧的温度为 $t_1 > t_2$ 时，热量将以导热的方式由高温壁向低温壁传递。

实验证明，在定常的导热时，导热速率与垂直于传热方向的导热面积和温度梯度成正比，其关系式为

$$Q=-\lambda A\ \frac{\mathrm{d}t}{\mathrm{d}n} \tag{4-1}$$

式中 Q——导热速率，W；

A——导热面积，即垂直于导热方向的截面积，m^2；

λ——热导率（或导热系数），W/(m·K)；

$\frac{\mathrm{d}t}{\mathrm{d}n}$——温度梯度，即传热方向上单位传热距离温度的变化率，K/m，规定温度梯度的方向指向温度升高为正，反之温度降低为负。

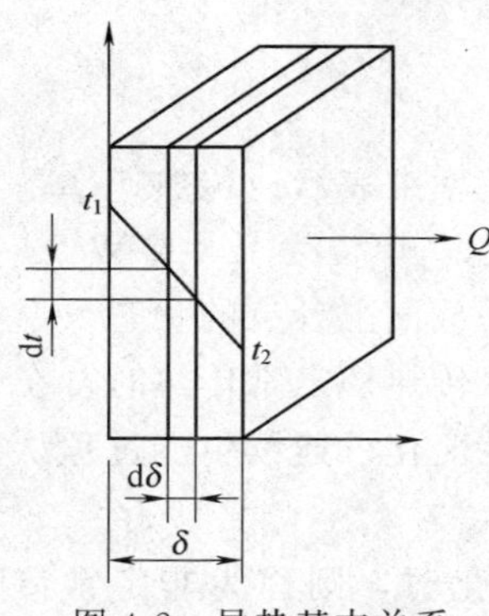

图 4-2 导热基本关系

式（4-1）为导热基本方程，或称为傅里叶定律，是求解导热问题的基本公式。

（二）热导率

热导率 λ（或导热系数）在数值上等于单位温度梯度下通过单位导热面积所传递的热量。故热导率是表示物质导热能力大小的一个参数，是物质的物理性质。物质的热导率越大，传导的热量越多，其导热能力也越强。

不同物质的热导率差异很大，可以通过实验测定其热导率。各种物质的热导率值［W/(m·K)］范围大致为：金属在 15～420，非金属固体在 0.02～3，非金属液体在 0.1～0.7，气体在 0.002～0.3。金属是良好的导热体，而热导率小于 0.2 的物质可以做绝热保温材料。

物质的热导率与物质的组成、结构、压力和温度有关。化学组成不同，其热导率也不同；物质的内部结构不同，热导率也不同，非金属建筑材料的热导率随密度的加大而增大，如塑料泡沫、玻璃棉中间有大量的空隙，密度小，热导率小，故可作保温材料。

压力对物质的热导率影响很小，一般情况下可以忽略不计，即使是气体也可忽略。

温度对热导率的影响较明显，金属的热导率随温度的升高而减小；除水、甘油外的多数液体，其热导率随温度的升高而减小；气体、水蒸气、建筑材料和保温材料的热导率都随温度的升高而显著增大。

二、平壁的定常导热

（一）单层平壁

定常导热过程的导热速率在导热方向上不变，并假定平壁材料均匀，其热导率不随温度变化，将式（4-1）分离变量积分，可得通过平壁定常导热方程式，为

$$Q=\frac{\lambda}{\delta}A(t_1-t_2) \tag{4-2}$$

式中　t_1、t_2——平壁两个侧面的温度，K；

δ——平壁的厚度，m。

将上式改成为

$$Q=A\frac{t_1-t_2}{\delta/\lambda}=A\frac{\Delta t}{R_w} \tag{4-2a}$$

式中　$\Delta t=t_1-t_2$——导热推动力，K；

$R_w=\delta/\lambda$——平壁导热阻力，又称为热阻，$m^2\cdot K/W$。

式（4-2a）说明，单层平壁的导热速率与推动力成正比，与热阻成反比。

（二）多层平壁

如图 4-3 所示，由三种不同材料组成的多层平壁，各层材料均匀，层与层间紧密贴合，相互接触表面上的温度相同，内表面温度为 t_1，外表面温度为 t_4，各层间温度分别为 t_2、t_3，在定常导热中，各层的导热速率必相等，由式（4-2）则有

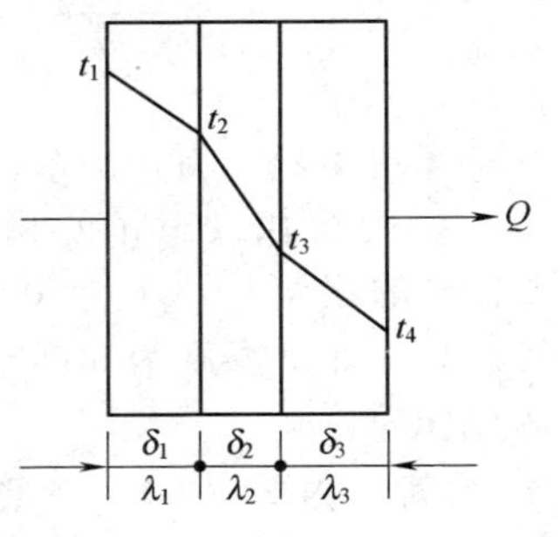

图 4-3　多层平壁的导热

第一层　$Q=\frac{A\lambda_1}{\delta_1}(t_1-t_2)$　或　$\frac{Q}{A}\times\frac{\delta_1}{\lambda_1}=t_1-t_2$

第二层 $Q=\frac{A\lambda_2}{\delta_2}(t_2-t_3)$ 或 $\frac{Q}{A}\times\frac{\delta_2}{\lambda_2}=t_2-t_3$

第三层 $Q=\frac{A\lambda_3}{\delta_3}(t_3-t_4)$ 或 $\frac{Q}{A}\times\frac{\delta_3}{\lambda_3}=t_3-t_4$

将上述三式相加，得

$$Q=\frac{A(t_1-t_4)}{\frac{\delta_1}{\lambda_1}+\frac{\delta_2}{\lambda_2}+\frac{\delta_3}{\lambda_3}}=\frac{A\Delta t}{R_{w1}+R_{w2}+R_{w3}} \tag{4-3}$$

多层平壁内导热速率的计算通式为

$$Q=\frac{A\Delta t}{\sum_{i=1}^{n}\frac{\delta_i}{\lambda_i}}=\frac{A\Delta t}{\sum_{i=1}^{n}R_{wi}} \tag{4-4}$$

式中　$\Delta t=t_1-t_{i+1}$——内外壁面的总温度差，总推动力。

由式（4-4）可见，多层平壁导热的总热阻为各层热阻之和，总推动力也为各层推动力之和。

【例 4-1】 厚度为 200mm 的耐火材料制成的炉壁，其内壁温度为 630℃，外壁温度为 150℃，耐火材料的热导率为 0.9W/(m·K)，求每平方米壁面的热损失。

解： 由式（4-2）计算，得

$$\frac{Q}{A}=\frac{t_1-t_2}{\frac{\delta}{\lambda}}=\frac{630-150}{\frac{0.2}{0.9}}=2.16\times10^3\ \mathrm{W/m^2}$$

【例 4-2】 有一炉壁，内层由 24cm 的耐火砖 [$\lambda_1=1.05$W/(m·K)]，中层由 12cm 的保温砖 [$\lambda_2=0.15$W/(m·K)]，外层由 24cm 的建筑砖 [$\lambda_3=0.8$W/(m·K)] 组成。测得内壁温度为 940℃，外壁温度为 50℃。试求单位面积的热损失和各层交界面上的温度。

解： 由式（4-3）计算，得

$$\frac{Q}{A}=\frac{t_1-t_4}{\frac{\delta_1}{\lambda_1}+\frac{\delta_2}{\lambda_2}+\frac{\delta_3}{\lambda_3}}=\frac{940-50}{\frac{0.24}{1.05}+\frac{0.12}{0.15}+\frac{0.24}{0.8}}$$

$$=\frac{890}{0.228+0.8+0.3}=670\ \mathrm{W/m^2}$$

各层交界面上的温度为

内层与中层之间　$t_2=t_1-\frac{Q}{A}\times\frac{\delta_1}{\lambda_1}=940-670\times0.228=787℃$

中层与外层之间　$t_3=t_4+\frac{Q}{A}\times\frac{\delta_3}{\lambda_3}=50+670\times0.3=251℃$

可见，在多层平壁的导热中，各层壁的温差与热阻成正比。

三、圆筒壁的定常导热

在生产过程中，所用设备、管道多为圆筒形，故通过圆筒壁的导热是极常见的。与平壁不同，圆筒壁内的导热面积（$A=2\pi rL$，L 为圆筒的长度）随半径而变，在导热方向上不是常量。如图 4-4 所示，根据傅里叶定律，可得

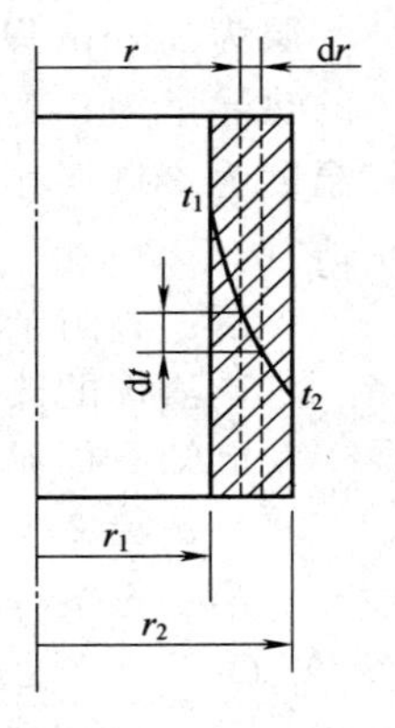

图 4-4　通过圆筒壁的导热

$$Q=-\lambda(2\pi rL)\frac{dt}{dr}$$

把热导率视为常数，分离变量积分，即

$$Q\int_{r_1}^{r_2}\frac{dr}{r}=-2\pi rL\int_{t_1}^{t_2}dt$$

$$Q\ln\frac{r_2}{r_1}=2\pi L\lambda(t_1-t_2)$$

整理得
$$Q=\frac{2\pi L\lambda(t_1-t_2)}{\ln\frac{r_2}{r_1}}=\frac{2\pi L\lambda(t_1-t_2)}{\ln\frac{d_2}{d_1}}\tag{4-5}$$

在工业生产中还常遇到多层圆筒的情况，如在输送蒸汽的管道外加上两层保温层。多层圆筒壁内的导热速率按多层平壁的推导方法，用式（4-5）可推导出其计算式，通式为

$$Q=\frac{2\pi L\Delta t}{\sum_{i=1}^{n}\left(\frac{1}{\lambda_i}\ln\frac{r_{i+1}}{r_i}\right)}=\frac{2\pi L\Delta t}{\sum_{i=1}^{n}\left(\frac{1}{\lambda_i}\ln\frac{d_{i+1}}{d_i}\right)}\tag{4-6}$$

式中　$\Delta t=t_1-t_{i+1}$——多层圆筒壁导热的总推动力。

【例 4-3】 某工厂在 ϕ108mm×4mm 的蒸汽钢管外包有一层厚度为 60mm 的保温层，热导率为 0.15W/(m·K)。现测得保温层内壁温度为 120℃，外壁温度为 40℃。试求单位管长的热损失。

解：由式（4-5）计算

$$d_1=108\text{mm},\ d_2=108+60\times2=228\text{mm}$$

$$\frac{Q}{L}=\frac{2\pi\lambda(t_1-t_2)}{\ln\dfrac{d_2}{d_1}}=\frac{2\times3.14\times0.15\times(120-40)}{\ln\dfrac{228}{108}}=101\text{W/m}$$

【例 4-4】 在 $\phi38\text{mm}\times2.5\text{mm}$ 的蒸汽管外需包两层绝热层。一层为 30mm 厚的矿渣棉，另一层为 30mm 厚的石棉泥，石棉泥的热导率为 0.16W/(m·K)。若蒸汽管内壁温度为 140℃，最外壁温度为 30℃，试确定哪种材料包在内层，哪种材料包在外层更适宜？

解：查附录钢的热导率 $\lambda_1=45\text{W/(m·K)}$

矿渣棉的热导率 $\lambda_2=0.058\text{W/(m·K)}$

已知石棉泥的热导率 $\lambda_2=0.16\text{W/(m·K)}$

$$d_1=33\text{mm},\ d_2=38\text{mm},\ d_3=98\text{mm},\ d_4=158\text{mm}$$

第一方案：将矿渣棉包在内层，其热损失为

$$\frac{Q}{L}=\frac{2\pi\Delta t}{\sum\limits_{i=1}^{3}\left(\dfrac{1}{\lambda_i}\ln\dfrac{d_{i+1}}{d_i}\right)}=\frac{2\times3.14\times(140-30)}{\dfrac{1}{45}\ln\dfrac{38}{33}+\dfrac{1}{0.058}\ln\dfrac{98}{38}+\dfrac{1}{0.16}\ln\dfrac{158}{98}}$$

$$=\frac{2\times3.14\times110}{0.003135+16.334+2.985}=35.8\text{W/m}$$

第二方案：将矿渣棉包在外层，其热损失为

$$\frac{Q}{L}=\frac{2\times3.14\times(140-30)}{\dfrac{1}{45}\ln\dfrac{38}{35}+\dfrac{1}{0.16}\ln\dfrac{98}{38}+\dfrac{1}{0.058}\ln\dfrac{158}{98}}$$

$$=\frac{2\times3.14\times110}{0.003135+5.921+8.235}=48.8\text{W/m}$$

从计算可知，对于圆筒壁，其他条件不变时，将热导率小的矿渣棉包在内层，其热损失更小。

第三节 对流给热

如前所述，在工业生产中常为间壁式换热，即涉及热流体的热量传递到壁面和热量从壁面传递给冷流体，这种传热过程是流体在流过温度不同的壁面时与该壁面间的对流给热。

一、对流给热过程分析

对流给热过程与流体的流动类型密切相关，流体流动有层流和湍流两种类型。在一般的对流给热中流体为湍流流动。在湍流时，流体主体中充满着旋涡，使流体质点充分地混合而交换热量，从而使湍流主体中流体各点的温度较均匀，传热阻力很小，几乎不存在温度差。但是，不管流体的湍动程度多剧烈，在紧贴器壁处，由于流体的内摩擦力和壁面的约束，总存在一层层流内层 δ_b，如图 4-5 所示，虽然这层层流内层很薄，但对对流给热过程起着重要的作用。层流内层与湍流主体之间存在着过渡区，为处理问题方便，虚拟一个过渡流层厚度 δ_f。层流内层厚度和虚拟的过渡流层厚度之和，称为传热边界层，用 δ_t 表示，即图中存在着显著温度变化的区域。在垂直于传热边界层上，热量的传递只能以导热的方式进行。传热边界层是一个虚拟的流体层，对流给热的热阻都集中在此虚拟的传热边界层内，其中包含有湍流主体内的热阻、过渡区内的热阻和层流内层的热阻，这样就认为湍流主体内无热阻，把复杂的对流给热过程简化为传热边界层内的导热。

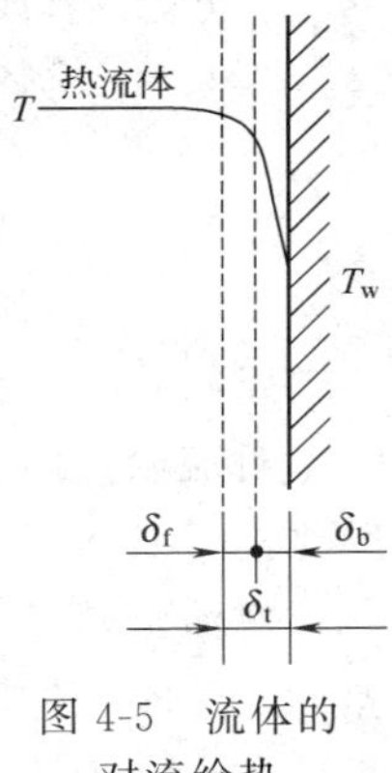

图 4-5　流体的对流给热

二、对流给热基本方程

根据以上分析，对流给热过程可认为是传热边界层 δ_t 内的导热，所以可用导热的傅里叶定律来表示其对流给热速率。对于热流体一侧（热流体对壁面的对流给热），传热边界层两侧的温度差为 $T-T_w$（如图 4-5），则有

$$Q=\frac{\lambda}{\delta_t}A(T-T_w)$$

由于传热边界层的厚度 δ_t 为虚拟的相当值，是不能测得的。工程上为了便于计算和讨论，令 $\alpha=\lambda/\delta_t$，则上式为

$$Q=\alpha A(T-T_{\mathrm{w}}) \tag{4-7}$$

用通式来表示，为

$$Q=\alpha A\Delta t \tag{4-7a}$$

或

$$Q=A\frac{\Delta t}{1/\alpha}=A\frac{\Delta t}{R_{\mathrm{t}}} \tag{4-7b}$$

式中 α——对流给热系数，简称给热系数，$W/(m^2 \cdot K)$；

Δt——流体主体温度与壁面的温度差，为对流给热的推动力，对于热流体一侧为 $T-T_{\mathrm{w}}$，冷流体一侧为 $t_{\mathrm{w}}-t$，K；

R_{t}——对流给热的热阻，$m^2 \cdot K/W$。

式（4-7a）为对流给热基本方程，又称为牛顿冷却定律，它说明了对流给热时，传热速率与温度差和传热面积成正比，与热阻成反比。

对流给热基本方程中给热系数的物理意义是指流体与壁面温度差为1K时，在单位时间内通过单位传热面积所传递的热量。给热系数越大，说明对流给热的热阻越小，有利于传热。由于对流给热较复杂，影响因素多，将所有影响对流给热热阻的因素都归到了对流给热系数中。

三、对流给热系数

影响给热系数的因素很多，包括流体的种类和物理性质，流体流动类型和对流情况（自然对流或强制对流），传热温度的大小和相变化，传热面积的形状、大小、排列方式和位置等，而这些因素又不是孤立存在的，往往互相制约且发生综合的影响。工程上进行处理时，将影响因素全部列出后，经一定的理论推导，把有关物理量归纳为一定的特征数，可得到给热系数的特征数关联式，再通过实验测定出有关系数，建立起半经验公式。一般对流给热的关联式可表达为

$$Nu=ARe^{a}Pr^{b}Gr^{c} \tag{4-8}$$

式中，A、a、b、c 为有关系数；Nu、Re、Pr、Gr 为特征数，常用的特征数及物理意义列于表4-2中。

表 4-2　对流给热中的特征数

特征数名称	符号	定义式	物理意义
努塞尔数	Nu	$\frac{\alpha l}{\lambda}$	反映对流使给热系数增大的倍数
雷诺数	Re	$\frac{lu\rho}{\mu}$	反映流动状态对给热的影响
普朗特数	Pr	$\frac{c_p\mu}{\lambda}$	反映流体物性对给热的影响
格拉晓夫数	Gr	$\frac{gl^3\rho^2\beta\Delta t}{\mu^2}$	反映流体受热后自然对流对给热的影响
特征数中的物理量	α——给热系数，$W/(m^2 \cdot K)$； l——传热面的特征尺寸，m； u——流体的流速，m/s； ρ——流体的密度，kg/m^3； λ——流体的热导率，$W/(m \cdot K)$； c_p——流体的质量定压热容，$J/(kg \cdot K)$；		μ——流体的黏度，$Pa \cdot s$； β——流体的膨胀系数，K^{-1}； Δt——流体与壁面间的温差，K； g——重力加速度，m/s^2

针对具体情况应用的特征数关联式是半经验公式，只有在符合实验条件范围内，才能得到可靠的计算值。因此，使用特征数关联式来计算给热系数时，应注意以下几点。

（1）应用范围　关联式中雷诺数、普朗特数及有关几何尺寸的使用范围。

（2）特征尺寸　特征尺寸是指在对流给热过程中产生主导影响的几何尺寸。如管内径或外径、垂直板高度等。

（3）定性温度　即决定流体物性的温度，大多数关联式取流体进出换热器处温度的算术平均值，作为流体的定性温度。

根据对流给热的情况和实验条件的不同，给热系数有很大的差异。化工生产中常遇到的对流给热大致有以下几类。流体无相变化的给热，其中又分为强制对流和自然对流；流体有相变化的给热，其中又分为蒸汽冷凝和液体沸腾。

下面介绍一个常用的给热系数的关联式。

流体无相变化在圆形直管内强制湍流时，对于黏度小于 2 倍水黏度的流体，可用下式计算给热系数。

$$Nu=0.023Re^{0.8}Pr^{n} \quad (4\text{-}9)$$

或
$$\alpha=0.023\frac{\lambda}{d}\left(\frac{du\rho}{\mu}\right)^{0.8}\left(\frac{c_{p}\mu}{\lambda}\right)^{n} \quad (4\text{-}9a)$$

应用范围：①$Re>10^4$；②$Pr=0.7\sim120$；③管子的长、径比 $\frac{l}{d}>50$。

特征尺寸：管子内径 d。

定性温度：取流体进、出口温度的算术平均值。

式中 n 为常数，流体被加热时取 $n=0.4$，被冷却时取 $n=0.3$。

从式（4-9）可知：当流体及性质一定时，给热系数与流速的0.8次方成正比，与管径的0.2次方成反比。所以适当提高流体的流速有利于增大给热系数，降低对流给热的热阻，对传热有利。

应用式（4-9）时，若上述条件不能全部满足，其计算结果误差较大；对于某些条件不能满足$\left(\text{如}\frac{l}{d}<50\right)$时，应将计算结果加以修正，修正方法可查有关资料。

其他计算给热系数的关联式，可参考有关资料。

第四节　传热过程计算

一、传热速率方程式

一台间壁式换热器要满足工艺产生的要求，应具有一定的传热面积才能达到满足于工艺要求的传热速率。实验证明，传热速率与传热面积和传热温度差成正比，即

$$Q=KA\Delta t_{m} \quad (4\text{-}10)$$

或
$$\frac{Q}{A}=\frac{\Delta t_{m}}{1/K}=\frac{\Delta t_{m}}{R} \quad (4\text{-}10a)$$

式中　A——传热面积，m^2；

Δt_{m}——传热平均温度差，K；

K——传热系数，$W/(m^2\cdot K)$；

R——传热总阻力，简称总热阻，$m^2\cdot K/W$。

式（4-10）称为传热速率方程式，它是传热速率与传热系数、传热面积和传热平均温度差的关系，是传热计算的基本方程式。传热系数 K、传热面积 A 与传热平均温度差 Δt_m 是传热过程中的三要素。传热平均温度差 Δt_m 的单位也可为℃，所以传热系数 K 的单位可为 $W/(m^2 \cdot ℃)$

式（4-10a）说明，单位面积上的传热速率与传热推动力 Δt_m 成正比，与传热总阻力成反比。因此，要提高换热器的传热速率，应提高传热推动力和降低传热总阻力（或者说是要提高传热系数）。由于在传热过程中，在很多情况下间壁两侧的温度是变化的，所以，传热推动力用传热平均温度差表示。

二、热量衡算

热量的传递是由换热器来完成的，换热器所具有的换热能力应与工艺要求的换热量相适应，工艺要求的换热量称为热负荷，用 Q_L 表示，即换热器的传热速率 Q 应与热负荷 Q_L 相适应。严格来说，$Q \geqslant Q_L$，在工程计算中，常用热负荷的计算值来代替传热速率，即 $Q=Q_L$。

由能量守恒定律可知，当热流体放出的热量为 Q_T，冷流体获得的热量为 Q_t，设备向环境产生的热损失为 Q_f 时，则热量衡算式为

$$Q_T = Q_t + Q_f \tag{4-11}$$

生产中保温良好的换热器，其热损失在2%～3%。当热损失可以忽略不计，此时

$$Q = Q_T = Q_t \tag{4-11a}$$

（一）冷热流体均无相变化时的热量衡算

当冷热流体都无相变化，热损失可忽略不计时，取流体进、出口平均温度下的质量定压热容，则

$$Q = W_T c_{pT}(T_1 - T_2) = W_t c_{pt}(t_2 - t_1) \tag{4-12}$$

式中　W_T、W_t——热流体与冷流体的质量流量，kg/s；

c_{pT}、c_{pt}——热流体与冷流体的质量定压热容，J/(kg·K)；

T_1、T_2——热流体的进、出口温度，K；

t_1、t_2——冷流体的进、出口温度，K。

（二）一侧流体有相变化，而另一侧流体无相变化时的热量衡算

当热流体发生相变化时，如饱和蒸汽冷凝，生产上一般只利用蒸汽的冷凝潜热，即饱和蒸汽冷凝成同温度下的饱和液体，则

$$Q=W_{\mathrm{T}}r=W_{\mathrm{t}}c_{p\mathrm{t}}(t_2-t_1) \tag{4-13}$$

式中　r——饱和蒸汽的冷凝潜热，J/kg。

在生产中，饱和蒸汽冷凝后的凝液要及时排出换热器，不再利用凝液的显热。因为显热比潜热小得多；同时凝液的存在会占据一定的空间，减少换热的面积，对传热不利。

热量衡算式，即式（4-11）～式（4-13）可用于计算热负荷(一般在数值上等于传热速率)，还可用于载热体用量的计算和流体出口温度的计算等。

【例 4-5】 在列管式冷凝器中，用 100℃ 的饱和水蒸气将 1.5kg/s 的空气由 20℃加热至 80℃。试求热负荷和水蒸气消耗量。若蒸汽流量不变，将空气流量加大 20%，则空气的出口温度为多少?

解： 查 100℃时饱和水蒸气的潜热 $r=2258\text{kJ/kg}$；空气在（20+80)/2=50℃时的质量定压热容 $c_{p\mathrm{t}}=1.005\text{kJ/(kg·K)}$。

由热量衡算式（4-12）得热负荷为

$$Q=W_{\mathrm{t}}c_{p\mathrm{t}}(t_2-t_1)=1.5\times1.005\times(80-20)=90.45\text{kW}$$

由式（4-13）得水蒸气消耗量为

$$W_{\mathrm{T}}=\frac{Q}{r}=\frac{90.45}{2258}=0.04006\text{kg/s}=144.2\text{kg/h}$$

当空气流量 $W'_{\mathrm{t}}=1.2W_{\mathrm{t}}$ 时（视空气的质量定压热容不变），空气的出口温度为

$$t_2=t_1+\frac{Q}{W'_{\mathrm{t}}c_{p\mathrm{t}}}=20+\frac{90.45}{1.2\times1.5\times1.005}=70℃$$

三、传热平均温度差

传热平均温度差是指参与热量交换的冷、热两流体温度差的平

均值，根据两流体沿传热壁面流动时各点的温度变化，可以分为恒温传热和变温传热两种情况。

（一）定常恒温传热

间壁两侧流体温度沿传热面无变化，如壁面一侧饱和液体在温度 t 下沸腾，另一侧饱和蒸汽在温度 T 下冷凝，温度差处处相等，其温度差为

$$\Delta t_{\mathrm{m}}=T-t \tag{4-14}$$

恒温传热是传热过程的一个比较特殊的例子，如间壁两侧的流体均只发生相变化，一般认为，加热剂为饱和蒸汽时的蒸发和蒸馏过程的传热是恒温传热。

（二）定常变温传热

当间壁两侧流体的温度或其中一侧流体温度随传热面积的位置面变化时，称为变温传热，这是生产中常见的情况。在计算变温传热的温度差时，应取整个传热面温度差的平均值，即传热平均温度差。

平均温度差与两流体的进、出口温度有关，还与两流体在换热器内的流动方向有关，在换热器内的流动方向如图 4-6 所示。在单纯的逆流或并流中，流体的温度变化如图 4-7 所示。

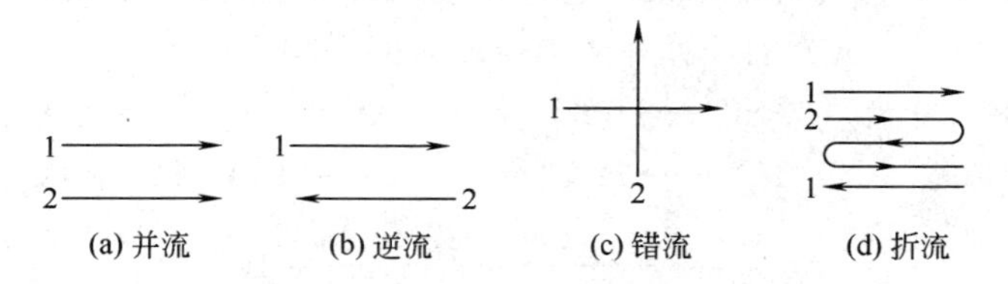

图 4-6　换热器中流体流动方向示意图

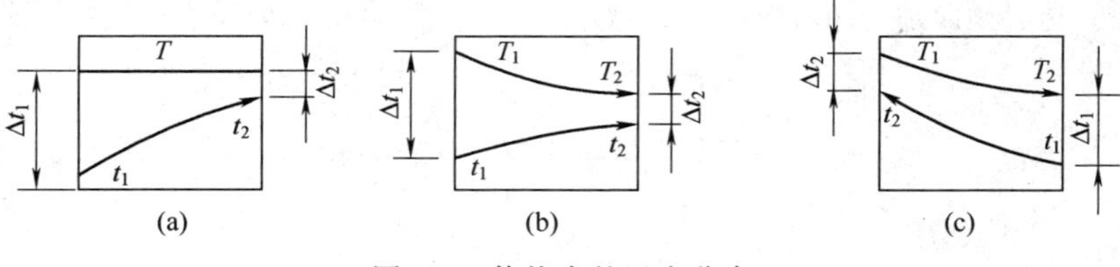

图 4-7　传热中的温度分布

图 4-7 中，(a) 为饱和蒸汽冷凝加热无相变化流体时的情况；(b) 为两流体均无相变化的并流；(c) 为两流体均无相变化的逆流。从以上的情况可见，在传热过程中，冷、热流体的温度差在发生着变化，所以平均温度差应取两流体进、出换热器处温度差的对数平均值，称为对数平均温度差，其计算式可通过理论推导得出，即表达式为

$$\Delta t_m=\frac{\Delta t_1-\Delta t_2}{\ln\dfrac{\Delta t_1}{\Delta t_2}} \tag{4-15}$$

在 Δt_m 的计算中，取两流体进、出换热器处温度差大的作 Δt_1，温度差小的作 Δt_2（参见图 4-7），这样计算较方便。

当 $\Delta t_1/\Delta t_2\leqslant 2$ 时，可用算术平均温度差 $\left(\dfrac{\Delta t_1+\Delta t_2}{2}\right)$ 代替对数平均温度差，其误差在 4% 以内，这在工程计算中是允许的。

在实际生产中，除了单纯的逆流和并流外，有时还采用折流或错流。折流和错流时的平均温度差，通常按逆流平均温度差乘以校正系数来确定。该校正系数的计算可查有关资料，其值小于 1。

【例 4-6】 水在换热器的管间流动，进口温度为 25℃，出口温度为 72℃。被冷却的溶液在管内流动，进口温度为 300℃，出口温度为 100℃。试分别计算并流和逆流时的平均温度差。

解： 并流 300℃⟶100℃　　$\Delta t_1=300-25=275℃$

25℃⟶72℃　　$\Delta t_2=100-72=28℃$

$$\Delta t_{m并}=\frac{\Delta t_1-\Delta t_2}{\ln\dfrac{\Delta t_1}{\Delta t_2}}=\frac{275-28}{\ln\dfrac{275}{28}}=108℃$$

逆流 300℃⟶100℃　　$\Delta t_1=300-72=228℃$

72℃⟵25℃　　$\Delta t_2=100-25=75℃$

$$\Delta t_{m逆}=\frac{\Delta t_1-\Delta t_2}{\ln\dfrac{\Delta t_1}{\Delta t_2}}=\frac{228-75}{\ln\dfrac{228}{75}}=138℃$$

计算可知，当两流体的进、出口温度相同时，逆流的平均温度

差大于并流的平均温度差。

四、传热系数

（一）传热系数的计算式

对于间壁式换热器，热量的传递由热流体内的对流给热、壁面内的导热和冷流体内的对流给热串联而成，如图 4-8 所示。在定常传热过程中，若为平壁或薄管壁（忽略管壁内、外表面积的差异），可将式（4-2）和式（4-7a）分别写成如下三个方程。

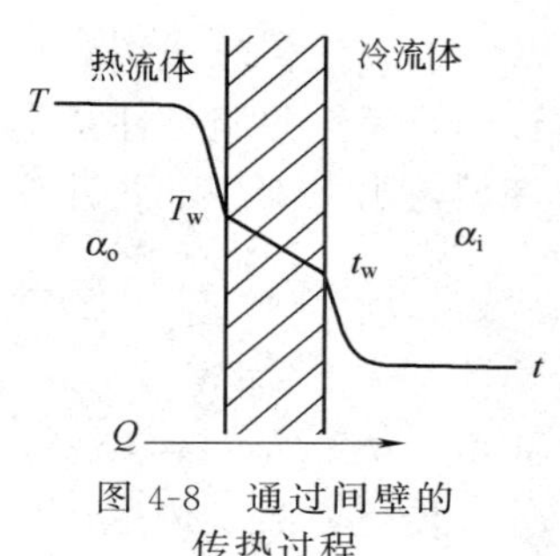

图 4-8　通过间壁的传热过程

$$\frac{Q}{\alpha_o}=A(T-T_w)_m$$

$$\frac{Q\delta}{\lambda}=A(T_w-t_w)_m$$

$$\frac{Q}{\alpha_i}=A(t_w-t)_m$$

将上三个方程两边相加，整理后，并与式（4-10）比较可得

$$Q=\frac{A(T-t)_m}{\frac{1}{\alpha_o}+\frac{\delta}{\lambda}+\frac{1}{\alpha_i}}=KA\Delta t_m \tag{4-16}$$

则传热系数 K 的计算式为

$$K=\frac{1}{\frac{1}{\alpha_o}+\frac{\delta}{\lambda}+\frac{1}{\alpha_i}}=\frac{1}{R} \tag{4-17}$$

式中　$\frac{1}{\alpha_o}$、$\frac{1}{\alpha_i}$——流体对流给热热阻，$m^2 \cdot K/W$；

$\frac{\delta}{\lambda}$——壁面内导热热阻，$m^2 \cdot K/W$。

传热系数的物理意义是：当间壁两侧流体间的温度差为 1K 时，单位时间内通过单位传热面积上的热量。传热系数是衡量换热器性能的重要指标，K 值越大，说明传热的热阻越小，单位面积上的传热速率越大。

换热器使用一段时期后，在换热的壁面两侧会有污垢沉积而形成垢层，使传热速率减小。垢层所产生的热阻称为污垢热阻。实践证明，污垢热阻往往是不可忽略的，因此，计算传热系数时应考虑污垢热阻，即用下式计算。

$$K=\frac{1}{\frac{1}{\alpha_o}+R_o+\frac{\delta}{\lambda}+R_i+\frac{1}{\alpha_i}} \tag{4-18}$$

式中　R_o，R_i——间壁两侧的污垢热阻，$m^2 \cdot K/W$。

传热系数是传热计算中的一个重要参数。其值的大小主要取决于流体的性质，传热过程的操作条件，换热器的结构等。因而 K 值的变化范围很大，如何正确确定 K 值，成为应用传热速率方程式的前提条件。

传热系数可以在生产现场进行实测，其实测值用于相同场合是可靠的；有时也可直接选用生产经验值。部分经验 K 值见附录。

在生产过程中，大量使用管式换热器，其换热面为圆管，由于圆管的内外直径不同，以内外表面积为基准计算的传热系数值也不相同。工程上换热器的系列标准是用外表面积为基准来计算传热面积，故很多传热系数的经验值是相对于管外表面积而确定的。以外表面积为基准时，相应的传热系数计算式为

$$K_o=\frac{1}{\frac{1}{\alpha_o}+R_o+\frac{\delta d_o}{\lambda d_m}+R_i\frac{d_o}{d_i}+\frac{d_o}{\alpha_i d_i}} \tag{4-19}$$

式中　K_o——以外表面积为基准的传热系数，$W/(m^2 \cdot K)$；

α_o——管外给热系数，$W/(m^2 \cdot K)$；

α_i——管内给热系数，$W/(m^2 \cdot K)$；

d_o——换热管外径，m；

d_m——换热管平均直径，m；

d_i——换热管内径，m；

R_o——管外污垢热阻，$m^2 \cdot K/W$；

R_i——管内污垢热阻，$m^2 \cdot K/W$。

（二）给热系数对传热系数的影响

在式（4-18）中，分母各项热阻值往往差异较大，各项热阻不

是同等重要，必须结合具体情况进行分析。相对而言，热阻很小的那项可以忽略不计，这样可以简化计算。

对于一般的管式换热器，管壁的热导率 λ 较大，除高压等特殊情况外，管壁的厚度 δ 较薄，故管壁的热阻（δ/λ）与对流给热热阻比较要小得多，可以忽略不计。若冷、热两流体不易结垢或污垢热阻可忽略时，则式（4-18）可写为

$$K=\frac{1}{\dfrac{1}{\alpha_o}+\dfrac{1}{\alpha_i}}=\frac{\alpha_o\alpha_i}{\alpha_o+\alpha_i} \tag{4-20}$$

① 从式（4-20）可知，总热阻是两对流给热热阻之和，说明总热阻大于任意一个对流给热热阻。故传热系数小于任意一个给热系数。

② 当两流体的给热系数相差很大时，如 $\alpha_o \gg \alpha_i$，因 α_o 很大，相应的热阻很小，可忽略不计，则 $K \approx \alpha_i$；反之，若 $\alpha_i \gg \alpha_o$，则 $K \approx \alpha_o$。

由此可见，当两个给热系数相差很大时，传热系数 K 总是接近值小的给热系数。或者说给热系数值小对 K 值的影响较大，而给热系数值大的对 K 值影响较小，有时可以忽略其影响。因此在强化传热时，应设法提高值小的给热系数，对 K 值的提高才会有显著的效果。

当两给热系数相差不大时，两个热阻在总热阻中占有相当的份量，要同时提高两个给热系数，才能明显提高 K 值。

【例 4-7】 由 ϕ25mm×2.5mm 钢管组成的列管式换热器，管外为水蒸气，其给热系数 α_o 为 5000W/(m^2 · K)，管内为空气，其给热系数 α_i 为 40W/(m^2 · K)，试计算：

(1) 按薄壁处理的传热系数，并计算各部分热阻占总热阻的比例；

(2) 忽略管壁和污垢热阻时的传热系数；

(3) 忽略管壁和污垢热阻后，分别将 α_o 增大一倍或将 α_i 增大一倍时的传热系数；

(4) 以外表面积为基准计算传热系数。

解：查附录取水蒸气的污垢热阻 $R_o=0.000052\text{m}^2\cdot\text{K/W}$；空气的污垢热阻 $R_i=0.0004\text{m}^2\cdot\text{K/W}$；钢的导热系数 $\lambda=45\text{W/(m}\cdot\text{K)}$

（1）按薄管壁处理，即用平壁计算式（4-18）计算

$$K=\frac{1}{R}=\frac{1}{\frac{1}{\alpha_o}+R_o+\frac{\delta}{\lambda}+R_i+\frac{1}{\alpha_i}}$$

$$=\frac{1}{\frac{1}{5000}+0.000052+\frac{0.0025}{45}+0.0004+\frac{1}{40}}$$

$$=\frac{1}{0.0002+0.000052+0.0000555+0.0004+0.025}$$

$$=\frac{1}{0.025708}=38.9\text{W/(m}^2\cdot\text{K)}$$

总热阻 $R=0.025708\text{m}^2\cdot\text{K/W}$

水蒸气侧热阻 $\frac{2\times10^{-4}}{0.025708}=0.78\%$

管壁热阻 $\frac{5.55\times10^{-5}}{0.025708}=0.21\%$

空气侧热阻 $\frac{0.025}{0.025708}=97.25\%$

水蒸气污垢热阻 $\frac{5.2\times10^{-5}}{0.025708}=0.20\%$

空气污垢热阻 $\frac{4\times10^{-4}}{0.025708}=1.56\%$

（2）忽略管壁和污垢热阻时

$$K=\frac{1}{\frac{1}{\alpha_o}+\frac{1}{\alpha_i}}=\frac{1}{\frac{1}{5000}+\frac{1}{40}}=39.7\text{W/(m}^2\cdot\text{K)}$$

（3）当 α_o 增大一倍时

$$K=\frac{1}{\frac{1}{2\alpha_o}+\frac{1}{\alpha_i}}=\frac{1}{\frac{1}{2\times5000}+\frac{1}{40}}=39.8\text{W/(m}^2\cdot\text{K)}$$

当 α_i 增大一倍时

$$K=\frac{1}{\frac{1}{\alpha_o}+\frac{1}{2\alpha_i}}=\frac{1}{\frac{1}{5000}+\frac{1}{2\times 40}}=78.7\text{W}/(\text{m}^2\cdot\text{K})$$

（4）以外表面积为基准时，用式（4-19）计算

$$d_o=25\text{mm},\ d_i=20\text{mm},\ d_m=22.5\text{mm}$$

$$K_o=\frac{1}{\frac{1}{\alpha_o}+R_o+\frac{\delta d_o}{\lambda d_m}+R_i\frac{d_o}{d_m}+\frac{d_o}{\alpha_i d_i}}$$

$$=\frac{1}{\frac{1}{5000}+0.000052+\frac{0.0025\times 25}{45\times 22.5}+\frac{0.0004\times 25}{20}+\frac{25}{40\times 20}}$$

$$=31.2\text{W}/(\text{m}^2\cdot\text{K})$$

上述计算说明：①当管壁热阻和污垢热阻都很小时，对传热过程没有多大的影响；②当两个给热系数相差很大时，提高值大的给热系数对 K 值的提高影响甚微；而将值小的给热系数提高能使 K 值有效提高。对于此题来讲，提高 K 值的关键是提高空气方的给热系数。

五、传热速率方程式的应用

在传热过程中，传热速率方程式的应用是非常重要的，主要有传热面积的计算和传热系数的测定计算。

（一）传热面积计算

传热面积计算的目的：一是根据生产任务所需的热负荷，确定合理的传热面积及结构尺寸；二是根据换热器的结构和有关尺寸，核算该换热器的传热面积能否满足生产任务的要求。

计算传热面积是由式（4-10）改写为

$$A=\frac{Q}{K\Delta t_m} \tag{4-21}$$

在利用上式时，要注意传热面积与传热系数的对应关系。如果所选用的传热系数是以外表面积为基准的，则计算的传热面积要与之对应，按外表面积确定。

已知传热面积，若以管的外表面积为基准，可按下式计算管数

或管长。

$$A=n\pi d_{o}L \tag{4-22}$$

式中 d_o——圆管的外径，m；

n——管子数目；

L——管子长度，m。

【例 4-8】 一列管式冷却器，要求每小时冷却 2000kg 的某有机溶液，该溶液从 98℃冷却至 30℃，平均温度下溶液的质量热容为 3.6kJ/(kg·℃)，给热系数为 500W/(m²·℃)。冷却水呈逆流流动，进口温度为 20℃，出口温度为 40℃，给热系数为 1000W/(m²·℃)。忽略管壁和污垢热阻时，试计算冷却器所需传热面积。若考虑污垢热阻，传热面积又为多少？

解： $Q=W_{T}c_{pT}(T_1-T_2)=\dfrac{2000}{3600}\times3.6\times(98-30)=136\text{kW}$

$$\Delta t_1=98-40=58℃，\Delta t_2=30-20=10℃$$

$$\Delta t_m=\frac{\Delta t_1-\Delta t_2}{\ln\dfrac{\Delta t_1}{\Delta t_2}}=\frac{58-10}{\ln\dfrac{58}{10}}=27.3℃$$

忽略管壁热阻和污垢热阻（可视为薄管壁），用式（4-20）计算传热系数，即

$$K=\frac{\alpha_o\alpha_i}{\alpha_o+\alpha_i}=\frac{500\times1000}{500+1000}=333.3\text{W/(m}^2\cdot℃)$$

所需传热面积，为

$$A=\frac{Q}{K\Delta t_m}=\frac{136\times10^3}{333.3\times27.3}=14.9\text{m}^2$$

忽略管壁热阻，考虑污垢热阻时：

查有机溶液的污垢热阻为 0.000176m²·℃/W，水的污垢热阻 0.000233m²·℃/W。

此时传热系数为

$$K=\frac{1}{\dfrac{1}{\alpha_o}+R_o+R_i+\dfrac{1}{\alpha_i}}=\frac{1}{\dfrac{1}{500}+0.000176+0.000233+\dfrac{1}{1000}}$$

$$=293.3\text{W/(m}^2\cdot℃)$$

所需传热面积为

$$A=\frac{Q}{K\Delta t_{m}}=\frac{136\times10^{3}}{293.3\times27.3}=17m^{2}$$

从计算可知，污垢热阻在传热过程中的影响较大，不可随便忽略。

（二）传热系数的测定计算

对于一台现存的换热器，常需测定在操作条件下的传热系数。传热系数的测定，是在已知换热器的传热面积时，测出流体的流量和两流体的进、出口温度后，进行计算。

传热系数的测定，可利用式（4-10）改写为

$$K=\frac{Q}{A\Delta t_{m}} \tag{4-23}$$

【例 4-9】 一传热面积为 $15m^2$ 的列管式换热器，管外用 110℃ 的饱和蒸汽将管内的某溶液由 20℃ 加热至 80℃，溶液的处理量为 2.5×10^4kg/h，其质量热容为 4kJ/(kg・℃)，试求此操作条件下的传热系数。

解： $Q=W_{t}c_{pt}(t_{2}-t_{1})=\frac{2.5\times10^{4}}{3600}\times4\times(80-20)=1666.7kW$

$$\Delta t_{1}=110-20=90℃,\ \Delta t_{2}=110-80=30℃$$

$$\Delta t_{m}=\frac{\Delta t_{1}-\Delta t_{2}}{\ln\frac{\Delta t_{1}}{\Delta t_{2}}}=\frac{90-30}{\ln\frac{90}{30}}=54.6℃$$

则传热系数为

$$K=\frac{Q}{A\Delta t_{m}}=\frac{1666.7\times10^{3}}{15\times54.6}=2035W/(m^{2}\cdot℃)$$

第五节　换热设备简介

在工业生产中，实现物流之间热量交换的设备，统称为换热器。热量的交换过程，总希望换热设备具有较高的传热速率，以减小换热器的尺寸，从而降低设备费用。

一、换热器的分类

1. 按工业生产上的换热方法分类

在第一节概述中已讨论了工业上的三种换热方法：间壁式、混合式和蓄热式。相应的也可以将换热器分成间壁式、混合式和蓄热式换热器三大类。

2. 按其换热的用途和目的分类

(1) 冷却器　冷却工艺物流的设备，冷却剂一般多采用水。

(2) 加热器　加热工艺物流的设备，加热剂一般多用饱和水蒸气。

(3) 冷凝器　将蒸汽冷凝为液相的设备。只冷凝部分蒸汽的设备称为分凝器；将蒸汽全部冷凝的设备称为全凝器。

(4) 再沸器（又称加热釜）　专门用于精馏塔底部汽化液体的设备。

(5) 蒸发器　专门用于蒸发溶液中的水分或溶剂的设备。在第五章中将作详细的介绍。

(6) 换热器　两种不同温度的工艺物流相互进行显热交换的设备。

(7) 废热锅炉　从高温物流中或废气中回收热量而产生蒸汽的设备。

3. 按传热面的形状和结构分类

(1) 管式换热器　由管子组成传热面的换热器，包括列管式、套管式、蛇管式、翅片管式和螺纹管式换热器等。

(2) 板式换热器　由板组成传热面的换热器，包括夹套式、平板（波纹板）式、螺旋板式、伞板式和板翅式换热器等。

(3) 其他型式　如液膜式、板壳式、热管等换热器。

生产中最常用的是列管式换热器。

二、列管式换热器

列管式换热器又称管壳式换热器。它适用于冷却、冷凝、加热、蒸发、废热回收等用途。列管式换热器具有结构坚固、制造容易、材料来源广、操作弹性大、可靠程度高、使用范围广等优点，所以至今在工业生产中仍得到广泛使用。但在传热效率、设备紧凑性和材料消耗量等方面不如新型的板式换热器。

列管式换热器已有标准系列产品，可供生产上选用。也可以按工艺的特定条件进行设计，以满足不同生产的需要。

如图 4-9（a）所示，列管式换热器主要由圆筒形的壳体、若干平行的管束、管板（又称花板）和封头（又称管箱）等部件组成。管束的两端胀接或焊接在管板上，安装在壳体内；壳体两端的管板分别与封头上的设备法兰用螺栓连接；在壳体和封头上装有流体进、出口接管。管内与管束间分别流动着冷、热两种流体，通过管束的壁面而传递热量。流经管束内的流体，通常称为管程流体；流经管束与壳体之间环隙的流体称为壳程流体。

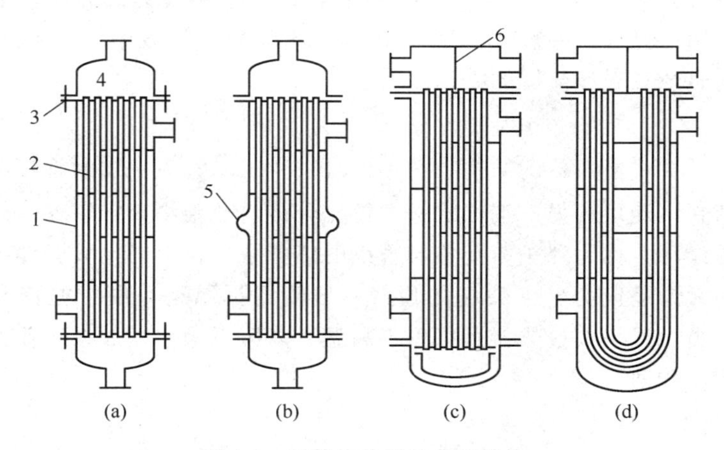

图 4-9　列管换热器的典型结构

（a）固定式；（b）带补偿圈的固定式；（c）浮头式；（d）U 形管式

1—壳体；2—管束；3—管板；4—封头；5—补偿圈；6—隔板

流体流过全部管束长度一次称为单程。如果在封头内安有隔板，使流体流过部分管束长度多次，称为多管程。如图 4-9（c）为双程。目前国内用得较多的是 2、4、6 管程等。

列管换热器工作时，管束壁温与壳体壁温有时不相同，因壁温的不同会引起材料的热膨胀出现差异。如果两者壁温差达 50℃以上时，管束与壳壁之间的热应力就可能使设备变形，或使管子弯曲、破裂。因此，必须从结构上采取措施来消除热应力的影响，按热补偿的方法，可将列管式换热器又分成下列几种型式，如图 4-9 所示。

（一）固定管板式换热器

固定管板式是将管束两端的管板分别焊在外壳的两端［见图 4-9（a)］，管子和壳体与管板的连接都是刚性的。由于采用刚性连接，不能承受较大的温差和高压流体的操作；而且壳程的清洗和检修困难，故壳程流体应为清洁的、不易结垢的流体。

当管壁与壳壁的温度差大于 50℃，小于 70℃时，可以在壳体上设置波形膨胀节（又称为补偿圈），以减小热应力的影响，如图 4-9（b）所示。一般波形膨胀节的设计压力等于或小于 0.6MPa，使用时注意壳程流体的操作压力。

（二）浮头式换热器

浮头式换热器的结构如图 4-9（c）所示。管束一端的管板用法兰与壳体连接；另一端的管板直径比壳体内径略小，可以在壳体内自由浮动，称为浮头。壳体与管束的热膨胀是自由的，故壳体与管束间无温差应力。浮头端的顶盖一般为可拆结构，便于检修和清洗。由于浮头式换热器可以用于高温、高压下操作，故在工业上的应用较普遍。

（三）U 形管式换热器

U 形管式换热器内的每根管子都要弯成 U 形，U 形的两端固定在同一块管板上，如图 4-9（d）所示。由于壳体与管子分开，每根管子都可以自由伸缩，故不考虑热膨胀的影响。因 U 形管换热器只有一块管板，且无浮头，所以结构简单；也可用于高温高压下的操作。但 U 形管内不易清洗，要求管内流体必须是清洁的和不易结垢的。因为管子呈 U 形，管中心部分存在空隙，流体易走短路；还因 U 形管的弯曲半径及长度不同，使弯管麻烦且不能相互更换位置。

三、其他换热器

（一）蛇管式换热器

蛇管式换热器分为沉浸式和喷淋式两种。

沉浸式的蛇管是根据容器的形状，将管子弯曲、绕制成螺旋形或其他形状（见图 4-10），沉浸在容器中。管内流体与容器中的流体进行热量交换。容器中流体的流速很小，因而管外的给热系数小，传热效率低。蛇管通常用作反应设备的传热面，有时在反应设备中设置搅拌器以提高容器内流体的给热系数。

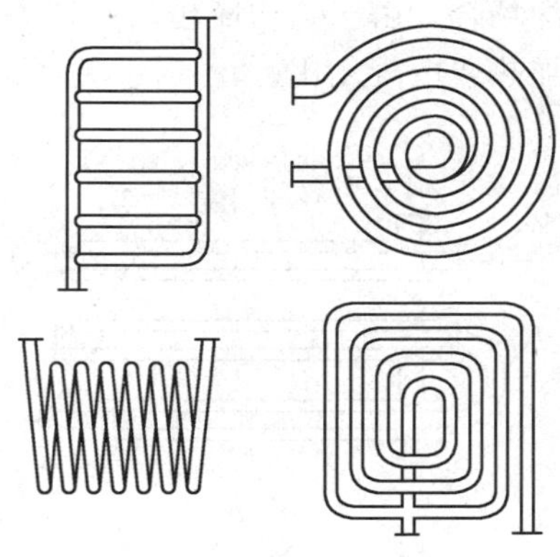

图 4-10　蛇管的形状

喷淋式蛇管换热器是用 U 形肘管把一排排直管联结起来构成蛇管，如图 4-11 所示。这种喷淋式多用作冷却器，冷却水在上方进行喷淋，部分冷却水汽化带走热量。与沉浸式比较，喷淋式的管外给热系数更大，且结构简单，传热面积可增减，检修方便。

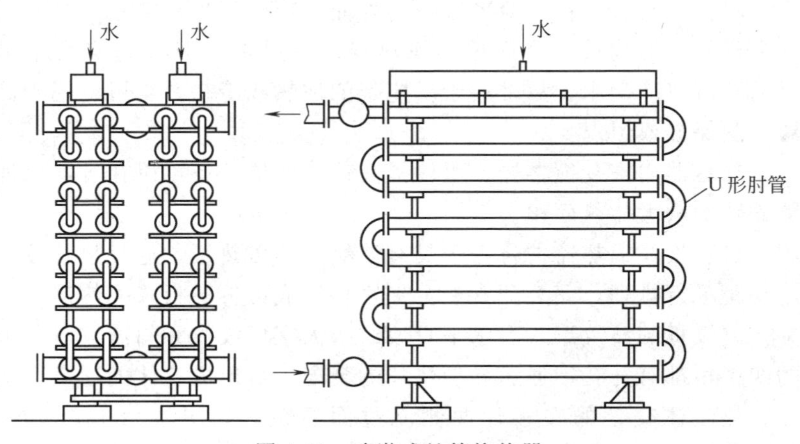

图 4-11　喷淋式蛇管换热器

（二）套管式换热器

套管式换热器由两根不同直径的直管装配成同心套管构成。每段套管称为一程，相邻两程的内管用U形肘管串联起来，而外管与外管串联，如图4-12所示。这种换热器一般用于传热面积较小的场合，由于结构简单，制造方便，能耐较高压力，常作为冷却、加热或冷凝之用。

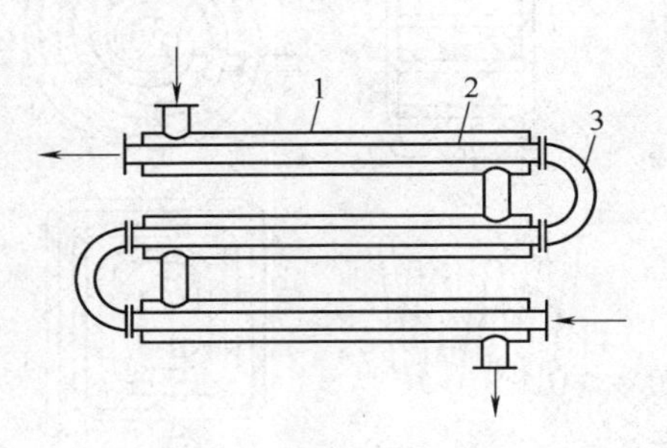

图4-12 套管式换热器

1—外管；2—内管；3—U形肘管

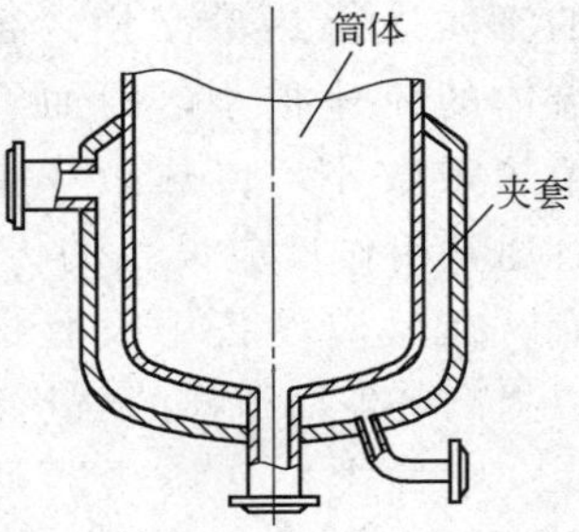

筒体

夹套

图4-13 夹套式换热器

（三）板式换热器

板式换热器的传热面是由板材制成的，常用的有下列几种。

（1）夹套式 在圆筒形容器的外面，用金属板焊接成一个密封的夹套层，即构成一个简单的换热器，如图4-13所示。夹套中可以通蒸汽或冷却水，故常用于反应釜的加热或冷却，也可以用于储罐内的保温或恒温。

在容器内安装搅拌器，可以提高传热效果；还可以在容器内加装蛇管，增大传热面积。

（2）板式换热器 将若干具有波纹形的传热板，通过垫片按一定间距平行排列，安装到支架上夹紧，组成可拆的板式换热器。

波纹板的波纹形式有水平直波纹、人字形波纹和斜波纹等。板的四个角都有开孔，通过异型垫片的装配，可形成流体的通道，使冷、热流体交替的在板片两侧流过而换热，如图4-14所示。图（a）为人字形波纹板结构示意图，图（b）为若干波纹板组合后，

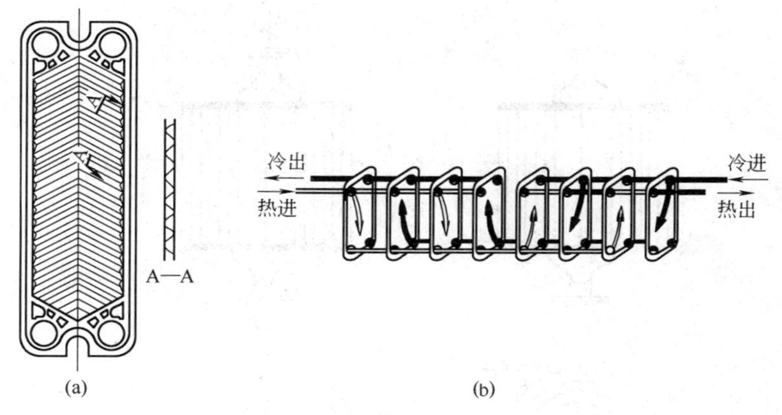

图 4-14　板式换热器

(a) 人字形波纹板片；(b) 板式换热器组合示意图

冷、热流体的流向示意图。根据生产的需要，可以将波纹板进行不同的组合，使之形成不同的流体通道。

流体在波纹板面上流过时，不断地改变流向，能在低的流速下（如 $Re=200$ 左右）达到湍流的效果，传热效率高。这种换热器结构紧凑，单位体积具有的传热面积大，操作灵活（传热面积大小可增减；流体通道可按需要组合），检修清洗方便。但密封周边长，易漏液；使用温度受密封材料的限制，宜用在 150℃以下；处理量小；操作压力在 0.6MPa 以下；特别不适用于易结垢的物流。

（3）螺旋板式换热器　它是由两张相互平行的薄钢板，按一定的间距，在专用成型的卷床上卷成螺旋形，顶部和底部焊上盖板而构成，如图 4-15 所示。两钢板间形成两条螺旋形的通道，两流体在通道内呈逆流流动，薄钢板即为传热的表面积。

螺旋板式换热器已有标准系列产品，可供选用。由于流道的离心作用，在较低的雷诺数下也能达到湍流的状态，传热效率高；而且流道不易堵塞；能在温度差较低的情况下进行热量交换，故可以利用低温热源；由于螺旋流道较长，流体在通道内可以均匀的加热或冷却，所以能准确地控制其出口温度；这种换热器还有结构紧

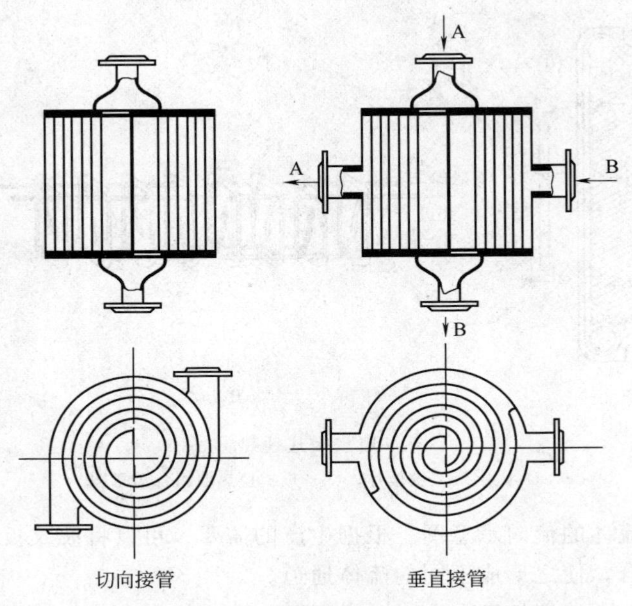

图 4-15　螺旋板式换热器

凑，体积小，制造简便，成本低的特点。但这种换热器承受压力受限制，两通道间的压差较大时有可能丧失稳定性。

（四）热管

热管是一种新型的高效传热元件。最简单的热管是在一根金属管的内表面上，覆盖一层毛细管材料做成的芯网，再装入定量的工作液体后，抽去不凝性气体封闭而成，如图 4-16 所示。

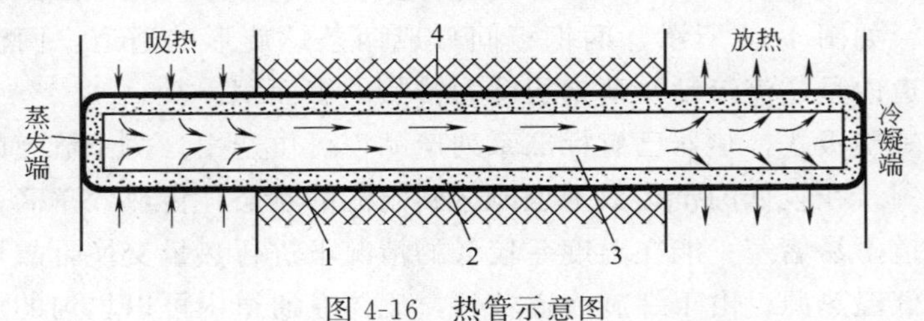

图 4-16　热管示意图

1—导管；2—芯网；3—蒸汽；4—隔热层

当蒸发端受热时，工作液体吸热后沸腾汽化，产生的蒸汽流至冷凝端，经冷凝后放出潜热。冷凝液沿芯网在毛细管力的作用下流回至蒸发端，工作液如此反复地循环，热量则由蒸发端传递至冷凝端。工作液可根据实际需要加以适当地选择，如水、液氨、甲醇和水银等。

热管把传统的管壁内、外两流体的传热，巧妙地转化为只在外表面的传热；若在热管两端外表面上加装翅片，能强化传热过程。在热管内部，热量是通过有相变化的沸腾、冷凝过程来传递的，由于沸腾与冷凝的给热系数都很大，且蒸汽流动的阻力损失较小，因此热管的壁温相当均匀，特别适用于某些等温性要求高的场合。

热管还具有传热能力强，应用范围广，结构简单，工作可靠的优点。对传热量大而面积小，传热距离较长的场合尤为适用。

近年来，热管换热器广泛用于废热和余热的回收，预热燃烧所需的空气，都取得了较好的经济效果。中国上海宝钢的 1、2、3 号高炉余热回收装置，均采用热管换热器。仅 1 号高炉余热回收后，可节约焦炉煤气达 $5000m^3/h$，可供应十多万户城市居民的生活用气。回收效益明显，为企业节能和技改发挥了重要作用。

*四、列管换热器的选用

国家有关部门已对列管换热器制订了部分标准系列，在实际生产中，可直接选用标准系列产品。

1. 标准列管换热器的型号及表示法

$$\times\times\times DN-\frac{pN_t}{pN_s}-A-\frac{LN}{d}-N\,\text{Ⅰ}(\text{或Ⅱ})$$

×××——第一个×代表前端管箱型式。例如：A 表示平盖管箱，如图 4-9（c）所示；B 表示封头管箱，如图 4-9（a）所示；D 表示特殊高压管箱。

第二个字母代表管壳型式。例如：E 表示单程壳体；J 表示无隔板分流或冷凝器壳体。

第三个字母代表后端结构型式。例如：L 表示与 A 相似的固定管板结构；M 表示与 B 相似的固定管板结构；S 表示钩圈式浮头；U 表示 U 形管束。

DN——公称直径，mm。

pN_t/pN_s——管/壳程公称压力，MPa。压力相等时只写 pN_t。

A——公称换热面积，m^2。

LN/d——LN 为公称换热管长度，m；d 为换热管外径，mm。

N——管程数。

Ⅰ（或Ⅱ）——换热管级别。Ⅰ为较高级、Ⅱ为普通级冷拔换热管。

示例：

封头管箱，公称直径 800mm，管程与壳程公称压力 2.5MPa，公称换热面积 $200m^2$，较高级冷拔换热管外径 25mm，管长 6m，6 管程，单壳程的固定管板式换热器。其型号为：

$$\text{BEM}800-2.5-200-\frac{6}{25}-6\,\text{Ⅰ}$$

平盖管箱，公称直径 1200mm，管程公称压力 2.5MPa，壳程公称压力 1.6MPa，公称换热面积 $400m^2$，普通级冷拔换热管外径 25mm，管长 6m，2 管程，单壳程的浮头式冷凝器。其型号为：

$$\text{AJS}1200-\frac{2.5}{1.6}-400-\frac{6}{25}-2\,\text{Ⅱ}$$

2. 标准换热器的选用步骤

（1）根据操作条件和流体的性质选择换热器的结构型式（固定管板式、浮头式换热器等）。

（2）确定流体在换热器内的流入空间。在列管换热器中，流体流经管内或管外，关系到设备的使用是否合理。一般可从下述几方面考虑。

① 不洁净或易结垢的流体宜走管内，便于机械清洗。

② 腐蚀性强的流体宜走管内，以免壳体同时被腐蚀。

③ 压力高的流体宜走管内，以免壳体受压。

④ 流量小的宜走管内，因管程流通截面积常小于壳程，还可以采用多程结构以增大管程的流速。

⑤ 饱和蒸汽冷凝宜走壳程，便于排冷凝液。

⑥ 与环境温差大的流体宜走管内，可减少热量或冷量的损失。

(3) 计算热负荷。

(4) 一般先按逆流计算平均温度差。

(5) 选取传热系数经验值。

(6) 初算所需换热面积，可考虑10%～20%的安全系数。

(7) 由所需换热面积试选标准换热器及型号，列出设备的主要结构尺寸和参数，以及该换热器的实际换热面积 A（参见附录十四所列的标准）。

(8) 校核。一是计算给热系数和确定污垢热阻，按式（4-18）核算传热系数；二是按错流或折流（多程结构时）核算平均温度差。据此，由总传热方程式核算所需换热面积 A'。若 $\frac{A}{A'}=1.1$～1.2，可视为合理。否则重选设备后再校核。

(9) 计算压力降，该压力降应在工艺要求的范围内。

有关校核和计算压力降的公式与方法可参考有关资料。

五、传热过程的强化

任何工程问题都必须用工程观念去分析和处理，而工程观念的核心是经济性。以此初步探讨强化传热过程的途径及合理性。

强化传热就是指用较小的设备传递较多的热量，即换热器在单位面积上的传热速率越大越好。由传热速率方程式 $Q=KA\Delta t_m$ 可知，提高传热系数 K，传热面积 A，平均温度差 Δt_m，均可使传热速率增大。

(1) 增大平均温度差 Δt_m　如果两流体均无相变化时采用逆流操作可获得较大的平均温度差。

平均温度差主要由流体进、出换热器的温度确定，工艺物流的温度由生产工艺条件决定，不得随意改变。加热用的饱和水蒸气的温度一般不超过180℃，且受本厂蒸汽压力制约，不能随意提高蒸汽压力；冷却水的进口温度受水源、季节的影响，变化范围不大，出口温度一般不宜高于50～60℃，以避免大量结垢。因此，平均温度差的变化范围是有限制的。

（2）增大传热面积 A　传热速率与传热面积成正比，增大传热面积可强化传热。但是，只有换热器在单位体积内的传热面积增大，才意味着强化传热，而以大设备代替小设备使用不是强化传热。

一般生产中换热器的结构尺寸是一定的，要改变换热器的面积是很难的，还不如先选一台性能优良的换热器，以满足生产的需要，如选用螺纹管或翅片管代替光滑管，可提高传热速率。所以，要增大传热面积，对已有的换热器也是有限的。

（3）增大传热系数 K　从式（4-18）可知，传热系数主要与给热系数和污垢热阻有关，凡是有利于提高给热系数和降低污垢热阻的措施，都将使传热系数增大，起到强化传热的作用。

提高流体的流速，可以增大流体的给热系数，有利于传热。但流体流速的增加，同时也会使流动阻力增大。

提高流速还可以减少污垢的生成，对降低垢层热阻有利；如果管壁有污垢，应及时清除，否则污垢热阻的存在将使传热系数降低。

由于影响传热过程的因素较多，评价传热效果的好坏不能单纯地用传热系数的大小来衡量。如提高流速，增大给热系数只是一个方面，还要考虑流体流动阻力，换热器的合理性、经济性和安全性等因素；提高流速，使给热系数增大，但也使流动阻力增加，使输送流体的能量消耗增大。因此，上述强化传热的措施是应在流动阻力相同或变化不太大的情况下，适当提高流速，对强化传热是有利的。

思考题

1. 传热的目的是什么？回收热能的意义是什么？
2. 工业上有哪些换热方法？热量传递有哪些基本方式？
3. 什么叫定常传热和非定常传热？什么叫定常的恒温传热和变温传热？
4. 生产上对载热体有什么要求？常用加热剂、冷却剂的特点有哪些？
5. 说明平壁、圆筒壁导热方程的表达式及各项的意义。两种情况下的方程式有什么区别？有何实际意义？

6. 热导率的物理意义是什么？影响热导率的因素有哪些？

7. 说明对流给热的机理。给热系数的物理意义是什么？试分析给热系数的影响因素。

8. 应用经验公式计算给热系数应注意哪些问题？

9. 说明传热速率方程式的表达式和各项的意义？计算传热面积的目的是什么？

10. 传热系数的表达式有哪些？各表达式的适用条件是什么？

11. 传热总热阻与传热系数的关系是什么？说明传热系数与给热系数的相互关系及意义。

12. 传热速率与热负荷有什么区别与联系？如何计算？

13. 载热体用量是怎样计算的？

14. 传热过程的推动力是什么？平均温度差的计算式有哪些表达形式？

15. 说明换热器的分类方法，比较各类换热器的优缺点。

16. 列管式换热器有哪些结构型式？各有什么特点？

17. 强化传热过程的途径有哪些？哪些是主要因素？

18. 举例说明传热过程和热交换在化工生产中的应用。

习　题

4-1　某平炉壁用热导率为 1.5W/(m·K) 的耐火材料砌成，壁厚 150mm，壁内、外表面的温度分别为 1400K 和 540K。问每平方米的热损失有多少？

4-2　方型窑炉的炉壁由两层砖砌成，内层是 240mm 的耐火砖，外层是 240mm 的普通砖。炉膛内壁温度为 700℃，外壁温度为 60℃，试求：

① 单位面积的散热速率和两层砖交界面的温度。

② 若在两层砖之间填塞 100mm 的硅藻土石棉灰，保持原内、外壁温不变，则单位面积的散热速率是多少？

4-3　某蒸汽管线，钢管尺寸为 ϕ60mm×5mm，管外壁温为 220℃。保温后要求保温层外壁温度不大于 36℃，采用 100mm 厚的矿渣棉保温，每米管长的热损失是多少？

4-4　ϕ48mm×3mm 的蒸汽钢管，内壁温度为 120℃，今欲对该管道保温，使外壁温度为 30℃。试判断下述哪种方案更合理。

① 内覆 20mm 的水泥珍珠岩制品，外覆 20mm 的玻璃棉毡。

② 内覆 20mm 的玻璃棉毡，外覆 20mm 的水泥珍珠岩制品。

4-5　某换热器，要求在 30min 内将 1t 盐水溶液从 20℃加热到 60℃，盐

水的 $c_p=2.5\text{kJ/(kg·K)}$。用常压下的饱和水蒸气作加热剂，求每小时蒸汽的最低消耗量。

4-6 用冷却器将热流体从80℃冷却至40℃，热流体流量为0.5kg/s，平均温度下的质量热容为1.38kJ/(kg·K)；冷却水温度由30℃升至45℃。试求冷却器的传热速率和冷却水用量，不计热损失。

4-7 有一换热器，管外用水蒸气加热管内的原油。已知蒸汽的冷凝给热系数 $\alpha_1=10^4\text{W/(m}^2\text{·K)}$，原油的对流给热系数 $\alpha_2=10^3\text{W/(m}^2\text{·K)}$，管内污垢热阻为 $1.5\times10^3\text{m}^2\text{·K/W}$，管外污垢热阻和管壁热阻可忽略不计，试求：

① 传热系数。

② 各部分热阻占总热阻的百分比是多少？

4-8 一列管换热器，由 $\phi25\text{mm}\times2\text{mm}$ 的钢管组成，用水来冷却某混合气体，已知管内水的给热系数 $\alpha_i=3000\text{W/(m}^2\text{·K)}$，管外气体的给热系数 $\alpha_o=50\text{W/(m}^2\text{·K)}$，试求：

① 不计污垢热阻时，按平壁计算传热系数。

② 换热器使用一年后，因水质差，出现较严重的水垢，水垢层热阻达 $0.01\text{m}^2\text{·K/W}$，气体方的污垢热阻可忽略，问此时的传热系数又为多少？

③ 若要提高传热系数，应采取什么措施？

4-9 欲用一台列管换热器来使原油与重油进行热量交换，已知重油的流量为10000kg/h，需从180℃冷却至120℃，质量热容为2.18kJ/(kg·K)；原油的流量为14000kg/h，初温为30℃，质量热容为1.93kJ/(kg·K)。传热系数为 $110\text{W/(m}^2\text{·K)}$。试分别计算并流和逆流时所需的传热面积。

4-10 某换热器的管内走热气体，流量为6000kg/h，质量热容为3.04kJ/(kg·K)，进口温度为485℃，出口温度为154℃。管间走冷气体，流量为5500kg/h，质量热容为3.14kJ/(kg·K)，进口温度为50℃，逆流操作，该换热器的传热面积为 30m^2。试求冷气体的出口温度和传热系数各为多少？能否采用并流操作？

*4-11 有一传热面积为 15m^2 的列管换热器，壳程用0.143MPa的饱和水蒸气将某溶液由20℃加热至80℃，溶液的流量为25t/h，质量热容为4kJ/(kg·K)，试求：

① 传热系数。

② 用一年后，因污垢热阻增大，使溶液出口温度降至72℃，若要使溶液出口温度仍保持80℃，需将加热蒸汽的温度升至多高？能否用增大蒸汽的流量使溶液出口温度保持在80℃？

4-12 在一逆流操作的换热器中，用冷却水将1.35kg/s的苯从350K冷却至 300K，苯的质量热容为 1.9kJ/(kg·K)。冷却水初温为 290K，终温为 320K。换热器采用 ϕ25mm×2.5mm 的钢管，水走管程，水的给热系数为 850W/(m^2·K)，苯的给热系数 1700W/(m^2·K)，不计污垢热阻，试求：

① 冷却水消耗量。

② 当管长为 3m 时所需的管子数目。

* 4-13　某厂需用 200kPa 的饱和水蒸气将常压下的空气从 20℃加热至 90℃，空气流量（标准状态）为 5200m^3/h。今库房有一台单管程列管换热器，内有 ϕ19mm×2mm 的钢管 187 根，管长为 6m。若壳程水蒸气的给热系数为 10^4W/(m^2·K)，管程空气的给热系数为 60W/(m^2·K)，两侧的污垢热阻和管壁热阻可忽略不计，试校核此换热器能否满足生产要求。

* 4-14　在 1m 长的套管冷却器内，用水并流冷却热油。水的进、出口温度分别为 285K 和 310K，油的进、出口温度分别为 420K 和 370K。因生产要求，现将油的出口温度降低到 350K，而油和水的流量和进口温度不变。只增加长度来实现其要求。问冷却器的长度是原来的多少倍？（管长改变后，物性和 K 值可视为不变，热损失可忽略不计）

第五章 蒸 发

学习目标

● 掌握：蒸发操作及目的；蒸发操作的特点。

● 理解：蒸发操作的分类；蒸发操作的流程；自然循环蒸发器；蒸发过程分析。

● 了解：强制循环蒸发器及液膜蒸发器；除沫器与冷凝器。

第一节 概 述

化工生产中的蒸发是将溶液加热至沸腾，使其中部分溶剂汽化为蒸气并被移除，以提高溶液中不挥发性溶质浓度的单元操作，它是利用加热的方法，使溶液中挥发性溶剂与不挥发性溶质得到分离的一种操作。

蒸发的目的：①获得高浓度的溶液作为产品或半成品；②将溶液浓缩至饱和状态与结晶联合操作得到固体产品；③脱除杂质，制取纯净的溶剂。因此，溶液的蒸发在化工、轻工、医药、食品、海水淡化等工业部门是常用的单元操作之一，也是分离溶液的一种方法。

蒸发操作的热源常为饱和水蒸气，称为加热蒸汽或生蒸汽。而被蒸发的溶液多为水溶液，水为溶剂，故汽化产生的也是水蒸气，为了与加热蒸汽相区别，将溶剂汽化所产生的饱和水蒸气称为二次蒸汽。

本章主要介绍水溶液的蒸发及与蒸发过程有关的基本知识。

一、蒸发的特点

（一）蒸发操作必须具备的条件

（1）蒸发操作所处理的溶液是溶剂具有挥发性，而溶质不具挥发性。

（2）要不断地供给热能使溶液沸腾汽化。由于溶质的存在，使蒸发过程中溶液的沸点温度要升高；同时，大量的溶剂汽化，也需要大量的热能。

（3）溶剂汽化后要及时地排除。否则，溶液上方蒸汽压力增大后，影响溶剂的汽化；若蒸汽与溶液达到平衡状态时，蒸发操作无法进行。

（二）蒸发过程的特殊性

蒸发过程中溶剂的汽化速率主要取决于传热速率，热量的传递制约着溶液的沸腾汽化。因此，蒸发属于传热过程，但与一般的传热比较，又有其特殊性。

（1）蒸发过程中由于溶质不挥发，浓缩时易在加热表面上析出溶质而形成垢层，使传热速率降低。因此，在蒸发设备的结构上，要考虑如何防止或减少垢层的生成，并且要易于清洗和除垢。

（2）溶液性质（如热敏性、黏性、发泡性及腐蚀性等）对蒸发设备在结构上提出的特殊要求。如溶质是热敏性物料时，在高温下停留时间过长，可能会使物料分解或变质。这就要求溶液在设备内的蒸发温度要低，或者停留时间要短。

（3）溶剂汽化后，体积增大；同时夹带着细小的液滴，会造成物料的损失或堵塞后续管路与设备。在设备结构上应设置气液分离空间和除沫装置，减少不必要的损失。

（三）节能是蒸发操作的重要问题

蒸发操作要消耗大量的加热蒸汽（即生蒸汽），如何使单位加热蒸汽能汽化更多的溶剂；如何充分利用溶剂汽化所产生的二次蒸汽，这是蒸发操作中节能的主要途径。由此可决定蒸发操作的经济性。

蒸发操作中的这些特点，只有从蒸发的方法及流程、设备的结构和操作条件上来加以满足，使之适应蒸发过程的需要。

二、蒸发操作的分类

（一）按操作方式分类

蒸发操作可分为连续操作和间歇操作。工业生产上大多采用连续操作。

（二）按操作压力分类

（1）常压蒸发　常压操作时设备与大气相通，或采用敞口设备，二次蒸汽直接排入大气中。常压蒸发的设备费用低，但热能利用率差。

（2）加压蒸发　采用密闭设备，使操作压力高于大气压。加压下二次蒸汽的压力与温度较高，便于利用二次蒸汽的热量。压力提高后，溶液的沸点升高，流动性好，有利于提高传热效果。

（3）真空蒸发　密闭设备内的压力低于大气压，又称减压蒸发。真空下能降低溶液的沸点温度，传热的温度差也比常压下的大，能满足热敏性物料蒸发的要求。同时，有利于低压蒸汽或工业废气的利用。

但是，沸点温度降低后，溶液的黏度会增大；同时形成真空需要增加设备和消耗动力，无特殊要求时，一般可采用常压蒸发。

（三）按二次蒸汽是否利用分类

（1）单效蒸发　溶剂汽化产生的二次蒸汽不利用，冷凝后直接排放掉。这种操作一般用在小批量生产的场合，采用常压下的间歇操作。

（2）多效蒸发　将多个蒸发设备按一定的方式组合起来，每一个蒸发设备称为一效；两个蒸发设备称为双效，依此类推。

多效蒸发的目的是利用蒸发过程中的二次蒸汽，提高蒸发操作的经济效益。一般第一效使用加热蒸汽（生蒸汽），第二效利用第一效溶剂汽化产生的二次蒸汽作为热源。这样将前一效产生的二次蒸汽引到后一效去作热源使用，故生蒸汽的经济性大为提高。所以，多效蒸发宜于大批量生产的场合，采用加压或真空下连续操作。

三、蒸发操作的流程

（一）单效蒸发流程

图 5-1 所示为单效真空蒸发的流程示意图。图中蒸发器由加热

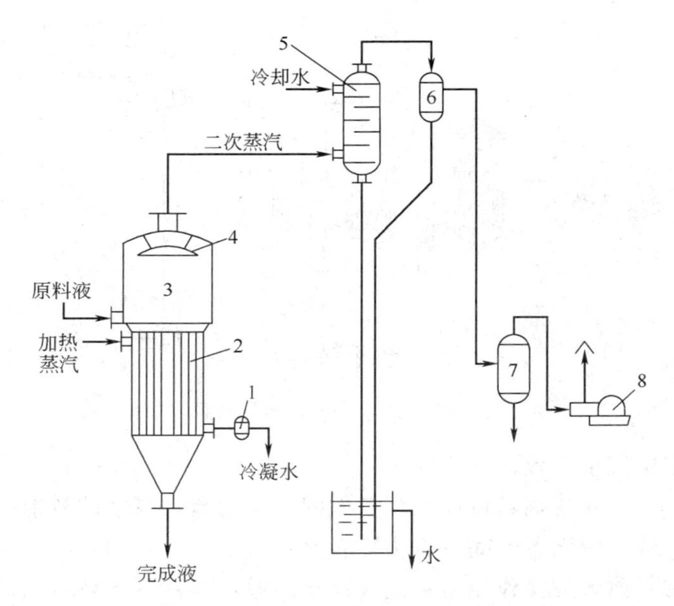

图 5-1　单效真空蒸发流程

1—疏水器；2—加热室；3—蒸发室；4—除沫器；5—冷凝器；6—分离器；7—缓冲罐；8—真空泵

室和蒸发室所构成。加热蒸汽在加热室的管间冷凝，所放出的潜热通过管壁传给管内的溶液，加热蒸汽的冷凝水经疏水器排出。原料液由蒸发室的下部加入，经蒸发浓缩后的完成液从蒸发器底部排出。溶剂汽化所产生的二次蒸汽，经蒸发室及顶部的除沫器分离出所夹带的液沫后，进入冷凝器内与冷却水直接混合而被冷凝排出。

不凝性气体经气水分离器和缓冲罐后，再由真空泵抽至大气中。

（二）多效蒸发流程

在多效蒸发中，物料与二次蒸汽的流向不同，可以组合成不同的流程。以三效为例，常用的多效蒸发流程有以下几种。

1. 并流法（又称顺流法）

料液与蒸汽的流向相同，如图 5-2 所示。料液和蒸汽都是由第

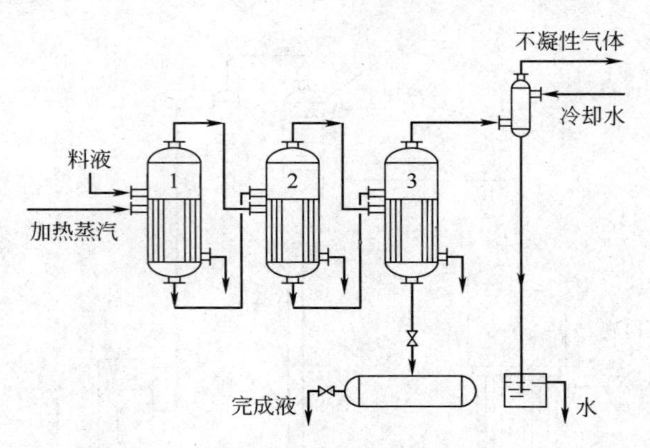

图 5-2　并流法三效蒸发流程

一效依次流至末效，其优点是：

（1）溶液的输送可以利用各效间的压力差，自动的从前一效进入后一效，因而各效间可省去输料泵；

（2）前效的操作压力和温度高于后效，料液从前效进入后效时因过热而蒸发，在各效间不必设预热器；

（3）辅助设备少，流程紧凑，管路短，因而温度损失小；操作简便，工艺条件稳定，设备维修量减少。

缺点是：后效温度更低而溶液浓度更高，故溶液的黏度逐效增大，降低了传热系数，往往需要更多的传热面积。因此，黏度随浓度增加很快的料液不宜采用并流法。

2. 逆流法

料液与蒸汽的流向相反，见图 5-3。料液从末效加入，必须用泵送入前一效；而蒸汽从第一效加入，依次至末效。其优点是：

（1）蒸发的温度随溶液浓度的增大而增高，这样各效的黏度相差很小，传热系数大致相同；

（2）完成液排出温度较高，可在减压下进一步闪蒸增浓。

缺点是：辅助设备多，各效间需设料液泵；各效均在低于沸点温度下进料，需设预热器（否则二次蒸汽量减少），故能量消耗增大。因此，逆流法适用于黏度较大的料液蒸发，可生产较高浓度的完成液。

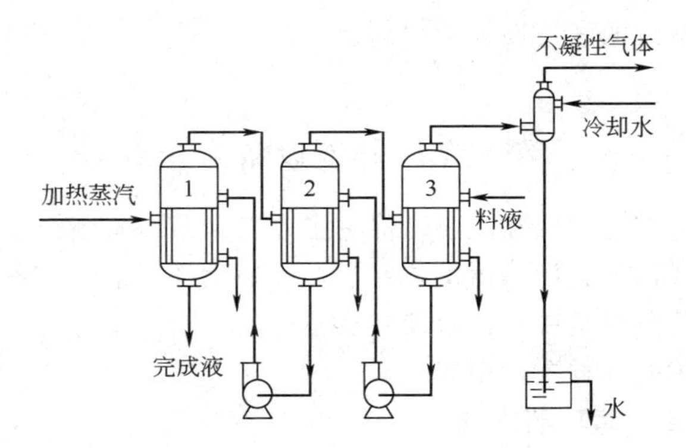

图 5-3　逆流法三效蒸发流程

3. 平流法

料液同时加入到各效，完成液同时从各效引出，蒸汽从第一效依次流至末效，见图 5-4。此法用在蒸发过程中有结晶析出的场合；还可用于同时浓缩两种以上不同的料液，除此以外一般少用此法。

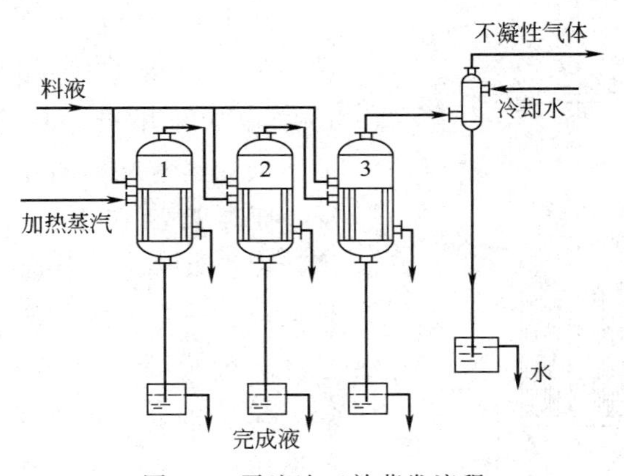

图 5-4　平流法三效蒸发流程

在实际生产中，还可以根据具体情况，将以上这些基本流程变型或组合，以适应生产的需要。

在多效蒸发中，由生产任务规定的总蒸发水分量分配于各效蒸发器进行，但是只有第一效才使用生蒸汽，其余各效都使用二次蒸汽，故生蒸汽的经济性大为提高。

第二节　蒸发设备简介

由于生产的发展和需要，促进了蒸发设备的不断改进，现有多种结构型式，但它们均由加热室、循环通道和气液分离室（又称蒸发室）三部分所组成。按溶液在设备内的运动情况分类，简要介绍工业上常用的几种主要型式。

一、自然循环蒸发器

在这类蒸发器内，溶液因受热程度不同而产生密度的差异，因此形成自然循环。

（一）标准蒸发器（又称中央循环管式蒸发器）

其结构如图 5-5 所示。加热室由 ϕ(25～75)mm 的竖式管束组成，管长 0.6～2m；管束中间有一直径较大的中央循环管，此管截面积为加热管束总截面积的 40%～100%。由于中央循环管与管束内的溶液受热情况不同，产生密度差异。于是溶液在中央循环管内下降，由管束沸腾上升而不断地做循环运动，提高了传热效果。

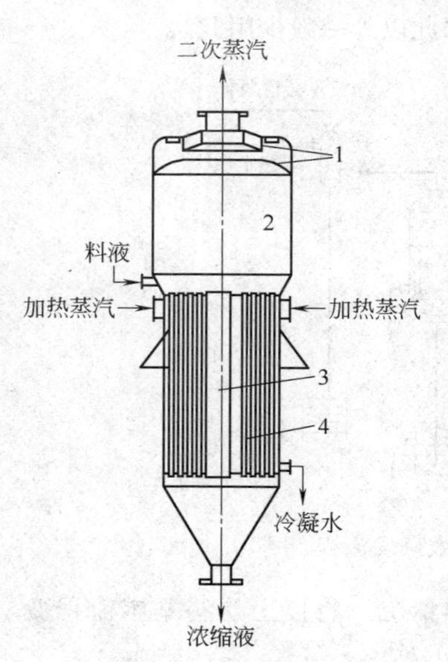

图 5-5　标准蒸发器

1—分离器；2—蒸发室；3—中央循环管；4—加热室

这种设备结构紧凑，制造方便，操作可靠。但清洗维修不便，溶液循环速度不高。适用于结垢不严重，有少量结晶析出和腐蚀性小的溶液蒸发。

（二）悬筐式蒸发器

结构示意见图 5-6。加热室（悬挂在器内的筐子）取出后可清洗，以备用的加热室替换而不影响生产时间。此种设备的循环机理同标准式，但溶液是沿加热室外壁与蒸发器壳体内壁所形成的环隙通道下降，不断做循环运动。

这种设备可将加热室取出检修，热损失较标准式小，循环速率较标准式大，但结构更复杂。宜于易结垢溶液的蒸发。

（三）外热式蒸发器

结构示意见图 5-7。加热室的管束较长，其长径比为 60～110；循环管内溶液不再受热，此两点有利于提高溶液的循环速率。一个蒸发室可配 1～4 个加热室，便于清洗时交替使用。缺点是设备较高，管束内液柱高度产生的压力使下部溶液沸点升高，故要求加热的温差要大，因而限制了多效的使用。

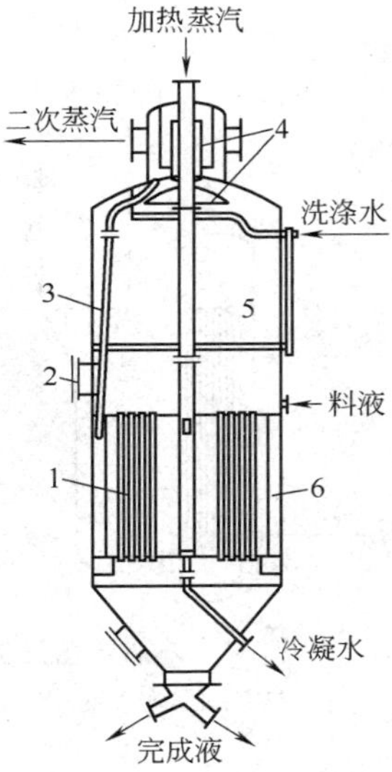

图 5-6　悬筐式蒸发器

1—加热室；2—人孔；3—液沫回流管；4—除沫器；5—蒸发室；6—环隙通道

（四）列文蒸发器

结构示意见图 5-8。其结构特点是在加热室的上方增设一段 2.7～5m 高的沸腾段，使加热室承受较大的液柱静压，故加热室内的溶液不沸腾。待溶液上升至沸腾段时，因静压的降低开始沸腾汽化。这样避免了溶质在加热室析出结晶，减轻了加热管的结垢或堵塞现象。为了减小循环阻力和提高循环速率，要求循环管截面积大于加热管束总截面积，该设备内的循环速率可达 2m/s 左右。

这种设备因循环速率较大，结垢少，尤其适用于有晶体析出的溶液。但设备庞大，需高大的厂房；若传热温度差小时，循环速率明显降低，从而使传热效率也相应地减小。

二、强制循环蒸发器

结构示意见图 5-9。其特点是溶液靠泵强制循环，循环速率可达

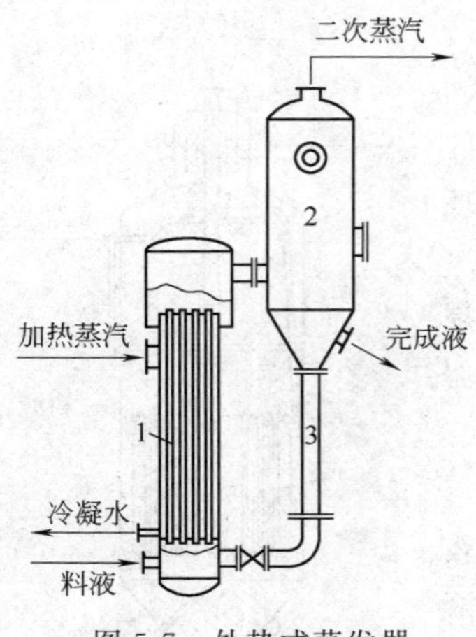

图 5-7 外热式蒸发器

1—加热室；2—蒸发室；3—循环管

2～5m/s。由于溶液的流速大，因此适用于有结晶析出或易结垢的溶液。但动力消耗大，每平方米传热面积消耗功率为0.4～0.8kW。

三、液膜蒸发器

液膜蒸发器的特点是：溶液沿加热管壁呈膜状流动时进行传热和蒸发；溶液只通过加热面一次即可达到浓缩的要求。由于蒸发速率快，溶液受热时间短，因此特别适合处理热敏性溶液的蒸发。

（一）升膜式蒸发器

结构示意见图5-10。其结构与列管换热器类似，不同之处是它的加热管直径为25～50mm，管长与管径比为100～300。

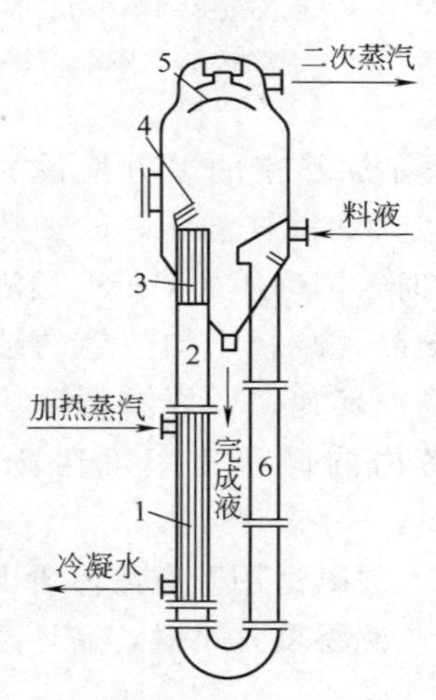

图 5-8 列文蒸发器

1—加热室；2—沸腾段；3—隔板；4—挡板；5—除沫器；6—循环管

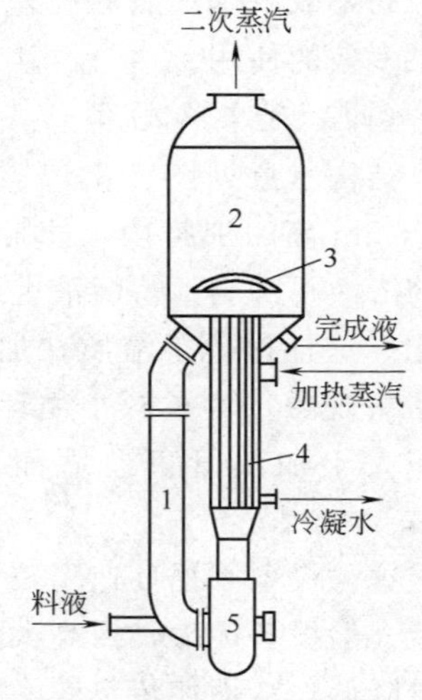

图 5-9 强制循环蒸发器

1—循环管；2—分离室；3—除沫挡板；4—加热室；5—循环泵

料液经预热后由加热室底部进入，受热后迅速沸腾汽化，所产生的二次蒸汽在管内高速上升（常压下气速达 20～30m/s，减压下达 80～200m/s）。料液在管内壁被上升蒸汽拉成环状薄膜，液膜在上升过程中逐渐被蒸浓。

升膜式蒸发器一般为单流型（即料液一次通过加热管而完成浓缩）。适用于稀溶液，热敏性及易起泡溶液的蒸发。对高黏度（大于 50kPa・s）、易结晶、易结垢的溶液不适用。

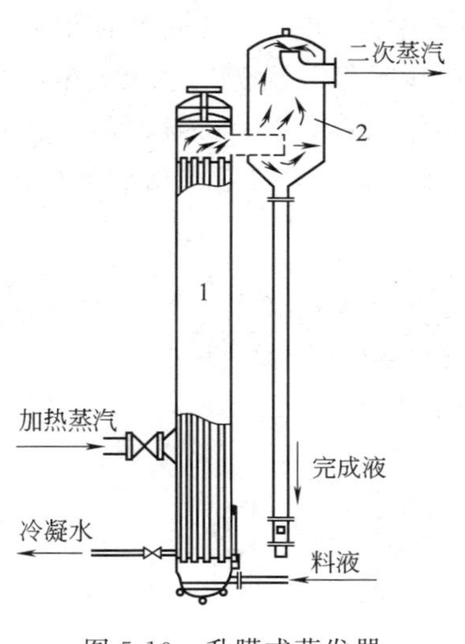

图 5-10　升膜式蒸发器

1—加热室；2—分离室

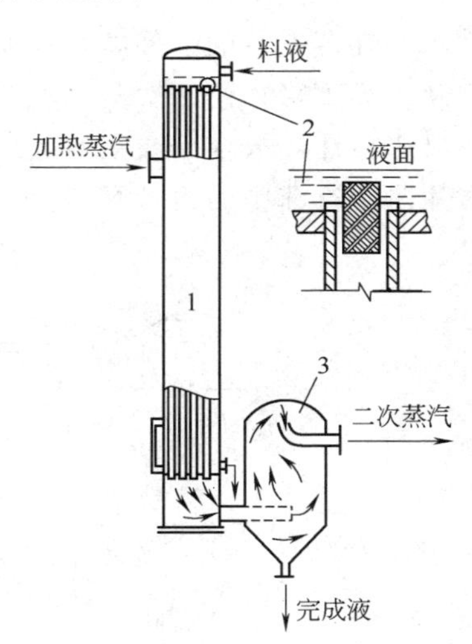

图 5-11　降膜式蒸发器

1—加热室；2—液体分布器；3—分离室

（二）降膜式蒸发器

结构示意见图 5-11。料液由加热室顶部加入，经液体分布器后均匀地分布在每根加热管的内壁上，在重力作用下呈膜状下降，在底部得到浓缩液。

二次蒸汽与浓缩液并流而下，液膜的下降还可以借助二次蒸汽的作用，因而可蒸发黏度大的溶液。为使每根加热管上能形成均匀的液膜，又要能防止蒸汽上窜，必须在每根加热管入口处安装液体分布器。

降膜式蒸发器不仅适用于热敏性料液的蒸发，还可以蒸发黏度较大（50～450kPa·s）的溶液，但仍不宜处理易结晶和易结垢的溶液。

四、除沫器与冷凝器

除沫器与冷凝器是蒸发设备重要的和不可缺少的辅助装置。

（一）除沫器

在蒸发器的上部需有较大空间的分离室，该分离室可以使液滴藉重力下降，使二次蒸汽夹带的液滴减少。但二次蒸汽中仍夹带有许多液沫，故在分离室的上部与二次蒸汽出口处要设除沫装置，作用是将雾沫中的溶液聚集并与二次蒸汽分离。对要求严格的场合，

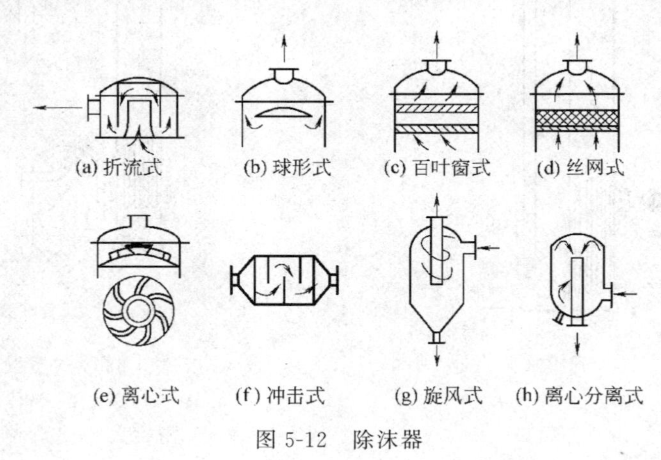

图 5-12　除沫器

表 5-1　除沫器特性

型式	雾滴直径/μm	压力降/Pa	分离效率
球　形	＞50	100～150	80％～88％
折流式	＞50	200～600	85％～90％
旋流式	＞50	400～750	85％～94％
离心式	＞50	约 200	＞90％

还可以在蒸发器外部再设除沫装置。

常用的几种除沫器如图 5-12 所示，技术特性列于表 5-1 中。

（二）冷凝器

当蒸发所产生的二次蒸汽是需要回收的有价值的溶剂，或者会严重污染冷却水时，应采用间壁式冷凝器。但是，二次蒸汽多为不需回收的水蒸气，这时可采用直接混合式冷凝器，冷凝效果好，结构简单，操作方便，造价低廉。常用的是多孔板式冷凝器，如图 5-13 所示。

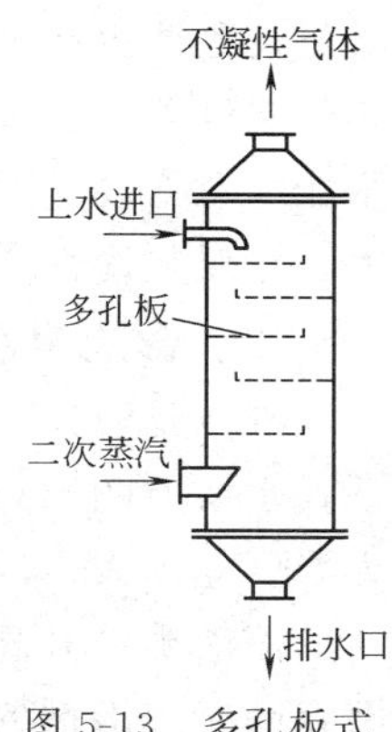

图 5-13　多孔板式冷凝器

冷凝器在蒸发流程中的具体配置，可参见蒸发操作的流程图。

第三节　蒸发过程的分析

前已述及，节能是蒸发操作的重要问题。蒸发操作的费用主要体现在汽化大量溶剂所消耗的热能上，在全厂蒸汽动力费中占有很大的比例。1kg 生蒸汽能蒸发的水分量称为单位蒸汽耗用量（又称蒸汽的经济性），它是蒸发操作是否经济的重要指标。如何提高生蒸汽的利用率，下面作简要的分析。

一、影响生产强度的因素

单位时间、单位传热面积上蒸发的水分量称为蒸发器的生产强度。蒸发器的生产强度与传热速率有关，其大小主要取决于有效传热温度差和传热系数。

（1）提高传热系数　合理地设计蒸发器的结构，使蒸发器内溶液的循环速率大；防止垢层生成或及时除垢；适当地排除加热蒸汽中的不凝性气体，都可以提高蒸发器的传热系数。

（2）增大有效温度差　有效温度差是加热蒸汽温度与溶液沸点的温差，是蒸发过程中实际可以利用的温度差，它与加热蒸汽的温度和溶液的沸点升高有关。

凡是能提高加热蒸汽的温度或降低溶液沸点的措施，均能增大有效温度差。但加热蒸汽的温度受本厂蒸汽锅炉额定压力的限制，不能随意变动。而采用真空蒸发可降低溶液的沸点，使有效温差增大，且对热敏性物料的蒸发是很有利的。

二、影响溶液沸点升高的因素

沸点是液体的饱和蒸汽压等于外压时的温度。在相同的压力下，水溶液的沸点与纯水沸点的差值，称为溶液的沸点升高（又称为温度差损失）。沸点升高越多，有效温度差降低也越大。

溶液沸点升高的原因：一是溶液中含有不挥发的溶质，使溶液沸点高于纯溶剂的沸点；二是蒸发室中溶液保持着一定的高度，由于静压力存在引起溶液底部的沸点高于表面的沸点；三是在多效蒸发时，蒸汽从一效输送到另一效时有流动阻力，也会引起温度损失（单效不存在此项损失）。温度差损失越大，沸点温度越高，所需加热蒸汽的压力也越大。所以降低溶液的温度差损失，可以增大有效温度差。

三、降低热能消耗的措施

1. 提高生蒸汽的利用率

多效蒸发的目的就是利用蒸发过程中产生的二次蒸汽，以节约生蒸汽的消耗，提高蒸发操作的经济性。表 5-2 列出了蒸发 1kg 水分所消耗生蒸汽量的经验值。

表 5-2　不同效数蒸发所需生蒸汽量

效数	单效	双效	三效	四效	五效
蒸发 1kg 水所需蒸汽量/kg	1.1	0.57	0.4	0.3	0.27
再增加一效可节约蒸汽	48%	30%	25%	10%	7%

效数的多少受到设备折旧费与有效温度差的限制。从表中可见，随着效数的增加，节约的生蒸汽越来越少，而设备的投资费或折旧费将增多。若增加一效所节约的蒸汽费用不足以抵消设备的折旧费用时，则不能增加效数。生产上最常用的是 2～3 效，最多的

达4～6效，再多就很少应用了。

在工业生产中，一般生蒸汽的压力和蒸发室的操作压力都有一定的限制，因此总的有效温度差也一定。随着效数的增加，温度差损失会增大，为了保证每效的传热能正常进行，总有效温差分配到各效的温度差不能小于5～7℃。为了使各效有较大的温度差，必须限制其效数。

可见，多效蒸发的效数是有限的，最佳效数应通过经济核算确定。

2. 适当引出额外蒸汽

当二次蒸汽的温度能满足其他换热设备的需要时，效数越往后引出的额外蒸汽，则越能提高蒸汽的利用率。

3. 冷凝水的回收利用

蒸发操作中要消耗大量的加热蒸汽，必然产生大量的冷凝水，通过综合利用这部分有一定压力的冷凝水的显热，也可以降低热能的消耗，减少操作费用。

思　考　题

1. 什么叫蒸发？蒸发操作的目的是什么？
2. 蒸发操作必须具备哪些条件？有什么特殊性？
3. 什么是单效蒸发与多效蒸发？多效蒸发有什么特点？
4. 蒸发器由哪几部分组成？各部分的作用是什么？
5. 试比较各种蒸发流程的优缺点。
6. 试比较各种蒸发器的结构特点。
7. 如何提高蒸发操作的经济性。

第六章 吸 收

学习目标

● 掌握：吸收的依据和目的；相组成的表示法；吸收的气液相平衡关系及溶解度；吸收速率方程式；吸收过程的物料衡算和逆流吸收过程的操作线方程；吸收剂用量的确定；吸收塔填料层高度的计算。

● 理解：工业吸收过程；吸收操作的分类；吸收剂的选择；质量传递的基本方式；填料塔的结构。

● 了解：吸收机理；吸收塔塔径的计算；吸收过程分析。

第一节 概 述

化工生产中所处理的原料、中间产物等多为混合物，为了进一步加工和使用，常需将这些混合物分离成不同的产品或除去某些组分以得到较为纯净的物质。对于非均相物系的分离在第三章中已介绍，在挥发性液体中含不挥发性物质的均相物系的分离在第五章中已介绍。对于其他的均相物系的分离，如气体混合物、由易挥发组分与难挥发组分组成的均相液体混合物等的分离，首先要将混合物采用适当的方法和装置使之形成两相物系，利用原物系中各组分间某种物性的不同，而使其中的某个组分（或某些组分）从一相转移到另一相，以达到分离的目的。物质从一相转移到另一相的过程称为物质的传递过程，又称为传质过程。化工生产中常见的传质过程有吸收、蒸馏、萃取等单元操作，本书介绍吸收和蒸馏，而本章介绍的是吸收。

一、吸收的依据和目的

吸收是分离气体混合物的单元操作。它是根据气体混合物中各组分在某种液体中溶解度的不同而进行分离的。

混合气体中能被液体吸收（溶解度大）的组分称为吸收质或溶质，用A表示；不被液体吸收（溶解度小）的组分称为惰性气体，惰性气体可以是一个组分，也可以为多个组分，用B表示；吸收中所用的液体称为吸收剂或溶剂，用S表示。用水吸收空气中的气氨，气氨在水中的溶解度比空气要大得多，所以气氨为吸收质，空气为惰性气体，水为吸收剂。在生产中，有时将被吸收后的出塔气体称为尾气，吸收了溶质的溶液称为富液，未吸收溶质的溶液称为贫液。

化工生产中时常还需将溶质从吸收后的溶液中分离出来，即吸收的逆过程，称为解吸或脱吸。其目的是循环使用吸收剂或回收溶质。

吸收操作在化工生产中应用广泛，归纳起来主要用于以下几个方面。

① 制取液体半成品或产品。如用水吸收氯化氢气体制盐酸；用水吸收二氧化氮气体制硝酸；用水吸收甲醛蒸气制福尔马林等。

② 除去有害组分，净化气体。化工生产中，常见气体中含有对后工序或环境有害的气体，应设法将其除去，以达到净化气体的目的。如氨合成原料气中的 CO_2 用水或碱液吸收，以防止氨合成催化剂中毒。

③ 分离混合气或回收有用部分。如合成橡胶工业中，用酒精吸收反应气，以分离丁二烯及烃类气体；用洗油脱除焦炉气中的芳烃，回收其中的芳烃。

④ 环境保护，综合利用。如烟道气中的 CO_2 和 SO_2 的脱除，既达到了回收其中有用组分的目的，又解决了 SO_2 等有害气体对空气的污染问题。所以，吸收操作在环境保护中，是常用的方法之一。

以上所述几种情况，需要制取液相产品时，可在吸收塔底部直接获得。而其他操作多为分离或净化气体，此时吸收剂通常需循环使用。

二、工业吸收过程

在工业吸收过程中，需要制取液相产品时，可在吸收塔底部直接获得。而其他操作多为分离或净化气体，此时吸收剂通常需循环使用，即吸收和解吸联合操作。

图 6-1 为合成氨生产中从变换气中除去 CO_2 气体，而又得到纯净 CO_2 气体的操作流程。此流程为吸收和解吸联合操作。

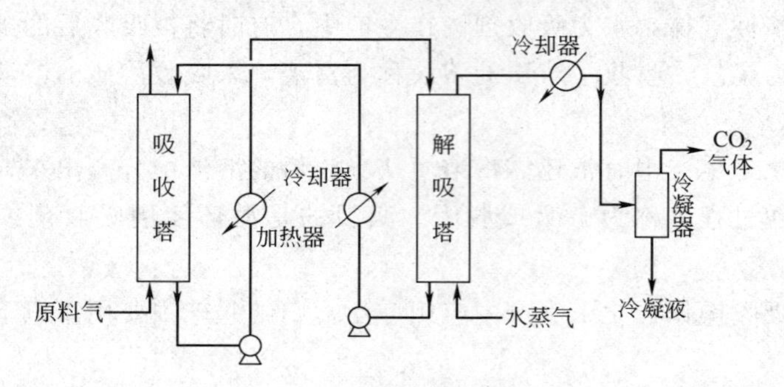

图 6-1　吸收与解吸流程

要实现吸收过程，必须注意以下问题。

① 选用适宜的吸收剂。

② 气液两相应充分接触，使溶质从气相转移到液相。吸收过程常用塔设备，它分为板式塔与填料塔两大类，如图 6-2。

图 6-2（a）为板式塔。液体自塔顶进入，气体自下而上通过塔板气相通道上升，气液两相在塔板上接触，接触之后气相上升到上一块塔板，液相流入下一块塔板。所以，板式塔是逐级接触式的传质设备。

图 6-2（b）为填料塔。塔内充以瓷环等类的填料，液体自上而下流经填料层，气相自下而上流经填料层，气液两相在填料层内连续接触。所以填料塔是连续接触式的传质设备。

③ 吸收剂的再生和循环使用，降低生产成本。

三、吸收操作的分类

1. 按过程有无化学反应分类

可分为物理吸收和化学吸收。若吸收过程中吸收质与吸收剂不

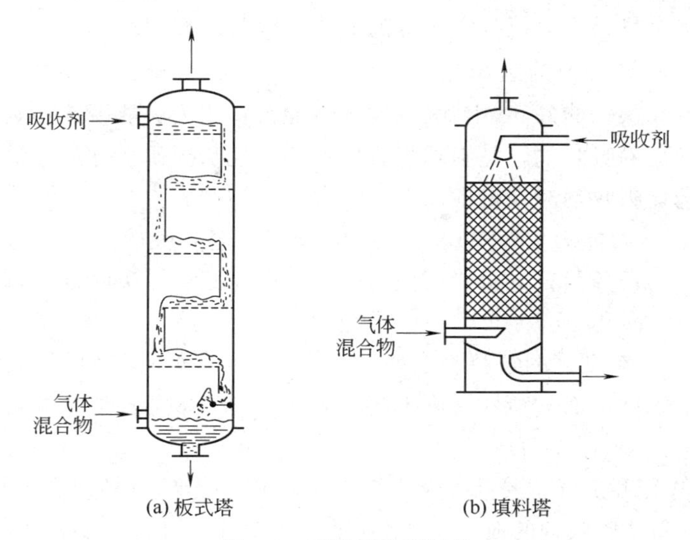

图 6-2　两类吸收塔设备

发生明显的化学反应，主要是吸收质溶解于吸收剂的过程，称为物理吸收，如用水吸收 CO_2。若吸收过程中吸收质与吸收剂要发生明显的化学反应，称为化学吸收，如用碱液吸收 CO_2。

2. 按被吸收的组分数目分类

可分为单组分吸收和多组分吸收。在吸收过程中混合气体中仅有一个组分由气相转移到液相，称为单组分吸收。在吸收过程中混合气体中有两个或两个以上组分被液体吸收，称为多组分吸收。

3. 按吸收过程中有无温度变化分类

可分为等温吸收和非等温吸收。气体溶解于液体时，常伴有溶解热放出。在实际吸收过程中，若吸收质在吸收剂中浓度很低，或吸收剂用量较大时，液相的温度不发生明显变化，则可认为是等温吸收。若吸收过程中温度发生明显变化时，称为非等温吸收。

4. 按操作压力分类

可分为常压吸收和加压吸收。当操作压力增大时，溶质在吸收剂中的溶解度增大。

本章只讨论单组分常压等温的物理吸收过程。

四、吸收剂的选择

吸收操作的好坏，与吸收剂的性能密切相关。能否选择到一个性能优良的吸收剂，是影响吸收操作经济性和操作良好的关键。通常在选择吸收剂时应考虑以下几个方面的问题。

① 溶解能力大。单位体积的吸收剂可溶解吸收质多。这对一定的分离任务而言，吸收剂用量就少，因而减少了吸收剂的输送费用和再生费用。

② 具有良好的选择性。吸收剂仅溶解吸收质，对吸收质有较大的溶解度，而对惰性气则不溶或微溶，这样才能使混合气得以较完全的分离。

③ 饱和蒸气压要低。吸收剂的饱和蒸气压高，说明吸收剂容易挥发而造成吸收剂的损失，且使分离后的气体中带有吸收剂组分。

④ 容易再生。吸收后的溶液不作为产品时，往往需要将其中吸收质解吸出来以再次利用吸收剂，再生容易则可降低其操作费用。

⑤ 吸收剂黏度要低，不易发泡。实现吸收设备内气液两相之间有充分的接触，获得良好的传质效果，还可以减少被分离后的气体离开吸收设备时的气液分离负荷。

⑥ 既安全又经济。吸收剂应尽可能满足价廉、易得、无毒、不易燃烧及化学性能稳定等经济和安全条件。

在实际工作中选择吸收剂时，很难完全满足上述各种要求，这就要根据实际情况，权衡利弊关系，抓住主要问题进行选择。

第二节　相组成的表示法

对于均相混合物，每一种物质称为该混合物的一个组分，该组分在混合物中的相对数量关系称为该组分的组成。在传质过程中，气液两相的组成发生着不断的变化，所以，相组成的表示是很重要的。相组成的表示法很多，在以后的内容中常用的有以下几种。

一、质量分数

混合物中某组分的质量与混合物的质量之比为质量分数，用 w_i 表示。

若混合物中只有两个组分 A 和 B，它们的质量分别为 m_A 和 m_B，混合物的质量为 m，则各组分的质量分数为

$$w_A=\frac{m_A}{m},\ w_B=\frac{m_B}{m}$$

而混合物的质量 $m=m_A+m_B$，则有

$$w_A+w_B=1$$

若混合物中含有 A、B、…、N 组分，则各组分质量分数之间的关系有

$$w_A+w_B+\cdots+w_N=1 \tag{6-1}$$

式（6-1）说明混合物中任一组分的质量分数小于 1，且各组分质量分数之和等于 1。

二、摩尔分数

混合物某组分的物质的量与混合物的物质的量之比为摩尔分数，用 x_i 表示。

若混合物中只有 A 和 B 两个组分，它们的物质的量分别为 n_A 和 n_B，混合物的物质的量为 n，则 A、B 组分的摩尔分数为

$$x_A=\frac{n_A}{n},\ x_B=\frac{n_B}{n}$$

而混合物的物质的量 $n=n_A+n_B$，则有

$$x_A+x_B=1$$

若混合物中含有 A、B、…、N 组分，则各组分摩尔分数之间的关系有

$$x_A+x_B+\cdots+x_N=1 \tag{6-2}$$

式（6-2）说明混合物中任一组分的摩尔分数均小于 1，各组分摩尔分数之和等于 1。

对于只有两个组分的混合物，由摩尔分数换算成质量分数的关系式为

$$w_A=\frac{x_A M_A}{x_A M_A+w_B M_B} \tag{6-3}$$

式中　M_A，M_B——混合物中A、B组分的摩尔质量，kg/kmol。

式（6-3）中的分母为混合物的平均摩尔质量，即

$$M_m = x_A M_A + x_B M_B$$

由质量分数换算成摩尔分数的关系式为

$$x_A = \frac{\dfrac{w_A}{M_A}}{\dfrac{w_A}{M_A} + \dfrac{w_B}{M_B}} \tag{6-4}$$

为了区别气液两相各组分的摩尔分数，常用 x_i 表示液相混合物中各组分的摩尔分数；用 y_i 表示气相混合物中各组分的摩尔分数。

对理想气体混合物，各组分的摩尔分数在数值上又等于各组分在混合气体中的体积分数和压力分数，即

$$y_i = \frac{n_i}{n} = \frac{V_i}{V} = \frac{p_i}{p} \tag{6-5}$$

式中　V_i，p_i——混合气体中 i 组分的体积和压力；

　　V，p——混合气体的体积和压力。

三、摩尔比

在吸收操作中，由于吸收剂和惰性气体的物质量在吸收过程中不发生变化，只有吸收质的物质量在变化。所以，以吸收剂或惰性气体的物质的量为基准表示吸收质在气液两相中的浓度，给过程的计算带来方便。

对于由组分A和组分B组成的双组分物系，以组分B为基准，两组分的物质的量之比称为摩尔比，用 X_A 表示，其表达式为

$$X_A = \frac{n_A}{n_B} \tag{6-6}$$

摩尔比与摩尔分数的换算关系为

$$X_A = \frac{x_A}{1 - x_A} \quad 或 \quad x_A = \frac{X_A}{1 + X_A} \tag{6-7}$$

对于吸收过程中，液相由吸收质A和吸收剂S所组成，A组分与S组分的摩尔比表示为

$$X_A=\frac{n_A}{n_S}$$

气相由吸收质A和惰性气体B所组成，A组分与B组分的摩尔比表示为

$$Y_A=\frac{n_A}{n_B}$$

【例 6-1】 150kg纯酒精（A）与100kg水（B）混合而成的溶液。求其中酒精的质量分数、摩尔分数、摩尔比及混合液的平均摩尔质量。

解： 混合液的质量 m 为

$$m=m_A+m_B=150+100=250\text{kg}$$

酒精的质量分数为

$$w_A=\frac{m_A}{m}=\frac{150}{250}=0.6$$

酒精的摩尔质量 $M_A=46\text{kg/kmol}$，水的摩尔质量 $M_B=18\text{kg/kmol}$。酒精的摩尔分数可由式（6-4）计算，其中 $w_B=1-w_A$

$$x_A=\frac{\dfrac{w_A}{M_A}}{\dfrac{w_A}{M_A}+w_BM_B}=\frac{\dfrac{0.6}{46}}{\dfrac{0.6}{46}+\dfrac{1-0.6}{18}}=0.37$$

酒精对水的摩尔比为

$$X_A=\frac{x_A}{1-x_A}=\frac{0.37}{1-0.37}=0.587$$

混合液的平均摩尔质量为

$$M_m=M_Ax_A+M_Bx_B=46\times0.37+18\times(1-0.37)=28.36\text{kg/kmol}$$

【例 6-2】 某混合气体含有氨（A）和空气（B），其总压为200kPa，氨的体积分数为0.2。试求氨的分压、摩尔分数、质量分数和摩尔比。

解： 氨的分压用道尔顿分压定律确定，即 $p_A=py_A$，其中 p 为总压，y_A 为氨在混合气中的摩尔分数，它在数值上等于其体积分数，则氨的分压为

$$p_A=py_A=200\times0.2=40\text{kPa}$$

氨的摩尔质量 $M_A=17\text{kg/kmol}$，空气的摩尔质量 $M_B=29\text{kg/kmol}$，氨在混合气中的质量分数为

$$w_A=\frac{y_A M_A}{y_A M_A+y_B M_B}=\frac{0.2\times17}{0.2\times17+(1-0.2)\times29}=0.128$$

氨对空气的摩尔比为

$$Y_A=\frac{y_A}{1-y_A}=\frac{0.128}{1-0.128}=0.25$$

第三节　吸收的相平衡

吸收过程是气液两相的物质传递过程，气液相平衡关系可指明传质过程能否进行、进行的方向以及过程的极限。

一、气体在液体中的溶解度

在一定的压力和温度下，用一定量的溶剂与混合气体在一密闭容器中相接触，混合气中的溶质便向液相内转移，而溶于液相内的溶质又会从溶剂中逸出返回气相。随着溶质在液相中的溶解量增多，溶质返回气相的量也在逐渐增大，直到单位时间内溶于液相中的溶质量与液相中逸出的溶质量恰好相等时，溶质在气液两相中的浓度不再发生变化，此时气液两相达到了动平衡。平衡时溶质 A 在气相中的分压称为平衡分压，用符号 p_A^* 表示。溶质在液相中的浓度称为平衡溶解度，简称溶解度。它们之间的关系称为相平衡关系。

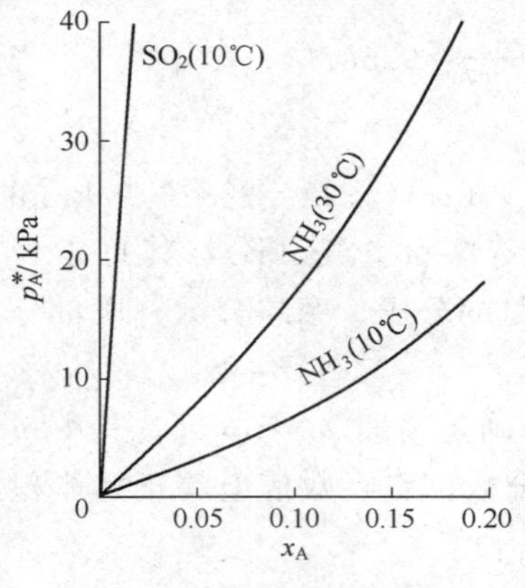

图 6-3　气体溶解度曲线

相平衡关系随物系的性质，温度和压力而异，通常由实验确定。图 6-3 是由实验得到的 SO_2 和 NH_3 在水中的溶解度曲线，也称为相平衡曲线。图中横坐标为溶质组分（SO_2、NH_3）在液相中的摩尔分数 x_A，纵坐标为溶质 A 组分

在气相中的平衡分压 p_A^*。从图中可见：在相同的温度和分压条件下，不同的溶质在同一个溶剂中的溶解度不同；同一个物系，在相同温度下，分压越高，则溶解度越大；而分压一定，温度越低，则溶解度越大。这表明在较高的分压和较低的温度下有利于吸收操作。在实际吸收操作过程中，溶质在气相中的组成是一定的，可以借助于提高操作压力 p 来提高其分压 p_A；当吸收温度较高时，则需要采取降温措施，以增大其溶解度。

二、亨利定律及其应用

（一）亨利定律

大量的实验研究表明，在总压不太高，温度一定的条件下，稀溶液上方溶质 A 的平衡分压 p_A^* 与溶解度之间的关系为直线关系，即

$$p_A^* = Ex_A \tag{6-8}$$

式（6-8）即为亨利定律。它表明稀溶液上方的溶质平衡分压 p_A^* 与该溶质在液相中的摩尔分数 x_A 成正比。亨利系数 E 单位为 Pa。

亨利系数的数值可由实验测得。常见气体在水中溶解的亨利系数值可见表 6-1。

由表 6-1 中的数据可知：不同的物系在同一个温度下的亨利系数不同；当物系一定时，亨利系数随温度升高而增大，温度愈高，溶解度愈小。所以亨利系数 E 值愈大，则表明气体愈难溶。

如果气相中吸收质含量用摩尔分数 y_A 表示，则 $p_A^* = py_A^*$，式（6-8）可写为

$$y_A^* = \frac{E}{p}x_A = mx_A \tag{6-9}$$

式中，m 称为相平衡常数，它与亨利系数 E 之间的关系为

$$m = E/p \tag{6-10}$$

式中，p 为混合气压力，单位与 E 相同，所以相平衡常数 m 没有单位。

如果气液两相组成均以摩尔比表示时，式（6-9）又可写为

$$\frac{Y_A^*}{1+Y_A^*} = m\frac{X_A}{1+X_A}$$

表 6-1 某些气体的水溶液的亨利系数 E 值/10^{-6}kPa

气体	温度/K										
	273	278	283	288	293	298	303	313	333	353	373
H_2	5.87	6.16	6.44	6.69	6.92	7.16	7.39	7.61	7.75	7.65	7.55
N_2	5.36	6.05	6.77	7.48	8.15	8.76	9.36	10.56	12.12	12.79	12.72
空气	4.37	4.95	5.56	6.15	6.72	7.29	7.81	8.81	10.20	10.89	10.88
CO	3.56	4.0	4.48	4.96	5.43	5.87	6.28	7.05	8.33	8.57	8.57
O_2	2.57	2.95	3.32	3.69	4.05	4.44	4.81	5.43	6.37	6.96	7.11
CH_4	2.27	2.63	3.01	3.41	3.80	4.19	4.55	5.27	6.35	6.91	7.11
C_2H_6	1.27	1.57	1.92	2.29	2.67	3.07	3.47	4.29	5.72	6.69	7.01
C_2H_4	0.559	0.661	0.779	0.907	1.032	1.156	1.282	—	—	—	—
CO_2	0.0737	0.0888	0.106	0.1240	0.144	0.165	0.188	0.236	0.345	—	—
C_2H_2	0.0733	0.0853	0.0973	0.1093	0.1226	0.1346	0.148	—	—	—	—
Cl_2	0.0272	0.0333	0.0396	0.0461	0.0536	0.0605	0.0669	0.080	0.0975	0.0973	—
H_2S	0.0271	0.0319	0.0371	0.0428	0.0489	0.0552	0.0617	0.0755	0.1043	0.137	0.149
Br_2	0.00216	0.00279	0.00371	0.00472	0.00601	0.00747	0.00917	0.0135	0.0255	0.0409	—
SO_2	0.00167	0.00203	0.00245	0.00293	0.00355	0.00413	0.00485	0.00660	0.0112	0.0171	—
HCl	0.000247	0.000255	0.000263	0.000271	0.000279	0.000287	0.000293	0.000303	0.000299	—	—
NH_3	0.000208	0.000224	0.000240	0.000257	0.000277	0.000297	0.000321	—	—	—	—

整理后为

$$Y_A^* = \frac{mX_A}{1+(1-m)X_A} \tag{6-11}$$

式（6-11）是用摩尔比表示的气液平衡关系。它在 X-Y 坐标系中是一条经原点的曲线，称为吸收平衡线，如图 6-4（a）所示。

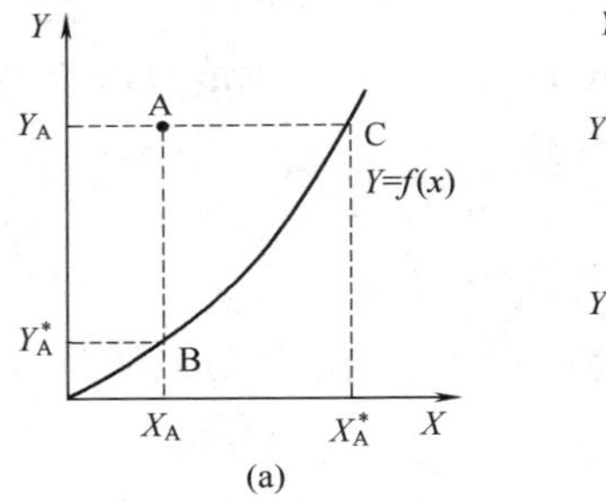

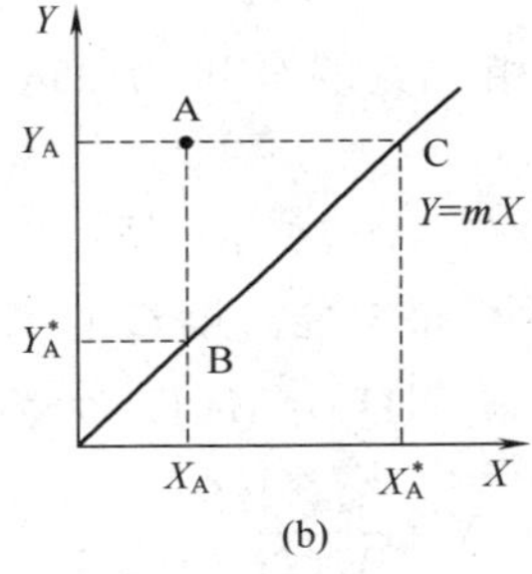

图 6-4　吸收平衡线

当溶液很稀时，X_A 很小，式（6-11）分母中 $(1-m)X_A$ 一项可忽略不计，则式（6-11）可简化为

$$Y_A^* = mX_A \tag{6-12}$$

式（6-12）在 X-Y 坐标系中表示为一条经原点、斜率为 m 的直线。如图 6-4（b）所示。

根据亨利定律，可以由已知的液相含量（X_A）确定与之平衡的气相含量（Y_A^*），如图 6-4 中 B 点所示；也可由已知的气相中含量（Y_A）确定与之平衡的液相含量（X_A^*），图 6-4 中 C 点所示。

最后必须指出：亨利定律是一个低压、稀溶液定律，它对常压或接近常压下的难溶气体较为合适，而对易溶气体则仅适用于低含量的狭小范围。一般要求亨利定律的应用条件为：操作总压 $p \leqslant$ 500kPa，混合气中的溶质含量要小于 10%。

【例 6-3】 在 20℃ 和 200kPa 的压力下，100g 水中溶有 1g 氨，测得此时气相中氨的平衡分压为 986.42Pa，试求亨利系数 E 和相平衡常数 m。若将气相中氨的分压控制在 2666Pa，此时 100g 水中最多能溶解多少克氨？

解：已知氨（A）的摩尔质量为17kg/kmol，水的摩尔质量为18kg/kmol，氨在液相中的摩尔分数为

$$x_A=\frac{1/17}{1/17+100/18}=0.01048$$

$$E=p_A^*/x_A=986.4/0.01048=94120\text{Pa}$$

$$m=E/p=94120/200\times10^3=0.471$$

当气相中氨的分压为2666Pa时，其平衡浓度 x_A^* 即为最大浓度

$$x_A^*=p_A/E=2666/94120=0.02832$$

设100g水中最多能溶解 C 克氨，摩尔比 X_A^* 为1mol水中能溶解氨的量，$X_A^*M(NH_3)/M(H_2O)$ 为1g水中能溶解氨的质量，则

$$C=X_A^*\frac{M(NH_3)}{M(H_2O)}\times100=\frac{x_A^*}{(1-x_A^*)}\times\frac{M(NH_3)}{M(H_2O)}\times100$$

$$=\frac{0.02832}{1-0.02832}\times\frac{17}{18}\times100$$

$$=2.753\text{g}$$

由以上计算得知，溶质在气相中的分压愈高，其溶质的溶解度愈大。

（二）相平衡在吸收过程中的应用

（1）判断吸收能否进行　在一定的操作条件下，气液两相达到平衡时，气相中溶质的实际组成 Y_A 等于与液相组成 X_A 成平衡的气相组成 Y_A^* 时，两相浓度不再变化，吸收过程“停止”，可见平衡是过程所能达到的极限。若要使吸收能够进行，则要求气相中溶质的实际组成 Y_A 大于平衡时的组成 Y_A^*；或液相中溶质的实际组成 X_A 要小于平衡时的组成 X_A^*，即 $Y_A>Y_A^*$ 或 $X_A<X_A^*$。若出现 $Y_A<Y_A^*$ 和 $X_A>X_A^*$ 时，则过程反向进行，为解吸操作。图6-4中的A点，为操作（实际状态）点，若A点位于平衡线的上方，$Y_A>Y_A^*$，为吸收过程；A点在平衡线上，$Y_A=Y_A^*$，体系达平衡，吸收过程停止；当A点位于平衡线的下方时，则 $Y_A<Y_A^*$，为解吸过程。

(2) 确定吸收推动力　由上述得知只有 $Y_A > Y_A^*$ 或 $X_A < X_A^*$ 时，吸收才能进行。在吸收操作中，通常用实际气液相组成对平衡组成的偏离程度来表示吸收过程的推动力。过程的推动力愈大，则过程的速率愈快。

吸收过程推动力可以用气相组成表示，即 $\Delta Y = Y_A - Y_A^*$；也可用液相组成表示，即 $\Delta X = X_A^* - X_A$。吸收推动力也可以在 X-Y 图上直观的表示出来：若吸收设备内某截面上的气液两相中溶质的实际组成分别为 Y_A 和 X_A，如图 6-4 中的 A 点所示。以气相组成表示的推动力($Y_A - Y_A^*$)为 A 点到平衡线的垂直距离，即图中的 AB 线段；以液相组成表示的推动力 ($X_A^* - X_A$) 为 A 点到平衡线的水平距离，即图中的 AC 线段。吸收推动力中的平衡相组成 Y_A^* 和 X_A^*，可由亨利定律求算，即 $Y_A^* = mX_A$ 或 $X_A^* = Y_A/m$；也可在平衡曲线图上查取。

第四节　吸收速率

一、物质传递的基本方式

前已指出，吸收是溶质从气相转移到液相的传质过程。物质传递的基本方式有两种：分子扩散和涡流扩散。

(一) 分子扩散

当流体内部存在着某组分的浓度差时，由于物质分子无规则的热运动而使该组分由浓度较高处转移到浓度较低处，这种传质方式称为分子扩散。分子扩散是物质分子微观运动的结果，其现象在我们日常生活中经常碰到。如打开酒瓶后，在其附近很快就闻到酒香味，这就是分子扩散的结果。又如向静止的水中滴一滴红墨水，墨水中有色物质分子就会以分子扩散方式均匀的扩散在水中，使得水变成淡淡的红色。物质在静止流体中进行传质属于分子扩散；物质通过层流流体，且传质方向与流体的流动方向相垂直时也属于分子扩散。

（二）涡流扩散

涡流扩散是依靠流体质点的湍流流动和涡流运动将物质由高浓度处转移至低浓度处的现象。如滴红墨水进水中，同时加以搅动，可以看到水变红的速率要比不搅动快得多。此时墨水中有色分子在流体中的转移，不仅有涡流扩散，同时还有分子扩散，但主要是由于涡流扩散的作用，才使该过程变得如此之快。涡流扩散速率远比分子扩散速率大。

*二、吸收机理

吸收是溶质从气相扩散至液相的传质过程，其中包括以下三个过程：

① 溶质由气相主体向气液两相界面的扩散；

② 界面上的溶质溶解；

③ 溶质由两相界面向液相主体扩散。

溶质从气相主体向两相界面的扩散，以及溶质由相界面向液相主体的扩散称为对流传质。如同传热中流体与壁面之间的对流给热。对流传质包括湍流主体的涡流扩散和层流层里的分子扩散。

为了说明吸收过程的本质及以上三个过程中溶质的扩散情况，进而指出强化吸收过程的途径，有必要讨论一下吸收过程的机理。

由于吸收过程是物质在两相之间的传递，其过程极为复杂。为了从理论上说明这个机理，曾提过多种不同的理论，其中应用最广且简明易懂的是“双膜理论”。双膜理论的模型如图 6-5 所示，双膜理论的基本要点如下。

① 气、液两相间有一个稳定的相界面，界面两侧分别存在着作层流流动的气膜和液膜，溶质以分子扩散方式通过此两膜层。两相流动状况的改变，只影响膜的厚度，即流速越大，膜的厚度越薄，但始终存在。

② 无论气、液两相主体中溶质的浓度是否达到平衡，在相界面上，吸收质在气、液两相中的浓度关系总是互成平衡。

③ 在气、液两相主体中，由于流体的充分湍动和混合，吸收

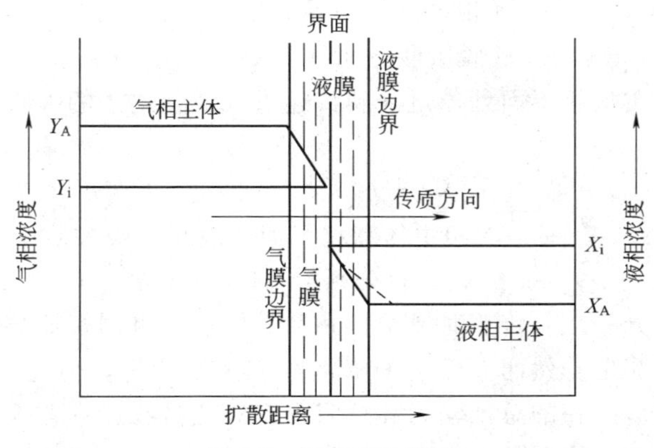

图 6-5　双膜理论模型

质浓度分布均匀，没有浓度差，也就是说浓度差主要集中在气膜和液膜内。

根据双膜理论的假定，溶质在两相主体内没有浓度差存在，也就不存在传质阻力。在相界面上气液两相组成 Y_i 和 X_i 互为平衡，相界面上也没有传质阻力。靠近界面处的气、液两膜内的溶质传递靠分子扩散进行，浓度差主要集中在此两膜内。双膜理论把复杂的吸收过程简化为通过气液两膜的分子扩散过程，吸收过程的总阻力由两膜阻力所构成。所以又将双膜理论称为双阻力理论。

三、吸收速率方程

单位时间内通过单位传质面积的吸收质物质的量称为吸收速率，用符号 N_A 表示，其单位为 $\text{kmol}/(\text{m}^2 \cdot \text{s})$。

按照双膜理论，吸收过程无论是物质传递的过程，还是传递方向上的浓度分布情况，都类似于间壁式换热器中冷热流体之间的传热步骤和温度分布情况。所以可用类似于传热速率方程的形式来表达吸收速率方程。

吸收质从气相主体通过气膜传递到相界面时的吸收速率方程可写为

$$N_A = k_Y(Y_A - Y_i) \tag{6-13}$$

式中　Y_A，Y_i——气相主体和相界面处吸收质摩尔比；

k_Y——气膜吸收分系数，kmol/(m^2·s)。

吸收质从相界面处通过液膜传递进入液相主体的吸收速率方程可写为

$$N_A = k_X (X_i - X_A) \tag{6-14}$$

式中　X_A，X_i——液相主体和相界面处液相中吸收质摩尔比；

k_X——液膜吸收分系数，kmol/(m^2·s)。

吸收分系数与传热对流给热系数类同，也可用特征数关联式计算或实验测定。然而界面上的气液组成无法测得，为克服此难题，通常采用跨两膜的总推动力和总阻力来表达吸收速率方程。与传热速率方程和传热系数相仿，在定常吸收过程中，气相或液相的吸收总速率方程式为：

$$N_A = K_Y (Y_A - Y_A^*) \tag{6-15}$$

$$N_A = K_X (X_A^* - X_A) \tag{6-16}$$

气相或液相的总阻力表达式为：

$$\frac{1}{K_Y} = \frac{1}{k_Y} + \frac{m}{k_X} \tag{6-17}$$

$$\frac{1}{K_X} = \frac{1}{mk_Y} + \frac{1}{k_X} \tag{6-18}$$

式中　K_Y——以($Y_A - Y_A^*$)为推动力的气相吸收总系数，kmol/(m^2·s)；

K_X——以（$X_A^* - X_A$）为推动力的液相吸收总系数，kmol/(m^2·s)；

Y_A——气相主体的摩尔比；

X_A——液相主体的摩尔比；

Y_A^*——与 X_A 成平衡的气相摩尔比；

X_A^*——与 Y_A 成平衡的液相摩尔比。

由式（6-17）和式（6-18）可知：吸收过程的总阻力为两膜阻力之和。

对溶解度大的易溶气体，相平衡常数 m 很小。在 k_Y 和 k_X 值数量级相近的情况下，必然有 $\frac{1}{k_Y} \gg \frac{m}{k_X}$，$\frac{m}{k_X}$ 项相应很小，可以忽略，则式（6-17）简化为：

$$\frac{1}{K_Y} \approx \frac{1}{k_Y} \quad 或 \quad K_Y \approx k_Y \tag{6-19}$$

式（6-19）表明易溶气体的液膜阻力很小，吸收过程的总阻力集中在气膜内。这种气膜阻力控制着整个吸收过程速率的情况，称为“气膜控制”。

对溶解度小的难溶气体，m 值很大，在 k_Y 和 k_X 值数量级相近的情况下，必然有 $\frac{1}{k_X} \gg \frac{1}{mk_Y}$，$\frac{1}{mk_Y}$ 很小，也可以忽略，则式（6-18）简化为：

$$\frac{1}{K_X} \approx \frac{1}{k_X} \quad 或 \quad K_X \approx k_X \tag{6-20}$$

式（6-20）表明难溶气体的总阻力集中在液膜内，这种液膜阻力控制整个吸收过程速率的情况，称为“液膜控制”。

正确判别吸收过程属于气膜控制或液膜控制，将给吸收过程的计算和设备的选型带来方便。如气膜控制系统，选用式（6-15）和式（6-19）计算十分简便。在操作中增大气速，可减薄气膜厚度，降低气膜阻力，有利于提高吸收速率。

吸收总系数与传热总系数一样，对吸收过程的计算具有十分重要的意义。由于吸收过程的影响因素复杂得多，可靠的吸收总系数值，常采用实验测定或选用合适的生产经验数据。

第五节　吸收塔的计算

吸收过程可在板式塔中进行，亦可在填料塔中进行。本节主要以填料塔来分析和讨论吸收过程的计算。

吸收塔的计算内容包括吸收剂用量的确定，塔径计算和填料层高度的计算等。

一、物料衡算

图 6-6 为逆流操作吸收塔示意图。气体自下而上，液体自上而下流动。单位时间内通过塔的惰性气体 B 量和吸收剂 S 的量分别为 V_B 和 L_S，单位为 kmol/h 或 kmol/s；进出塔的气相中吸收质的摩尔比分别为 Y_1 和 Y_2；进出塔的液相中吸收质的摩尔比分别为 X_2 和 X_1。若过程中无物料损失，对全塔的吸收质进行物料衡算得

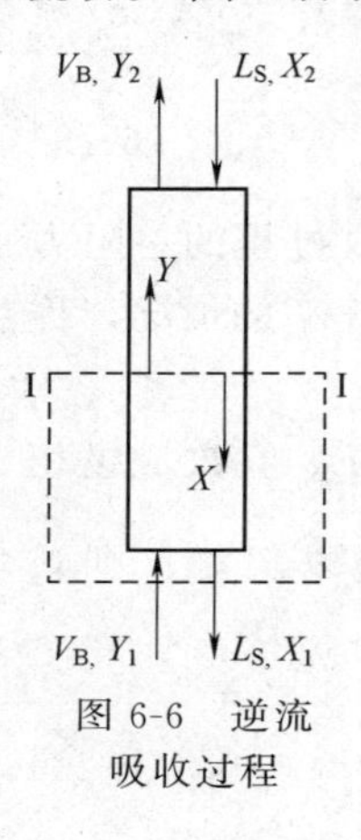

图 6-6　逆流吸收过程

$$V_BY_1+L_SX_2=V_BY_2+L_SX_1$$

或

$$V_B(Y_1-Y_2)=L_S(X_1-X_2) \tag{6-21}$$

式（6-21）表示单位时间内气相转移到液相的吸收质 A 的量，即单位时间内吸收剂吸收的吸收质的量 G_A，所以上式又可写为

$$G_A=V_B(Y_1-Y_2)=L_S(X_1-X_2) \tag{6-21a}$$

吸收过程中常以吸收率 φ（又称为回收率）作为分离指标。所谓吸收率指的是单位时间内在塔内被吸收的吸收质的量 G_A 与气相带入塔的吸收质的量 V_BY_1 之比，即

$$\varphi=\frac{G_A}{V_BY_1}=\frac{V_B(Y_1-Y_2)}{V_BY_1}=\frac{Y_1-Y_2}{Y_1} \tag{6-22}$$

在一般情况下，V_B、Y_1、φ（或 Y_2）及 X_2 为已知，如吸收剂用量 L_S 已经确定，就可用式（6-21）计算塔底溶液浓度 X_1；在已知 L_S、V_B、Y_1、X_1 和 X_2 的情况下，也可由式（6-21）计算 Y_2，从而求算吸收率，判断是否已达到分离要求。

【例 6-4】 在吸收塔内用清水吸收废气中的丙酮蒸气。已知入塔混合气量（标准状态）为 1500m³/h，其中丙酮（A）的摩尔分数为 0.06，其余为惰性气体（B）；用水（S）量为 3200kg/h，塔底吸收液中吸收质的摩尔分数为 0.02。试求该吸收过程的吸收率。

解： 混合气中惰性气体量为

$$V_B=\frac{1500}{22.4}\times(1-0.06)=62.95\text{kmol/h}$$

将摩尔分数换算为摩尔比

$$Y_1=\frac{y_1}{1-y_1}=\frac{0.06}{1-0.06}=0.064$$

$$X_1=\frac{x_1}{1-x_1}=\frac{0.02}{1-0.02}=0.0204$$

$$X_2=0$$

已知水的摩尔质量为18kg/kmol，则吸收剂量的摩尔流量为

$$L_S=3200/18=177.8\text{kmol/h}$$

由式（6-21）确定出塔气中吸收质的组成Y_2

$$Y_2=Y_1-\frac{L_S(X_1-X_2)}{V_B}=0.064-\frac{177.8\times(0.0204-0)}{62.95}=0.00638$$

则由式（6-22）确定吸收率

$$\varphi=\frac{Y_1-Y_2}{Y_1}=\frac{0.064-0.00638}{0.064}\times100\%=90\%$$

二、逆流吸收操作线方程

在图6-6所示的塔内任取Ⅰ-Ⅰ截面与塔底（图中虚线范围）对吸收质做物料衡算，可得

$$V_BY_1+L_SX=V_BY+L_SX_1$$

整理后得

$$Y=\frac{L_S}{V_B}X+\left(Y_1-\frac{L_S}{V_B}X_1\right) \tag{6-23}$$

式（6-23）为逆流吸收塔的操作线方程。它表示在逆流吸收塔内任一截面上气液两相内吸收质组成Y与X的关系。

在定常吸收过程中，V_B、L_S、X_1和Y_1为常数，故操作线方程为一直线方程。将其标绘在Y-X图坐标系中，是一条斜率为L_S/V_B，截距为$[Y_1-(L_S/V_B)X_1]$的直线，它的端点坐标分别为（X_1，Y_1）和（X_2，Y_2）。见图6-7中的ab直线。

在图6-7中绘出平衡线of曲线，由图可见。①吸收操作线方程是由物料衡算得出，与气液比和塔两端的气液组成有关，与平衡关系、操作温度及压力、气液接触状态和塔型等均无关系。②式（6-23）所示的操作线方程是针对连续定常逆流操作而言的。③操

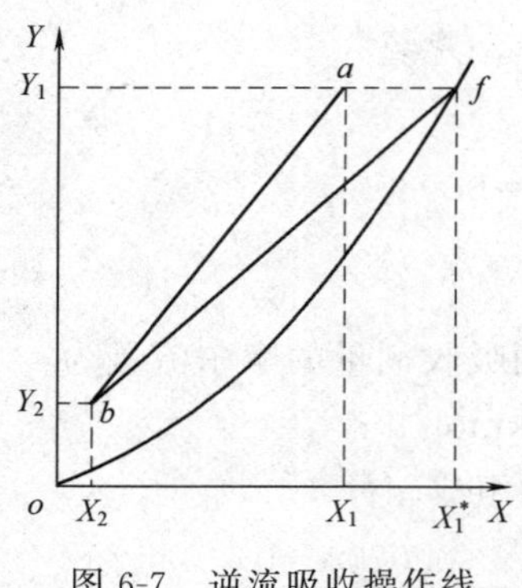

图 6-7　逆流吸收操作线

作线总是位于平衡线的上方，操作线与平衡线的垂直距离或水平距离分别代表气相或液相推动力，距离越大，推动力也越大；当操作线与平衡线相交时，其交点表示推动力为零，吸收不能进行；当操作线位于平衡线下方时，代表解吸过程。④降低吸收剂的温度、提高操作总压、选择对吸收质溶解度大的吸收剂、改物理吸收为化学吸收都将使平衡线下移，从而增大吸收的推动力，提高吸收速率。

三、吸收剂用量的确定

吸收操作线的斜率 L_S/V_B，称为液气比，它是吸收操作中的重要参数。对一定的分离要求，即 X_2、Y_1、φ（或 Y_2）及 V_B 均为定值，图 6-7 中 b 点为固定点，而 a 点位置随液气比的变化而变化。吸收剂用量增大时，液气比变大，操作线离开平衡线的距离变远，吸收推动力变大，吸收速率则加快，对一定分离任务则可减少所需传质面积。但此时吸收剂的输送费用和溶液的再生费用增加。反之减少吸收剂用量，使推动力减小，所需传质面积增大，设备费用增多。

当液气比减小到使操作线与平衡线出现一个交点时，如图 6-7 中 a 点与平衡线上 f 点重合，此时 $X_1=X_1^*$，表示出塔的溶液与入塔的混合气之间达到平衡，这是理论上吸收液所能达到的最大浓度，此时此处的推动力为零，若要达到此浓度，则需要有无限大的传质面积，这是实际生产中无法达到的，只能作为吸收操作的一种极限情况。此时的吸收剂用量为最小用量，用 $L_{S,\min}$ 表示，相应的液气比为最小液气比，用 $\left(\frac{L_S}{V_B}\right)_{\min}$ 表示，即

$$\left(\frac{L_S}{V_B}\right)_{\min}=\frac{Y_1-Y_2}{X_1^*-X_2} \quad 或 \quad L_{S,\min}=\frac{V_B(Y_1-Y_2)}{X_1^*-X_2} \tag{6-24}$$

使用式（6-24）确定$L_{S,min}$时，其中X_1^*可用图解法求取，如图6-7中f点对应的X_1^*；当平衡线为直线时，平衡关系可用$Y^*=mX$表示时，则$X_1^*=Y_1/m$。

实际生产中吸收剂用量L_S应大于最小用量$L_{S,min}$，其大小应根据生产要求和操作条件全面考虑，使设备折旧费用和操作费用两者之和最小为合理。根据生产实践经验一般取$L_S=(1.1\sim2.0)L_{S,min}$。

【例6-5】 用不含苯的洗油吸收混合气体中的苯，已知入塔混合气体量为1000kmol/h，其苯的摩尔分数为0.04，要求吸收率不低于80%。操作条件下平衡关系为$Y_A^*=0.126X_A$，设洗油的用量为最小用量的1.5倍，问洗油的用量为多少？

解： 确定混合气体中惰性气体量V_B和吸收质的摩尔比

$$V_B=1000\times(1-0.4)=960\text{kmol/h}$$

$$Y_1=\frac{0.04}{1-0.04}=0.0417$$

$$Y_2=Y_1(1-\varphi)=0.0417\times(1-0.8)=0.00834$$

由题意知$X_2=0$，确定X_1^*

$$X_1^*=\frac{Y_1}{0.126}=\frac{0.0417}{0.126}=0.331$$

计算$L_{S,min}$

$$L_{S,min}=\frac{V_B(Y_1-Y_2)}{X_1^*-X_2}=\frac{960\times(0.0417-0.00834)}{0.331}$$

$$=96.75\text{kmol/h}$$

或

$$L_{S,min}=\frac{V_B(Y_1-Y_2)}{\dfrac{Y_1}{0.126}-X_2}=0.126V_B\varphi=0.126\times960\times0.8$$

$$=96.76\text{koml/h}$$

实际洗油用量L_S

$$L_S=1.5L_{S,min}=1.5\times96.75=145.1\text{kmol/h}$$

【例6-6】 在293K和101.3kPa的总压下，SO_2在水中溶解的平衡数据如下表。

X_A	5.6×10^{-5}	1.4×10^{-4}	2.8×10^{-4}	4.2×10^{-4}	5.6×10^{-4}
Y_A	6.6×10^{-4}	0.00158	0.0042	0.0077	0.013
X_A	8.4×10^{-4}	0.0014	0.00197	0.0028	0.0042
Y_A	0.019	0.035	0.054	0.084	0.138

在上述条件下，用清水吸收炉气中的 SO_2，已知炉气的流量为 $1000m^3/h$，进入吸收塔时含 SO_2 的体积分数为 9%，其余可视为惰性气体。若要求 SO_2 的吸收率为 90%，并取吸收剂用量为最小用量的 1.2 倍，试确定用水量和塔底溶液出口的浓度，并画出操作线。

解： 惰性气体的摩尔流量为

$$V_B=\frac{1000}{22.4}\times\frac{273}{293}\times(1-0.09)=37.85\text{kmol/h}$$

混合气的摩尔比为

$$Y_1=\frac{y_1}{1-y_1}=\frac{0.09}{1-0.09}=0.099$$

$$Y_2=Y_1(1-\varphi)=0.099\times(1-0.9)=0.0099$$

根据题中所给出的平衡数据绘出 Y-X 平衡曲线，见图 6-8。在图中画出 $Y_1=0.099$ 的水平虚线，交于平衡线的 f 点，由 f 点的横坐标可得 $X_1^*=0.0032$，最小吸收剂用量为

$$L_{S,\min}=\frac{V_B(Y_1-Y_2)}{X_1^*-X_2}=\frac{37.85\times(0.099-0.0099)}{0.0032-0}=1054\text{kmol/h}$$

实际用水量为

$$L_S=1.2L_{S,\min}=1.2\times1054=1265\text{kmol/h}$$

塔底溶液出口浓度为

$$X_1=\frac{V_B}{L_S}(Y_1-Y_2)+X_2=\frac{37.85\times(0.099-0.0099)}{1265}+0=0.00267$$

根据实际进出塔的气液相组成，即 $Y_1=0.099$ 和 $X_1=0.00267$ 以及 $Y_2=0.0099$ 和 $X_2=0$，绘出操作线，如图中的直线 ab。

* 四、吸收塔塔径计算

吸收塔的塔径计算可根据圆形管道直径计算公式计算，即

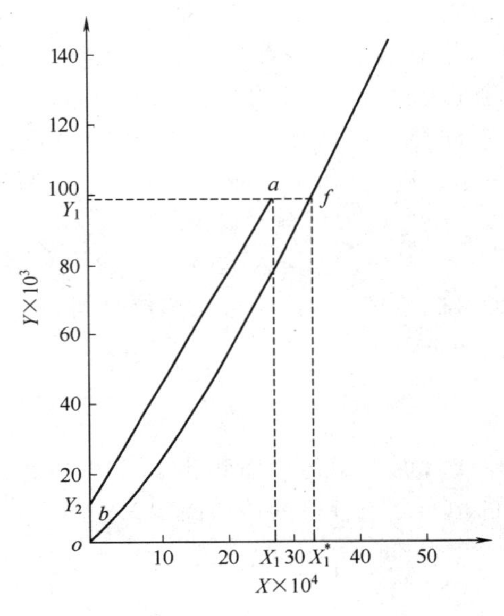

图 6-8　例 6-6 附图

$$D=\sqrt{\frac{4V_s}{\pi u}} \tag{6-25}$$

式中　D——吸收塔的内直径，m；

V_s——操作条件下进塔混合气体的体积流量，m^3/s；

u——空塔气速，即按空塔截面积计算的混合气体的流速，m/s。

在吸收过程中，由于吸收质不断地被吸收，故混合气体的量由塔底至塔顶逐渐减小。在计算塔径时，一般以塔底气量（入塔气量）为依据。

五、填料层高度的计算

为了达到指定的分离要求，吸收塔必须提供足够的气液两相接触面积。填料塔提供气液两相接触面积的元件为填料，因此，塔内的填料装填量或一定直径的塔内填料层高度将直接影响吸收结果。

填料层高度的计算，可用吸收速率方程式（6-15）或式

(6-16) 引出，但吸收速率方程式中的推动力 ($Y_A-Y_A^*$) 或 ($X_A^*-X_A$) 表示吸收塔某截面上的数值，而对整个吸收过程，气液两相的吸收质浓度在吸收塔内各个截面上都不相同，这就引起各截面上的推动力的不同。全塔范围内的传质推动力可用平均推动力 ΔY_m 或 ΔX_m 表示，则式 (6-15) 和式 (6-16) 可写为

$$N_A=K_Y\Delta Y_m \tag{6-26}$$

$$N_A=K_X\Delta X_m \tag{6-27}$$

上两式中的吸收速率 N_A，又可用单位时间内全塔吸收的吸收质的量与传质面积 F 之比表示，即

$$N_A=\frac{G_A}{F}$$

设单位体积填料提供的传质面积为 a_t，塔内直径为 D，则填料层高度为 Z 的填料塔所提供的传质面积 F 为

$$F=\frac{\pi}{4}D^2Za_t$$

于是填料塔内填料层高度为

$$Z=\frac{G_A}{\frac{\pi}{4}K_Ya_tD^2\Delta Y_m} \tag{6-28}$$

$$Z=\frac{G_A}{\frac{\pi}{4}K_Xa_tD^2\Delta X_m} \tag{6-29}$$

由于 a_t 难于确定，令 $K_Ya=K_Ya_t$，$K_Xa=K_Xa_t$。K_Ya、K_Xa 分别称为气相和液相体积吸收系数，单位为 kmol/(m^3·h) 或 kmol/(m^3·s)，其值由实验或经验公式确定，则式 (6-28) 和式 (6-29) 写为

$$Z=\frac{G_A}{\frac{\pi}{4}K_YaD^2\Delta Y_m} \tag{6-28a}$$

$$Z=\frac{G_A}{\frac{\pi}{4}K_XaD^2\Delta Y_m} \tag{6-29a}$$

式（6-28a）和式（6-29a）是确定填料层高度的常用计算式。式中 ΔY_m、ΔX_m 为气相和液相的平均推动力。当吸收过程的平衡线为直线或在操作范围内平衡线为直线时，平均推动力取吸收塔塔顶与塔底推动力的对数平均值，即

$$\Delta Y_m = \frac{\Delta Y_1 - \Delta Y_2}{\ln \frac{\Delta Y_1}{\Delta Y_2}} \tag{6-30}$$

式中 ΔY_1——塔底气相推动力，$\Delta Y_1 = Y_1 - Y_1^*$；

ΔY_2——塔顶气相推动力，$\Delta Y_2 = Y_2 - Y_2^*$。

$$\Delta X_m = \frac{\Delta X_1 - \Delta X_2}{\ln \frac{\Delta X_1}{\Delta X_2}} \tag{6-31}$$

式中 ΔX_1——塔底液相推动力，$\Delta X_1 = X_1^* - X_1$；

ΔX_2——塔顶液相推动力，$\Delta X_2 = X_2^* - X_2$。

【例 6-7】 一内径为 1m 的逆流吸收塔，操作温度为 25℃，压力为 101.3kPa，入塔混合气的量为 1500m³/h，入塔混合气体中吸收质的浓度为 0.015（摩尔分数，下同），出塔混合气中吸收质的浓度为 7.5×10^{-5}；入塔吸收剂为纯溶剂，出塔溶液中吸收质的浓度为 0.0141。操作条件下的平衡关系为 $Y_A^* = 0.75X_A$，气相体积吸收系数 $K_Ya = 150\text{kmol}/(\text{m}^3 \cdot \text{h})$。计算所需填料层高度。

解： 惰性气体的摩尔流量为

$$V_B = \frac{1500}{22.4} \times \frac{273}{273+25} \times (1-0.015) = 60.4\text{kmol/h}$$

将摩尔分数换算成摩尔比

$$Y_1 = \frac{y_1}{1-y_1} = \frac{0.015}{1-0.015} = 0.0152$$

$$Y_2 = \frac{y_2}{1-y_2} = \frac{7.5 \times 10^{-5}}{1-7.5 \times 10^{-5}} \approx 7.5 \times 10^{-5}$$

$$X_1 = \frac{x_1}{1-x_1} = \frac{0.0141}{1-0.0141} = 0.0143$$

$$X_2 = 0$$

计算气相平均推动力

$$Y_1^* = 0.75X_1 = 0.75\times0.0143 = 0.0107$$

$$Y_2^* = 0.75X_2 = 0$$

$$\Delta Y_m = \frac{\Delta Y_1 - \Delta Y_2}{\ln\frac{\Delta Y_1}{\Delta Y_2}} = \frac{(0.0152-0.0107)-(7.5\times10^{-5}-0)}{\ln\frac{0.0152-0.0107}{7.5\times10^{-5}-0}}$$

$$=0.00108$$

塔内单位时间内吸收的吸收质的量

$$G_A = V_B(Y_1 - Y_2) = 60.4\times(0.0152-7.5\times10^{-5}) = 0.914\text{kmol/h}$$

所需填料层高度为

$$Z = \frac{G_A}{\frac{\pi}{4}K_Y a D^2 \Delta Y_m}$$

$$= \frac{0.914}{0.785\times150\times1^2\times0.00108}$$

$$=7.2\text{m}$$

第六节　填料塔及其操作控制

气液传质设备按总体结构常分为填料塔和板式塔两大类。两类塔均可用于吸收操作。生产上对传质设备的性能有以下几个方面的要求：

① 生产能力大　即单位塔截面上处理量要大；

② 效率高　即在较小的塔里，在较短的时间内，处理较多的物料，并获取高质量的产品；

③ 操作弹性大　在操作时，气相或液相负荷允许在较大的范围内波动，而不致由此引起设备效率有过多的降低；

④ 气流阻力小　即设备的压降要小，以减少气体输送的动力消耗；

⑤ 结构简单，易于加工制造，维修方便，节省材料投资少，长期运转的可靠性强及耐腐蚀性好，不易堵塞等。

事实上，任何一台性能较好的设备均难以满足如上各项要求，而是各具有独特的优点。填料塔的主要特点是：具有结构简单、便于用耐腐蚀材料制造、阻力小、小直径的塔效率较高等优点。所以目前国内外选用吸收塔的方法是：当处理量较小时多采用填料塔；当处理量较大时多采用板式塔。但这并非绝对，由于高效填料的出现，液体分布装置的改进，设计的成熟，填料塔在朝着大塔径方向发展。本节仅介绍填料塔的结构，特性及其操作控制，对于板式塔将在第七章中讨论。

除填料塔和板式塔两大类传质设备以外，还有一些结构特殊的塔，如并流喷射塔、喷雾塔等。本书由于篇幅有限，不能一一介绍，若需要了解其有关结构，特性和操作原理，可查阅其他有关气液传质设备资料。

一、填料塔的结构

填料塔主要是由塔体、填料、填料支承装置和液体分布装置等主要部分组成。图 6-9 为填料塔的结构简图。

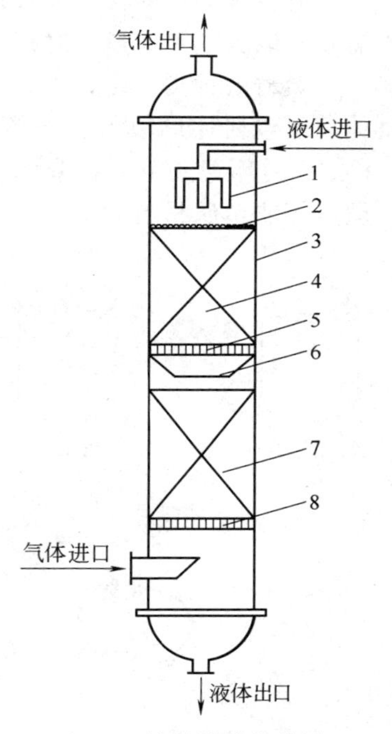

图 6-9　填料塔结构简图

1—液体分布器；2—填料压网；3—塔体；4，7—填料层；5，8—填料支承装置；6—液体再分布器

（一）塔体

塔体可以用金属材料制造，也可以用陶瓷、塑料等非金属材料制造。在金属壳体内壁可采取防腐措施，也可以衬以橡胶或搪瓷。金属或陶瓷塔体一般为圆柱体，圆柱塔体有利于气体和液体的均匀分布。但大型的耐酸石或耐酸砖则以砌成方形或多角形为方便。

（二）填料

塔内大部分空间用于充填填料。填料的作用是为气液两相提供有效的传质面积和良好的流动条件，它是填料塔的核心部件。衡量填料的主要性能参数如下。

（1）比表面积　单位体积填料所具有的表面积，用符号 a 表示，单位为 m^2/m^3。比表面积越大，对一定的气液两相流动条件，所提供的传质面积越大。

（2）空隙率　单位体积填料所具有的空隙体积，用符号 ε 表示，单位为 m^3/m^3。空隙率大，气液两相流动顺畅，流动阻力小。

此外还要从经济、实用及可靠性等角度考虑，填料还应具有质量轻、造价低、耐腐蚀及机械强度大等性能。各种填料一经制成，并具有一定的性能，各有长短，在选用填料时还应根据实际要求和需要，取其之长，避其之短。

填料的种类很多，大致可分为实体填料和网体填料两大类。实体填料包括环形填料、鞍形填料及波纹填料等；网体填料有鞍形网、θ 网环等。用于制造填料的材料可以用金属，也可以用陶瓷、塑料等非金属材料。图 6-10 为几种常见实体填料的形状。

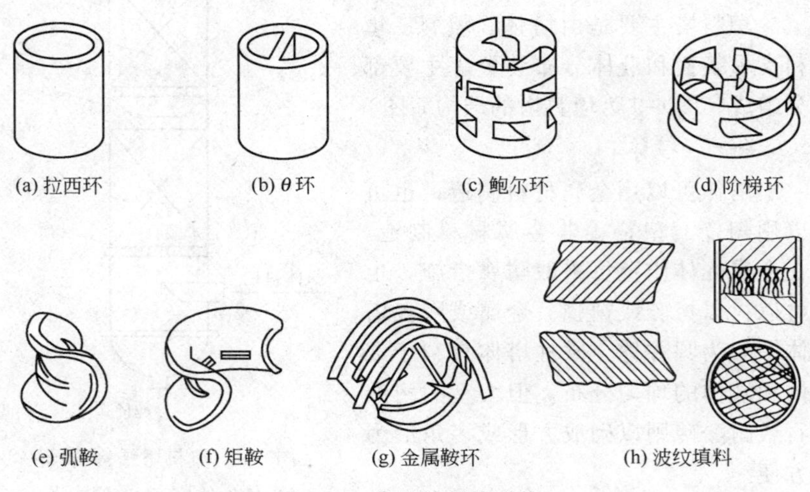

图 6-10　常用填料的形状

拉西环是最早使用的一种填料。它具有形状简单，制造容易，价格较低等优点，故一般情况下可选此种填料。当要求有更大的比表面积和更好的流动条件时，可选用鲍尔环、鞍形环和波纹填料以及一些网体填料。图中金属鞍环是结合环形和鞍形填料的优点近年开发出来的一种新型填料，其性能优于常用的鲍尔环和鞍形填料。某些常见的填料特性数据可以由表 6-2 中查取。

表 6-2　几种填料的特性数据

填料种类	规　格 /mm	比表面积 a /(m^2/m^3)	空隙率 ε /(m^3/m^3)	堆积密度 ρ /(kg/m^3)	每立方米填料的个数 n
陶瓷拉西环(乱堆)	15×15×2	330	0.70	690	250000
	25×25×2	190	0.78	505	49000
	40×40×4.5	126	0.75	577	12700
	50×50×4.5	93	0.81	457	6000
陶瓷拉西环(整砌)	50×50×4.5	124	0.72	673	8830
	80×80×9.5	102	0.57	962	2580
	100×100×13	65	0.72	930	1060
	125×125×14	51	0.68	825	530
	150×150×16	44	0.68	802	315
金属拉西环(乱堆)	10×10×0.5	500	0.88	960	800000
	15×15×0.5	350	0.92	660	248000
	25×25×0.8	220	0.92	640	55000
陶瓷螺旋环	75×75	140	0.59	930	2260
	100×100	100	0.60	900	955
	150×150	65	0.67	750	283
陶瓷矩鞍填料	6	993	0.75	677	4170000
	13	630	0.78	548	735000
	19	338	0.77	563	231000
	25	258	0.775	548	84000
	38	197	0.81	483	25200
	50	120	0.79	532	9400
金属鲍尔环(乱堆)	16×16×0.4	364	0.94	467	235000
	25×25×0.6	209	0.94	480	51000
	38×38×0.8	130	0.95	379	13400
	50×50×0.9	103	0.95	355	6200

（三）填料支承装置

填料支承装置的作用是：支承填料及填料层中所持的液体重

量，同时还要保证气流能够均匀顺畅地进入填料层。所以支承装置要具有足够的强度，并要求气体通过支承装置的流通面积不得小于填料层内的气体流道面积，以免在这里有较大的气流阻力。常见的填料支承装置有栅板式，圆形升气管式和条形升气管式。如图6-11所示。

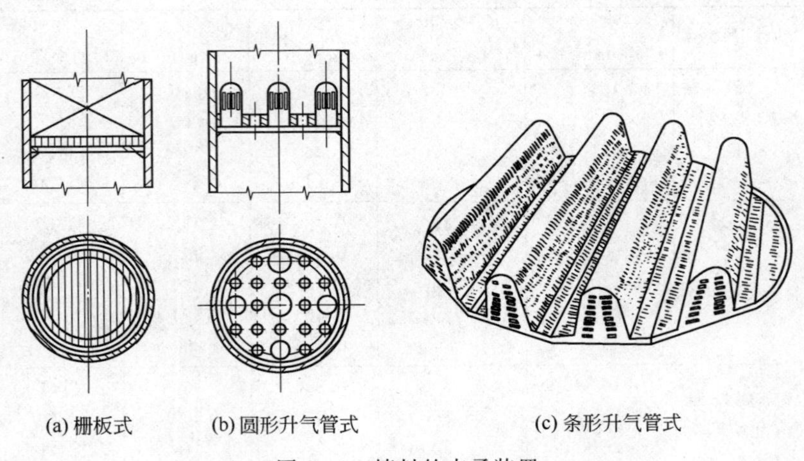

(a) 栅板式　(b) 圆形升气管式　(c) 条形升气管式

图 6-11　填料的支承装置

（四）液体分布装置

液体分布装置有塔顶液体分布装置和液体再分布装置两大类。

塔顶液体分布装置的作用是将塔顶引入的液体均匀的喷洒在填料表面上。填料塔内液体淋下如果不均匀，填料表面不能充分润湿，会减少填料层中气液两相的接触面积，导致分离效率下降。液体喷淋装置型式很多，图 6-12 是两种常见的喷淋装置。

填料塔在操作中，液体经塔顶喷淋装置沿填料表面往下流动时，由于塔壁处的空隙较大，阻力小，液体有逐步向塔壁偏流的趋热，称为壁流效应。当填料层越高时，这种效应越显著，在填料层中间出现干堆现象，致使填料得不到很好的润湿，由此减少了气液两相的接触面积。为了防止这种现象发生，常在塔内一定位置处安装液体再分布装置，将沿塔壁流动的液体重新汇集，再均匀的分布

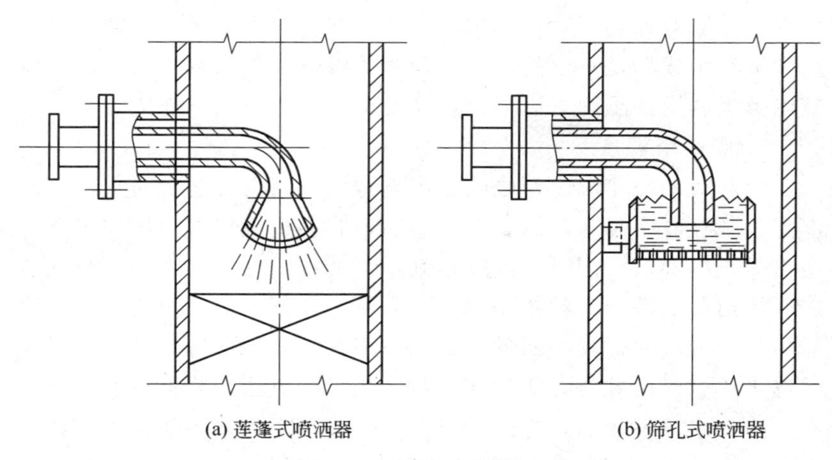

图 6-12　液体喷淋装置

于下一层填料表面。图 6-13 为适用于塔径小于 0.8m 的截锥式液体再分布器。对于较大的塔，可采用图 6-11 中升气管式的支承板作为液体再分布器。

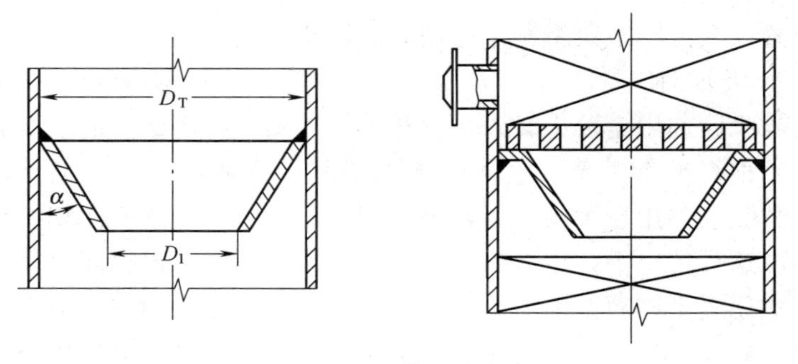

图 6-13　液体再分布器

二、吸收过程的分析

（一）吸收操作分析

生产上，吸收操作往往是以吸收后的尾气浓度或出塔溶液中溶质的组成作为控制指标的。当以净化气体为操作目的时，吸收后的尾气浓度为主要控制对象；当吸收液作为产品时，出塔溶液的浓度为主要控制对象。实际操作中，在无特殊情况下，操作压强、进气量和进气组成均是一定的，能够调节的参数是吸收剂入塔组成、流量以及吸收塔的温度。以下仅从这几个方面对吸收操作进行分析。

1. 吸收塔温度

吸收塔的操作温度对吸收率影响很大。其温度愈低，气体溶解度愈大，吸收率高；反之，温度愈高，容易造成尾气中溶质浓度升高，吸收率降低。同时，温度愈高，某些吸收剂容易发泡，从而造成气体出口处液沫夹带量增加，增大了出口气液分离负荷。对有明显热效应的吸收过程，通常在塔内或塔外设置中间冷却器，以便及时移走热量。必要时，用加大冷却水用量的方法来降低塔温。在夏季，冷却水温度较高，冷却效果差，在冷却水用量不能再增加的情况下，增加吸收剂用量也可以降低塔温。对吸收液有外循环且有冷却装置的吸收流程，采用加大吸收液的循环量同样可以降低塔温。但增加吸收剂用量会增大吸收剂输送费用和再生负荷；增加吸收液的循环量会使吸收推动力减小；同时，流量的增加将使塔的压差变大，尾气中液沫夹带量增加。在实际情况下，应根据流程安排和设备装置以及冷却水源来制定控制塔温措施。

2. 吸收剂用量

当吸收剂用量较小时，由物料衡算式知，出塔溶液的浓度必然较大。根据平衡关系，它决不能大于其平衡浓度 X_1^*。实际操作中，若吸收剂用量过小，填料表面润湿不充分，则气液两相接触不良，在这种情况下，出塔溶液浓度不会因其用量小而提高很多，只会造成尾气中溶质浓度的增加，吸收率下降。吸收剂用量越大，塔内喷淋量大，气液接触面积大；由于液气比的增加，可以使吸收推动力增大；对一定的分离量，增大吸收剂用量还可以降低吸收温度，由此可以提高吸收速率，增大吸收率。当吸收液浓度已远低于平衡浓度时，再增加吸收剂用量已不能明显增加推动力，相反会造成塔内积液过多，压差变大，使得塔内操作恶化。此时，反而会使吸收推动力减小，尾气中溶质浓度增大。同时，吸收剂用量增大，还会加重再生负荷，使再生效果变差。因此在调节吸收剂用量时，应根据实际操作情况，分析其利弊关系，酌情处理。

3. 吸收剂中吸收质浓度

对于吸收剂循环使用的吸收过程，入塔吸收剂中总含有少量的吸收质组分。入塔吸收剂中溶质浓度愈低，吸收推动力愈大，在吸收剂用量足够的条件下，塔顶尾气的浓度亦愈低。入塔吸收剂中溶质浓度增高，显然会造成吸收推动力减小，尾气中溶质含量升高，甚至会超过分离指标，造成后工段的操作困难。当入塔吸收剂中溶质浓度 X_2 升高时，解吸系统必须认真进行处理，保证符合工艺要求。

吸收操作中，各操作参数相互影响，当有一个参数发生变化时，必然会引起一个或几个参数的变化。实际操作时，应按时取样分析，并注意观察其温度、压差的变化情况，分析其原因，抓住主要问题及时处理。

（二）强化吸收过程的途径

强化吸收过程，就是力求用较小的吸收设备来完成较大的吸收量，以提高其经济性。由吸收速率方程式可知：增大吸收面积、吸收平均推动力和吸收系数，均可提高单位时间内被吸收的可溶组分量。

1. 增加吸收面积

由填料塔的结构可知，在一定的气液流量下，两相的接触面积大小，主要取决于塔内填料的装填量，其量愈多，所提供的接触面积愈大。但是简单的增加填料量，会使填料层高度增加，填料层总压降变大，从而使得设备费用和操作费用均有所提高。因此，从经济性考虑，简单的增加填料装填量，不是一个最好的措施。采用性能较好，比表面积大的高效填料，是增加吸收面积的主要措施。鲍尔环、波纹填料、金属鞍环以及网体填料都是性能较好的填料，若用高效填料替换拉西环，可提高单位体积填料的气液接触面积。另外采用较好的液体喷淋装置，使填料充分润湿，以保证有足够的气液两相接触面积。

2. 增大吸收推动力

吸收塔采用逆流操作比并流操作可获得较大的吸收推动力；采用较大的液气比，操作线斜率变大，与平衡线的距离变远，平均推动力将增大；适当的提高操作压强，降低操作温度，可使相平衡常数减小，从而降低平衡组成Y_A^*，增大推动力（$Y_A-Y_A^*$）。化学吸收的推动力大于物理吸收，如用水吸CO_2的推动力小于用热钾碱吸收CO_2的推动力。如工艺允许，可尽量选用化学吸收。实际操作过程中，增大液气比，提高操作压力和降低操作温度都有其局限性，应视实际情况，根据允许的调节范围而采取相应的措施。

3. 增大吸收系数

吸收系数K值的大小与气液两相的性质、流动状况和填料的性能有关。对一定的分离物系和填料，改变两相流动状况是增大吸收系数K值的关键。一般来说，对于气膜控制过程，适当的增加气相湍动程度，可有效的提高K值；而对于液膜控制过程，则需适当的增加液相湍动程度，才能有效的增加K值。在一定的液相流量情况下，气相流速不宜过大，过大将会引起填料层压降增大，严重时将会破坏塔的正常生产；气速也不宜太小，太小会使填料层内的持液量减少，导致气液两相接触的湍动程度减弱，降低了K值。因此，气相流速应在一个适宜的范围内操作，才可获得较大的K值。另外，选择性能良好的吸收剂以及高效填料，也可增大吸收系数K。

以上各项强化措施，在一定程度上会增加操作费用或设备费用，甚至会使操作复杂化。在实际操作中，应权衡利弊，充分考虑技术上的可行性和过程的经济性以及操作的安全性等，要以最少的投入，获得最好的效益。

思 考 题

1. 吸收操作的目的是什么？其依据是什么？
2. 何谓平衡分压和溶解度？对一定的物系，气体溶解度与哪些因素有关？
3. 简述亨利定律的内容及其适用范围。
4. 温度和压力对吸收操作有什么影响？

5. 什么是吸收推动力？它们有哪些表示方法？平均推动力如何计算？

6. 什么是吸收速率？它与哪些因素有关？

7. 说明吸收率和吸收操作线的意义。

8. 简述液气比对吸收操作的影响。

9. 填料的作用是什么？什么叫填料的比表面积和空隙率？

10. 填料吸收塔内液体再分布器的作用是什么？

11. 强化吸收过程有哪些途径？

习　题

6-1　乙醇（C_2H_5OH）和水的混合液中的乙醇质量分数为 0.3。试以摩尔分数和摩尔比表示其乙醇含量，并计算混合液的平均摩尔质量。

6-2　空气和氨的混合气，总压为 101.3kPa，其中氨的分压为 9kPa。试求氨在该混合气中的摩尔分数、摩尔比和质量分数。

6-3　氢气、氮气和二氧化碳的混合气，其总压为 300kPa，其中 CO_2 的体积分数为 28%，H_2 的体积分数为 54%。试计算其中三个组分的分压，并以摩尔分数和摩尔比表示其中 CO_2 的含量。

6-4　混合气中含有 CO_2 的体积分数为 2%，其余为空气。若用水吸收其中的 CO_2，其操作温度为 20℃，压力为 500kPa。试求 CO_2 在水中的平衡浓度。若操作温度变为 40℃时，水中 CO_2 的最大溶解度又为多少？

6-5　在 20℃和 101.3kPa 条件下，若混合气体中氨的体积分数为 9.2%，在 1kg 水中最多可溶解 NH_3 32.9g。试求在该操作条件下 NH_3 溶解于水中的亨利系数 E 和相平衡常数 m。

6-6　在一逆流操作的吸收塔中，用清水吸收混合气体中的 CO_2。惰性气体的处理量（标准状态）为 $300m^3/h$，进塔气体中 CO_2 的体积分数为 8%，要求吸收率 95%，操作条件下平衡关系为 $Y^*=1600X$，操作中水的用量为最小用量的 1.5 倍。求①水用量和出塔溶液组成。②写出操作线方程。

6-7　在常压逆流吸收塔中，用 293K 清水吸收空气中的氨，混合气体在 303K 下进入塔底，流量为 $0.45m^3/s$，其中含氨的体积分数为 8%。经吸收后出塔尾气中氨的体积分数不超过 0.2%。清水的用量为最小用量的 1.1 倍。塔内氨水的气液平衡关系如下。

X_A	0	0.005	0.01	0.015	0.02	0.025	0.03	0.035	0.04
Y_A	0	0.0045	0.0095	0.016	0.024	0.034	0.046	0.062	0.087

试求水的用量。

6-8　在逆流操作的吸收塔内，用清水吸收混合气体中的溶质。已知进塔气体中溶质的体积分数为6%，出塔尾气中溶质的体积分数为0.4%，出塔溶液中溶质的摩尔分数为0.012。操作条件下平衡关系为$Y^*=2.5X$。试求液气比、吸收率和气相平均推动力。

6-9　若在题6-8的条件下，气相体积吸收系数$K_Ya=20\text{kmol}/(\text{m}^2\cdot\text{h})$，吸收塔径为1m。求所需的填料层高度。

第七章 蒸 馏

学习目标

- 掌握：蒸馏的依据和目的；相平衡关系，拉乌尔定律、相平衡图（t-x-y 图、y-x 图），相对挥发度；精馏原理和连续精馏流程；理论塔板的概念；物料衡算及操作线方程式；回流比的选择和对精馏操作的影响。
- 理解：简单蒸馏；进料热状况及 q 线方程；塔板数的确定；板式塔及常用塔板的结构特点。
- 了解：蒸馏操作的分类；精馏操作分析；填料塔与板式塔的比较。

第一节 概 述

一、蒸馏操作及作用

蒸馏是分离均相液体混合物（以下称混合液或溶液）的一种方法，它是利用混合液中各组分在相同的操作条件下挥发度不同这一特性为依据，使混合液中各组分得到分离的单元操作。

混合液中较容易挥发的组分称为易挥发组分；较难挥发的组分称为难挥发组分。如在一定的操作条件下，加热乙醇-水混合液使之沸腾部分汽化，所得的气相中乙醇浓度较液相中的乙醇浓度高，这是由于乙醇较水容易挥发，液相中较多的乙醇被汽化并扩散进入气相的缘故。若将所得气相冷凝为液体，则可获得一个乙醇浓度较原混合液高的溶液，原混合液因此得到了一定程度的分离。所以该混合液中乙醇为易挥发组分，水为难挥发组分。

目前，蒸馏分离技术比较成熟，生产规模可大可小，操作可自动控制，因此在石油、化工、轻工等生产过程中应用广泛。如从乙醇-水溶液中分离出较纯的酒精；从原油中分离出汽油、煤油和柴油；从液化空气中分离出纯度高的氧和氮；从液态裂解气中分离乙烯、丙烯等。

二、蒸馏与吸收和蒸发的区别

蒸馏和吸收操作同属物质传递过程，然而它们之间有着许多不同之处。①分离对象不同：吸收操作分离的是混合气，而蒸馏操作分离的是混合液。②分离依据不同：吸收操作是利用混合气中各组分在吸收剂中溶解度不同作为分离依据，而蒸馏操作则是利用混合液中各组分的挥发性差异这一条件作为分离依据的。③操作过程处理不同：蒸馏和吸收操作都是在汽液两相中进行的，但吸收操作所需的液相是由外界引入，它的传质一般是在常温下进行的，操作温度远低于沸点；而蒸馏操作中所需的汽相是由混合液汽化而来，它的传质是在汽液两相均为饱和状态下进行的，在传质过程中伴随着汽相的部分冷凝和液相的部分汽化，是一个传热和传质同时进行的过程。④物质传递形式不同：吸收操作过程中只有溶质组分从汽相向液相传递，为单向传质；在蒸馏操作过程中，不仅有易挥发组分由液相向汽相传递，而且还有难挥发组分由汽相向液相传递，为双向传质。

蒸馏和蒸发都是用于分离混合液体的单元操作。它们的区别有两个方面。①两者所处理的混合液性质不同。蒸馏所分离的混合液中各组分都具有挥发性，只是其挥发性能有大小不同而已；蒸发操作所处理的混合液中溶质是不挥发的，仅溶剂是有挥发性的。②操作原理上的区别，这是一个本质上的区别。蒸发操作是利用加热的方法，将溶液中部分溶剂汽化并移去，是传热操作；蒸馏操作则是使混合液部分汽化、冷凝，物质在汽液相间进行质量传递，是传热和传质同时进行的操作。

三、蒸馏操作的分类

蒸馏操作可以按以下几种方法分类。

按混合液中的组分数目分类有：双组分蒸馏和多组分蒸馏。原料液中仅有两个组分的蒸馏称为双组分蒸馏；原料液中有三个或三个以上组分的蒸馏称为多组分蒸馏。乙醇和水的混合液蒸馏为双组分蒸馏；液态裂解气是由乙烯、丙烯、甲烷和乙烷等多个组分组成，它的蒸馏为多组分蒸馏。

按蒸馏方法分有：简单蒸馏、平衡蒸馏、一般精馏和特殊精馏。简单蒸馏和平衡蒸馏用于分离混合液中各组分挥发性能差异大，较容易分离或分离要求不高的物系；一般精馏又简称精馏，它用于分离要求高，需将混合液分离为接近于纯组分的物系；而特殊精馏则用于一般精馏不能分离的物系之分离。

按操作压力分有：常压精馏、减压精馏和加压精馏。在没有特殊要求的情况下，工业上精馏多采用常压精馏；当原料在常压下为气态，或常压下操作液相黏度较大时，可采用加压精馏。加压并降温至一定状态下可使气体液化，如空气的分离和裂解气的分离，均需要在加压下先将其液化，再进行精馏。加压可以提高溶液的汽化温度，由此可降低其液相黏度，增加汽液两相在设备中的湍动程度，提高传质速率。在常压下混合液中各组分挥发性差异不大，或是热敏性的物料，可采用减压操作。操作压强减小后可以降低液体的汽化温度，使精馏操作能在物料的热敏温度以下进行；减压可以增大混合液中各组分挥发性能的差异，使混合液较容易分离。己内酰胺生产过程中的环己酮和环己醇的分离，需要在真空度为 93～97kPa 的压力下进行。

按操作方式分有：间歇精馏和连续精馏。间歇精馏多用于小批量生产或某些特殊要求的场合，工业生产中常见的是连续精馏。

本章主要讨论双组分常压连续精馏过程，对其他蒸馏方法仅做部分简要介绍。

第二节　双组分理想溶液的汽液相平衡

若混合液由 A、B 两个组分组成，当组分 A 分子间的吸引力为 f_{AA}，组分 B 分子间的吸引力为 f_{BB}，组分 A 与组分 B 分子间

的吸引力为 f_{AB} 均相同时，即 $f_{AA}=f_{BB}=f_{AB}$，则此混合液为理想溶液。理想溶液在宏观上的表现为：①两种组分能以任何比例混合并互溶；②混合时没有热效应和体积效应，即混合前后的总焓和总体积不变；③在任何浓度范围内，都遵循拉乌尔定律。事实上，真正的理想溶液是不存在的，只有性质非常接近的组分混合而成的溶液，才可以近似的视为理想溶液。实践证明：苯与甲苯、甲醇与乙醇、正庚烷与正辛烷等某些同系物或同分异构体所组成的混合液，其宏观性质上与理想溶液相接近，一般情况下可按理想溶液处理。引入理想溶液的概念，便于找出溶液汽液平衡时的一般规律，从而简化过程的分析和计算。

一、相平衡关系

（一）拉乌尔定律

蒸馏所分离的液体混合物中各组分间均具有挥发性能的差异。如将这样的混合液放入一密闭容器中去，在一定的温度下，液相中各组分将有一部分从液相逸出变为汽相。同时汽相中各组分也会因分子运动返回液相而凝结，当逸出速度和凝结速度相等时，液相与汽相之间达到了动平衡。相平衡关系就是研究在一定的压力和温度下，汽液两相达平衡时各组分在其两相内的组成关系。

在一定的温度下，挥发性不同的组分其饱和蒸气压必然不同，当汽液两相达到平衡时，各组分在汽相的分压也不一定相同，其分压大小决定于组分的饱和蒸气压和组分在混合液中的浓度。对理想溶液，当汽液两相达平衡时，溶液上方组分 i 的分压 p_i 等于该组分在同温度下的饱和蒸气压 p_i° 与其在溶液中的摩尔分数 x_i 乘积，即

$$p_i=p_i^{\circ}x_i \tag{7-1}$$

式（7-1）称为拉乌尔定律。若混合液是由易挥发组分 A 和难挥发组分 B 所组成的双组分混合液，它们在汽相的分压分别为 p_A 和 p_B，则

$$p_A=p_A^{\circ}x_A$$

$$p_B=p_B^{\circ}x_B=p_B^{\circ}(1-x_A)$$

若汽相为理想气体，必然服从道尔顿分压定律，即操作压力 p 等于各组分在汽相的分压之和

$$p=p_A+p_B=p_A^\circ x_A+p_B^\circ(1-x_A)$$

$$x_A=\frac{p-p_B^\circ}{p_A^\circ-p_B^\circ} \tag{7-2}$$

其中

$$p_A=py_A$$

$$y_A=\frac{p_A^\circ x_A}{p} \tag{7-3}$$

式中　p_A°、p_B°——同温度下纯 A、B 组分的饱和蒸气压，kPa；

x_A、x_B——液相中 A，B 组分的摩尔分数；

y_A——汽相中 A 组分的摩尔分数；

p——操作压力，kPa。

式（7-2）和式（7-3）就是理想溶液的汽液相平衡关系。当操作压力和温度一定时，汽液两相中的组成也就确定。只有温度或压力发生变化时，两相组成才会有所变化。

【例 7-1】 已知在不同温度下苯（A）和甲苯（B）的饱和蒸气压数据如下表。

温度/K	353.2	357	361	365	369	373	377	381	383.4
p_A°/kPa	101.3	113.6	127.6	143.4	160.5	179.2	199.3	222.1	233.0
p_B°/kPa	40	44.4	50.7	57.6	65.7	74.5	83.4	93.8	101.3

试利用表中数据计算操作压力为 101.3kPa 时，各温度下平衡汽液相中苯的摩尔分数。

解： 以第二组数据为例，其温度为 357K，苯的饱和蒸气压 $p_A^\circ=113.6$kPa，甲苯的饱和蒸气压 $p_B^\circ=44.4$kPa。代入式（7-2）和式（7-3）可得：

$$x_A=\frac{p-p_B^\circ}{p_A^\circ-p_B^\circ}=\frac{101.3-44.4}{113.6-44.4}=0.82$$

$$y_A=\frac{p_A^\circ x_A}{p}=\frac{113.6\times0.82}{101.3}=0.92$$

同理，可以求得其他温度下汽液两相平衡数据，如下表。

温度/K	353.2	357	361	365	369	373	377	381	383.4
x_A	1	0.82	0.66	0.51	0.38	0.26	0.16	0.06	0
y_A	1	0.92	0.83	0.72	0.60	0.46	0.30	0.13	0

由表中数据可得出：在不同的温度下，易挥发组分苯在汽相中的摩尔分数总是高于与其平衡的液相中苯的摩尔分数，且汽液两相中的易挥发组分苯的摩尔分数均随温度升高而减小。

（二）相对挥发度

（1）挥发度　挥发度通常用来表示某种纯物质在一定温度下蒸气压的大小。在混合液中一个组分的蒸气压因受混合液中其他组分的影响，要比纯态时低。对组分互溶的混合液，在汽液两相达平衡时，其挥发度为某组分在汽相的分压 p_i 与其在液相中的摩尔分数 x_i 之比，即

$$v_i=\frac{p_i}{x_i} \tag{7-4}$$

对双组分混合液，A 组分的挥发度为

$$v_A=\frac{p_A}{x_A}$$

B 组分的挥发度为

$$v_B=\frac{p_B}{x_B}$$

若 A，B 混合液为理想溶液，则符合拉乌尔定律，有

$$v_A=\frac{p_A}{x_A}=p_A^\circ\frac{x_A}{x_A}=p_A^\circ$$

$$v_B=\frac{p_B}{x_B}=p_B^\circ\frac{x_B}{x_B}=p_B^\circ \tag{7-5}$$

显然对纯液体和理想溶液，组分的挥发度就等于同温度下该纯组分的饱和蒸气压。由于饱和蒸气压随温度变化，故挥发度也随温度变化而变化。

（2）相对挥发度　因挥发度随温度而变化，使用起来极为不便，故引入相对挥发度概念。

在一定的温度下，易挥发组分与难挥发组分的挥发度之比称为

相对挥发度，用符号 α 表示。即

$$\alpha=\frac{v_A}{v_B}=\frac{\frac{p_A}{x_A}}{\frac{p_B}{x_B}} \tag{7-6}$$

若汽相为理想气体，则有

$$p_A=py_A,\quad p_B=py_B$$

对双组分混合物，则有

$$x_B=1-x_A,\quad y_B=1-y_A$$

代入式(7-6)可得

$$\alpha=\frac{\frac{p_A}{x_A}}{\frac{p_B}{x_B}}=\frac{\frac{py_A}{x_A}}{\frac{py_B}{x_B}}=\frac{\frac{y_A}{x_A}}{\frac{y_B}{x_B}}=\frac{\frac{y_A}{x_A}}{\frac{1-y_A}{1-x_A}} \tag{7-7}$$

整理为

$$y_A=\frac{\alpha x_A}{1+(\alpha-1)x_A}$$

略去下标后为

$$y=\frac{\alpha x}{1+(\alpha-1)x} \tag{7-8}$$

式（7-8）表示汽液两相达平衡时，易挥发组分在两相中的摩尔分数与相对挥发度之间的关系，称为相平衡方程式，是相平衡关系的又一表达形式。

由式（7-8）可知，当 $\alpha=1$ 时，即两组分挥发度相等，此时 $y=x$，蒸气的组成与液体的组成相同，不能用普通蒸馏法进行分离。而当 $\alpha>1$ 时，则 $y>x$，且 α 愈大，说明溶液的相对挥发度愈大，愈容易分离。

由于相对挥发度指的是某个温度下的数值，故式（7-8）也只能计算某个温度下的汽液平衡关系。对理想溶液因相对挥发度随温度的变化较小，可用平均相对挥发度 α_m 代替式中的 α。平均相对挥发度就是在蒸馏操作温度范围内各温度下相对挥发度的平均值，其数

值可由以下方法确定。

对理想溶液，其中各组分的挥发度等于其同温度下组分的饱和蒸气压。根据相对挥发度的定义可写为

$$\alpha = p_A^\circ / p_B^\circ \tag{7-9}$$

当蒸馏操作压力一定，温度变化不是十分大时，可在操作温度范围内，均匀的取 n 个温度下的相对挥发度 α_i，然后由下式估算平均相对挥发度值。

$$\alpha_m = \sqrt[n]{\alpha_1 \alpha_2 \alpha_3 \cdots \alpha_i \cdots \alpha_n} \tag{7-10}$$

或

$$\alpha_m = \sqrt{\alpha_{顶}\ \alpha_{底}} \tag{7-11}$$

式中 α_m——平均相对挥发度；

α_1，α_2，…，α_n——各温度下的相对挥发度；

n——温度点数；

$\alpha_{顶}$、$\alpha_{底}$——精馏塔顶，塔底处的相对挥发度。

必须指出：用平均相对挥发度来确定汽液两相的平衡关系，只能用于理想溶液和一些性质与理想溶液相近的物系，而对于性质偏离理想溶液较远的混合液，则会有较大的误差。

【例 7-2】 苯和甲苯在不同的温度下饱和蒸气压如例 7-1，利用表中的数据先求出平均相对挥发度，写出相平衡方程；然后再利用所得的平衡方程，根据例 7-1 计算结果中各点温度下的液相组成 x，计算与之平衡的汽相组成，并与例 7-1 计算结果的 y 比较。

解： 以 357K 时为例，苯的饱和蒸气压 $p_A^\circ = 113.6\text{kPa}$，甲苯的饱和蒸气压 $p_B^\circ = 44.4\text{kPa}$，苯对甲苯的相对挥发度可按理想溶液处理，即

$$\alpha = \frac{p_A^\circ}{p_B^\circ} = \frac{113.6}{44.4} = 2.56$$

同理可求得其他温度下的相对挥发度，列入下表中。

温度/K	353.2	357	361	365	369	373	377	381	383.4
α	2.53	2.56	2.52	2.49	2.44	2.40	2.39	2.37	2.30

平均相对挥发度由式（7-10）确定

$$\alpha_m=\sqrt[9]{2.53\times2.56\times2.52\times2.49\times2.44\times2.40\times2.39\times2.37\times2.30}$$
$$=2.44$$

相平衡方程可写为

$$y=\frac{\alpha_m x}{1+(\alpha_m-1)x}=\frac{2.44x}{1+1.44x}$$

由例7-1所计算的各温度下 x 值，代入以上相平衡关系式计算 y，以第二组数据为例，由例7-1可知在温度为357K时，液相中苯的摩尔分数为0.82，代入以上相平衡关系式，即可得到与之平衡的汽相中苯的摩尔分数 y，即

$$y=\frac{2.44\times0.82}{1+1.44\times0.82}=0.92$$

将各温度下的计算结果列于下表。

x	1	0.82	0.66	0.51	0.38	0.26	0.16	0.06	0
y	1	0.92	0.83	0.72	0.6	0.46	0.32	0.13	0

与例7-1结果比较大致相同，所以对性质接近于理想溶液的混合液，用平均相对挥发度表示的相平衡方程式来确定其汽液平衡关系，是可行的。

二、相平衡图

除了用上述的拉乌尔定律和相平衡方程表示蒸馏汽液平衡关系外，还可以用 t-x-y 图直观地表达平衡时温度与汽液两相组成之间的关系；用 y-x 图表示平衡时汽液两相组成 x 与 y 之间的关系。

（一）t-x-y 图

在一定外压的条件下，混合液的沸腾温度称为泡点，其值与混合液中各组分的浓度有关，若易挥发组分浓度愈高，混合液的泡点则愈低。在一定的外压条件下，混合物蒸气的冷凝温度称为露点，其值也与蒸气中各组分的浓度有关，也随易挥发组分浓度的升高而降低。

纯物质沸腾的温度称为沸点，它与外压有关，外压愈高，则沸点温度愈高。在一定的压力下，纯物质的泡点、露点、沸点为同一个温度，而混合液的泡点与露点不是一个温度，在一定组成下，露点要比泡点高。混合液的泡点也随外压的增大而增高。

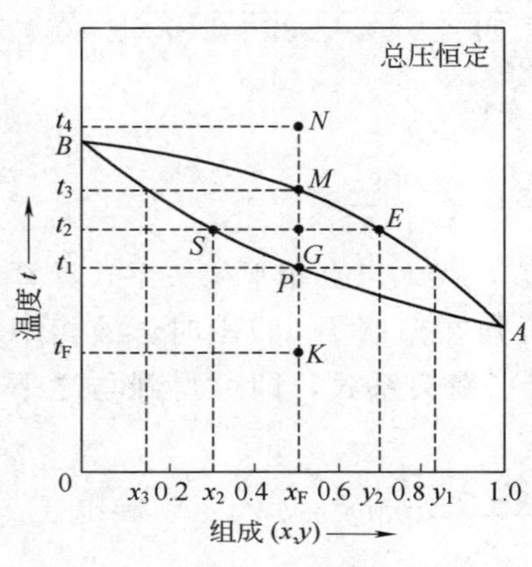

图 7-1 双组分理想溶液 t-x-y 图

在一定的外压下，将混合液沸腾时的泡点温度 t_s 与其液相中易挥发组分摩尔分数 x 的关系、混合物冷凝时的露点温度 t_d 与其蒸汽中易挥发组分摩尔分数 y 之间的关系绘在以温度 t 为纵坐标，x、y 为横坐标的图中，连成平滑的曲线，即为 t-x-y 图，又称为温度-组成图。如图 7-1 所示。

图中有两条曲线，其中下边一条曲线表示混合液泡点 t_s 与混合液组成 x 之间的关系，称为泡点曲线。又因此时混合液均处于沸腾状态，所以又称为饱和液体线；上方曲线表示了露点 t_d 与其蒸汽组成 y 之间的关系，称为露点曲线。因曲线上各点蒸汽均处于饱和状态，所以又称为饱和蒸汽线。这两条曲线将此图分成三个区域：泡点曲线以下的区域表示溶液没有沸腾为液相区（或冷液区）；露点曲线以上的区域表示过热蒸汽为气相区（或过热蒸汽区）；在泡点曲线和露点曲线之间，汽液两相同时存在，并互成平衡，且都处于饱和状态，称此区域为汽液共存区（或两相区）。蒸馏操作应控制在该区域内，才能使混合物得到分离。图中 A、B 两端点对应的温度，分别表示纯态时易挥发组分和难挥发组分的沸点。

若将组成为 x_F、温度为 t_F 的混合液（图 7-1 中的 K 点）在恒定的压力下，加热至 t_1（P 点），混合液开始沸腾汽化，此时所对应的温度 t_1 为该混合液在组成为 x_F 时的泡点，汽化所产生的第一个微小气泡组成为 y_1。若将此混合液继续加热汽化，汽相量将逐渐增多，液相量逐渐减少，当温度达到 t_2 时（G 点）进入两相区，所对应的汽相组成为 y_2（E 点），与之平衡的液相组成为 x_2（S 点）。其汽相量 E 与液相量 S 的摩尔比可用杠杆定律求出，即

$$\frac{E}{S}=\frac{\overline{SG}}{\overline{EG}}=\frac{x_F-x_2}{y_2-x_F} \tag{7-12}$$

当混合液的摩尔量为已知时，即可确定其汽相和液相的摩尔量。

若将组成为 x_F，温度为 t_4（N 点）的过热蒸汽冷却至 t_3（M 点），蒸汽变为饱和蒸汽并开始冷凝，冷凝所产生的第一个微小液滴组成为 x_3，对应的温度 t_3 为该蒸汽在组成为 x_F 时的露点。若继续冷凝至 t_2，同样可获得组成为 y_2 和 x_2 的汽液平衡两相，两相的摩尔比同样可用式（7-12）确定。由以上分析可见，只要混合物的温度处在泡点和露点之间，即汽液共存区内，所得汽相的组成 y_A 总是大于与之平衡的液相组成 x_A。蒸馏操作之所以要控制在汽液共存区内，就是为了获得一个易挥发组分浓度较高的汽相，和一个易挥发组分浓度较低的液相，从而使原混合物得以分离。此外，若将混合液全部汽化或将混合蒸汽全部冷凝，对原混合物没有分离作用。只有在两相区，将混合液部分汽化或将混合蒸汽部分冷凝，对混合物的分离才有意义。

对实际溶液，由实验测定其温度-组成之间的关系。本书附录中列有一些实际溶液在外压为 101.3kPa 条件下的平衡数据，以供参考。

（二）y-x 图

在一定的压力下，若将各点温度下所对应的汽液平衡组成 x 和 y，标绘在以 y 为纵坐标，x 为横坐标的坐标图中，并连接各点成平滑曲线，即为 y-x 图，又称为汽液平衡相图。如图 7-2 所示。

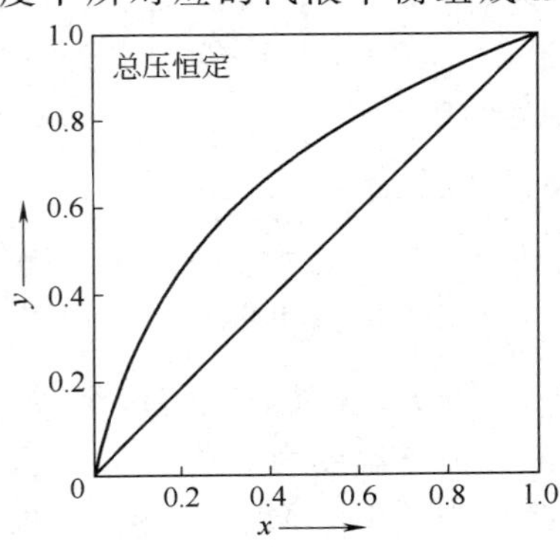

图 7-2　双组分理想溶液 y-x 图

图中绘出的对角线为辅助线。由于易挥发组分在汽相的组成总是大于与之平衡的液相组成，所以平衡曲线总是位于对角线的上方。平衡曲线偏离对角线愈远，表示互成平衡的汽液两相组成相差愈大，则该混合液愈易分离。

【例 7-3】 利用例 7-1 中所得的结果绘苯和甲苯混合液在操作压力为 101.3kPa 时的 t-x-y 图和 y-x 图。苯-甲苯混合液中苯的摩尔分数为 0.45，温度为 80℃，根据所画的 t-x-y 图，确定其泡点和露点。若将该溶液加热至 98.5℃，物料处于什么状态？汽液两相的组成和摩尔比各为多少？

解： 根据例 7-1 的计算结果，得知在 101.3kPa 压力条件下纯苯的沸点为 80.2℃，甲苯的沸点为 110.4℃，分别在纵坐标轴上找到 $x=1$ 的 A 点和 $x=0$ 的 B 点（见图 7-3)，用来表示纯苯和甲苯的沸点，再利用表中的 t-x、t-y 的关系数据在图中逐个描点，并连成平滑曲线，即为 t-x-y 图，见图 7-3。图中 BMA 为露点线，BPA 为泡点线。再将表中各个温度下的 x-y 关系数据逐个标绘在以 y 为纵坐标，以 x 为横坐标的坐标图中，并将状态点连成平滑曲线，即为 y-x 图。如图 7-4 所示。

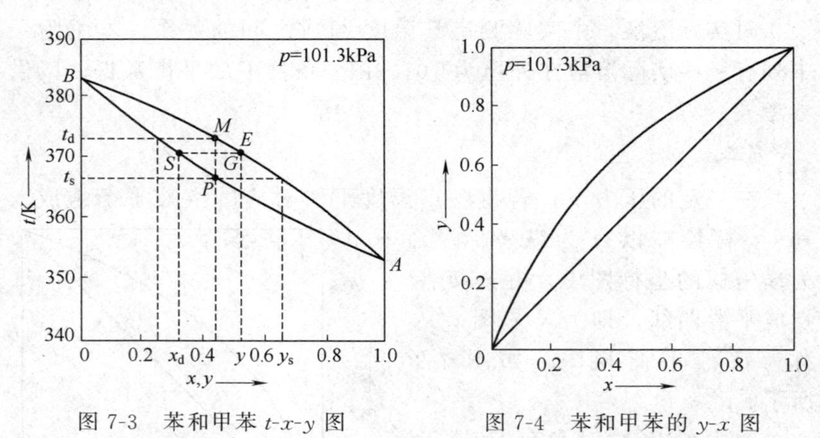

图 7-3 苯和甲苯 t-x-y 图　　图 7-4 苯和甲苯的 y-x 图

查 t-x-y 图，当溶液组成为 0.45 时，其泡点为图 7-3 中的 P 点，泡点温度为 $t_s=94$℃，所产生的第一个气泡组成 $y_s=0.67$；露点为图中的 M 点，露点温度 $t_d=100.5$℃，所产生的第一个液滴组成 $x_d=0.26$。

将其液体加热至 98.5℃，物料的温度处于露点和泡点之间，为汽液共存。由 S 点可读得液相组成为 0.32，由 E 点可读得汽相组成为 0.52，此时汽相量 E 与液相量 S 的摩尔比为

$$\frac{E}{S}=\frac{\overline{SG}}{\overline{GE}}=\frac{x_F-x}{y-x_F}$$

$$=\frac{0.45-0.32}{0.52-0.45}=1.857$$

第三节　蒸馏方法及原理

一、简单蒸馏

简单蒸馏装置如图 7-5 所示，包括蒸馏釜、冷凝器和馏出液储槽。将每批原料液一次性地加入蒸馏釜中，使原料液部分汽化，将汽化所产生的蒸汽不断地从蒸馏釜中移出，并送入冷凝器中冷凝，冷凝所得的液体按不同的浓度范围收集在各个储槽内。当釜内液体组成达到规定的浓度时，则停止加热，并从蒸馏釜内取出残液，重新加料，再进行上述的操作。

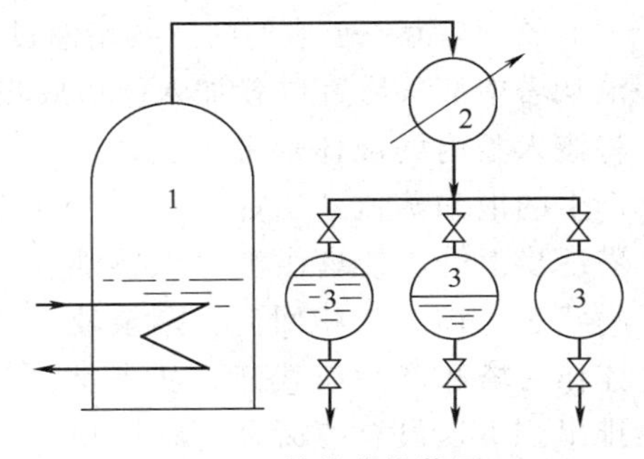

图 7-5　简单蒸馏装置
1—蒸馏釜；2—冷凝器；3—产品储槽

由上可见，简单蒸馏是间歇操作过程，过程中蒸馏釜内的液相组成 x 和移出的汽相组成 y 在不断地降低，它的变化情况可用 t-x-y 图说明，见图 7-6。组成为 x_1 的原料液被加热至泡点开始汽化，产生了与之平衡的蒸汽组成 y_1，由 t-x-y 图可得 y_1 高于 x_1，但其量甚微，没有实际分离价值。将温度升高，使其状态点进入两相区。随着温度的升高，蒸馏继续进行，汽相组成沿汽相线由 y_2 降至 y_W，釜内液相组成沿液相线由 x_2 降至规定的 x_W 时为止。蒸汽和釜液的组成均随时间而变，且生产能力低。

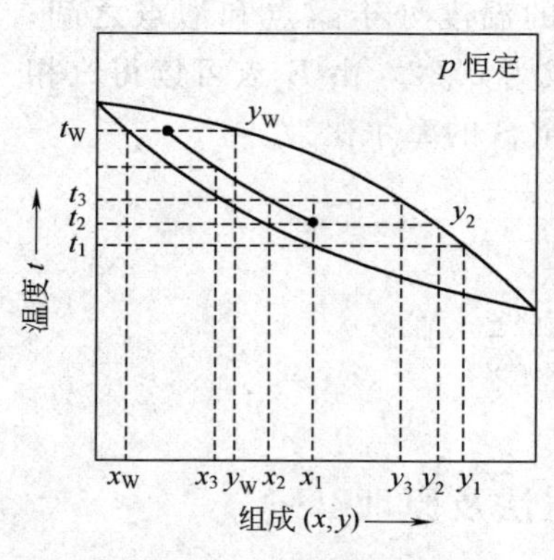

图 7-6　简单蒸馏过程图示

简单蒸馏只能使混合液得以部分分离，它主要用于以下几个方面：

① 分离组分间挥发度相差很大的溶液；

② 小规模生产，分离要求不高；

③ 大宗混合液的粗分离；

④ 精馏前的预处理。

二、精馏

简单蒸馏只能部分分离混合液，要使混合液达到完全地分离，必须采用精馏操作。

（一）精馏原理

图 7-7 为一个典型的连续精馏过程。主要设备为精馏塔，原料液从塔中部某适宜位置加入。塔底设有一个再沸器（塔釜）供热，将流入釜内的液体部分汽化，所产生的饱和蒸汽从塔底返回，沿塔逐步上升，使塔内液体保持沸腾状态，称为汽相回流；剩余液体作为塔底产品或残液，从塔釜排出。塔顶设有冷凝器，将塔顶的饱和蒸汽冷凝为饱和液体，一部分冷凝液再经冷却后作为塔顶产品（馏出液）；另一部分冷凝液从塔顶回流入塔，向下流动，称为液相回流。

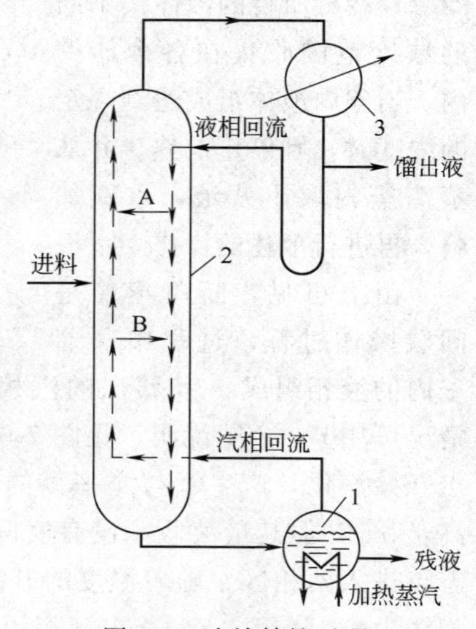

图 7-7　连续精馏过程

1—塔釜；2—精馏塔；3—冷凝器

回流的汽液两相在塔内反复地多次接触，在每次接触过程中，同时进行热量和质量的传递。饱和蒸汽部分冷凝放出热量，部分冷凝时难挥发组分易凝结，使液相中难挥发组分的含量增大；饱和液体获得热量后部分汽化，部分汽化时易挥发组分易逸出，使汽相中易挥发组分的含量增大。这样，在塔内逐步上升的汽相中，易挥发组分的含量越来越高，而逐步下流的液相中，难挥发组分的含量越来越高。回流的汽液两相只要有足够的接触机会，即反复多次地进行部分汽化和部分冷凝，最终可使混合液分离为纯度高的产品。

由此可见，以混合液中各组分挥发性差异为分离依据，采用多次部分汽化和多次部分冷凝为分离手段是精馏操作的理论基础；而塔顶液相回流和塔底汽相回流则是精馏操作能稳定连续进行的必备条件。

根据相平衡的规律，在塔顶要得到纯度高的易挥发组分蒸汽，就必须有易挥发组分纯度高的液体与之接触。显然，最方便的来源是将塔顶产品的一部分回流入塔顶。同理，塔底高纯度的难挥发组分液体，必须有难挥发组分纯度高的蒸汽与之接触，只能将流入塔釜的液体部分汽化得到。回流的汽液两相，不仅提供了塔内必需的气流和液流，而且保证了塔内正常的浓度分布。

由于塔顶是纯度高的易挥发组分产品，塔底是纯度高的难挥发组分产品。所以塔内从下至上，温度逐步降低，易挥发组分的含量逐步升高。当塔中部某处的组成与原料液的组成相同或相近时，原料液就从此处加入，随回流的汽液两相流动，最后达到分离的要求。

（二）板式塔精馏过程和理论塔板

为了使汽液两相接触充分，提高精馏操作的传质速率，常在精馏塔内充以填料或设置塔板，分别称为填料精馏塔和板式精馏塔，见图 7-8 和图 7-9。

板式塔和填料塔内的精馏原理是相同的，不同的是在填料塔内汽液两相呈逆流连续接触，两相组成连续变化；而在板式塔内汽液两相是错流逐板接触，两相组成呈梯级式变化。本章将以板式塔为例进行讨论。

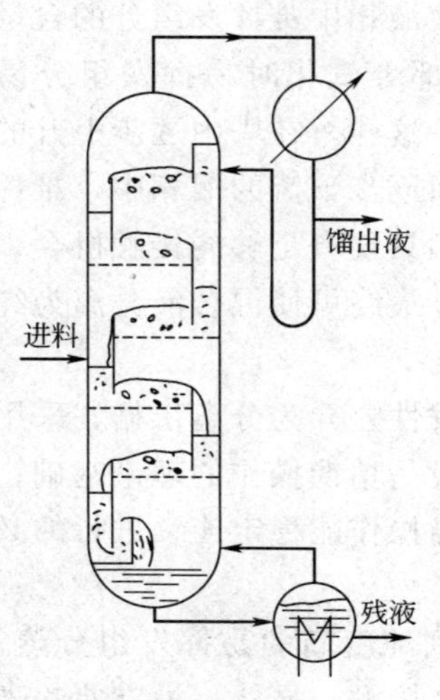

图 7-8　板式精馏塔

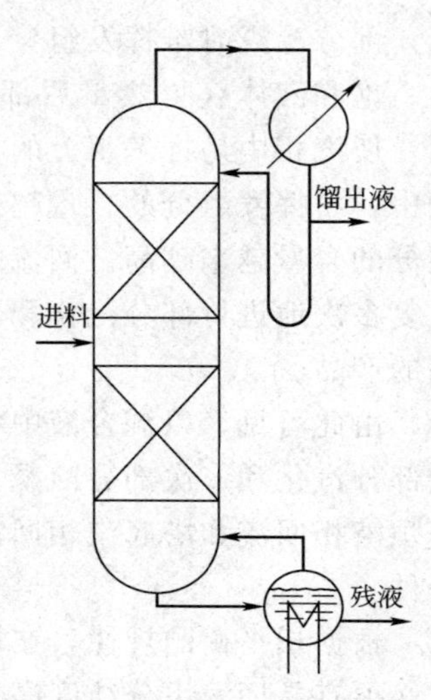

图 7-9　填料精馏塔

板式塔是在圆筒形的塔体内，按精馏的分离要求沿塔高安装有若干层塔板，见图 7-8。每两层塔板间隔一定的距离，现从中取出相邻的三层塔板进行分析，见图 7-10。浓度为 x_{n-1} 的液体沿降液管从上一层塔板流入下一层塔板，降液管下端插入下一层塔板上的液层内，形成液封，以避免下一层塔板上升的汽流经降液管而升入上层塔板，减少汽液两相接触的面积。在每层塔板上，靠溢流堰的

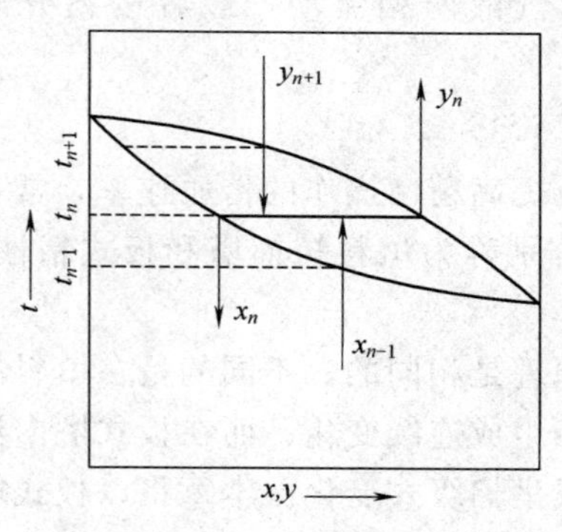

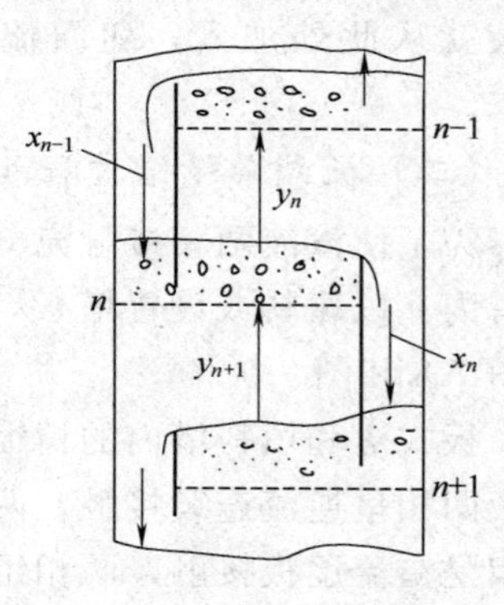

图 7-10　塔板上精馏过程

作用和上升汽流的升力作用，在塔板上维持一定高度的液层，组成为 y_{n+1} 的汽相自下而上以鼓泡或喷射的方式通过液层，进行质量和热量的传递，离开该塔板的汽相中易挥发组分浓度 y_n，比进入时有所提高；离开该板的液相中易挥发组浓度 x_n，比进入时有所降低。有足够的塔板，即可在塔顶获得较纯的易挥发组分产品；在塔底可以获得较纯的难挥发组分产品。

如果汽液两相能在塔板上充分接触，使离开塔板的汽液两相温度相等，且组成互为平衡，则称该塔板为理论塔板。在实际过程中，汽液两相在塔板上的停留时间和接触面积都是有限的，离开塔板的两相组成不可能达到平衡。所以理论塔板实际上是不存在的，它只是作为衡量塔板性能好坏的标准而引入的概念。实际塔板性能越接近理论塔板，则塔板性能越好，其塔板效率越高。

（三）连续精馏流程

化工生产中的大多数精馏都采用连续操作，常用的连续精馏流程如图 7-11 所示。在塔中部，加入原料液的塔板称为加料板，加料板以上为精馏段，以下（包括进料板）为提馏段，原料液连续稳定的从高位槽 3（或用泵送入）流经预热器 4，进入精馏塔进行分离。自塔顶出来的蒸汽在冷凝器 5 中冷凝，一部分冷凝作为回流液流入塔顶第一块塔板上，而另一部分经冷却器 6 降至常温，经观察罩 9，最后流入馏出液储槽 7。下降到塔釜的液体一部分被水蒸气加热汽化成为蒸汽沿塔板上升，另一部分残液流入残液储槽 8。当塔的高度较低时，塔釜可放在塔底部。

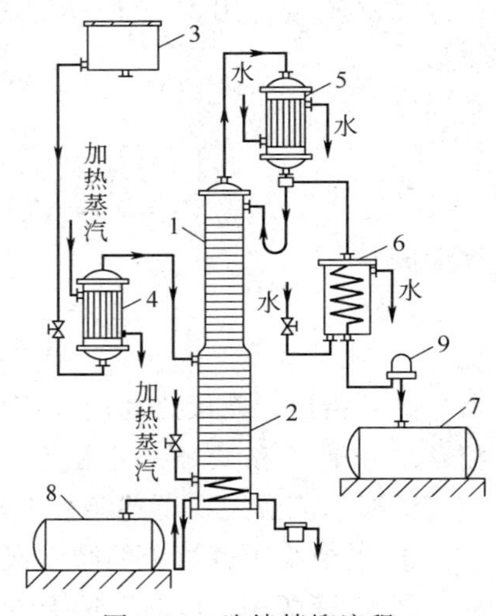

图 7-11　连续精馏流程
1—精馏段；2—提馏段；3—高位槽；4—预热器；5—冷凝器；6—冷却器；7—馏出液储槽；8—残液储槽；9—观察罩

连续精馏操作中的原料液是连续不断的进入塔内，在操作达到稳定状态时，每层塔板上的汽液两相组成，馏出液和残液的组成，以及回流液量均应保持不变。

第四节　双组分连续精馏

一、恒摩尔流假定

在精馏过程中，塔内汽液两相的浓度、温度不断变化，同时涉及到传热和传质，其过程较为复杂，为便于分析和计算，在较为合理的范围内，提出恒摩尔流假定。

恒摩尔流包括塔内恒摩尔上升汽流和恒摩尔下降液流，即在精馏塔内没有加料和出料的任一塔段内，每块塔板上升的汽相摩尔流量均相等，每块塔板下降的液相摩尔流量也均相等。一般的连续精馏塔，分为精馏段和提馏段，用 V、L 分别表示精馏段内汽相和液相的摩尔流量，用 V'、L' 分别表示提馏段内汽相和液相的摩尔流量。

精馏段

$$L_1=L_2=L_3=\cdots=L=\text{常数}$$

$$V_1=V_2=V_3=\cdots=V=\text{常数}$$

提馏段

$$L'_1=L'_2=L'_3=\cdots=L'=\text{常数}$$

$$V'_1=V'_2=V'_3=\cdots=V'=\text{常数}$$

必须指出，两段之间的液相摩尔流量 L 和 L' 不一定相等，汽相摩尔流量 V 和 V' 不一定相等。

恒摩尔流假定在下述条件下成立：

① 混合物中各组分的摩尔汽化潜热相等；

② 汽液两相接触时，因温度不同而交换的显热可忽略不计；

③ 塔设备的保温良好，热损失可忽略不计。

实践证明，在塔体保温良好的情况下，很多双组分溶液的连续精馏过程接近于恒摩尔流假定。

另外，对于后述的精馏计算中，认为塔顶冷凝器为全凝器，其冷凝液的一部分在其泡点温度下回流入塔，因此，回流液、进入全凝器的汽相和馏出液组成相同；塔釜为间壁式加热器，因此，加热剂只向系统加入必需的热量，而不影响系统的物料量。

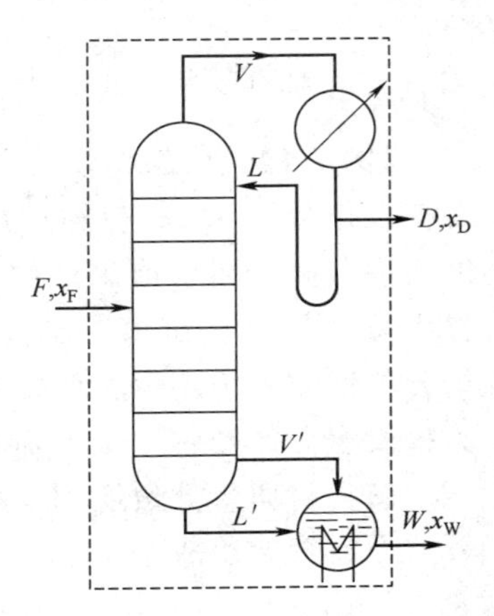

图 7-12　精馏塔物料衡算

二、物料衡算及操作线方程

（一）全塔物料衡算

图 7-12 为连续精馏装置流程简图，在定常过程中，对虚线所划定的范围进行全塔物料衡算。其总物料衡算式为

$$F=D+W \tag{7-13}$$

易挥发组分的物料衡算式为

$$Fx_F=Dx_D+Wx_W \tag{7-14}$$

式中　F、D、W——原料、馏出液、残液的摩尔流量，kmol/h 或 kmol/s；

x_F、x_D、x_W——原料、馏出液、残液中易挥发组分的摩尔分数。

在计算中，特别是设计计算中，通常已知 F、x_F、x_D 和 x_W，由式（7-13）和式（7-14）联立求解，可求得馏出液量 D 和残液量 W。

由式（7-13）和式（7-14），可得

$$\frac{D}{F}=\frac{x_F-x_W}{x_D-x_W} \tag{7-15}$$

$$\frac{W}{F}=\frac{x_D-x_F}{x_D-x_W}=1-\frac{D}{F} \tag{7-16}$$

式中 D/F、W/F 分别称为馏出液的采出率和残液的采出率。工程计算和分析中还常用回收率的概念，对于易挥发组分的回收率为$\dfrac{Dx_D}{Fx_F}$，难挥发组分的回收率为$\dfrac{W(1-x_W)}{F(1-x_F)}$。

【例 7-4】 在操作压力为 101.3kPa 条件下，将 10000kg/h 含易挥发组分为 35%（质量分数，下同）的双组分混合液在连续精馏塔内分离。要求馏出液中易挥发组分不低于 95%，釜液中难挥发组分为 98%。试求馏出液及釜液的摩尔流量；再求塔顶易挥发组分的回收率为多少？已知易挥发组分的摩尔质量为 72kg/kmol，难挥发组分的摩尔质量为 86kg/kmol。

解： 将质量分数换算成摩尔分数

原料液的组成

$$x_F=\frac{\dfrac{0.35}{72}}{\dfrac{0.35}{72}+\dfrac{0.65}{86}}=0.391$$

馏出液的组成

$$x_D=\frac{\dfrac{0.95}{72}}{\dfrac{0.95}{72}+\dfrac{0.05}{86}}=0.958$$

釜液中的组成

$$x_W=\frac{\dfrac{0.02}{72}}{\dfrac{0.02}{72}+\dfrac{0.98}{86}}=0.0238$$

原料液的平均摩尔质量为

$$M_F=72\times0.391+86\times(1-0.391)=80.5\text{kg/kmol}$$

原料液的摩尔流量为

$$F=10000/80.5=124.2\text{kmol/h}$$

将数据代入全塔物料衡算式，为

$$124.2=D+W$$

$$124.2\times0.391=0.958D+0.0238W$$

解得　$D=48.82\text{kmol/h}$　　　$W=75.38\text{kmol/h}$

易挥发组分的回收率为

$$\frac{Dx_D}{Fx_F}=\frac{48.82\times0.958}{124.2\times0.391}\times100\%=96.3\%$$

（二）精馏段的物料衡算——精馏段操作线方程式

对如图7-13所示的虚线的范围，即取精馏段内第 $n+1$ 块板以上塔段，包括冷凝器在内，做物料衡算。

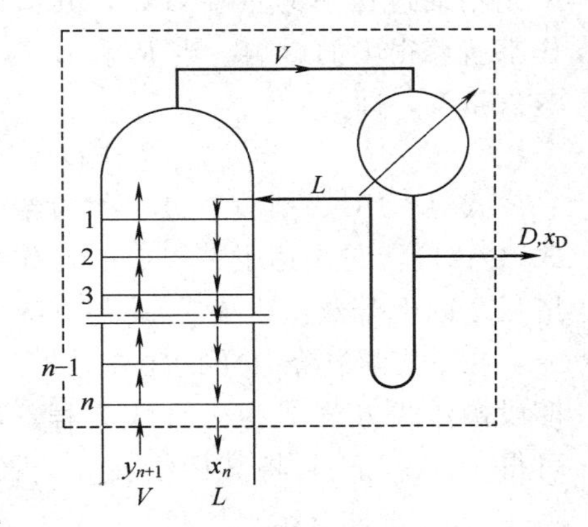

图7-13　精馏段物料衡算

总物料衡算式为

$$V=L+D \tag{7-17}$$

易挥发组分的衡算式为

$$Vy_{n+1}=Lx_n+Dx_D \tag{7-18}$$

式中　V——精馏段内上升蒸汽的摩尔流量，kmol/h或kmol/s；

L——精馏段内下降液体的摩尔流量，kmol/h或kmol/s；

y_{n+1}——精馏段内第 $n+1$ 块板上升蒸汽中易挥发组分的摩尔分数；

x_n——精馏段内第 n 块塔板下降液体中易挥发组分的摩尔分数。

将式（7-18）两边同除以 V，并将式（7-17）代入，得

$$y_{n+1}=\frac{L}{L+D}x_n+\frac{D}{L+D}x_D \tag{7-19}$$

再将式（7-19）右端各项分子、分母除以 D，得

$$y_{n+1}=\frac{\frac{L}{D}}{\frac{L}{D}+1}x_n+\frac{x_W}{\frac{L}{D}+1}$$

令

$$R=\frac{L}{D} \tag{7-20}$$

代入上式得

$$y_{n+1}=\frac{R}{R+1}x_n+\frac{x_D}{R+1} \tag{7-21}$$

式中的 R 称为回流比，即回流液量 L 与馏出液量 D 的比值。R 是精馏过程中的重要参数，其值的大小对精馏过程的设计和操作都有着很大的影响。当 R 和 D 为已知时，则可求进入冷凝器的蒸汽量 V，即

$$V=L+D=(R+1)D \tag{7-22}$$

式（7-19）、式（7-21）称为精馏段操作线方程式，常用的是式（7-21），它表达了在一定的操作条件下，精馏段内任两块相邻塔板之间上升蒸汽组成 y_{n+1} 与下降液体组成 x_n 的关系。

在一定操作条件下的定常精馏过程中，R 和 x_D 为定值，故精馏段操作线方程式为一直线方程，若将 $x_n=x_D$ 代入式（7-21），可得 $y_{n+1}=x_D$，将其标绘在 y-x 图上，此直线过对角线上 A 点（x_D，x_D），以 $\frac{R}{R+1}$ 为斜率，在 y 轴上的截距为 $\frac{x_D}{R+1}$，如图 7-14 中的 AC 线，即 AC 线为精馏段操作线。

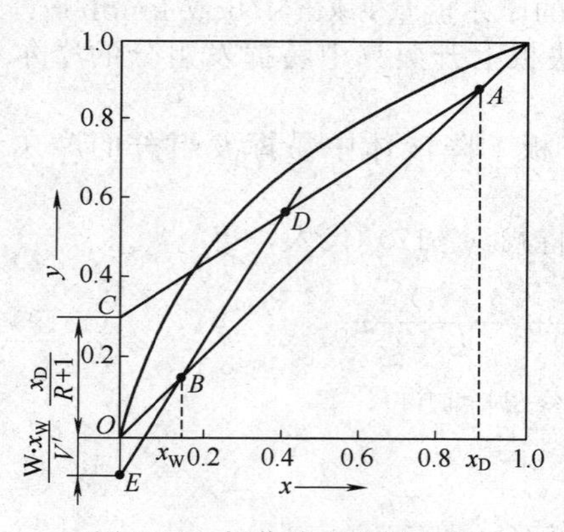

图 7-14　操作线方程示意图

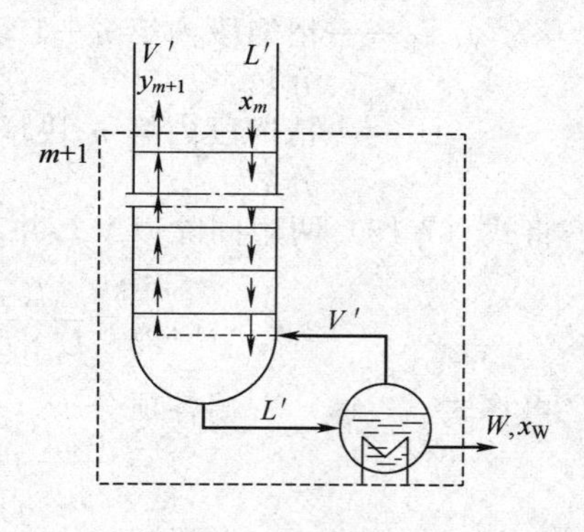

图 7-15　提馏段物料衡算

（三）提馏段的物料衡算——提馏段操作线方程式

对如图 7-15 中虚线的范围，即取提馏段内第 m 块板以下，包

括再沸器在内，做物料衡算。

总物料衡算式为

$$L'=V'+W \tag{7-23}$$

对易挥发组分做物料衡算为

$$L'x_m=V'y_{m+1}+Wx_W \tag{7-24}$$

式中　L'——提馏段内下降液体的摩尔流量，kmol/h 或 kmol/s；

V'——提馏段内上升蒸汽的摩尔流量，kmol/h 或 kmol/s；

x_m——提馏段内第 m 块板下降液体中易挥发组分的摩尔分数；

y_{m+1}——提馏段内第 $m+1$ 块板上升蒸汽中易挥发组分的摩尔分数。

将式（7-23）与式（7-24）两式联立，可得

$$y_{m+1}=\frac{L'}{V'}x_m-\frac{W}{V'}x_W$$

或为

$$y_{m+1}=\frac{L'}{L'-W}x_m-\frac{W}{L'-W}x_W \tag{7-25}$$

式（7-25）称为提馏段操作线方程式。它表达了在一定操作条件下，提馏段内相邻两块塔板之间上升蒸汽组成 y_{m+1} 与下降液体组成 x_m 的关系。

在一定操作条件下的定常精馏过程中，W 和 x_W 为定值，故提馏段操作线方程式为直线方程。将其标绘在 y-x 图上，是一条斜率为$\frac{L'}{V'}$，截距为$-\frac{Wx_W}{V'}$的直线，称为提馏段操作线，如图 7-14 中的 DE 直线。当 $x_m=x_W$ 时，代入式（7-25）中，可得 $y_{m+1}=x_W$，提馏段操作线必通过对角线上的 B 点（x_W，x_W）。图中的 D 点为提馏段操作线与精馏段操作线的交点，两操作线联解可得到 D 点，连 BD 也可得提馏段操作线。

（四）进料热状况和 q 线方程

1. 进料热状况

对于提馏段，由于原料的加入，使提馏段内上升蒸汽量V'和下降液体量L'均有所变化，其变化的大小取决于原料加入量和进料热状况。在实际生产中，进入精馏塔的原料可能有五种热状况：①温度低于泡点的冷液体，又称为过冷液体进料；②温度等于泡点的饱和液体，又称为泡点进料；③温度介于泡点和露点的汽液混合物，又称为汽液混合进料；④温度等于露点的饱和蒸汽，又称为露点进料；⑤温度高于露点的过热蒸汽，又称为过热蒸汽进料。

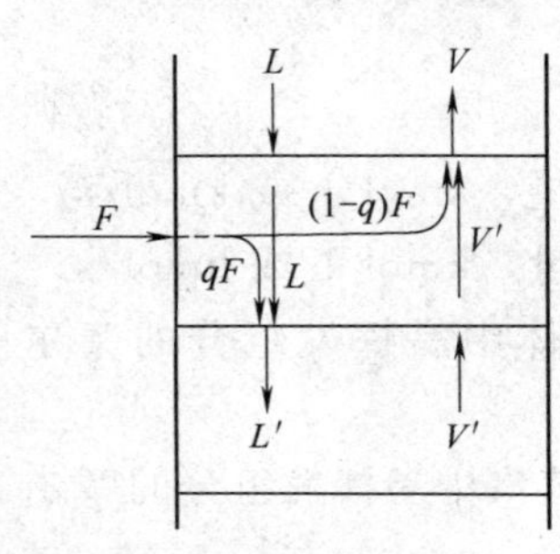

图 7-16　进料板物流图

为了解决提馏段内汽液流量的计算，令原料中液相所占的分数为q，称为进料热状况参数，则汽相所占的分数为（$1-q$）。原料进入加料板的液相量为qF，汽相量为$(1-q)F$，见图 7-16。于是通过加料板进入提馏段的液相总量，为精馏段下降的液相量与原料中所含的液相量之和，即

$$L'=L+qF \tag{7-26}$$

通过加料板进入精馏段的汽相总量，为提馏段上升的蒸汽量与原料中所含的汽相量之和，即

$$V=V'+(1-q)F$$

或

$$V'=V-(1-q)F \tag{7-27}$$

将式(7-27)代入式(7-25)可得

$$y_{m+1}=\frac{L+qF}{L+qF-W}x_m-\frac{W}{L+qF-W}x_W \tag{7-28}$$

式（7-28）为提馏段操作线方程式的又一表达式。式中的q值，要根据加料板的物料和热量衡算确定，可参考有关资料。饱和状态下的q值如下。

泡点进料：$q=1$

露点进料：$q=0$

2. q线方程

若原料中所含液相中易挥发组分的组成为 x，汽相中易挥发组分的组成为 y，进料的总物料量为

$$F=qF+(1-q)F$$

对进料中的易挥发组分做物料衡算为

$$Fx_F=qFx+(1-q)Fy$$

故
$$y=\frac{q}{q-1}x-\frac{x_F}{q-1} \tag{7-29}$$

式（7-29）称为 q 线方程或进料方程，该式又可联立解精馏段操作线方程式和提馏段操作线方程式得到，所以也称为两操作线的交点轨迹方程。当进料状况一定时，q 和 x_F 为定值，故 q 线在 y-x 图上为一直线，其斜率为 $\frac{q}{q-1}$，截距为 $-\frac{x_F}{q-1}$。当式中 $x=x_F$ 时，则 $y=x_F$，q 线为过对角线的 e 点，见图 7-17，过 e 点作斜率为 $\frac{q}{q-1}$ 的直线即为 q 线。

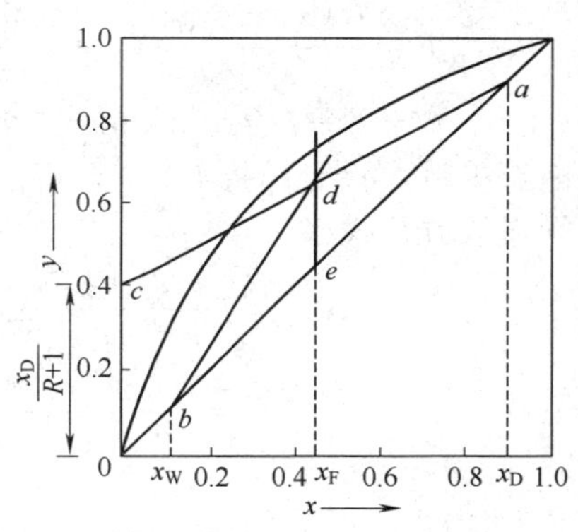

图 7-17　泡点进料的操作线

当为泡点进料时，$q=1$，则 q 线的斜率为∞，即 q 线为通过 e 点的垂线；当为露点进料时，$q=0$，则 q 线的斜率为 0，即 q 线为通过 e 点的水平线。

【例 7-5】 一连续精馏塔分离苯和甲苯的混合液。泡点进料，原料中含苯的摩尔分数为 0.5，要求残液中苯的摩尔分数不超过 0.05，馏出液中苯的摩尔分数不低于 0.98。进入塔顶全凝器中的蒸汽量为 200kmol/h，馏出液量为 50kmol/h。试写出精馏段和提馏段操作线方程式，并在 y-x 图上标出其图线。

解： 由题意需先求出塔顶回流液量 L，由式（7-17）得

$$L=V-D=200-50=150\text{kmol/h}$$

由式（7-20）确定回流比 R

$$R=L/D=150/50=3$$

代入式（7-21），得精馏段操作线方程式为

$$y_{n+1}=\frac{R}{R+1}x_n+\frac{x_D}{R+1}=\frac{3}{3+1}x_n+\frac{0.98}{3+1}$$
$$=0.75x_n+0.245$$

由式（7-13）和式（7-14），可确定其原料量 F 为

$$F=\frac{D(x_D-x_W)}{x_F-x_W}=\frac{50\times(0.98-0.05)}{0.5-0.05}=103\text{kmol/h}$$

$$W=F-D=103-50=53\text{kmol/h}$$

泡点进料，$q=1$，将 L、F、W、x_W 代入式（7-28），可得提馏段操作线方程式

$$y_{m+1}=\frac{L+qF}{L+qF-W}x_m-\frac{W}{L+qF-W}x_W$$
$$=\frac{150+103}{150+103-53}x_m-\frac{53\times0.05}{150+103-53}$$
$$=1.265x_m-0.01325$$

在图 7-18 中的 y-x 图上，取纵坐标的截距为 0.245 定出 c 点；过横坐标 x_D、x_F 和 x_W 在对角线上定出 a、e、b 三点，连 ac 即

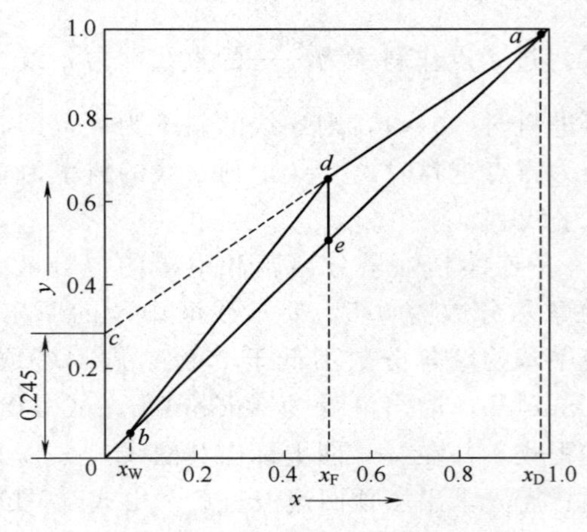

图 7-18　例 7-5 附图

为精馏段操作线；因泡点进料，q 线为过 e 点的垂线，ed 即为 q 线；q 线与 ac 线交于 d 点，连 db 即为提馏段操作线。

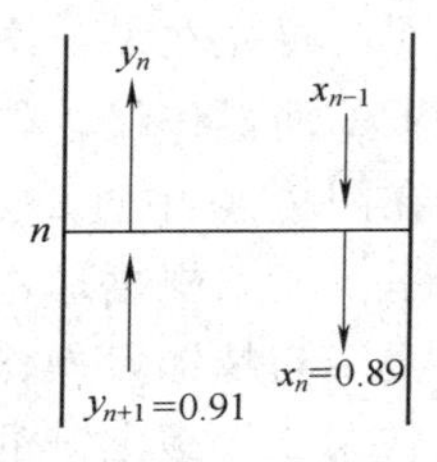

图 7-19　例 7-6 附图

【例 7-6】 某混合液在一连续精馏塔中分离。在精馏段内某块理论板 n 处，测得进入该板汽相中轻组分（易挥发组分）的组成为 0.91（摩尔分数，以下均相同），从该板流下的液相中轻组分的组成为 0.89，见图 7-19。物系的平均相对挥发度为 1.6，若要求馏出液中轻组分不低 0.95。试求离开该板的蒸汽组成 y_n 和进入该板的液相组成 x_{n-1}。

解： 因该塔板为理论板，离开该板的汽液两相组成互为平衡，y_n 与 x_n 之间关系应符合平衡关系，即

$$y_n=\frac{\alpha x_n}{1+(\alpha-1)x_n}=\frac{1.6\times0.89}{1+0.89\times(1.6-1)}=0.93$$

由
$$y_{n+1}=\frac{R}{R+1}x_n+\frac{x_D}{R+1}$$

$$0.91=\frac{R}{R+1}\times0.89+\frac{0.95}{R+1}$$

解得
$$R=2$$

精馏段操作线方程式写为

$$y_n=\frac{R}{R+1}x_{n-1}+\frac{x_D}{R+1}=\frac{2}{2+1}x_{n-1}+\frac{0.95}{2+1}$$
$$=0.667x_{n-1}+0.317$$

$$x_{n-1}=(y_n-0.317)/0.667=(0.93-0.317)/0.667=0.92$$

三、塔板数的确定

板式塔塔板数的确定方法，一般是先求出理论板数，然后根据该塔结构和操作情况下的板效率确定实际塔板数。

（一）图解法求理论板数

理论板数的确定方法很多，常见的有逐板计算法和图解法，其实质都是交替使用平衡关系和操作线方程式。这里只介绍图解法。

首先在 y-x 图上绘出被分离物系的平衡曲线和一定操作条件下的两操作线，如图 7-20。若精馏塔顶为全凝器时，有 $y_1=x_D$，在图 7-20 中过 a 点作水平线交于平衡线上点 1，此时，y_1 与 x_1 互呈平衡，根据理论板的概念，该水平线代表一块理论板；由点 1 作垂线与精馏段操作线相交，交点表示离开第一块板的液相组成 x_1 与第二块板上升的汽相组成 y_2 为操作线关系。同理，在平衡线与精馏段操作线之间画直角梯级，当梯级到达或跨过两操作线的交点 d 时，改在提馏段操作线与平衡线之间继续画直角梯级，直至梯级到达或跨过 b 点为止，说明 $x \leqslant x_W$，已符合分离要求。到达或跨过两操作线的交点 d 时，该水平线即为理论加料板的位置。图 7-20 中表示第 3 块理论板为加料板，精馏段有 2 块理论板，提馏段有 5 块（包括塔釜）理论板，全塔总的理论板数为 6 块（不包括塔釜）。

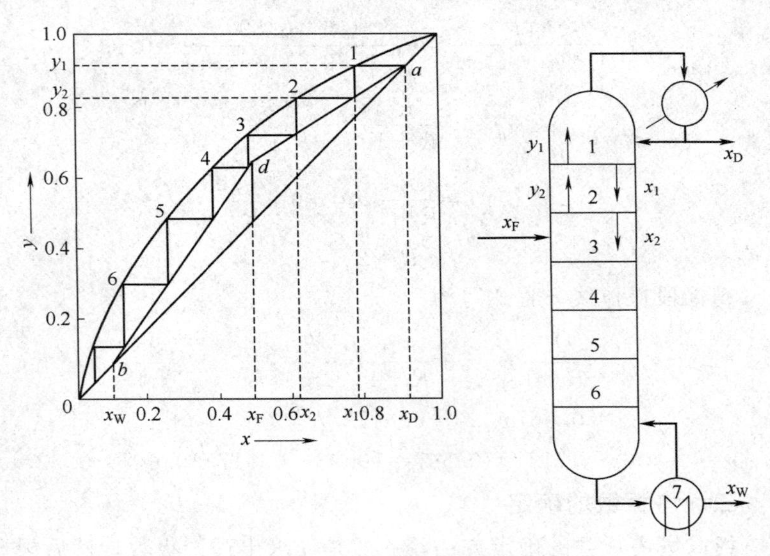

图 7-20　图解法求理论板数

在塔釜（再沸器）内，汽液两相可视为互呈平衡，相当于一块理论板。计算实际塔板数时，总理论板数应不包含塔釜在内。

当分离要求一定时，所需理论板数的多少，取决于平衡线和操作线。平衡线离对角线越远，或操作线离平衡线越远，则一个梯级的跨度越大，一块理论板的增浓程度变大，所需理论板数将减少；反之，理论板则增多。

【例 7-7】 苯和甲苯的 y-x 相图如图 7-21 所示，现将含苯为 0.4（摩尔分数，下同）的饱和液体分离为含苯 0.95 的馏出液，含苯 0.1 的残液。回流比为 2，试求所需的理论板数和加料板的位置。

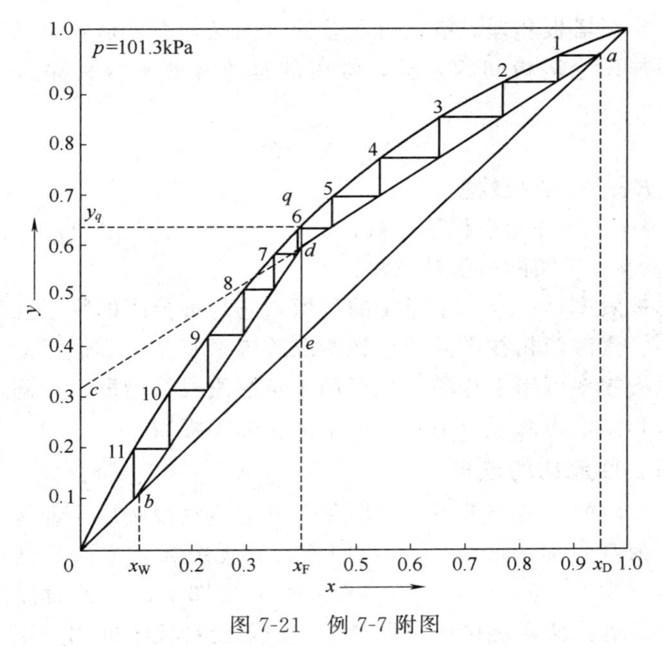

图 7-21　例 7-7 附图

解： 画操作线。精馏段操作线截距为

$$\frac{x_D}{R+1}=\frac{0.95}{2+1}=0.317$$

在 y 轴上定出截距，找到 c 点，在对角线上过 $x_D=0.95$ 定出 a 点，连 ac 直线为精馏段操作线；在对角线上过 $x_W=0.1$ 处，定出 b 点，进料为饱和液体，在对角线上过 $x_F=0.4$ 的 e 点画垂直于 x 轴的直线 ed，与精馏段操作线交于 d 点，连 bd 直线为提馏段

操作线。从 a 点开始在平衡线和两操作线之间连续画直角梯级，直到 $x \leqslant x_W$ 为止。由图中梯级数可得：精馏段需 5 块理论板，提馏段需 5 块理论板（不含再沸器），理论进料板为第 6 块。

（二）实际塔板数

实际上由于塔板上汽液两相浓度不均匀、混合不均匀和接触时间有限，且相互夹带等，离开塔板时，汽液两相的组成不可能呈平衡，实际塔板上汽液两相的浓度变化不及理论板的浓度变化大，也就是说实际塔板和理论塔板有着差异。因此，引入板效率来解决实际塔板与理论塔板间的差异，常用的是总板效率（又称为全塔效率），即

$$E_T = N_T / N \tag{7-30}$$

式中 E_T——总板效率；

N_T——理论塔板数，块；

N——实际塔板数，块。

总板效率是一个恒小于 1 的数值，它与被分离的物系性质、塔板结构、汽液两相在塔内的接触情况等因素有关，其值可由实验测定。总板效率可用于全塔，也可用于精馏段或提馏段。在确定出理论板数和测定出总板效率后，可求出实际塔板数。

四、回流比的选择

在一定的分离要求下，将塔顶上升的蒸汽冷凝后全部作为回流液，称为全回流。此时 $D=0$，回流比为无穷大。全回流操作时操作线方程为 $y_{n+1}=x_n$，与对角线重合，见图 7-22。此时操作线离平衡线最远，所需理论塔板数最少。但是全回流不能用于正常的操作，仅用于科研工作和精馏操作的开车阶段。

若将回流比减小，操作线向平衡线靠近，为达到分离要求所需的理论板数必然增加。当回流比减少至某一数值时，两操作线的交点 d 落在平衡线上（q 点），由图 7-23 可见，即使是理论塔板无穷多，板上的液体组成也不能跨过 q 点，此时的回流比为指定分离要求下的最小回流比，用 R_{min} 表示。

最小回流比的数值可用精馏段操作线的斜率求得。回流比最小

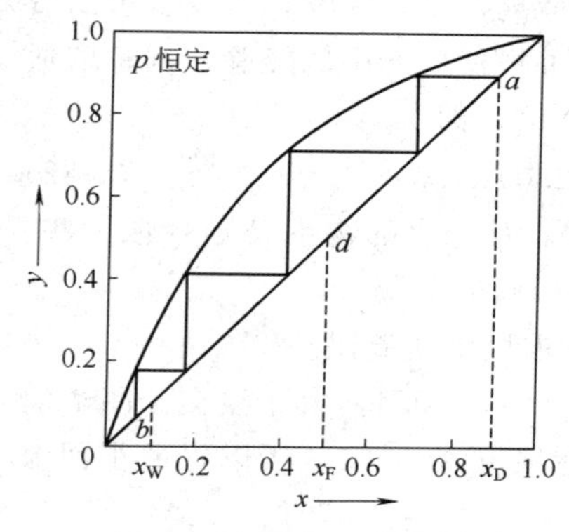

图 7-22　全回流时理论塔板数

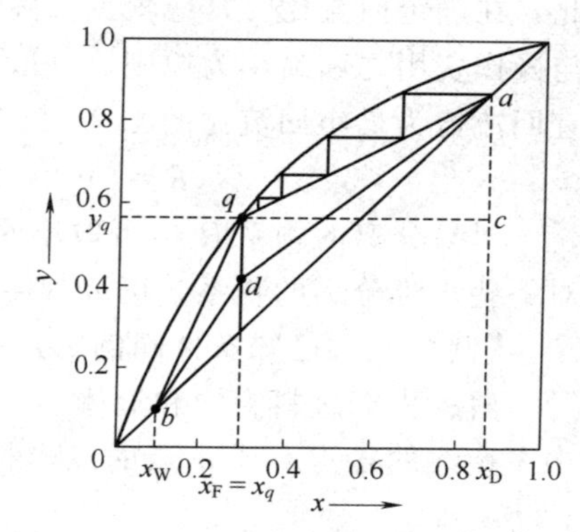

图 7-23　最小回流比确定

时，操作线斜率为 $R_{min}/(R_{min}+1)$，图中 acq 三角形的 ac 边长为 x_D-y_q，qc 边长为 x_D-x_q，aq 直线即为最小回流比时的精馏段操作线，其斜率为

$$\frac{R_{min}}{R_{min}+1}=\frac{x_D-y_q}{x_D-x_q}$$

整理后得

$$R_{min}=\frac{x_D-y_q}{y_q-x_q} \tag{7-31}$$

式（7-31）为最小回流比的一般计算式。当进料为饱和液体时，$x_q=x_F$，y_q 可以由平衡线上读得。当体系的平衡关系可用相对挥发度表示时，则有

$$y_q=\frac{\alpha x_F}{1+(\alpha-1)x_F}$$

由上可知，实际回流比应在 R_{min} 及 $R=\infty$ 之间选取。当回流比较大时，所需理论塔板数较少，设备投资费用下降。但回流比的增大，对一定的馏出液量，上升的蒸汽量 V 必须增多，V' 也随之增多，增大了再沸器的热负荷，加热蒸汽消耗量增加；塔顶冷凝器内冷却水用量也随之增加，其操作费用上升。回流比过小，显然对一定的分离要求，所需的塔板数增多，设备费用又必然增加。因

此，在确定回流比时，应根据实际情况，权衡利弊，以设备折旧费与操作费用之和最小为原则。一般可根据生产中的经验数据，取适宜回流比为最小回流比的1.2～2.0倍，即

$$R=(1.2\sim2.0)R_{\min} \tag{7-32}$$

对易分离的物系 R 值可取小些，难分离的物系 R 值可取大些。对一些很难分离的物系，可取 $R=(4\sim5)R_{\min}$。

【例 7-8】 已知条件同例 7-7，求最小回流比。

解： 由于进料为饱和液体，$x_q=x_F=0.4$，由 q 线交于图 7-21 中平衡线的 q 点，读 q 点的纵坐标值 $y_q=0.62$，所以，最小回流比为

$$R_{\min}=\frac{x_D-y_q}{y_q-x_q}=\frac{0.95-0.62}{0.62-0.4}=1.5$$

由例 7-2 中知苯和甲苯混合液在操作压力为 101.3kPa 时，平均相对挥发度 $\alpha_m=2.43$，利用相平衡方程求 y_q

$$y_q=\frac{\alpha x_F}{1+(\alpha-1)x_F}=\frac{2.43\times0.4}{(2.43-1)\times0.4+1}=0.619$$

$$R_{\min}=\frac{x_D-y_q}{y_q-x_q}=\frac{0.95-0.619}{0.619-0.4}=1.51$$

两种方法计算结果相当接近，这是苯与甲苯混合液的性质与理想溶液性质接近所致。

*第五节　精馏操作分析

精馏操作的影响因素较多，且相互制约。为了使讨论的问题简单明了，在分析某一参数的变化时，需要固定一些因素。在生产中，应根据实际情况进行综合分析，抓住主要问题，及时处理，使操作正常，保证产品的质量和数量。

一、操作压力

精馏塔的设计和操作都是基于一定的压力下进行的，应保证在恒压下操作。压力的波动对塔的操作将产生如下影响。

（1）影响相平衡关系　改变操作压力，将使汽液相平衡关系发生变化。压力增加，组分间的相对挥发度降低，平衡线向对角线靠近，分离效率将下降。反之亦然。

（2）影响产品的质量和数量　压力升高，液体汽化更困难，汽相中难挥发组分减少，同时改变汽液的密度比，使汽相量降低。其结果是馏出液中易挥发组分浓度增大，但产量却相对减少；残液中易挥发组分含量增加，残液量增多。

（3）影响操作温度　温度与汽液相的组成有严格的对应关系，生产中常以温度作为衡量产品质量的标准。当塔压改变时，混合物的泡点和露点发生变化，引起全塔温度的改变和产品质量的改变。

（4）改变生产能力　塔压增加，汽相的密度增大，汽相量减少，可以处理更多的料液而不会造成液泛。

对真空操作，真空度的少量波动也会带来显著的影响，更应精心操作，控制好压力。

在生产中，进料量、进料组成、进料温度、回流量、回流温度、加热剂和冷却剂的压力与流量，以及塔板堵塞等都将会引起塔压的波动，应查明原因，及时调整，使操作恢复正常。

二、进料状况

（1）进料量对操作的影响　若进料量发生变动时，加热剂和冷却剂均需作相应地调整，对塔顶温度和塔釜温度不会有显著的影响，只影响塔内蒸汽上升的速度。进料量增大，上升汽速接近液泛时，传质效果最好；超过液泛速度会破坏塔的正常操作。进料量降低，汽速降低，对传质不利，严重时易漏液，分离效率降低。

若进料量的变化范围超过了塔釜和冷凝器的负荷范围，温度的改变引起汽液平衡组成的变化，将造成塔顶与塔底产品质量不合格，且使物料的损失增大。因此，应尽量使进料量保持平稳；需要时，应缓慢地调节。

（2）进料组成对操作的影响　原料中易挥发组分含量增大，提馏段所需塔板增多。对固定塔板数的精馏塔而言，提馏段的负荷加重，釜液中易挥发组分含量增多，使损失加大。同时引起全塔物料衡算的变化，塔温下降，塔压升高。原料中难挥发组分增大，情况相反。

进料组成的变化，一是改变进料口，组成变轻，进料口往上改；二是改变回流比，组成变轻，减小回流比；三是调加热剂和冷却剂的量，维持产品质量不变。

（3）进料热状况对操作的影响　前已述及进料有五种热状态，生产中若 R 一定，仅进料热状况发生变化，引起 q 值改变，使两操作线的交点位移，从而改变加料板位置和提馏段操作线位置，引起两段塔板数的变化。对固定进料板位置的塔，进料热状况的改变，将影响产品的质量及损失情况。

若进料温度降低，对固定的塔而言，精馏段的塔板数多了，而提馏段的塔板数又不足。结果是塔顶产品质量可能提高，而残液中易挥发组分含量增大，造成损失；同时塔釜加热蒸汽消耗增加。致使整个塔的物料平衡和产品质量发生变化。

生产中，进料热状况或温度是影响精馏操作的重要因素之一。

三、回流比

回流比是精馏操作中直接影响产品质量和塔分离效果的重要因素，改变回流量是精馏塔操作中重要的和有效的手段。

从回流比选择一节得知：回流比增大，所需理论板数减少；回流比减少，所需理论板数增多。对一定塔板数的精馏塔，在进料状态等参数不变的情况下，回流比变化，必将引起产品质量的改变。一般情况下，回流比增大，将提高产品纯度。但也会使塔内汽液循环量加大，塔压差增大，冷却剂和加热蒸汽量的增加。当回流比太大时，则可能产生淹塔，破坏塔的正常生产。回流比太小，塔内汽液两相接触不充分，分离效果差。

回流量的增加，塔压差明显增大，塔顶产品纯度会提高；回流量减少，塔压差变小，塔顶产品纯度变差。在实际操作中，常用调节回流比的方法，以使产品质量合格。同时，适当的调节塔顶冷却剂量和塔釜加热剂量，使调节效果更好。

四、采出量

（一）塔顶产品采出量

在冷凝器的冷凝负荷不变的情况下，减小塔顶产品采出量，势必会使得回流量增加，塔压差增加，可以提高塔顶产品的纯度，但产品量减少。对一定的进料量，塔底产品量增多，由于操作压力的升高，塔底产品中易挥发组分含量升高，因此易挥发组分的回收率降低。若塔顶采出量增加，会造成回流量减少，塔压因此降低，结果是难挥发组分被带到塔顶，塔顶产品质量不合格。

采出量只有随进料量变化时，才能保持回流比不变，维持正常操作。

（二）塔底产品采出量

在正常操作中，若进料量、塔顶采出量为一定时，塔底采出量应符合塔的总物料衡算式。若采出量太小，会造成塔釜内液位逐渐上升，以致充满整个加热釜的空间，使釜内液体由于没有蒸发空间而难于汽化，并使釜内汽化温度升高，甚至将液体带回塔内，这样将会引起产品质量的下降。若采出量太大，致使釜内液面较低，加热面积不能充分利用，则上升蒸汽量减少，漏液严重，使塔板上传质条件变差，板效率下降，如不及时处理，则有可能产生“蒸空”现象。

由上分析可见，塔底采出量应以控制塔釜内液面保持一定高度并维持恒定为原则。另外，维持一定的釜液面，还起到液封作用，以确保安全生产。

第六节　板　式　塔

板式塔与填料塔的要求一样，即生产能力要大、分离效率要高、操作弹性要大、气流阻力要小，结构简单，易制造维修等。

板式塔的性能，主要取决于塔板结构。汽液在板上接触越充分，传热、传质效果越好，生产能力也大。按塔板结构特点，可将板式塔分成泡罩塔、浮阀塔、筛板塔等。

一、泡罩塔

泡罩塔是化工生产中应用最早的板式塔。塔板上的气流通道是由升气管和泡罩构成，如图 7-24 所示。泡罩的底缘开有齿缝，浸没在塔板上的液层中，沿升气管上升的气流经泡罩的齿缝被破碎为小气泡，通过板上液层时以增大汽液接触面积。从液面穿出后，再升入上一层塔板进行热、质交换。

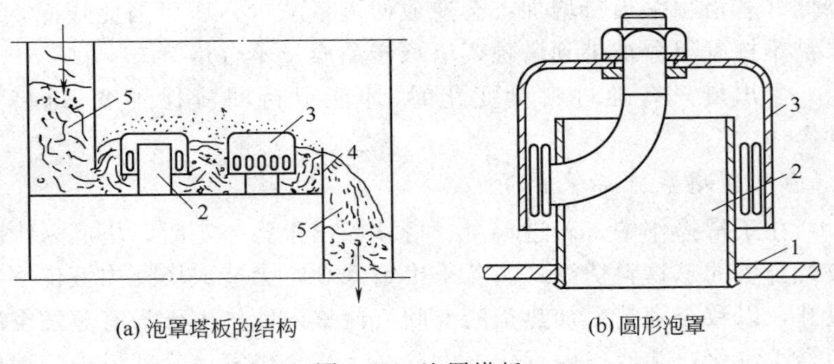

图 7-24　泡罩塔板

1—塔板；2—升气管；3—泡罩；4—溢流堰；5—降液管

由于升气管的存在，在汽相负荷很小的情况下，也不易漏液，因而具有较大的操作弹性；汽相负荷在较大的范围内波动时，塔板效率仍可维持不变；而且塔板不易堵塞，可处理较为污浊的物料。所以泡罩塔自 1813 年问世以来至今仍有一些厂家在使用。但塔板结构复杂，制造成本高；气流通道曲折，板上液层厚，气流阻力大；汽相流速不宜太大，生产能力小。在新建的化工厂中，泡罩塔已很少采用。

二、筛孔塔

筛孔塔板也是较早用于化工生产的塔型之一。其气流通道是在塔板上均匀的开有许多直径为 4～8mm 的小孔，如图 7-25 所示。上升的气流通过筛孔进入板上液层鼓泡而出。汽液接触充分、结构简单、造价低、塔板阻力小。长期以来人们认为它易漏液、操作弹性小、筛孔易堵塞、不易控制，未获推广应用。直到 20 世纪 50 年代，人们发现，只要设计合理和操作适当，筛板塔仍能满足生产上所要求的操作弹性，而且效率较高。若采用大孔径筛板如孔径为ϕ(10～25)mm，堵塞问题亦可解决。目前，应用日趋广泛，大有替代下述浮阀塔的趋势。

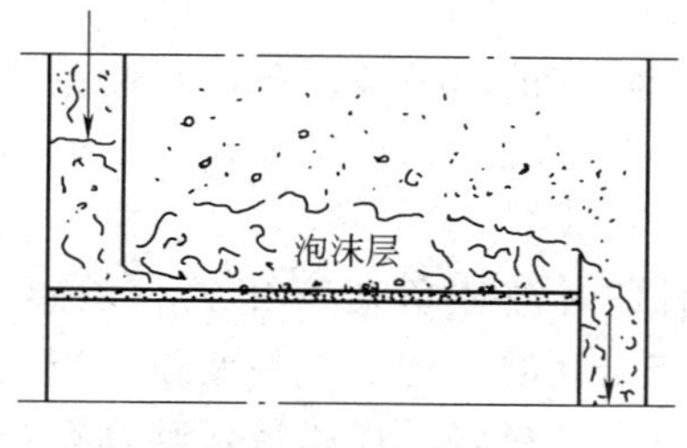

图 7-25　筛孔塔

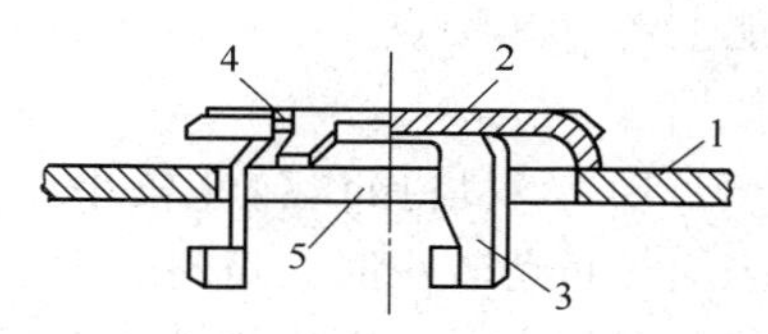

图 7-26　F-1 型浮阀

1—塔板；2—阀片；3—钩脚；4—凸部；5—阀孔

三、浮阀塔

浮阀塔是 20 世纪 50 年代发展的塔型。它综合了泡罩塔和筛板塔的优点，用浮阀代替了升气管和泡罩；为避免堵塞，塔板上所开孔径较大（标准孔径为ϕ39mm），并在每个开孔处装有一个可以上下浮动的阀片称为浮阀。如图 7-26 所示。浮阀可根据气体负荷量自行地调节开度。当气量较小时，浮阀开度小，气速仍足够大，避免了过多的漏液；气体负荷增大时，浮阀开度增大，通过环隙的气速也不会太高，使阻力不致增加太多。所以这种塔板保持了泡罩塔操作弹性大的优点，而压降，效率大致与筛板塔相当，又具有生产能力大等优点。所以，自此种塔板问世以来，在工业生产中应用广泛。其主要缺点是浮阀长期使用以后，由于频繁活动而易脱落或被卡住，使得操作失常；为保证浮阀上下浮动灵活，阀片或塔盘多用不锈钢材料制成，其制造费用较高；且不宜易结焦物系的分离。

以上讨论的是目前工业生产中应用较广的三种板式塔。它们的共同弱点是：汽液两相错流接触，传质推动力小；液流路线上液面落差大，造成气流分布不均。为此人们在不断地改进和开发新型的板式塔，以适应生产发展的需要。

第七节　填料塔与板式塔的比较

板式塔和填料塔是传质操作中最常用的两类塔设备，它们在性能上各有其特点，了解其不同点，便于今后合理的选用和正确的使用。

① 填料塔操作弹性较小，特别是对液体负荷变化更为敏感。当液体负荷较小时，填料表面不能充分润湿，传质效果变差；当液体负荷增大时，则容易发生液泛。对设计良好的板式塔，则具有较大的操作弹性。

② 填料塔不适宜处理易聚合或含有固体悬浮物的物料，而某些类型的板式塔（如泡罩塔、大孔径筛板）则可以有效地处理这些物料。另外板式塔清洗也比填料塔方便。

③ 当传质过程需要移走热量时，板式塔可在塔板上安装冷却蛇管，而填料塔因涉及液体均布问题，安装冷却装置将使结构复杂化。

④ 填料塔直径一般不宜太大，所以处理量小；而板式塔塔径一般不小于 0.6m，可以有较大的处理量。

⑤ 板式塔的设计资料容易得到而且可靠，因此板式塔的设计比较准确，安全系数可以取得更小。

⑥ 当塔径不很大时，填料塔因结构简单而造价低。

⑦ 对于易起泡的物系，因填料对泡沫有限制和破碎作用，因此填料塔更合适。

⑧ 对有腐蚀性的物系，填料塔更合适，便于用耐磨蚀材料制造。

⑨ 对热敏性的物系宜采用填料塔，因为填料塔持液量少，物料在塔内停留时间短。

⑩ 填料塔压降比板式塔小，对真空操作更为适宜。

思 考 题

1. 蒸馏分离的依据是什么？它与蒸发操作有何不同？与吸收操作有何不同？

2. 什么叫理想溶液？拉乌尔定律适用于什么溶液？它的内容是什么？

3. 什么叫挥发度和相对挥发度？相对挥发度的大小对蒸馏分离有何影响？

4. 什么叫溶液的泡点和露点？如何利用 t-x-y 图求取露点和泡点？

5. 什么叫回流？精馏操作中为什么要有回流？

6. 什么叫理论塔板？

7. 操作线的物理意义是什么？

8. 精馏操作中有哪五种进料状态？如何判断其进料的热状况？

9. 什么叫回流比？简述回流比大小对精馏操作的影响？

10. 何谓全回流和最小回流比？

11. 适宜回流比的确定原则是什么？

12. 哪些参数的改变会引起塔压的变化？当塔压升高时会引起什么后果？

13. 简述进料热状况对精馏操作的影响。

14. 当塔底采出量太大或太小时，将会对精馏操作产生何种影响？

习 题

7-1 已知在 110℃ 时，正庚烷和正辛烷的饱和蒸气压分别为 $p_A^\circ=140\text{kPa}$，$p_B^\circ=64.5\text{kPa}$，此时测得混合液中的正庚烷摩尔分数为 0.4。设该混合液可按理想溶液处理。试求此时的操作总压。

7-2 在 120kPa 总压条件下，苯和甲苯混合液在 369K 下沸腾。试求该温度下的汽液平衡组成。设苯和甲苯混合液为理想溶液，369K 时甲苯的饱和蒸气压 $p_B^\circ=65.7\text{kPa}$，苯的饱和蒸气压为 $p_A^\circ=160.5\text{kPa}$。

7-3 正庚烷和正辛烷的饱和蒸气压 p_A° 和 p_B° 数据如下表。

温度/K	371.4	378	383	388	393	398.6
p_A°/kPa	101.3	125.3	140	160.0	180.0	205.0
p_B°/kPa	44.4	55.6	64.5	74.8	86.6	101.3

设正庚烷和正辛烷混合液为理想溶液。试画出总压为 101.3kPa 下的 t-x-y 图和 x-y 图，试求：(1) 混合物中正庚烷摩尔分数为 0.4 时的泡点和所产生的第一个气泡组成；(2) 求出露点及所产生的第一个液滴组成；(3) 该混合物在 388K 时汽液两相组成和摩尔比。

7-4　利用题 7-3 中的数据，计算混合液的平均相对挥发度，并由所得的平均相对挥发度计算 y-x 关系数据，画出 x-y 图与题 7-3 结果比较。

7-5　将乙醇水溶液进行连续精馏。进料量为 100kmol/h，其中乙醇含量为 0.3，若要求馏出液中乙醇含量不低于 0.8，残液中乙醇含量不高于 0.03（以上均为摩尔分数）。试求馏出液和残液量。

7-6　在连续精馏塔中分离 A、B 混合液，进料量为 5000kg/h，其中轻组分 A 的质量分数为 0.35，要求残液中 A 的质量分数为 0.06，塔顶 A 组分回收率为 90%。试求馏出液量和残液量（以摩尔量表示）。A 的摩尔质量为 76kg/kmol，B 的摩尔质量为 154kg/kmol。

7-7　将含易挥发组分为 30%的原料液加入连续精馏塔中进行分离。现要求馏出液中易挥发组分含量不低于 95%，残液中易挥发组分不高于 3%（均为摩尔分数）。已知精馏段进入冷凝器的蒸汽冷凝量为 850kmol/h，回流液量为 670kmol/h。试求：馏出液量、残液量和回流比。

7-8　在常压连续精馏塔内分离某混合液。原料量为 200kmol/h，原料中易挥发组分组成为 0.4，若馏出液中易挥发组分含量为 0.95，残液中含量为 5%（均为摩尔分数）。操作回流比为 2.3，试求：

（1）精馏段上升蒸汽量和回流液量；（2）若为泡点进料时，提馏段上升的蒸汽量和下降的液体量。

7-9　利用题 7-8 的数据，写出精馏段和提馏段的操作线方程式。

7-10　一连续精馏塔分离某混合液。已知原料量为 100kmol/h，泡点进料，其中易挥发组分摩尔分数为 0.4，要求残液中易挥发组分摩尔分数不高于 0.02，精馏段操作线方程 $y=0.75x+0.225$。试写出提馏段操作线方程式。

7-11　某理想溶液的平均相对挥发度为 2.5，若原料为泡点进料，料液的组成为 0.4，馏出液组成为 0.95，残液组成为 0.04（均为易挥发组分的摩尔分数）。适宜回流比取最小回流比的 1.3 倍。确定实际回流比。

7-12　甲醇-水混合液在总压为 101.3kPa 时的汽液平衡数据如下表，表中的 y、x 指的是甲醇在汽液两相中摩尔分数。

温度/K	373.15	369.6	366.7	364.4	362.5	360.9	357.6	354.9	351.2
x	0	0.02	0.04	0.06	0.08	0.1	0.15	0.20	0.30
y	0	0.134	0.230	0.304	0.365	0.418	0.517	0.579	0.665

温度/K	348.5	346.3	344.4	342.5	340.8	339.2	338.2	337.7
x	0.40	0.50	0.60	0.70	0.80	0.90	0.95	1.00
y	0.729	0.779	0.825	0.870	0.915	0.958	0.979	1.00

现用一常压连续精馏塔分离该混合液。已知原料液为泡点进料，其中含甲醇为 35%。要求馏出液中甲醇含量 95%，残液为 4%（均为摩尔分数），若取操作回流比为最小回流比的 1.5 倍，试确定回流比。

* 7-13　根据习题 7-11 的条件及计算结果，写出精馏段和提馏段操作线方程式，计算从塔顶数第二块理论塔板上升的蒸汽组成 y_2，并在 x-y 图上画出操作线。

* 7-14　根据习题 7-12 的条件及计算结果，用图解法确定所需的理论塔板数。若塔板效率为 0.65，确定精馏段实际板数和提馏段实际板数及实际进料板的位置。

第八章 干 燥

学习目标

- 掌握：干燥操作的作用；湿空气的性质和湿度图；干燥过程的物料衡算。
- 理解：对流干燥流程及条件；干燥器。
- 了解：干燥方法的分类；干燥过程的控制。

第一节 概 论

一、干燥的方法及应用

化工生产中的固体物料，总是或多或少的含有一些湿分（水或其他液体），为了便于加工、运输、储存和使用，往往需要将其中的湿分除去。除去固体中湿分的方法有多种，其中用加热的方法使固体物料中的湿分汽化并除去的操作，称为干燥操作。

按其热能供给湿物料的方式，干燥方法可分为以下几种。

（1）传导干燥　湿物料与加热介质不直接接触，热量以热传导方式通过固体壁面传给湿物料。此法热能利用率高，但物料易过热变质，不容易控制物料温度。

（2）对流干燥　载热体（又称为干燥介质）与湿物料直接接触，并以对流的方式将热能传递给湿物料。干燥介质供给湿物料汽化湿分所需要的热量，并带走汽化后的湿分蒸汽。所以，干燥介质在这里既是载热体又是载湿体。在对流干燥中，干燥介质的温度容易调节，被干燥的物料不易过热。然而，干燥介质离开干燥设备时，还带有相当大的一部分热能，故对流干燥的热能利用程度较差。

（3）辐射干燥　热能以电磁波的形式由辐射器发射至湿物料表面，被湿物料吸收后再转变为热能，使湿物料中的湿分汽化而被除去。如红外线干燥器。辐射干燥生产强度大，产品洁净且干燥均匀，但能耗大。

（4）介电加热干燥　将湿物料置于高频电场内，借助高频电场的交变作用而使物料被加热，将其中的湿分汽化并除去。其中以电场频率在 [300～(3×10^5)]MHz 之间的微波加热应用较多。

在以上的几种干燥方法中，对流干燥在化工生产中应用最为广泛，本章仅介绍对流干燥的有关概念、基本计算及设备结构和性能。

干燥方法按操作压力可分为常压干燥和真空干燥；按操作方式可分为连续干燥和间歇干燥。其中真空干燥主要用于处理热敏性、易氧化或要求干燥产品中湿分含量很低的场合；间歇干燥用于小批量，多品种或要求干燥时间很长的特殊场合。

干燥操作在化工、轻工、食品、医药等工业中的应用广泛，主要表现在以下几个方面。

① 固体原料的干燥，可以提高设备的生产能力。如炼焦煤的干燥可提高焦炉的生产能力，且还能提高焦炭的质量；合成氨生产中，煤气发生炉所用的煤球干燥可提高单炉的产气量。

② 为满足工艺要求，对中间产品进行干燥。可以提高后期的产品质量和产量。如涤纶切片的干燥，是为防止后期纺丝时产生气泡而影响丝的质量，在纺丝前必须将切片中的含水量降至 0.02% 以下。

③ 产品的干燥。产品的干燥有利于储藏、运输以及产品中有效成分的提高。

二、对流干燥流程及条件

（一）对流干燥流程

在对流干燥中，常见的干燥介质是空气，湿物料所含湿分为水分。

图 8-1 为对流干燥流程示意图，空气经预热器被加热至一定温度后进入干燥器，与进入干燥器的湿物料相接触，空气将热能以对流方式传递给湿物料，湿物料中水分被加热汽化为水蒸气，然后扩散进入空气，使得空气中水分含量增加，最后从干燥器的另一端排出。湿物料与空气的接触可以是逆流、并流或其他方式。

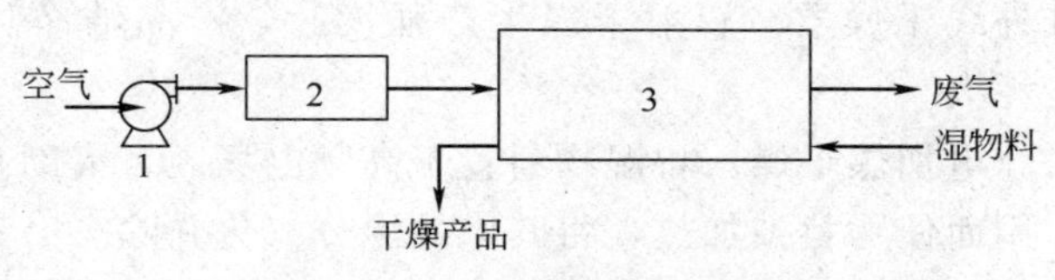

图 8-1　对流干燥流程示意图

1—鼓风机；2—预热器；3—干燥器

(二) 对流干燥的条件

在对流干燥过程中，干燥介质将热能传递给湿物料表面，再由湿物料表面传递至湿物料的内部，这是一个热量传递过程。与此同时，湿分从湿物料内部以液态或气态的形式向湿物料表面扩散，汽化后的湿分通过湿物料表面的气膜扩散到干燥介质主体内，这是一个质量传递过程。由此可见，对流干燥过程属于传热和传质相结合的过程，两者传递方向相反、相互影响、相互制约。因此，干燥过程进行的快慢与传热速率和传质速率有关。

干燥能够进行的必要条件是：湿物料表面所产生的湿分蒸汽压必须大于干燥介质中所含的湿分蒸汽分压，湿分蒸汽才能从湿物料表面向干燥介质内传递，干燥才能继续进行。因此，干燥操作将湿物料表面所产生的湿分蒸汽压与干燥介质中的湿分蒸汽分压之差值称为干燥过程中的传质推动力，两者差值越大，则传质推动力愈大，干燥速率亦愈快。在干燥操作时，干燥介质必须及时的将汽化的湿分蒸汽带走，以保持一定的推动力。

在常见的对流干燥中，以空气作为干燥介质为多，也可以采用烟道气和其他惰性气。湿物料中的湿分常见的是水，也有其他液体。本章所讨论的范围，仅限于以热空气为干燥介质，以水为湿分的干燥体系。

第二节　湿空气的性质和湿度图

一、湿空气的性质

当周围的空气是干空气和水汽的混合物时，称为湿空气。用湿空气作干燥介质时，湿空气应是不饱和的热空气，其中水汽分压要低于同温度下水的饱和蒸汽压。干燥操作的压力通常都较低（常压或减压操作），可将湿空气按理想气体处理。在对流干燥过程中，湿空气中的水汽量随干燥过程的进行是逐渐增加的，但其中的干空气量是始终不变的，为了计算方便，湿空气的性质都以单位质量干空气为基准的。

1. 湿度（湿含量）

在湿空气中，单位质量干空气所带有的水汽质量，称为湿含量或绝对湿度，简称湿度，以符号 H 表示，单位为 kg(水汽)/kg（干气）。

若以 n_w 表示湿空气中水汽的摩尔数，M_w 表示水汽的摩尔质量；n_g 表示湿空气中的干空气摩尔数，M_g 表示干空气的摩尔质量。则湿度的计算式可根据其定义写为

$$H=\frac{n_w M_w}{n_g M_g} \tag{8-1}$$

设湿空气的总压为 p，其中水汽分压为 p_w，根据理想气体的道尔顿分压定律，干空气的分压为 $p_g=p-p_w$。式（8-1）中的 n_w/n_g 为湿空气中水汽摩尔数与干空气摩尔数之比，在数值上应等于两者的分压之比

$$\frac{n_w}{n_g}=\frac{p_w}{p-p_w}$$

将水汽的摩尔质量 $M_w=18$kg/kmol，干空气的摩尔质量 $M_g=28.96$kg/kmol 代入式（8-1），得：

$$H=0.622\,\frac{p_w}{p-p_w} \tag{8-2}$$

式（8-2）为常用的湿度计算式，此式表明，湿度与空气的总压以及其中的水汽分压 p_w 有关，当总压 p 一定时，湿空气的湿度 H 随水汽分压 p_w 的增加而增大。

2. 相对湿度

在一定的总压和温度下，湿空气中水汽分压 p_w 与同温度下水的饱和蒸汽压 p_s 之百分比称为相对湿度，用 φ 表示。其计算式为

$$\varphi=\frac{p_{w}}{p_{s}}\times100\% \tag{8-3}$$

当$\varphi=100\%$时，$p_{w}=p_{s}$，湿空气中水汽分压为该温度下水的饱和蒸汽压，表明该湿空气已被水汽所饱和，已不能再吸收水汽。所以，只有相对湿度小于100%的湿空气才能作为干燥介质。湿空气φ值越低，表明该空气偏离饱和程度越远，吸收水汽的能力越强。由此可见，湿度的大小只能表示空气中水汽含量的多少，而相对湿度的大小，则反映了湿空气吸收水汽的能力高低。

水的饱和蒸汽压随温度的升高而增大，对具有一定水汽分压的湿空气，升高其温度，则相对湿度必然减少。在干燥操作中，为降低湿空气的相对湿度，提高其吸湿能力以及传质和传热推动力，通常将湿空气先预热后再送入干燥器。

若将式（8-3）代入式（8-2），可得

$$H=0.622\frac{\varphi p_{s}}{p-\varphi p_{s}} \tag{8-4a}$$

或

$$\varphi=\frac{pH}{(0.622+H)p_{s}} \tag{8-4b}$$

由上式可知，在一定的操作压力下，相对湿度φ与湿度H和饱和蒸汽压p_{s}有关，而p_{s}又是温度t的函数，所以当总压p一定时，相对湿度φ是湿度H和温度t的函数。

当$\varphi=100\%$时，湿空气已被水汽饱和，此时所对应的湿度称为饱和湿度。将$\varphi=100\%$代入式（8-4a）中，可得饱和湿度H_{s}计算式为

$$H_{s}=0.622\frac{p_{s}}{p-p_{s}} \tag{8-5}$$

在一定的总压下，饱和湿度随温度的变化而变化；当操作总压和温度均为一定时，饱和湿度是湿空气在操作条件下的最大含水量。

【例 8-1】 已知湿空气中的水汽的分压为5kPa，温度为60℃，操作总压为100kPa。试求该空气的湿度、相对湿度和饱和湿度；如将以上的湿空气温度提高到90℃，再求其相对湿度。

解： 已知 $p_w=5kPa$，总压 $p=100kPa$，由式（8-2）可得湿度为

$$H=0.622\frac{p_w}{p-p_w}=0.622\times\frac{5}{100-5}$$
$$=0.03274kg(水汽)/kg(干气)$$

温度为 60℃时水的饱和蒸汽压由附录查得：$p_{s1}=19.92kPa$，湿空气的相对湿度 φ_1 由式（8-3）计算：

$$\varphi_1=\left(\frac{p_w}{p_{s1}}\right)\times100\%=\frac{5}{19.92}\times100\%=25.1\%$$

此时的饱和湿度 H_s 由式（8-5）求得

$$H_s=0.622\frac{p_s}{p-p_s}=0.622\times\frac{19.92}{100-19.92}$$
$$=0.1547kg(水汽)/kg(干气)$$

当空气温度升高至 90℃时，饱和蒸汽压 $p_{s2}=70.14kPa$，则

$$\varphi_2=\frac{p_w}{p_{s2}}\times100\%=\frac{5}{70.14}\times100\%=7.13\%$$

由上例可知，当湿度不变时，增加湿空气的温度，可降低相对湿度。

3. 湿空气的比体积

1kg 干空气及所带的 H kg 水汽所占有的总体积，称为湿空气的比体积，用符号 v_H 表示，单位为 m^3/kg。

常压下，干空气在温度为 t℃时的比体积（v_g）为

$$v_g=\frac{22.4}{28.96}\times\frac{t+273}{273}=0.773\times\frac{t+273}{273}$$

水汽的比体积 v_w 为

$$v_w=\frac{22.4}{18}\times\frac{t+273}{273}=1.244\times\frac{t+273}{273}$$

根据湿空气比体积的定义，湿空气比体积的计算式应为

$$v_H=v_g+Hv_w$$
$$=0.773\times\frac{t+273}{273}+H\times1.244\times\frac{t+273}{273}$$
$$=(0.773+1.244H)\times\frac{t+273}{273}\tag{8-6}$$

式中　H——湿空气的湿度，kg(水汽)/kg(干气)；

　　　t——湿空气的温度，℃。

由式（8-6）可见，在常压下，湿空气的比体积随湿度 H 和温度 t 的增加而增大。

【例 8-2】 当总压为 100kPa，温度为 20℃，相对湿度为 60% 时，试求 100kg 湿空气所具有的体积（m^3）。

解：由附录查 20℃ 水的饱和蒸汽压为 $p_s=2.334$kPa，由式（8-4a）计算湿度 H 为

$$H=0.622\frac{\varphi p_s}{p-\varphi p_s}$$

$$=0.622\times\frac{0.6\times2.334}{100-0.6\times2.334}$$

$$=0.00883\text{kg(水汽)/kg(干气)}$$

由式（8-6）计算湿比体积

$$v_H=(0.773+1.244H)\times\frac{t+273}{273}$$

$$=(0.773+1.244\times0.00883)\times\frac{20+273}{273}$$

$$=0.841\text{m}^3\text{/kg(干气)}$$

100kg 湿空气中含有干空气质量为

$$100/(1+H)=\frac{100}{1+0.00883}$$

$$=99.1\text{kg}$$

100kg 湿空气所具有的体积为

$$V=99.1\times0.841=83.34\text{m}^3$$

4. 湿空气的质量热容（湿热）

常压下将 1kg 干空气及其所带有的 Hkg 水汽温度升高 1K 时所需要的热量称为湿空气的质量热容，简称湿热，以符号 c_H 表示，单位为 kJ/(kg·K)。

若以 c_g 表示干空气的质量热容，c_w 表示水汽的质量热容，湿热的表达式为

$$c_H=c_g+c_w H$$

在工程计算中，常取$c_g=1.01$kJ/(kg·K)，$c_w=1.88$kJ/（kg·K)，代入上式

$$c_H=1.01+1.88H \qquad (8\text{-}7)$$

湿热仅与湿度H值有关。

5．湿空气的焓

1kg干空气的焓与其所带Hkg水汽的焓之和称为湿空气的焓，符号为I_H，单位为kJ/kg。

若以I_g表示干气的焓，I_w表示水汽的焓，则I_H的表达式为

$$I_H=I_g+I_w H$$

上述焓值都是以干空气和液态水在273K（即0℃）时的焓为零作基准的。对温度为t℃，湿度为H的空气，其中干气的焓（I_g）为1kg干空气温度从0℃升高至t℃时所需的热量，即$I_g=c_g t$；水汽的焓（I_w）为1kg、0℃的液态水汽化为同温度下水蒸气所需要的汽化热r_0与水蒸气再由0℃升高至t℃时所需的显热$c_w t$之和，即

$$I_w=c_w t+r_0$$

因此，湿空气的焓为

$$\begin{aligned}I_H&=c_g t+(c_w t+r_0)H\\&=(c_g+c_w H)t+r_0 H\\&=c_H t+r_0 H\end{aligned}$$

水在0℃时的汽化热约为2490kJ/kg，与c_w和c_g的数值一并代入上式，得

$$I_H=(1.01+1.88H)t+2490H \quad \text{kJ/kg(干气)} \qquad (8\text{-}8)$$

式（8-8）说明，湿空气的焓值与湿度H和温度t有关。当湿度一定时，温度t越高，焓值I_H越大。

【例8-3】 若将例8-2中的湿空气用间壁式换热器加热到90℃，需供给多少热量（kJ)？

解： 由式（8-8）20℃和90℃湿空气的焓值分别为

$$I_1=(1.01+1.88H)t_1+2490H$$

$$I_2=(1.01+1.88H)t_2+2490H$$

将1kg干空气及其所带有的Hkg水汽由20℃升高至90℃时所需提供的热量为

$$\Delta I=I_2-I_1=(1.01+1.88\times0.00883)(90-20)$$
$$=71.86\text{kJ/kg(干气)}$$

99.1kg干空气从20℃加热至90℃时所需提供的热量为

$$Q=99.1\times71.86=7121\text{kJ}$$

6. 干球温度

用普通温度计测得的湿空气的温度称为干球温度，用符号t表示，单位为℃或K。干球温度为湿空气的真实温度。

7. 露点

将不饱和的湿空气在总压p和湿度H不变的情况下冷却降温至饱和状态时（$\varphi=100\%$）的温度称为该空气的露点，用符号t_d表示，单位为℃或K。

露点时空气的湿度为饱和湿度，其数值等于原空气的湿度H。该空气中的水汽分压p_w应等于露点温度t_d下水的饱和蒸汽压p_s。

$$p_s=\frac{Hp}{0.622+H} \tag{8-9}$$

在确定湿空气的露点时，只需要将湿空气的总压和湿度代入式(8-9)，由求得的p_s，查饱和水蒸气表，查出对应于p_s的温度，即为该湿空气的露点t_d。

若将已达到露点的湿空气继续冷却，则湿空气中会有水分析出，湿空气中湿含量开始减小。冷却停止后，每千克干空气中所析出的水分量为原空气的湿含量与冷却温度下的饱和湿度之差值。

【例8-4】 已知湿空气的总压为101.3kPa，温度为60℃，相对湿度为60%。试求其湿空气的露点；若将原来湿空气温度降至20℃，是否有水析出？如有析出，每千克干空气能析出多少千克水？

解： 湿空气中水汽的分压p_w为

$$p_w=p_s\varphi$$

60℃水的饱和蒸汽压为19.92kPa，则

$$p_w = 19.92 \times 0.6 = 11.95\text{kPa}$$

此时分压 p_w 为该湿空气在露点温度下的饱和蒸汽压，即 $p_s =$ 11.95kPa，由此水蒸气压查饱和水蒸气表，得与此饱和蒸汽压对应的饱和温度为 48.2℃，即该湿空气的露点为 $t_d = 48.2$℃。

如将该湿空气冷却到 20℃，与其露点相比较，发现已低于露点温度，必然有水分析出。

原湿空气的湿度为

$$H_1 = 0.622\frac{\varphi p_{s1}}{p - \varphi p_{s1}} = 0.622 \times \frac{0.6 \times 19.92}{101.3 - 0.6 \times 19.92}$$
$$= 0.0832\text{kg(水汽)/kg(干气)}$$

冷却到 20℃时，湿空气的相对湿度为 100%，查饱和蒸汽表得 $p_{s2} = 2.334$kPa，此时的湿度为

$$H_2 = 0.622\frac{p_{s2}}{p - p_{s2}} = 0.622 \times \frac{2.334}{101.3 - 2.334}$$
$$= 0.0147\text{kg(水汽)/kg(干气)}$$

每千克干空气析出的水量为

$$\Delta H = H_1 - H_2 = 0.0832 - 0.0147$$
$$= 0.0685\text{kg(水)/kg(干气)}$$

8. 湿球温度

如图 8-2 所示，左侧一支玻璃温度计的感温球与空气直接接触，称为干球温度计，所测得的温度为干球温度 t。右侧的玻璃温度计感温球用湿纱布包裹，湿纱布的一端浸在水中，使之始终保持润湿，这支温度计称为湿球温度计。将其置于湿空气中所测得的读数称为该空气的湿球温度，用 t_w 表示，单位为℃或 K。

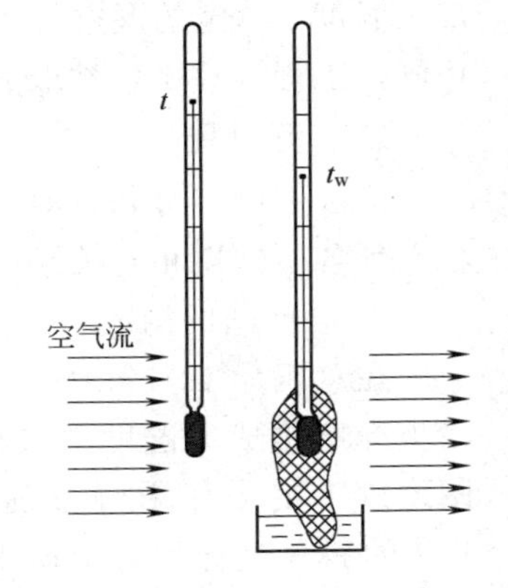

图 8-2　干、湿球温度计

湿球温度实质上是湿空气与湿纱布之间传质和传热达稳定时湿纱布中水的温度。该温度取决于湿空气的干球温度 t 和湿度 H，其 H 值愈小，t 值愈高，

湿纱布中水分汽化量愈多，汽化所需热量愈大，故干球温度 t 与其湿球温度 t_w 的差值也就愈大。因此湿球温度不是湿空气的真实温度，它是湿空气的一个特征温度。

9. 绝热饱和温度

在绝热的条件下，使湿空气增湿冷却达到饱和时的温度称为绝热饱和温度，以符号 t_{as} 表示，单位为℃或 K。

图 8-3 为一个绝热增湿塔。将温度为 t，湿度为 H 的不饱和湿空气由塔底进入，与塔顶大量的循环喷洒水逆流接触，可视水温均匀。由于塔是绝热的，水向空气汽化所需的潜热只能来自空气的显热。故空气的温度降低，湿度增加，但焓值不变。当空气被水汽所饱和时，其温度不再变化，此时湿空气的温度与循环水温相等，该温度称为湿空气的绝热饱和温度。

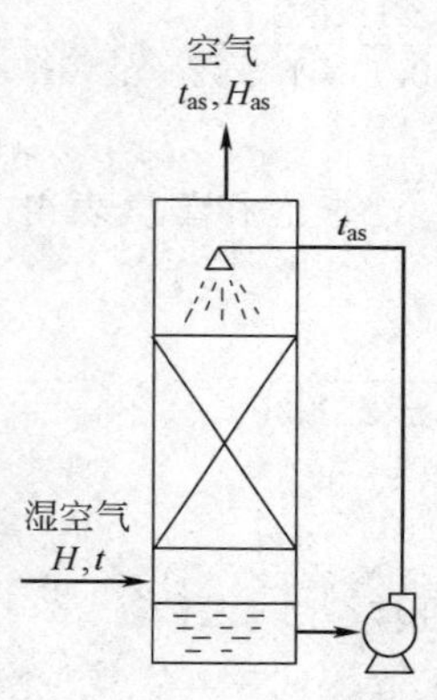

图 8-3　空气绝热增湿塔

在过程中，湿空气被取走的显热又被汽化的水汽以潜热形式返回，其焓值却基本不变，因此，湿空气的绝热增湿降温过程是一个等焓过程。

对空气-水汽系统，经实验发现，对湿度 H、温度 t 一定的湿空气，其绝热饱和温度 t_{as} 与湿球温度 t_w 基本相同，工程计算中，常取 $t_w = t_{as}$。

二、湿度图

由以上内容可知，湿空气性质之间都有一定的关系，用于表示湿空气各项性质相互关系的图线，称为湿空气的湿度图。

1. 湿度图的构成

在总压为 101.3kPa 情况下，以湿空气的焓为纵坐标，湿度为横坐标所构成的湿度图又称为 I-H 图，如图 8-4 所示。为了避免图线过于集中而影响正确读数，采用纵轴和横轴之间的夹角为 135°的斜角坐标；为了便于读取，将横轴上的 H 值投影到与纵轴正交的水平辅助轴上。

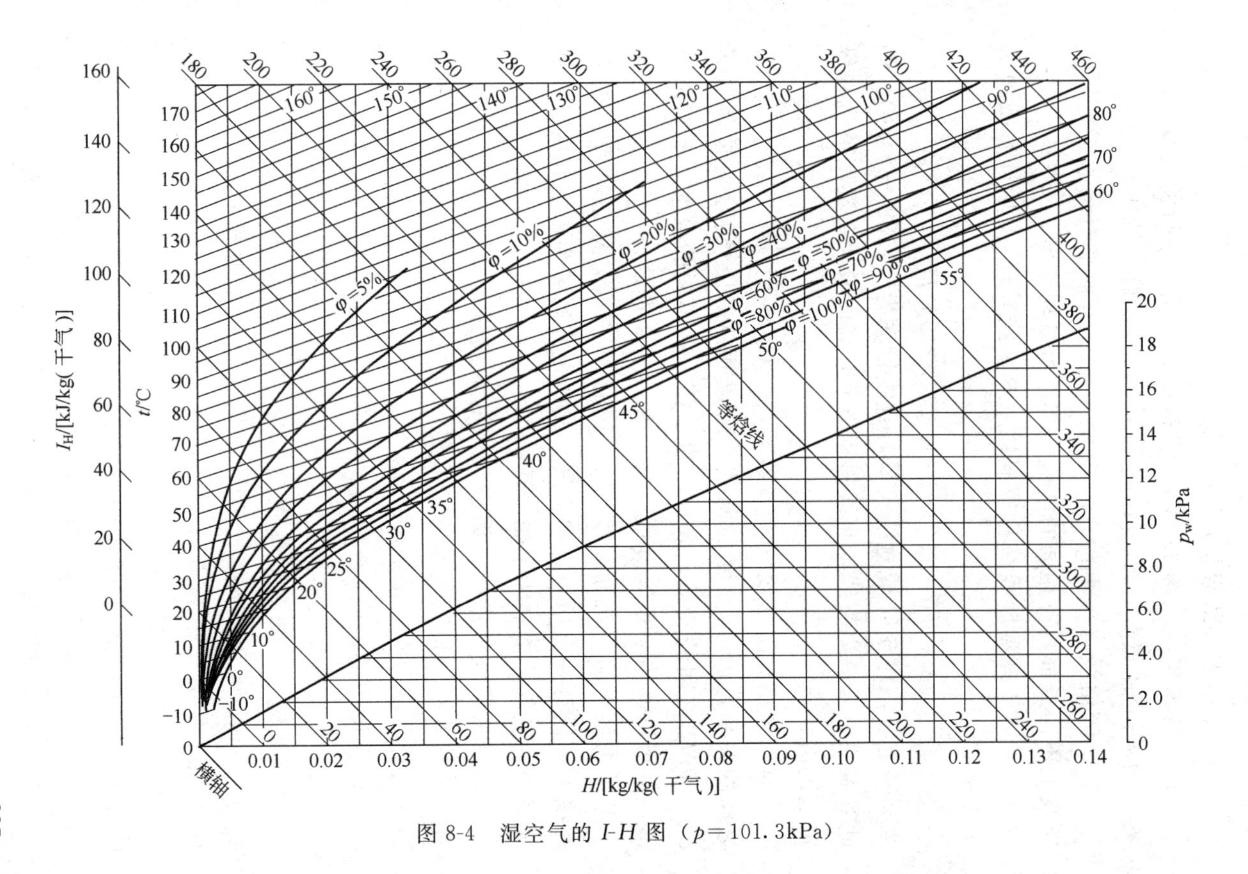

图 8-4　湿空气的 I-H 图（p=101.3kPa）

I-H 图由五种线束构成，其意义如下。

（1）等湿度线（等 H 线） 它是一组与纵轴平行的直线。同一条等 H 线的任意点，H 值相同，其值在辅助轴上读出。

（2）等焓线（等 I_H 线） 它是一组与横轴平行的直线，同一条线上不同点都具有相同的焓值，其值由纵轴读出。

（3）等干球温度线简称等温线（等 t 线） 将湿焓计算式改为如下形式

$$I_H = 1.01t + (1.88t + 2490)H$$

当 t 一定时，I 与 H 成直线关系，直线斜率为（$1.88t+2490$）。因此等温线也是一组直线，直线斜率随 t 升高而增大。温度值也在纵轴上读出。

（4）等相对湿度线（等 φ 线） 式（8-4）表示了 φ、p_s 和 H 之间的关系，p_s 是温度的函数，所以式（8-4）实际上是表明了 φ、t 和 H 之间的关系。取一定的 φ 值，在不同的温度 t 下求出 H 值，就可以画出一条等 φ 线。等 φ 线是一组曲线。

图中最下面一条等 φ 线为 $\varphi=100\%$ 的曲线，称为饱和空气线，此线上的任意一点均为饱和空气。此线上方区域为未饱和区，在此区域内的空气才能作为干燥介质。

（5）水蒸气分压线 湿空气中的水汽分压 p_w 与湿度 H 之间有一定的关系，将其关系标绘在饱和空气线下方，近似为一条直线。其分压读数在右端的纵轴上。

2. 湿度图的应用

（1）查取湿空气的性质

【例 8-5】 已知湿空气在总压为 101.3kPa，温度为 40℃，湿度为 0.02kg(水汽)/kg(干气)，试用湿度图求取相对湿度 φ、焓 I_H，湿球温度 t_w 和露点 t_d。

解： 温度为 40℃ 的等 t 线与湿度为 0.02kg(水汽)/kg(干气)的等 H 线，两线在 I-H 图中的交点 A，即为空气的状态点，见图 8-5。由 A 点可读得：$\varphi=43\%$，$I_H=92$kJ/kg(干气)。

由 A 点沿等焓线与饱和空气线交于 B 点，B 点所对应的温度

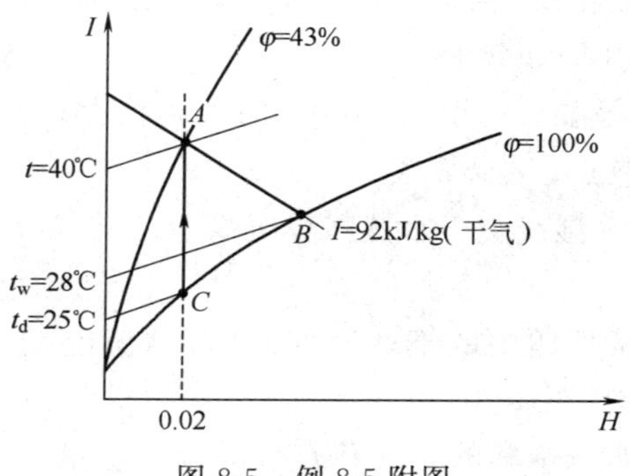

图 8-5　例 8-5 附图

即为湿球温度，$t_w=28℃$。

由 A 点引垂直线与饱和空气线交于 C 点，C 点所对应的温度为露点，$t_d=25℃$。

【例 8-6】 已知湿空气的总压为 101.3kPa，干球温度为 50℃，湿球温度为 35℃，试求此时湿空气的湿度 H、相对湿度 φ、焓 I_H、露点 t_d 及分压 p_w。

解： 由 $t_w=35℃$的等 t 线与 $\varphi=100\%$的等 φ 线之交点 B，作等 I_H 线与 $t=50℃$的等 t 线相交，交点 A 为此空气的状态点，见图 8-6。

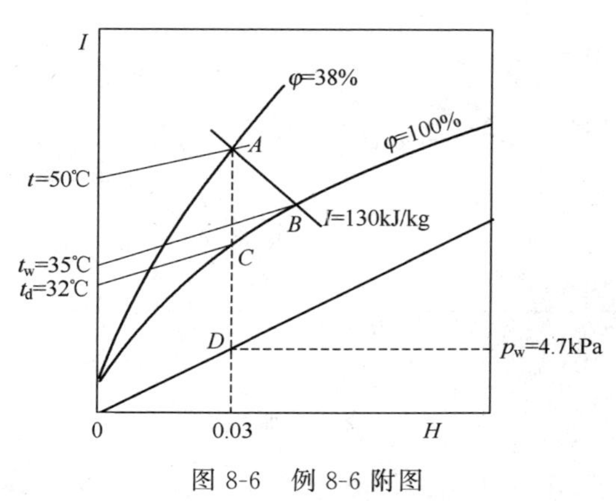

图 8-6　例 8-6 附图

由 A 点可直接读得：$H=0.03$kg(水汽)/kg(干气)，$\varphi=38\%$，$I_H=130$kJ/kg（干气）。

由 A 点沿等湿线交于 $\varphi=100\%$的等 φ 线上 C 点，C 点处的温度为湿空气的露点，$t_d=32℃$。

由 A 点沿等湿线交于水蒸气分压线 D 点，读得 D 点的分压值 $p_w=4.7$kPa。

比较以上两例题中的干球温度 t、湿球温度 t_w 和露点 t_d，不难得出以下结论：

对于未被水汽饱和的空气有 $t>t_w>t_d$；

对于已被水汽饱和的空气有 $t=t_w=t_d$。

(2) 湿空气状态变化过程的图示

a. 湿空气的加热和冷却　不饱和的湿空气在间壁式换热器中的加热过程，是一个湿度不变的过程，如图 8-7（a)，从 A 点到 B 点表示湿空气温度由 t_0 被加热至 t_1 的过程。图 8-7（b）表示一个冷却过程，若空气温度在露点以上时，在降温过程中，湿度不变，冷却过程由图中 AB 线段表示；当温度达到露点时再继续冷却，则有冷凝水析出，空气的湿度减小，空气的状态沿饱和空气线变化，如图中 BC 曲线段所示。

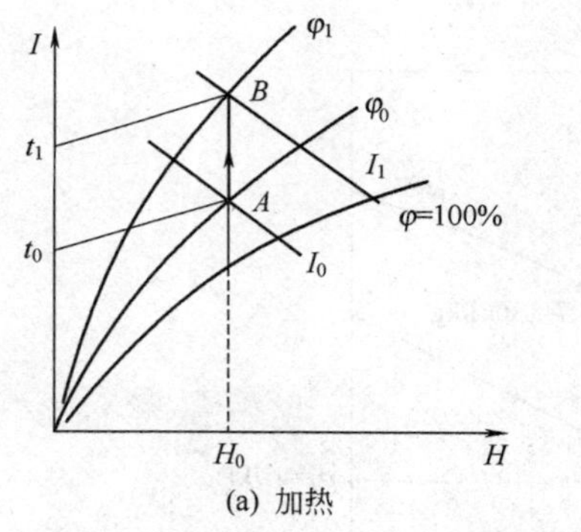

(a) 加热

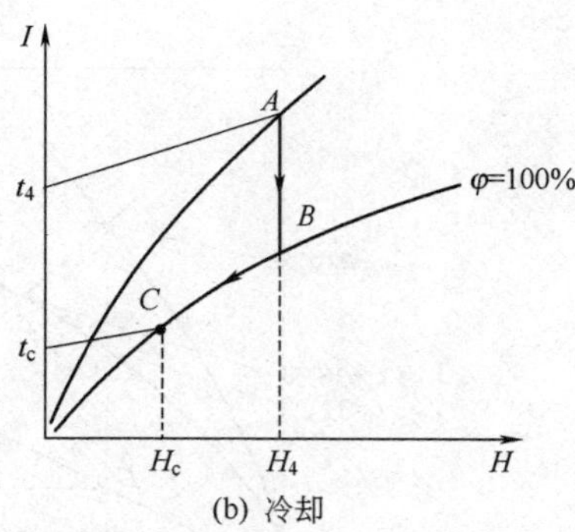

(b) 冷却

图 8-7　空气的加热和冷却

b. 湿空气在干燥器内的状态变化　湿空气在干燥器内与湿物

料接触过程中，湿度必然增加，其状态变化取决于设备情况。如设备是绝热的，即设备内没有热量补充和热损失，湿空气在干燥器内的状态变化可近似的认为是一个等焓过程，如图 8-8 中 AB 线所示；实际干燥过程中，干燥器并非绝热，若干燥器内有热量补充，其补充的热量大于热损失，则焓值可能增加，状态变化如图中 AB'线所示；如无热量补充，或补充的热量小于热损失时，则空气的焓值减小，空气的状态变化如图中 AB''所示。

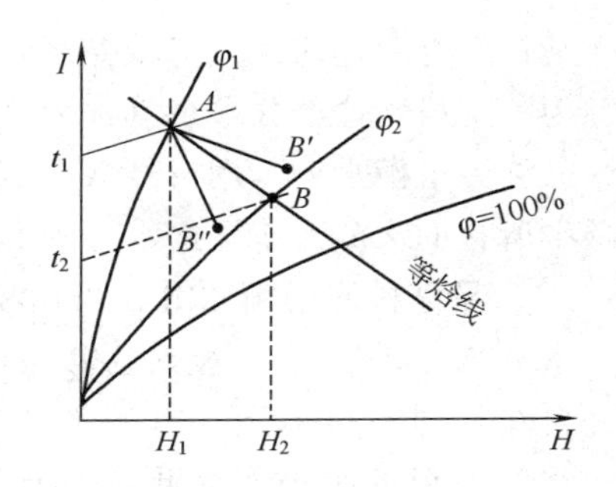

图 8-8　干燥器内空气状态变化图示

第三节　湿物料中所含水分的性质

干燥操作是在湿空气和湿物料之间进行的，干燥速率的快慢和效果不仅取决于湿空气的性质和流动状况，而且与湿物料中的水分性质有关。在相同的干燥条件下，有的物料很容易干燥，有的物料则很难干燥，这就说明这个问题。在一定的干燥条件下，根据湿物料中水分能否除去或除去的难易程度，可确定湿物料中水分的性质。

一、平衡水分和自由水分

在一定的干燥条件下，能用干燥方法除去的水分称为自由水分；用干燥方法不能除去的水分称为平衡水分。

当湿物料与一定温度和湿度的空气接触时，若湿物料表面所产生的水蒸气压大于空气中的水汽分压，则湿物料中水分将向空气中转移，干燥可以顺利进行；若湿物料表面所产生的水蒸气压小于空气中的水汽分压，则物料将吸收空气中的水分，产生所谓“返潮”现象；若湿物料表面所产生的水蒸气压等于湿空气中的水汽分压时，两者处于平衡状态，湿物料中的水分含量不会因与空气接触时间的延长而有变化。此时只要空气状态不发生变化，物料中的水分含量为一定值，这个含水量就称为该物料在此空气状态下的平衡含水量，又称为平衡水分，用符号 X_w^* 表示，单位为kg(水)/kg(干料)。物料中所含的水分大于平衡水分的那一部分水分量称为自由水分。

湿物料的平衡水分，可由实验测得，图8-9为几种物料的平衡水分 X_w^* 与湿空气相对湿度 φ 的关系图。由图可知，不同的湿物料在相同的 φ 值下，其平衡水分不同；同一种物料的平衡水分随空气 φ 值的减小而降低，当 φ 值减小为零时，各种物料的 X_w^* 均为零。也就是说，要想获得一个绝干物料，必须要有一个绝干的干燥介质，实际生产中是很难达到这个要求的。

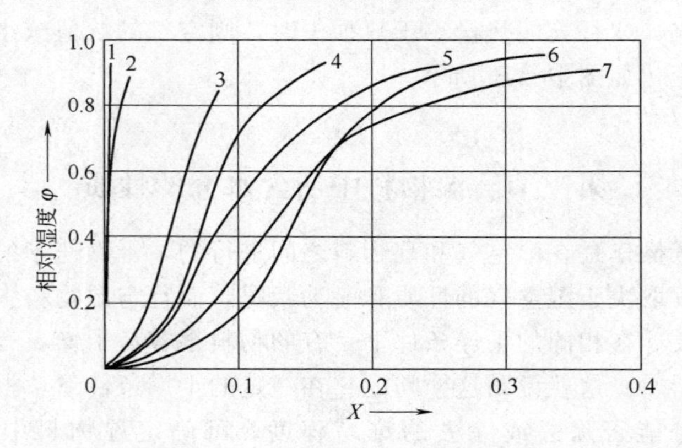

图 8-9　室温下几种物料的平衡曲线

1—石棉纤维板；2—聚氯乙烯粉（50℃）；3—木炭；4—牛皮纸；5—黄麻；6—小麦；7—土豆

二、结合水分和非结合水分

根据物料中所含水分除去的难易程度，可分为结合水分和非结合水分两大类。物料表面的吸附水分和较大孔隙中的水分，与物料之间结合力弱，所产生的蒸汽压与同温度下纯水的饱和蒸汽压相同，用干燥方法容易除去，称为非结合水分；湿物料毛细管水分和细胞壁内的水分与物料结合力强，所产生的蒸汽压低于同温度下纯水的饱和蒸汽压，用干燥方法较难除去，称为结合水分。

在一定的温度下，结合水分与非结合水分的划分完全由物料中所含水分的性质而定，与空气状态无关。当空气的相对湿度 $\varphi=1.0$（100%）时，物料表面水蒸气分压等于同温度下纯水的饱和蒸汽压，所以将图 8-9 中各物料的平衡曲线延长与 $\varphi=1.0$（100%）的水平线相交，交点所对应的含水量即是划分结合水分和非结合水分的分界线，如图 8-10 所示。

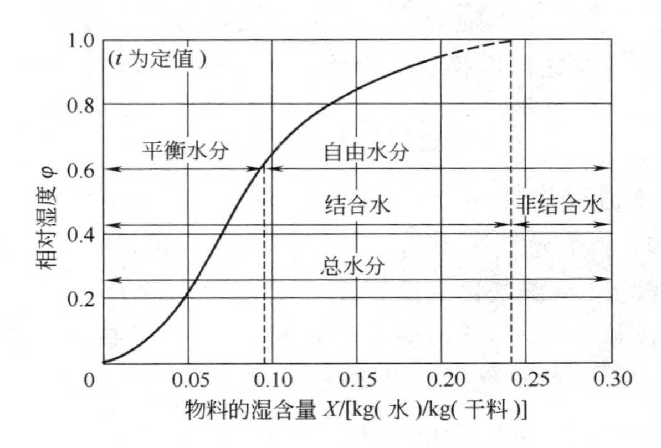

图 8-10　固体物料（丝）中所含水分的性质

第四节　干燥过程的物料衡算

物料衡算的目的在于求出干燥过程中的水分蒸发量和空气消耗量，为进一步确定空气预热器的热负荷、选用通风机和确定干燥器的规格提供有关数据。

一、湿物料中含水量表示法

常见湿物料含水量的表示法有两种：湿基含水量 a 和干基含水量 X_w。

（1）湿基含水量　单位质量湿物料中所含水分的质量，即湿物料中水分的质量分数，称为湿基含水量。

$$a=\frac{\text{湿物料中水分的质量}}{\text{湿物料总质量}}$$

（2）干基含水量　湿物料在干燥过程中，水分不断的被汽化移走，湿物料的总质量在不断变化，用湿基含水量有时很不方便。考虑到湿物料中绝干物料量在干燥过程中是不变的，以绝干物料量为基准的干基含水量，在应用时比较方便。所谓干基含水量，就是单位质量绝干物料中所含的水分量。

$$X_w=\frac{\text{湿物料中水分的质量}}{\text{湿物料总质量}-\text{湿物料中水分质量}}$$

两种含水量之间的换算关系为

$$X_w=\frac{a}{1-a}\quad \text{或}\quad a=\frac{X_w}{1+X_w} \tag{8-10}$$

二、水分蒸发量

图 8-11 为干燥系统中物料流动示意图。设进入干燥器的湿物料量为 G_1kg/h，湿基含水量为 a_1，干基含水量为 X_{w1}；出干燥器的干燥产品量为 G_2kg/h，湿基含水量为 a_2，干基含水量为 X_{w2}。若干燥过程中无物料损失，则物料中绝干物料量 G_c 为

$$G_c=G_1(1-a_1)=G_2(1-a_2) \tag{8-11}$$

水分蒸发量 W 为

$$W=G_c(X_{w1}-X_{w2}) \tag{8-12}$$

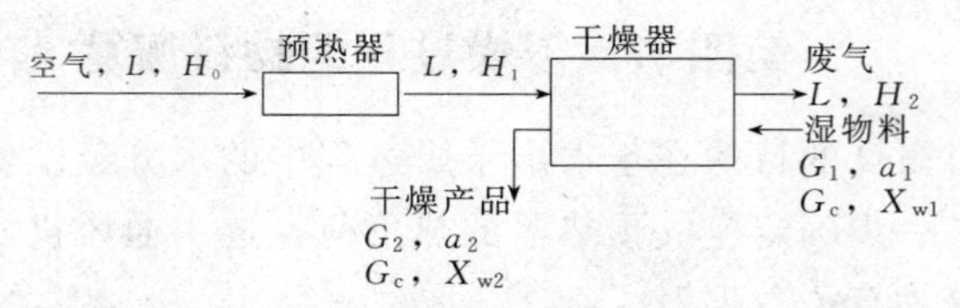

图 8-11　干燥系统物流示意图

三、空气消耗量

湿度为 H_1 的热空气通过干燥器时，其中绝干空气量不变，湿物料中所蒸发的水分 W 全部被空气所吸收，使空气在离开干燥器时的湿度增至 H_2。设每小时消耗的绝干空气量为 L，单位为 kg(干气)/h，即有

$$W=L(H_2-H_1)$$

绝干空气消耗量为

$$L=\frac{W}{H_2-H_1} \tag{8-13}$$

每蒸发 1kg 水分的空气消耗量称为单位空气消耗量，用符号 l 表示，单位为 kg(干气)/kg(水)。

$$l=\frac{1}{H_2-H_1} \tag{8-14}$$

由于进出预热器的空气湿度不变，H_1 与进预热器时的空气湿度 H_0 相同，即 $H_1=H_0$，式（8-13）和式（8-14）又可写为

$$L=\frac{W}{H_2-H_0} \quad l=\frac{1}{H_2-H_0}$$

由此可见，对一定的水分蒸发量而言，空气消耗量仅与空气的最初湿度 H_0 和最终湿度 H_2 有关，而与经历的过程无关。湿度 H_0 与气候条件有关，在相同水分蒸发量的情况下，显然夏季所消耗的空气量最多。干燥过程中用于输送空气的通风机，应以全年中最大空气消耗量为依据，通风机的通风量 V，可由绝干空气消耗量 L 与湿空气的湿比体积 v_H 的乘积来确定。

$$V=Lv_H=L(0.773+1.244H)\times\frac{t+273}{273} \tag{8-15}$$

式中的湿度 H 和温度 t 取决于通风机所安装的位置。若通风机安装在干燥器的出口处，则式中 $H=H_2$，$t=t_2$。

【例 8-7】 有一操作压力为 101.3kPa 的干燥器，干燥盐类结晶物，每小时处理湿物料量 500kg，湿物料中含水量由 30%被干燥到 2%（湿基）。湿空气进入预热器时的温度为 293K，相对湿度为 60%，经预热器被加热到 373K 送入干燥器。若空气离开干燥器时的温度为 313K，相对湿度已达 80%。试求：(1) 水分蒸发量；(2) 空气消耗量；(3) 风机安装在干燥器出口时的通风量；(4) 干燥产品量。

解：(1) 求水分蒸发量 W　先将物料中湿基含水量换算为干基含水量

$$X_{w1}=\frac{a_1}{1-a_1}=\frac{0.3}{1-0.3}=0.429$$

$$X_{w2}=\frac{a_2}{1-a_2}=\frac{0.02}{1-0.02}=0.0204$$

由式（8-11）求绝干物料量G_c

$$G_c=G_1(1-a_1)=500\times(1-0.3)=350\text{kg/h}$$

由式(8-12)求水分蒸发量W

$$W=G_c(X_{w1}-X_{w2})=350\times(0.429-0.0204)=143\text{kg/h}$$

(2) 计算干空气消耗量　查饱和水蒸气表，293K 时水的饱和蒸汽压为 2.334kPa，313K 时水的饱和蒸汽压为 7.375kPa。由式（8-4）得

$$H_0=0.622\frac{\varphi_0 p_{s0}}{p-\varphi_0 p_{s0}}=0.622\times\frac{0.6\times2.334}{101.3-0.6\times2.334}$$
$$=0.00872\text{kg(水汽)/kg(干气)}$$

$$H_2=0.622\frac{\varphi_2 p_{s2}}{p-\varphi_2 p_{s2}}=0.622\times\frac{0.8\times7.375}{101.3-0.8\times7.375}$$
$$=0.0385\text{kg(水汽)/kg(干气)}$$

代入式（8-13）

$$L=\frac{W}{H_2-H_0}=\frac{143}{0.0385-0.00872}=4802\text{kg/h}$$

(3) 风机安装在干燥器出口处的通风量为

$$V=v_H L=4802\times(0.773+1.244\times0.0385)\times\frac{313}{273}$$
$$=4519\text{m}^3/\text{h}$$

(4) 所获得的干燥产品量G_2

$$G_2=G_1\frac{1-a_1}{1-a_2}=\frac{500\times(1-0.3)}{1-0.02}=357\text{kg/h}$$

第五节　干燥器及干燥过程控制

一、干燥器的类型

干燥器的类型很多，本节仅介绍几种工业上常用的对流干

燥器。

（一）厢式干燥器

图 8-12 为厢式干燥器的结构示意图。它主要由外壁为砖坯或包以绝热材料的钢板所构成的厢形干燥室，和放在小车支架上的物料盘等组成。操作时，将需要干燥的湿物料堆放在物料盘中，用小车将其推入厢内，关闭厢门。新鲜空气由入口进入干燥器与废气混合后进入风机，通过风机后的混合气一部分由废气出口排出干燥器，大部分经加热器加热后沿挡板均匀的掠过各层盘内物料表面，将其热量传递给湿物料，并带走湿物料所汽化的水汽，增湿降温后的废气再循环进入风机。湿物料经干燥达到产品质量要求后，打开厢门，取出干燥的产品。

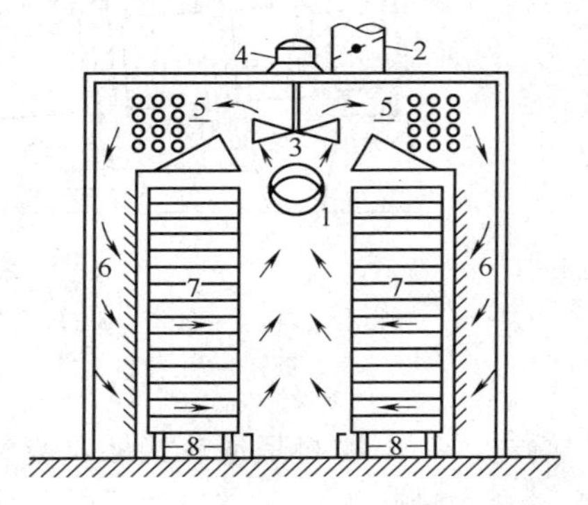

图 8-12　厢式干燥器

1—空气入口；2—空气出口；3—风扇；4—电动机；5—加热器；6—挡板；7—盘架；8—移动轮

厢式干燥器的结构简单，适应性强，可用于干燥小批量的粒状、片状、膏状、不允许粉碎和较贵重的物料。干燥程度可以通过改变干燥时间和干燥介质的状态来调节。但厢式干燥器中的物料不能翻动，干燥不均匀，所需干燥时间长，装卸劳动强度大，操作条件差等缺点。目前常用于实验室和小规模间歇生产。

（二）转筒干燥器

如图 8-13 所示，转筒干燥器主体是一个与水平面稍成倾角的钢制圆筒。转筒外壁装有两个滚圈，整个转筒的重量通过这两个滚圈由托轮支承。转筒由腰齿轮带动缓缓转动，转速为 1～8r/min。

湿物料从转筒较高的一端加入，随着转筒的转动，不断被其中的抄板抄起并均匀地洒下，以利于湿物料与热空气均匀接触。同时，物料在重力的作用下不断地向出口端移动。热空气一般由出料

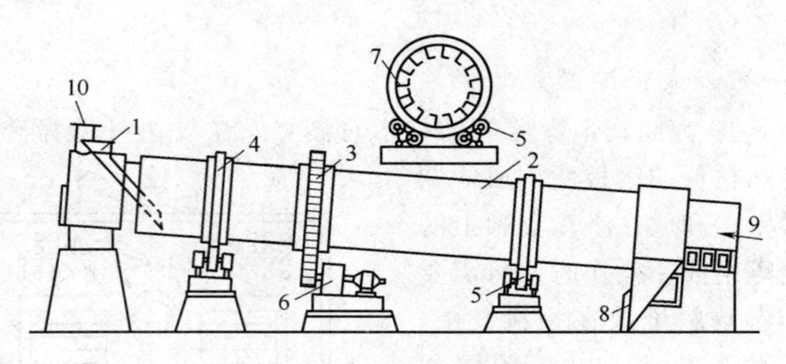

图 8-13　转筒干燥器

1—湿物料进口；2—转筒；3—腰齿轮；4—滚圈；5—托轮；6—变速箱；7—抄板；8—干物料出口；9—热空气进口；10—废气出口

端进入，与物料呈逆流接触，废气从进料端排出。如果被干燥的物料含水量较大，允许快速干燥，干燥后的物料又不耐高温，且吸湿性很小，可以采用并流操作。

转筒干燥器的生产能力大，气体阻力小，操作方便，操作弹性大。可用于干燥粒状或块状物料。缺点是钢材耗用量大，设备笨重，基建费用高。目前国内主要用于干燥硫酸铵、硝酸铵、复合肥以及碳酸钙等物料。

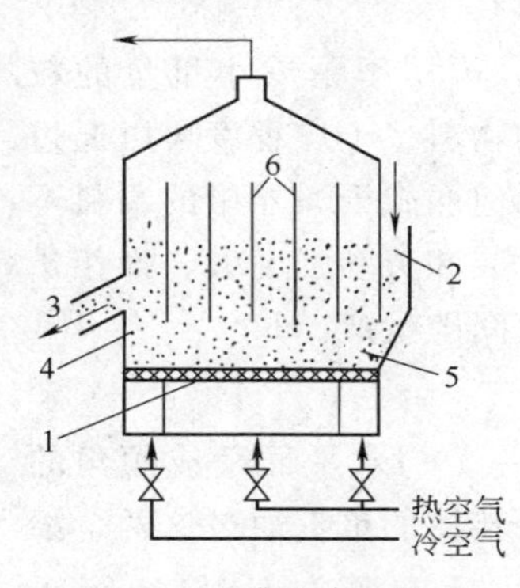

图 8-14　沸腾床干燥器

1—空气分布板；2—加料口；3—出料口；4—溢流堰；5—物料通道（间隙）；6—挡板

（三）沸腾床干燥器

沸腾床干燥器是流态化技术在干燥操作上的应用，图 8-14 为卧式多室沸腾床的构造示意图。干燥器外形为矩形，在器内用垂直挡板分隔成 4～8 个小室，挡板下缘与空气分布板之间留有一定的间隙，使物料能逐室通过。湿物料由第一室加入，依次流过各室，最后越过溢流堰板流出。热空气通过空气分布板，进入前面几个室，在一定的气流速度作用下，使物料上下翻动，互相混合，与热空气充分接触，实现热、质传递而达到干燥目的。当物料通过最后一室时，与下部通入的冷空气接触，使产品迅速冷却，以便于产品的包装、收藏。

沸腾床干燥器结构简单，造价低，物料在干燥器内的停留时间长短可以调节。两相接触好，干燥速率快，热效率高，多用于干燥粒径为 0.03～0.6mm 的散粒状物料。由于此种干燥器优点多，所以应用较广泛。

（四）气流干燥器

气流干燥器的构造如图 8-15 所示。它是利用高速流动的热空气，使物料加速以至悬浮在气流中，在气力输送过程中达到干燥目的。

操作时，热空气以约 20～40m/s 的流速由气流管下部向上流动，湿物料颗粒由静止被加速至与热空气相同的速度。尽管加速段的时间很短，但在该加速段内气固之间的相对速度大，气固之间的传热和传质系数都很大，使物料中的水分很快被除去。被干燥后的物料和废气一起进入气流管出口处的旋风分离器，废气由分离器的升气管从上部排出，干燥产品由分离器的下部引出。

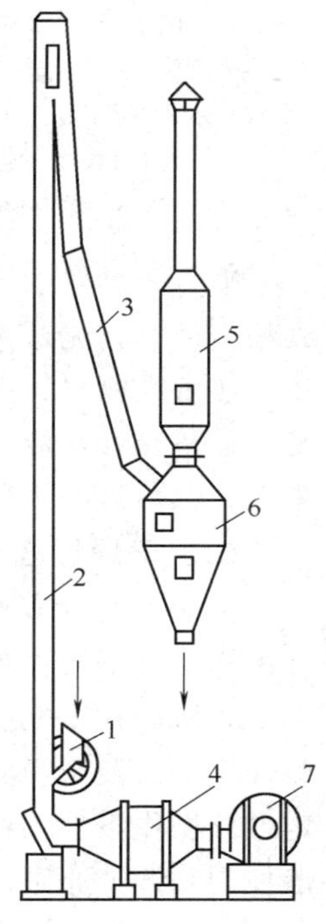

图 8-15　气流干燥器
1—加料器；2—直立管；3—物料下降管；4—空气预热器；5—过滤器；6—旋风分离器；7—风机

气流干燥器结构简单，造价低，占地面积小，操作稳定，便于实现自动化控制。由于干燥速率快，停留时间短，对一些热敏性物料在较高温下干燥也不会变质。其缺点是气流阻力大，动力消耗多，设备太高，被干燥的物料易磨碎，旋风分离器负荷大。目前主要用于塑料、化肥、染料、药品和食品等工业部门，干燥粒径为 10mm 以下含非结合水分较多的物料。

（五）喷雾干燥器

喷雾干燥器是用喷雾器将含水量在

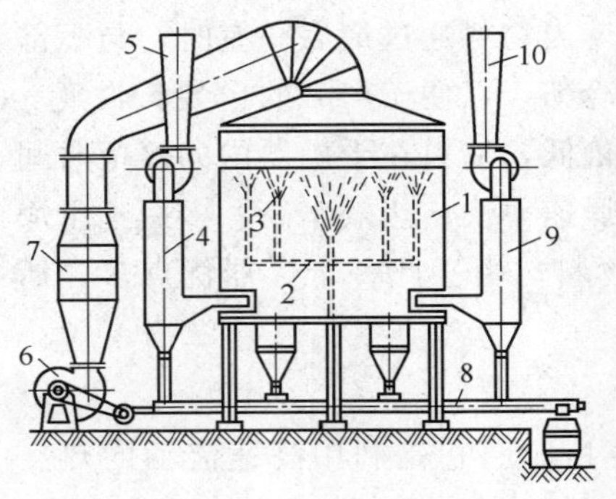

图 8-16　喷雾干燥器

1—干燥室；2—旋转十字管；3—喷嘴；4，9—袋滤器；5，10—废气排出管；6—送风机；7—空气预热器；8—螺旋卸料器

70%～80%以上的溶液、悬浮液、浆状或熔融液等喷成直径小于 10～60μm 的雾滴，分散于热空气气流之中，使水分迅速汽化，而达到干燥目的。

图 8-16 是一种喷雾干燥器。操作时，高压溶液从喷嘴中呈雾状喷出，由于喷嘴能随十字管转动，雾滴能均匀地分布于热气流中。热空气从干燥器上端进入，废气从干燥器下端送出，通过袋滤器回收其中带出的物料，再排入大气。

喷雾干燥器的干燥过程进行很快，时间短，可以从料液直接得到粉末产品，能避免干燥操作中的粉尘飞扬，改善了劳动条件；适用于热敏性物料；操作稳定，容易实现连续化和自动化操作。缺点是：设备庞大，能量消耗大，热效率低。它常用于洗涤粉、乳粉、染料、抗菌素的干燥。

二、干燥过程控制

工业中的对流干燥，所采用的干燥介质不一，所干燥的物料多种多样，且干燥设备类型很多，加之干燥机理复杂，至今还在探讨之中，所以在干燥操作时，应对所采用的干燥介质和所干燥的湿物料性质，以及干燥器的特性有一个充分的认识，根据具体情况，确定最佳操作条件。在这里仅介绍人们长期生产实践中总结出来的一般控制和调节原则。

对一个特定的干燥过程，其干燥器的性能；湿物料内所含水分的性质、含水量、温度以及干燥介质的初温和湿度是一定的。这样，能调节的参数只有空气的流量 L，进出干燥器热空气的温度 t_1 和 t_2，出干燥器时废气中的湿度 H_2。在实际操作中，t_2、H_2 的变化将影响到产品的质量和干燥操作的经济性，常调节的参数是进入干燥器的湿空气温度 t_1 和流量 L。

（一）干燥器出口温度 t_2 和湿度 H_2 对干燥操作的影响

当干燥器出口废气温度 t_2 升高时，对一定的 H_2，其空气的相对湿度较低，热空气与湿物料之间的传热和传质推动力都较大。显然 t_2 的升高可以提高干燥速率，增加物料中的水分汽化量，提高产品的质量和产量。但是 t_2 的升高，废气焓值增大，所带出的热量增加，热损失增多，热利用率降低。当 t_2 较低时，对一定的 H_2 值、φ 值必然增大，导致湿物料的平衡含水量增大，对干燥不利。对并流操作的干燥器，显然会造成已被干燥的产品返潮，使产品达不到现定的要求；对逆流操作的干燥，会造成干燥器的后部分汽化负荷增加，达不到预定的干燥目的。温度太低的废气进入后续设备或管路中，低于露点时，会有水分析出，从而造成设备的堵塞和材料的腐蚀。因此废气出口温度 t_2 不宜太高，也不宜太低。根据资料记载，当大气温度 t_0 为 0～30℃时，废气的出口温度宜控制在 60～120℃左右。

废气中的 H_2 增大，若出口温度 t_2 一定，则相对湿度 φ_2 必然增大。这样可使同量的干空气带走较多的水汽，减少空气消耗量，降低了操作费用。但是，出口湿度 H_2 的增大，将使过程的传质推动力减小，对一定的干燥器，为保证产品质量，会导致生产能力下降。

对一台特定的干燥设备，干燥介质离开干燥器的出口温度 t_2 和湿度 H_2 的最佳值，应通过操作实践来确定。要根据湿物料的含水量、温度情况以及季节的变化（空气作为干燥介质时）而及时进行调整。

（二）空气进入干燥器的温度 t_1 和流量的调节

当废气温度太低而引起产品质量达不到要求，或引起其他不利于干燥操作的情况时，可提高预热后热空气的温度 t_1，对相同的水分汽化量，其废气出口温度 t_2 将升高。t_1 的提高还可以增加传热和传质推动力，从而增大干燥速率。尤其对一些非结合水含量较多的物料，因干燥速率受传热过程的控制，效果较好；而对结合水分含量较多的物料，其干燥过程属于传质过程控制，t_1 的增加，不能明显的提高干燥速率，若控制得不好，反而会使物料焦化和龟裂。在物料性质允许的范围内，对一定的 t_2，提高 t_1 可以提高热利用率，增加干燥的经济性。

在 t_1 不允许增加太高或不能增加时，增加空气的流量也可以增加 t_2。对一定的水分蒸发量，所需要的热量一定，空气量的增加，带入干燥器内的总热量增多，而使空气在干燥器出口处的温度 t_2 有所提高；由于空气量的增加，使得废气湿度 H_2 降低；空气流速的增加，可以提高空气与湿物料之间的传热和传质系数，从而提高干燥速率。但是，空气量的增大，会造成热损失的增加；气速的增加，会造成产品回收负荷增加，产品回收率降低。

在有废气循环利用的干燥装置中，可以将废气一部分循环至预热器入口重新加热再送入干燥器，以此来提高 t_2 和空气的流速，从而提高传热和传质系数，减少热损失，提高热效率。但循环气的加入，使进入干燥器的热空气湿度增加，将使过程的传质推动力下降。因此采用废气循环操作，应根据实际情况，在保证产品质量和产量的前提下，调节适宜的循环比。

干燥操作的目的是将湿物料中含水量降至规定的要求，且不出现龟裂、焦化、变色和分解等物理和化学性质上的变化；同时，干燥操作的经济性，主要取决于热能利用率的高低。因此，在操作过程中应多者兼顾，才能在一个低能耗的条件下，获得高产和高质量的产品。

思 考 题

1. 什么叫干燥操作？对流干燥操作能够进行的必要条件是什么？

2. 对流干燥过程中，干燥介质的作用是什么？

3. 什么叫湿度和相对湿度？湿空气的湿度越低，吸湿能力越强，这种说法对不对？为什么？

4. 干球温度 t、湿球温度 t_w、露点 t_d 在何时相等？在不相等时，哪个最大？哪个最小？

5. 在干燥操作时，采用什么方法可使湿空气的相对湿度值降低？

6. 对同样的干燥要求，夏天和冬天哪个季节消耗的空气量大？为什么？

习　题

8-1　湿空气总压为101.3kPa。试求：(1) 空气在40℃和相对湿度为60%时的湿度和焓值；(2) 若湿度不变，将温度升高至100℃，此时空气的相对湿度又为多少？

8-2　空气的总压为101.3kPa，温度为30℃，其中水汽分压为3kPa。试求湿空气的比体积、焓值和相对湿度。

8-3　已知湿空气的总压为101.3kPa，温度为30℃，相对湿度为60%，试求：(1) 水汽分压、湿度、焓值和露点；(2) 将200kg/h的湿空气加热至80℃时所需要的热量；(3) 200kg/h湿空气所对应的体积流量 (m^3/h) 为多少？

8-4　空气的总压为101.3kPa，干球温度为70℃，露点为35℃，试用I-H图确定该空气的H、H_s、t_w、φ、I_H和p_w。

8-5　将温度为120℃，湿度为0.15kg(水汽)/kg(干气)的100m^3湿空气在101.3kPa的恒压下冷却。试分别计算冷却至以下温度时，空气中所析出的水分量：(1) 冷却至100℃；(2) 冷却至50℃；(3) 冷却至20℃。

8-6　将习题8-2中的空气在预热器中等湿加热至100℃，然后送入干燥器，设空气在干燥内的焓值不变，出干燥器时的废气温度为45℃。试确定干燥器出口废气中的湿度。

8-7　用一干燥器干燥某湿物料，已知湿物料处理量为1000kg/h，含水量由40%干燥至5%（均为湿基）。计算干燥水分量和干燥产品量。

8-8　用一常压干燥器干燥某湿物料。已知湿物料处理量为1500kg/h，含水量由42%干燥至4%（湿基）。若空气初温$t_0=293$K，相对湿度为$\varphi_0=40\%$，经预热后温度升至366K送入干燥器。废气离开干燥器时温度$t_2=333$K，相对湿度$\varphi_2=70\%$。试求：(1) 空气消耗量kg(干气)/h；(2) 通风机安装在预热器入口时的通风量 (m^3/h)。

8-9　室温下，相对湿度为50%的空气作为干燥木炭的干燥介质。原湿木炭中含水量为0.1kg(水)/kg(干木炭)。试用图8-9确定木炭在该空气中干燥时所能达到的最低含水量；每千克干木炭最多能除去多少水分。

第九章 化学反应器

学习目标

● 掌握：釜式反应器的基本结构和特点；固定床反应器的结构型式和特点；流化床反应器的基本结构和特点。

● 理解：工业生产对反应器的要求；反应器内的传热；流化床反应器内的流化现象。

● 了解：化学反应器的分类；管式反应器。

第一节 概 述

在一定条件下，用化学反应来制取某种物质的设备叫做化学反应器。化工单元操作是围绕化学反应，对化学反应前的物料进行预处理和反应后的物料进行后处理的物理过程。化学反应器是化工生产过程中的核心设备，它的结构型式和操作控制是生产中的关键问题。

同一个化学反应，即使操作条件一样，如果使用不同的类型或不同的规模，其反应结果也大不相同。这是因为在反应器内不仅有化学反应过程，同时还伴随着物理传递过程，如流动、混合、传热、传质等，使之产生温度和浓度分布，从而影响反应的结果。可见，化学反应过程的影响因素是错综复杂的，本章通过对几种基本反应器的结构和特点的介绍来阐述化学反应器的一些基本概念，为今后进一步学习、掌握反应器的操作、控制打下一定的基础。

一、化学反应器的分类

由于化学反应的类型繁多，操作条件各不相同，物料性质差异很大，因此工业生产上的反应器种类多种多样。反应器可以用许多方法分类，通常根据以下三方面进行分类。

（一）按反应器的结构型式分类

按反应器的外形和结构，可将反应器分为釜式、管式、塔式、固定床和流化床反应器等，如图 9-1 所示。

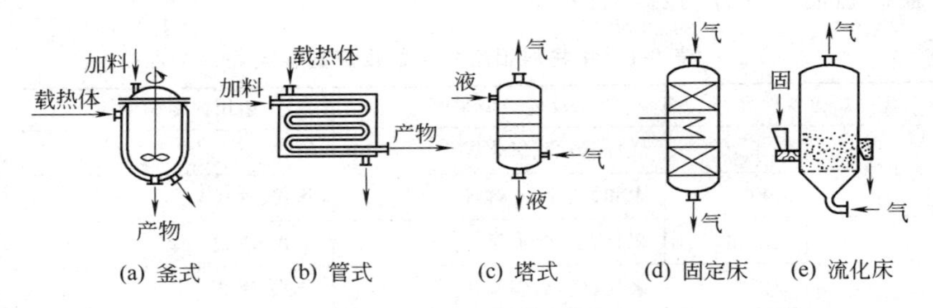

图 9-1　几种反应器的结构型式

（1）釜式反应器（又称为槽式反应器）　如图 9-1（a）所示，其高度（或长度）与直径比一般为 1～3。工业生产上，常压操作的叫反应锅，加压操作的叫反应釜。在釜式反应器内，为了使物料混合均匀，一般装有搅拌器；为了控制反应温度，设有换热装置。

（2）管式反应器　由各种类型的管子所构成，管子的长度与直径比很大，可以由多根管子串联或并联组成。图 9-1（b）为串联管式反应器。

（3）塔式反应器　一般为高大的圆筒形，内部设有增强两相接触的构件，如填料、塔板等，如同前述的填料塔和板式塔，如图 9-1（c）所示。这类设备常用于气液相或液液相反应。

（4）固定床反应器　在反应器内装填有固定不动的固体颗粒，这些固体颗粒可以是催化剂，也可以是固体反应物。反应器的外形是塔式或管式等。图 9-1（d）是在塔内装填固体颗粒的固定床反应器，气体自下而上通过固体颗粒层，达到反应的目的。固定床反应器在生产中的应用十分广泛。

（5）流化床反应器　如图 9-1（e）所示。一般反应器内的固体颗粒比固定床内的颗粒更小或呈粉末状，在自下而上的流体作用下，固体粉末悬浮在流体中，犹如沸腾着的液体，所以又称为沸腾床反应器。

（二）按物料聚集状态分类

按物料的聚集状态可将反应器分为均相反应器和非均相反应器。它们可以分为若干种，如表 9-1 所列。

表 9-1　按物料相态分类的反应器种类

反应器种类		反应类型举例	适用的结构型式
均相	气相	燃烧、裂解、氯化等	管式
	液相	中和、酯化、水解等	釜式、管式
非均相	气液相	氧化、氯化、加氢等	釜式、塔式
	液液相	磺化、硝化、烷基化等	釜式、塔式
	气固相	燃烧、还原、固相催化等	固定床、流化床、管式
	液固相	还原、离子交换等	釜式、塔式、固定床、流化床
	固固相	高温熔融（制造水泥、电石）	回转筒式
	气液固相	加氢裂解、加氢脱硫等	釜式、固定床、流化床、塔式

（三）按操作方式分类

按操作方法不同，反应器可分为间歇式、连续式和半连续式反应器三种，如图 9-2 所示。

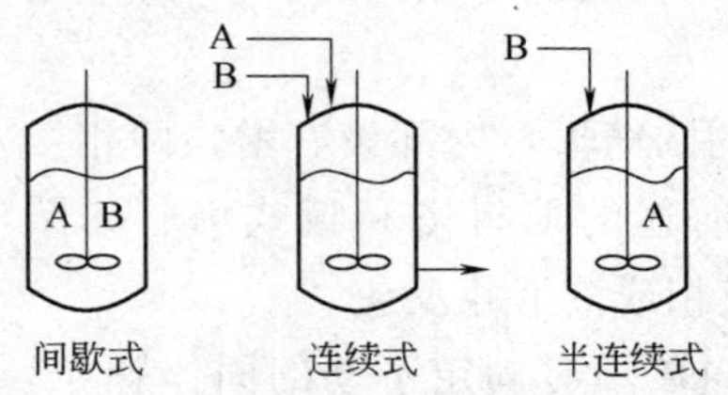

图 9-2　不同操作方式的反应器

间歇式操作是将物料一次性地加入反应器，按反应的条件（如反应温度），经过一定的反应时间达到规定的转化率后，将物料全部取出。每批包括加料、反应、卸料和清洗等步骤。

连续式操作是加料、反应和出料都同时连续地进行。目前大型化工生产操作都采用连续操作的反应器。

半连续操作是将其中一种物料一次全部加入，另一物料则以一定的速度连续加入，控制一定的反应条件，直至反应结束后将产物取出。

二、对反应器的要求

反应器的种类繁多，各有其特点和用途。通常对反应器有如下要求。

① 有必需的反应体积。足够的反应器体积能保证反应物有足够的停留时间，才能达到规定的转化率。

② 保证反应物之间有良好的接触状态。反应物的流动特性（层流与湍流）或混合状况如果出现大的波动，出现壁流与沟流现象时，对反应的好坏有很大影响，如局部过热，副反应加剧等。

③ 能有效地控制温度。反应过程必须在工艺要求的最适宜温度下进行，要求反应器能及时地供给或移走热量。

④ 操作安全可靠。

⑤ 经济合理。主要是指生产成本最低，从设备折旧费和操作费去分析，有时反应设备的费用在成本中的影响是很小的。

因为有各种各样的化学反应和生产过程，没有一种反应器能对所有的要求都适用。根据生产任务和工艺条件，必须明确选择的目的和对反应器的要求，有所侧重，反复比较，满足主要目的。

三、反应器内的传热

化学反应一般都伴随着热效应，许多化学反应是可逆放热反应，放热反应本身具有升温的能力。在实际生产中，反应器内操作温度

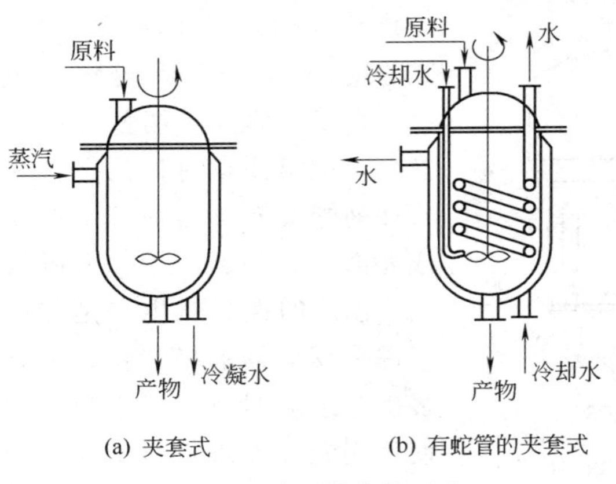

(a) 夹套式　　(b) 有蛇管的夹套式

图 9-3　反应釜的换热型式

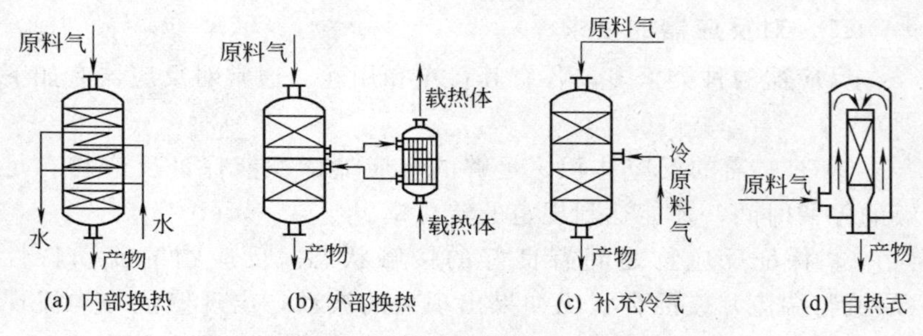

(a) 内部换热　(b) 外部换热　(c) 补充冷气　(d) 自热式

图 9-4　固定床反应器的换热型式

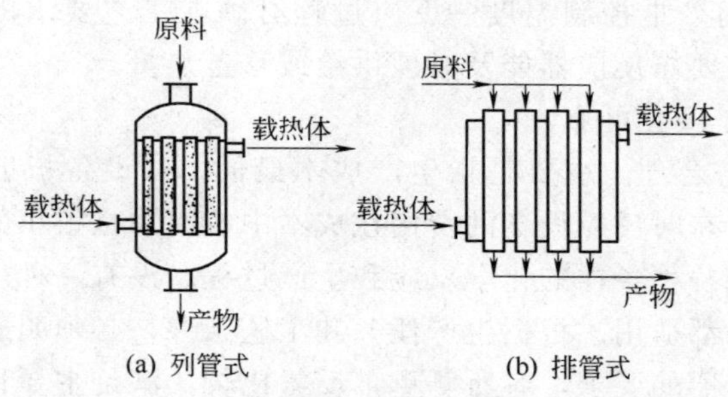

(a) 列管式　(b) 排管式

图 9-5　管式反应器的换热型式

的控制是十分重要的，温度的变化会影响化学平衡关系、反应速率、副产物的生成和产品的产量和质量，根据反应特征和温度控制的要求，考虑不同换热方式的反应器，使之易于操作又安全可靠。

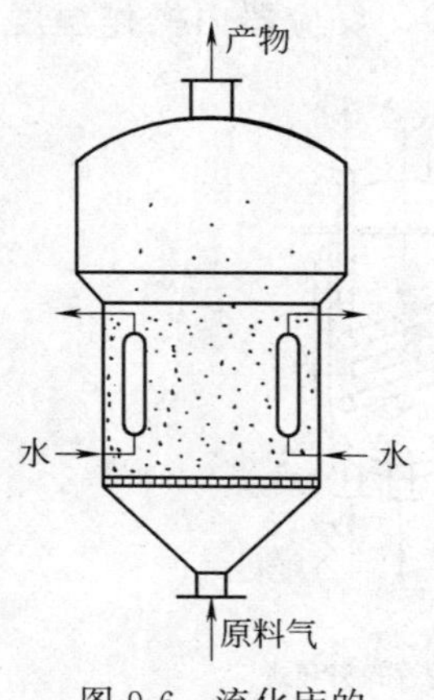

图 9-6　流化床的换热型式

当反应器内的热量通过间壁进行热交换时，如第四章讨论的夹套式，蛇管夹套式和列管式换热器均可用在反应器的内部或外部。如图 9-3～图 9-6 所示。

温度的控制对生产是如此重要，以至于许多反应器的换热器，有时需要采取很多措施或各种换热方法来提高传热速率，使反应温度能维持恒定，或者能有效的加以调节与控制。

第二节　典型化学反应设备

不同类型的化学反应器都有其独特的结构特点和操作要求，使之适应化学反应的多样性和复杂性。同一化学反应可以在不同的反应器内进行；但反应条件大同小异的不同化学反应也有可能在相同的反应器内进行。下面对主要反应器做简要介绍。

一、釜式反应器

釜式反应器（简称反应釜）是化工生产中常用的一种反应器，许多化学反应（如氧化、氢化、水解、中和、合成、混合等）都可以在反应釜中进行。

（一）反应釜的基本结构

反应釜主要由釜体、换热装置和搅拌装置等构成，如图 9-7 所示。

釜体由筒体和上下封头组成。必须提供足够的体积以保证反应物有一定的停留时间来达到规定的转化率；必须有足够的强度和耐腐蚀能力以保证操作安全可靠。

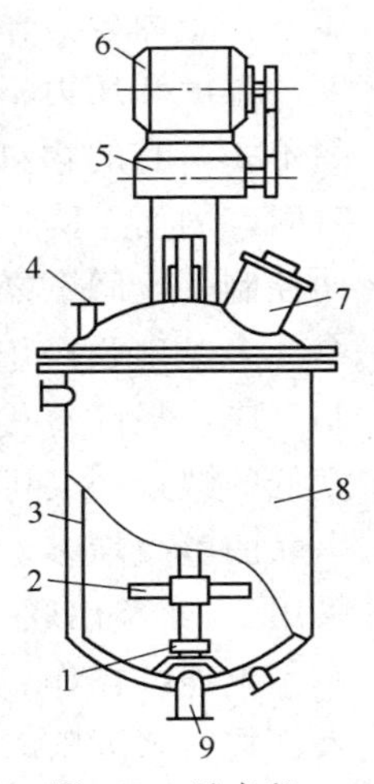

图 9-7　反应釜的结构

1—轴承；2—搅拌器；3—夹套；4—加料口；5—传动装置；6—电动机；7—人孔；8—釜体；9—出料口

换热装置常用夹套式，有的采用蛇管式，有的两者皆用。换热装置必须提供足够的换热面积，能有效地供给或移走热量，保证化学反应在最适宜的温度下进行。必要时还可以在外部设置换热器，将反应物引出换热后再引入釜内，并不断地在外部换热循环。

搅拌装置由搅拌器和传动装置组成。良好的搅拌装置能使釜内物料充分混合，均匀分散，增大接触面积，起到强化传热和传质的作用。

根据生产工艺的要求，在反应釜上还要设置各种接管，如物料进出口、排气口、人手孔、测温测压孔、防爆孔或安全阀等，所以反应釜的结构即要满足工艺条件的要求，又要能保证做到安全操作。

（二）反应釜的特点

反应釜可以在较宽的压力（高压、真空）和较宽的温度范围内操作；物料在反应器的停留时间可长可短；即可间歇操作，也可以半连续或连续操作；间歇操作时可以处理不同的物料或生产不同的产品；连续操作时可以用单釜，也可以用多釜串联操作。

间歇操作　物料一次性加入釜中，反应结束后一次性地排出。所有物料的反应时间相同，物料和产物的浓度及化学反应速率均随时间而变化，是一个非定态过程。这种间歇操作的生产能力小，产品质量不稳定，劳动强度大，不易自动控制和自动调节。宜于小批量、多品种的生产。

单釜连续操作　物料不断地加入，产物不断地流出。在搅拌作用下，釜内各点浓度均匀一致，出口浓度与釜中浓度相同，故浓度、温度和压力不随时间变化，属定态过程。但物料在釜内停留时间不一，有的物料可能很快离开反应釜，有的可能在釜内停留很长时间，因而会降低转化率。这种连续操作的产品质量稳定，易于自动控制，比间歇操作有较大的生产能力。宜于大规模生产。

多釜串联操作　不仅具有单釜连续操作的特点，还可以分段控制反应，提高每釜的推动力。克服单釜连续操作中返混大，物料浓度低的缺点；又可避免在单釜中温差大，难于稳定控制的缺点。但串联的釜数增多，设备的折旧费和操作费将增加，故实际生产中常采用2～4釜串联。

半连续操作　一种物料一次性的全部加入，另一种物料连续加入。物料浓度随时间不断地变化，是一个非定态过程。这种操作方式宜于小型生产，对放热剧烈的反应，用改变进料速度的办法来调节放热量的变化，达到控制温度的目的。

（三）反应釜的容积

反应釜主要用于液相反应，一般流体在反应前后密度变化不大，可视为等容过程。对一定体积的反应物，若反应器的容积大，所需反应器的个数就少。大设备的搅拌效果或混合效果较差，使物料的温度和浓度不均匀，从而降低转化率。反之，若反应器的容积小，则所需反应器的个数就多，相应的辅助设备增多，使设备费用和操作费用都相应地增加。所以，反应器容积与个数的关系，应从反应物的性质、生产要求、操作稳定、安全可靠和生产成本等因素全面的分析后确定。

1. 反应釜的有效容积（V_R）可按下式计算：

$$V_R=V_o(\tau+\tau') \tag{9-1}$$

式中 V_o——反应物的平均处理量，m^3/h；

τ——每批物料达到规定转化率所需的反应时间，h；

τ'——加料、卸料、清洗等辅助时间，h。

反应时间（τ）可参考动力学方程结合物料衡算求得，或者由生产经验值与实验值获得。辅助时间（τ'）根据生产过程，由实践经验确定。

2. 反应釜总容积（V）的计算

$$V=\frac{V_R}{\varphi} \tag{9-2}$$

式中 φ——装料系数，一般在 0.4～0.85 之间。对不起泡、不沸腾的液体 φ 可取 0.7～0.85，反之可取 0.4～0.6。

反应釜的规格已有系列标准，可供选用。当反应釜的总容积（实际容积）确定后，还要选定它的直径。如果选用的直径过大，水平方向的搅拌混合效果不好；如果选用的直径过小，则高度将增大，对垂直方向的搅拌又不利。一般采用高径比在 1～3 之间，常用的高径比接近 1。

二、管式反应器

管式反应器在化工生产中的应用越来越多，而且向大型化和连续化发展。同时工业上大量采用催化技术，将催化剂装入管内，使之成为换热式反应器，也是固定床催化反应器的一种结构型式，常用于气固催化过程。图 10-16 天然气加压催化蒸气转化法制合成氨原料气中的“一段转化炉”即是。

管式反应器的结构型式多样。最简单的是单根直管；也可以弯成各种形状的蛇管；当多根管子并联时，与列管换热器的形状类似，有利于换热。

管式反应器结构简单，可耐高温、高压，传热面积可大、可小，传热系数也较高，流体的流速较快，在管内停留时间短，便于分段控制温度和浓度。连续操作时，物料沿管长方向流动，反应浓度沿管长变化，但任意点上浓度不随时间变化，是一个定值。

三、固定床反应器

生产上所用固体物多是催化剂。最简单的固定床结构与填料塔类似，只不过用催化剂代替了填料。固定床催化反应器是近代化学工业上最普遍采用的反应器之一，常用于气固相催化反应。

（一）固定床催化反应器的结构型式

为了适应生产上的不同换热要求，根据不同的传热方式，固定床反应器可分为绝热式、换热式和自热式三种型式，如图 9-8～图 9-10 所示。

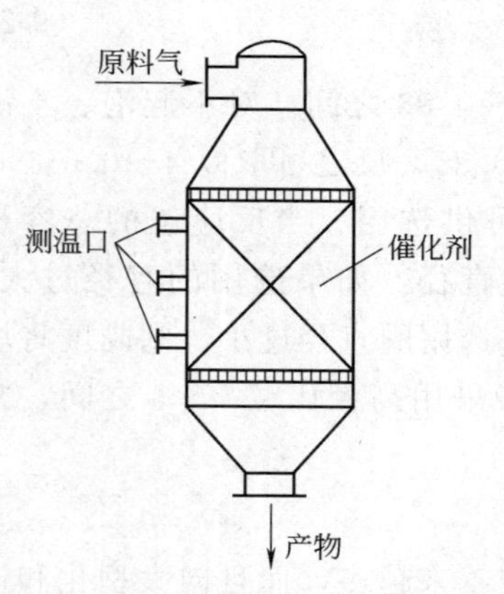

图 9-8　单段绝热式反应器

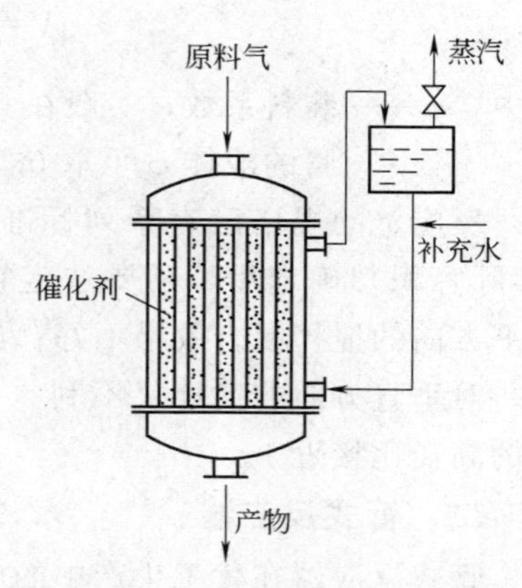

图 9-9　列管式固定床反应器

1. 绝热式固定床反应器（绝热式反应器）

绝热式反应器又分为单段和多段绝热式两类，是指在催化反应时不与外界进行任何热量交换。若是放热反应，反应过程中所放出的热量完全用来加热物料本身，物料的温度将升高，称为“绝热温升”。反之，为吸热反应时，物料的温度将降低，称为“绝热温降”。

单段绝热式反应器（又称简单绝热式反应器）　其结构为高径比不太大的圆筒状，无换热构件，筒体下部有栅板，上面装催化剂，相当于一个填料塔，如图 9-8 所示。反应气被预热到适当温度后，均匀地从上而下通过催化剂床层时进行化学反应，不致使床层松动，反应后的气体经下部引出。单段绝热式反应器结构简单，气体分布均匀，反应器内的体积可得到充分利用，且造价便宜，它适用于反应热效应较小，反应温度允许较宽的波动范围，副反应较少而转化率要求不高的场合。它的缺点是轴向温度分布不均匀，热效应大时反应区的温度易偏离适宜温度。

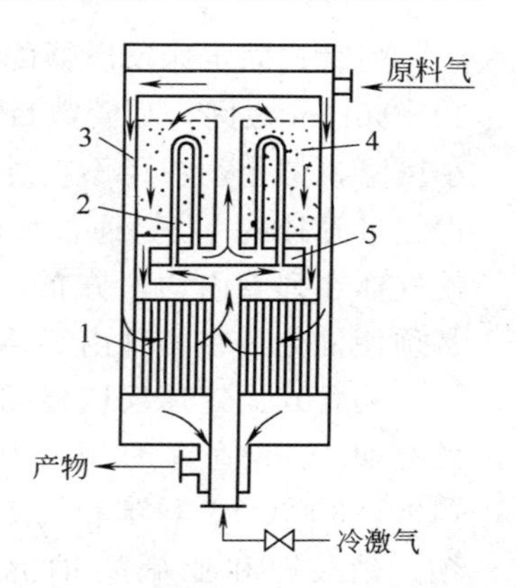

图 9-10　自热式反应器示意图
1—换热器；2—蛇管；3—夹套；4—催化剂；5—分气盒

多段绝热式反应器　将催化剂分成多段，在段与段间进行换热，使每段的绝热温升或绝热温降维持在生产工艺要求的允许范围之内。这样，既保持了单段绝热式的优点，又克服了单段绝热式的缺点，而且在一定程度上可以调节反应温度。其结构如图 9-4（a）、（b）、（c）所示。根据生产上的换热要求，可以在反应器外部设换热器，也可以在催化剂段间的内部空间设换热器，还可以在各段之间用冷原料气直接冷却，或者在工艺条件允许下直接在段间喷水冷却（称之为冷激式）。此类反应器适用于中等热效应的反应，每段的温度可以按最佳反应温度进行调节。

2. 换热式固定床反应器

换热式固定床反应器是利用其他物质作载热体，通过间壁移走或供给热量，以维持催化剂床层适宜的温度条件，所以又称对外换热式反应器。最典型的是列管式反应器，如图 9-9 所示。

列管式固定床反应器的结构与列管式换热器类同，列管直径在20～50mm之间，列管数目多的达数千根，管内装催化剂。为了减小压降，催化剂粒径不宜过小；为了避免壁效应，催化剂的粒径不得超过管径的1/8，通常采用的催化剂颗粒直径为2～6mm。为了使气体在列管内均匀分布，达到反应所需的停留时间和温度条件，必须使催化剂在各管内装填均匀，使各管的阻力相等。

列管式固定床反应器的管间走载热体。根据管内催化反应温度的高低选择适宜的载热体。常用的载热体有冷却水、加压水（100～300℃）、联苯和二苯醚混合物（200～350℃）、熔盐（硝酸钠、硝酸钾和亚硝酸钠混合物，300～500℃）、烟道气（600～700℃）等。载热体的温度与反应温度之差不能太大，以免靠近管内壁的催化剂过冷或过热。过冷时，催化剂低于活性温度不能发挥作用；过热时，可能加速催化剂老化而失去活性。当热效应较大时，为使径向温度比较均匀，应采用较小的管径，以增强传热效果。在图9-9中，当乙炔与氯化氢在催化剂作用下合成氯乙烯时，采用加压水为载热体，反应热使水沸腾部分汽化，分离出蒸汽后的水，再补充一部分加压水循环使用。这种用沸腾水换热的方法在100～300℃范围内都可适用。载热体的温度基本恒定，效果好，费用低，还副产水蒸气。

列管式固定床反应器的优点是传热效果好，容易保证床层温度均匀一致，特别适用于强放热的复杂反应。缺点是结构较复杂。

3. 自热式固定床反应器

自热式固定床反应器是使原料气通过间壁与产物进行换热，达到既控制催化剂床层的反应温度，又预热原料气到规定温度的双重目的，称为自热式反应器。这种反应器多用于放热反应，反应物的化学反应热足以将进料气预热到所规定的温度，做到热量自给，而不需另用载热体，如图9-10所示。

自热式固定床反应器内部有较多的换热装置，常在催化剂床层中设置U形管或套管，以便及时移走反应物所放出的热量。在反应器的下部设置列管换热器或螺旋板换热器，以便用进料气来冷却反应后的产物。为了更好的回收热量，还可以利用夹套装置来预热进料气，如合成氨和合成甲醇的反应器。

自热式反应器热量利用充分，但结构复杂，一般都用于热效应不大的高压场合。

（二）固定床催化反应器的特点

此类反应器中的固体催化剂处于静止不动状态，而原料气连续流过催化剂层时进行化学反应。故催化剂不易磨损，可以较长时间的使用。

固定床催化反应器的结构较简单，操作稳定，便于实现操作过程的连续化和自动化。

当反应器的高径比较大时，物料在反应器内可视为没有返混现象。物料的转化率沿流动方向逐渐增大，出口转化率最大。物料的浓度沿流动方向递变，反应速率快，可用较少的催化剂和较小的反应器容积获得较高的产量；由于停留时间可以严格控制，温度分布可以适当地调节，因此有利于提高化学反应的转化率，控制或减少副反应的发生。

另一方面，由于固体催化剂的导热性较差，又处于静止不动状态，从而使催化剂床层的导热性不好，床层的温度分布也不均匀，故反应床难以保持等温。而化学反应都伴随着热效应，反应的好坏又特别敏感地依赖于温度的控制（即温度明显影响反应速率、转化率、副反应等，还会使催化剂失去活性）。因此对热效应大的反应，及时地移走或供给热量，能有效地控制温度就成为固定床催化反应器必须考虑的难点和关键。这也是此类反应器的主要缺点。另外催化剂的颗粒直径不能太小（否则压降过大），因而催化剂的表面积有限；其次催化剂的更换和再生也较麻烦。

四、流化床反应器

使固体颗粒悬浮于流动的流体中，并使整个系统具有类似流体的性质，这种流体与固体接触的现象称为固体流态化。化学工业中广泛应用固体流态化技术于催化反应、颗粒物料燃烧气化、混合、加热、干燥、吸附、焙烧以及输送等过程中。

(一) 流态化现象

1. 流体通过床层的情况

当流体自下而上通过固体颗粒所构成的床层时，随着流速的增加，可能会出现以下现象：

(1) 固定床阶段　流速低时，流体只穿过静止颗粒间的空隙流动，固体颗粒之间不发生相对运动，犹如前述流体由上而下通过的固定床，所以这时的床层称为固定床。

流速逐步增大、床层变松、少量颗粒在一定区间内振动或游动，床层高度稍有膨胀。这时的床层为膨胀床。

(2) 流化床阶段　流速继续增大，床层继续膨胀、增高，颗粒间空隙增大，但仍有上界面，流体通过床层的压降大致等于单位面积上床层颗粒的重量，且压降保持不变。此时固体颗粒刚好悬浮在向上流动的流体中，床层开始流化，具有流体的性质，故称为初始流化或临界流化。相应的流速称为临界流化速率。

(3) 输送阶段　再增大流速到一定值时，流化床的上界面消失，颗粒被流体夹带流出，这时变为颗粒的输送阶段（可实现气力输送或液力输送）。相应的流速称为带出速率，其值等于颗粒在流体中的沉降速率。

2. 实际流化现象

上面讨论的是均匀颗粒的理想流化现象。实际流化现象与理想流化有所不同，其原因在于颗粒大小不一，颗粒的密度与流体（气体或液体）密度的巨大差异。实验发现存在着两种截然不同的流化现象。

(1) 散式流化　这种流化现象多发生在液固系统中，当液体的流速大于临界流化速率，而小于带出速率时，床层平稳并逐渐膨胀增大，固体颗粒均匀分散在液体中，颗粒间无显著的干扰，有一稳定的上界面，此种流化状态称为散式流化，又称均匀流态化，如图9-11 (a) 所示。散式流化比较接近于理想流化。

(2) 聚式流化　这种流化现象多发生在气固系统中，当气体的流速超过临界流化速率后，形成极不稳定的沸腾床，上界面频繁地

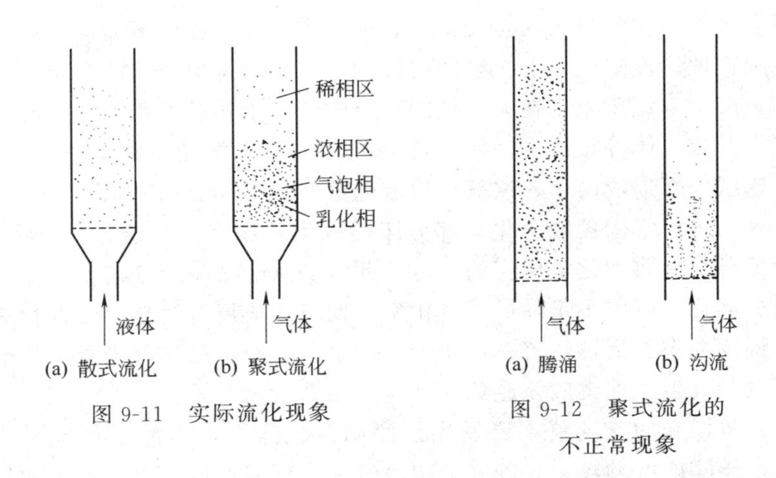

图 9-11　实际流化现象

图 9-12　聚式流化的不正常现象

上下波动。在床层上界面之下的浓相区存在着乳化相和气泡相，如图 9-11（b）所示。在连续的乳化相内气固均匀混合，空隙率小，接近起始时的流化状态。在床层的空穴处，气体涌向空穴，流速增大，并夹带少量颗粒以气泡的形式不连续地通过床层，在上升时逐渐长大、合并或破裂，使床层极不稳定，极不均匀，这种流化状态称为聚式流化（又称鼓泡流态化）。

聚式流化的上界面波动剧烈，一部分小颗粒被气体带出界面；气泡在界面处破裂时抛出一部分颗粒在界面以上，因而在界面以上形成一个稀相区。由于稀相区的存在，气体极易将细小颗粒带出反应器，在生产上增加了回收小颗粒的负担。

3．聚式流化中的不正常现象

（1）腾涌现象　在聚式流化中，如果静止床层的高度与直径之比过大，或气速过高，或气体分布很不均匀，则空穴内的气体在上升过程中合并，增大至与床层直径相等时，床层被大气泡分成几段，整段颗粒如活塞那样被气泡推动上移，然后在上部崩裂，颗粒以较小集合体或个别颗粒像雨一般地淋下，这就是腾涌现象（又称节涌现象），如图 9-12（a）所示。

腾涌不仅使气固接触变坏，床层温度不均匀，降低了转化率，还会加速固体颗粒之间与设备的磨损及带出，造成设备震动。此时压降在理论值附近上下大幅度的波动，应尽量避免。

（2）沟流现象　在大直径的床层中，由于颗粒堆积不均或湿度较大，或气体分布不良，使一部分或大部分气体经短路通过床层，在床层局部形成沟道，这就是沟流现象，如图 9-12（b）所示。

沟流使气固接触恶化，部分床层成为死床（未被流化），不利于传热、传质和化学反应的进行，此时的压降低于理论值。沟流现象在催化反应中不仅降低了转化率，而且造成局部过热，使催化剂被烧坏并失去活性；若在流化干燥中也会引起产品局部未干，局部又过干。生产上也应该避免。

腾涌和沟流现象主要发生在气固流化床中，生产上正常操作时，压降的波动较小。若波动幅度较大，可能形成了大气泡，如果压降突然上升，而后又突然下降，说明发生了腾涌现象；若压降一直比正常操作时低，表明有沟流现象产生。

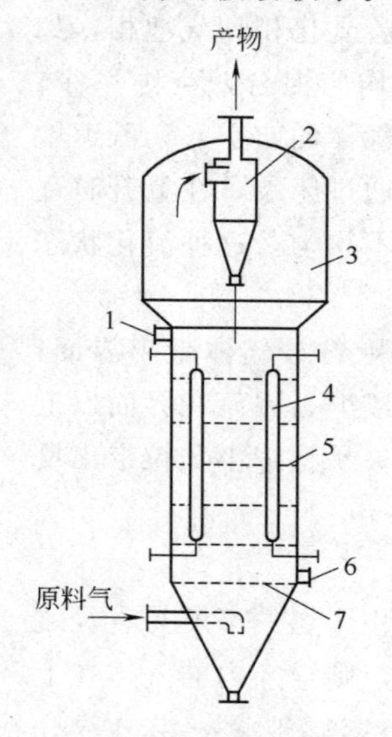

图 9-13　流化床结构
1—加料口；2—旋风分离器；3—壳体；4—换热器；5—内部构件；6—卸料口；7—气体分布板

只要选用适当的静床高度与床径之比，采用适宜的颗粒直径，注意颗粒的均匀性和湿含量，确定适宜的气速与气体分布方式，腾涌和沟流现象在生产中是可以避免的。

（二）流化床反应器的基本结构

流化床的结构型式很多，一般都是由壳体、气体分布装置、内部构件、换热器、气固分离装置和固体颗粒的加料、卸料装置所组成。图 9-13 为圆筒形流化床反应器，现对各部分的结构和作用作简要介绍。

（1）壳体　壳体由顶盖、筒体和底盖组成，筒体多为圆筒式，也有圆锥式的。其作用是提供足够的体积使流化过程能正常进行。

（2）气体分布装置　包括预分布器和分布板两部分。

预分布器是指气体进口的结构型式，要求气体均匀分布不产生偏流现象。目前用得多的是弯管式（如图 9-13 所示），其结构简单，气体进入不易产生偏流，操作可靠，不易堵塞。

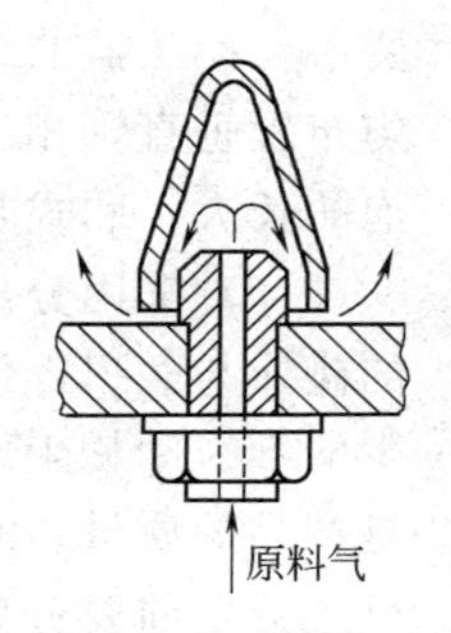

图 9-14　锥帽侧缝型

分布板是关键部件，大致有筛板型，侧流型（锥帽侧缝型，如图 9-14 所示）、密孔型和填料型，目前用得较多的是锥帽侧缝型。它的结构是否合理会直接影响流化质量。分布板的作用一是支承固体颗粒不至于漏下。二是均匀分布气体，造成良好的起始流化条件。故要求分布板能均匀分布气体，不会造成沟流现象，不漏不堵，阻力小，构造简单，具有良好的热稳定性和耐磨性。

（3）内部构件　流化床的内部构件型式主要有挡网或挡板（有时也将换热器归入内部构件）。当气速较低时，可选用金属丝网作挡网；生产上挡板比挡网用得多，目前常用的是百叶窗式挡板。内部构件就是在床层的不同高度设置若干个水平的挡板或挡网。

设置内部构件的作用：一是改善气固停留时间的分布，减少轴向返混，从而起到多床层的作用，能增大推动力和提高反应的转化率；二是改善流化质量，破坏气泡的生长和长大，减少颗粒聚集和床面的波动。对高床层和密度大的颗粒效果更显著；三是降低流化床层的高度，减少颗粒的带出。

采用内部构件后阻止了颗粒的轴向返混，但是颗粒沿床高产生分级，使床层纵向的温度梯度增大，颗粒的磨损也增大，这是不利的。

（4）换热器　其作用是供给或移走热量，使流化床反应维持在所要求的温度范围内。一般可在床层的外壳上设夹套或在床层内设换热器。

在流化床层内设置换热器时，主要是控制主反应区的热量或温度；还要考虑对流化床的流化有利，使换热器在床层内的投影面积要小。换热器的结构型式有管式和厢式，常用的管式是垂直管，均匀布置垂直管相当于纵向分割床层，可限制大尺寸的空穴，破坏气泡的长大；厢式是由蛇管组合而成，换热面积大，便于拆装。

(5) 气固分离装置　由于颗粒之间，颗粒与器壁和内部构件间的碰撞与磨损，使固体颗粒被粉化。当气体离开流化床后夹带有不少的细粒和粉尘，若带出反应器外即造成损失，又会污损后工序或是产品的质量，有时还会堵塞管路或后续设备。故要求气体在离开反应器之前要分离和回收这部分细粒，常用的气固分离装置有如下几种型式。

设置分离段　即在流化层的上方设置分离空间，如图 9-13 所示。操作气速越大，该分离空间也越大。此分离段使被抛散的和气流夹带的颗粒，能因气速的降低，借助重力而降落至流化床。

设置收尘器　即在分离段的上方至气体出口前的空间内装设收尘器。根据收尘器的结构，该段的直径可扩大，故又称为扩大段，其直径和高度由安装、检修收尘器方便的原则决定。常用收尘器的结构型式有旋风分离器和过滤管。

旋风分离器是流化床中常用的主要设备之一，也是价格便宜，结构简单的一种分离器。它利用离心力的作用，能将颗粒收集并返回床层，从而可使床层在细颗粒和高气速下操作时，不至于有太多的夹带损失。为提高分离效率，在压力允许情况下，有时可串联两个旋风分离器。

过滤管是在多孔管上包上丝网或玻璃布而制成。过滤管的分离效率高，但阻力大，网孔易堵塞，检修不方便。

(三) 流化床反应器的床型

为了适应生产的发展和不同化学反应的需要，因而有各种不同类型的流化床催化反应器，常用的床型有如图 9-15 所示的几种。

圆筒式流化床　这种床型无内部构件，结构简单，制作方便，设备利用率高，床层内混合均匀，是应用较广的床型之一[如图 9-15(a)]。它适用于热效应不大，接触时间长，副反应少的反应

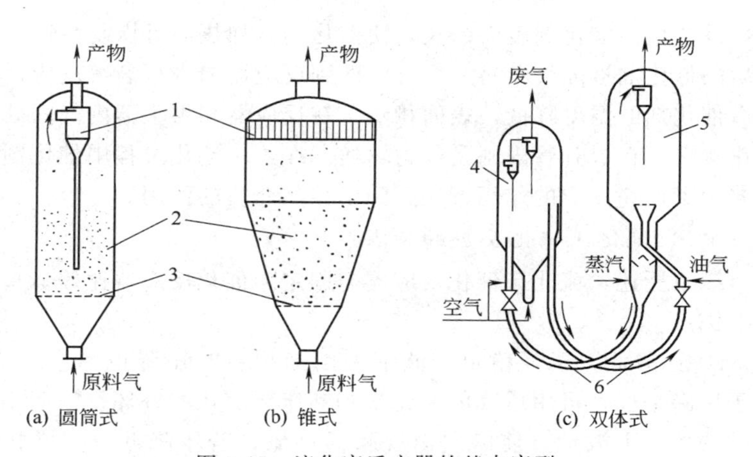

图 9-15　流化床反应器的基本床型

1—分离器；2—催化剂；3—分布板；4—再生器；5—反应器；6—提升管

过程。

锥式流化床　床层的横截面积由下而上逐渐增大，而气体的流速则逐渐减小[如图 9-15(b)]。故锥式宜于气体体积增大的反应，适用于固体颗粒大小不一（或粒度分布较宽，或催化剂易破碎）的物料，大颗粒在床层的下部，因气速大不会停落至分布板上成死床，小颗粒在流速不大的床层上部，减少细颗粒的带出。

设内部构件的流化床　是生产上广泛应用的一种床型（如图 9-13)。床层内设有挡板或换热器，或两者兼而有之，既可限制气泡的增大和减少物料返混，又可通过换热来控制一定的温度。这种床型适用于热效应大，又需控制温度在一定范围内，物料返混较轻的场合。

双体流化床　它是由反应器和再生器两部分组成[如图 9-15(c)]。反应器内进行流化床催化反应；再生器内使催化剂恢复活性，这样催化剂不断地在反应器与再生器之间循环运动，故这种床型特别适用于催化剂活性降低快，而再生又较容易的场合。图 9-15（c）所示为石油产品的催化裂解过程，在流化过程中，用空气将反应器内结炭的催化剂（失去活性）经提升管引入再生器；在再生器中烧掉催化剂表面的炭，使催化剂被加热而且恢复活性。再生后的催化剂被油气经另一提升管回到反应器内进行裂解反应，反应后催化剂的温度降低，表面积炭。在反应器和再生器内气固处于流化状态，在提升管内则是气力输送。在这一流化过程中催化剂不仅起到了加速反应的作用，还起到了传热介质的作用。

（四）流化床催化反应的特点

综上所述，流化床催化反应器与固定床催化反应器比较，具有如下优点。

① 压降低，压降稳定。就是采用细颗粒时压降也不会太大。由于压降平稳，可用压降的变化来判断床层流化的好坏。若压降大幅度的上、下波动，使床层出现腾涌现象；若压降低于正常操作值，床层内出现沟流现象或存在局部未流化的死床。

② 传热效果好，而且床层温度均匀一致，便于调节和控制温度。由于传热系数较大，在床层内可安装面积小的换热器；由于气固快速混合，温度分布均匀，能有效地防止局部过热现象。对热效应大，温度敏感的反应是很适用的，如氧化、裂解等催化反应，在焙烧、干燥等领域也得到较广泛的应用。

③ 颗粒粒度较固定床小，表面积大，加之气固不断地运动，有利于传热和传质。对加快反应速率，提高生产强度有利。

④ 颗粒平稳流动（类似液体），加入或卸出床层方便，有利于催化剂的再生，易于实现连续化和自动化操作。当固体颗粒为反应剂（如硫铁矿的焙烧）或目的产物（产品的干燥）时，流化床反应器是很适用的。

由于固体颗粒被流化，流化固体与真实流体之间的相似是有限的，而且还存在着操作中的物理因素，许多现象是真实流体不具有的。如流化固体颗粒的磨损，粉碎；操作不当出现沉降、架桥、不流动现象等。故流化床有如下缺点。

① 床层内气体的返混，气泡的存在以及腾涌和沟流现象等，使气固接触的均匀性和接触时间的长短出现差异；气体在床层停留时间的长短也不一致，从而降低了反应的转化率，甚至影响反应产

物的质量。在同样空速下，流化床的转化率比固定床低。

② 流化固体颗粒剧烈碰撞，造成催化剂的磨损和粉碎，以及颗粒对设备的磨蚀。细碎颗粒易被气体带出，为此必须设置颗粒回收装置。颗粒越细小，回收越困难。

流化床催化反应器的优点是主要的，因其生产强度大，适应性较强，可实现连续化和自动化，适宜大规模生产，因此在工业上得到越来越广泛的应用。但对易碎的催化剂颗粒是不能采用的。

思　考　题

1. 什么叫化学反应器？反应器与单元操作设备的主要区别是什么？
2. 化学反应器有哪些结构型式？
3. 生产上对反应器有什么主要的要求？
4. 反应器的换热型式有哪些？换热的目的是什么？
5. 反应釜的结构包括哪几部分？各部分的作用是什么？反应釜具有什么特点？
6. 管式反应器有哪些结构型式？具有什么特点？
7. 简述固定床反应器的结构型式及特点？
8. 流化床反应器的结构包括哪几部分？各部分的作用是什么？
9. 什么是腾涌现象和沟流现象？
10. 流化床催化反应器有什么特点？

第十章　化工生产工艺

学习目标

- 掌握：根据所选工艺，掌握工艺过程的原理、工艺流程、适宜的工艺条件及主要设备结构特点；在学习过程中，注意工艺过程与化工单元操作和反应器的联系。
- 理解：化工生产过程的经济效益、节能、安全生产和污染。
- 了解：测量和控制与工艺的关系；精细化工和生物化工。

第一节　概　　述

一、化工生产概述

化工生产的产品繁多，生产方法各异。统观这些生产过程不难看出，它们都是由各种单元操作设备和化学反应设备以不同的形式排列组合而成。同一种产品可以选择不同的原料，采用不同的生产方法；同样的生产方法中，又可以采用不同的工艺流程和工艺条件。随着科学技术的发展，可供选择的生产方法和工艺流程越来越多。根据原料或产品的不同，有的生产过程较为庞大，而且过程复杂，有的生产过程较为简单。对于较为庞大而复杂的过程，一般围绕一个或几个化学反应或以重要的单元操作组成不同的工序（或工段），把各工序有机地结合起来，组成一个完整的生产过程。许多化工生产中的物料流动为连续过程。在化工生产过程中，除应注意生产工艺本身外，还应注意经济效益、节能、安全生产和污染及治理等问题。本章主要介绍几种典型化工产品的生产原理、工艺流程、适宜操作条件和主要设备的结构特点等。

二、经济效益

在化工生产和建设领域中，必须讲求经济效益。只有这样，才能不断地积累资金，扩大再生产，满足社会日益增长的需要，满足市场竞争的需要。

高新技术的发展，不断推动着技术、产品、市场的升级和优化，把生产的重点转向知识和技术密集，附加价值高的化工新兴行业，以获得更高的利润和更有利的市场地位。

催化技术、分离技术、生物技术和计算机在化工过程的应用发展迅速。使在生产中选择具有最佳效果的单元设备和反应设备，使之联结成一个优化的生产过程，运行中保持最佳的操作条件，使投入的总费用最少，环境污染最小，运行平稳安全，获得的利润最多。

三、化工节能

1. 节能的意义

自从 20 世纪 70 年代世界发生石油危机以来，人们看到了能源问题的重要性。中国是一个能源消耗大国，在积极开发能源的同时，应把节能放在重要的位置。节能不只是关系到一个企业的经济效益问题，更应把节约能源提高到关系全社会可持续发展的高度来认识。

煤、石油、天然气既是化学工业的燃料和动力，又是化学工业的重要原料。化学工业属于高能耗行业，因此在化工生产中的节能显得更为重要。

目前，国内化工生产的技术差异很大，一些企业由于工艺技术落后，设备陈旧及管理等方面的原因，产品的能耗很高。不同原料生产每吨氨的能耗见表 10-1。单位产品能耗是工艺技术是否先进的重要标志，将直接影响生产的经济效益，所以降低能耗是化工生产中的重大课题。

表 10-1　生产 1t 氨的能耗比较

企业类型	原料	造气方法	能耗/10^6kJ
大型企业	天然气	加压蒸汽转化	35.2
	石脑油	加压蒸汽转化	36.8
	重油	加压蒸汽氧化	41.6
	煤	加压连续气化	48.6
小型企业	天然气	间歇蒸汽转化	61.7
	煤	间歇固定层气化	62.8

2. 节能的途径

化工节能的途径主要从以下几个方面考虑。

（1）热能的回收与综合利用。化工生产中许多化学反应是放热反应，回收和利用生产过程中产生的余热，可使能耗降低。如以天然气为原料生产合成氨（50t/h）的大型企业，利用余热生产工艺高压蒸汽，高压蒸汽可用于带动压缩机和泵，全厂所需动力的80％可由回收的余热供给，然后将降压的蒸汽用作工艺原料和加热介质，使电消耗降到每吨氨 10kW·h 左右。蒸汽富余的还可设发电机组。

在许多单元操作和化学反应过程中，需要先把工艺物料预热到一定的温度，过程进行完后又需要冷却降温。可采用热交换技术，利用余热来预热工艺物料，或者利用自身的反应热来预热工艺物料，达到预热和降温的双重目的。

（2）选用先进的高效节能设备。所谓高效节能设备，就是投资设备的折旧费与设备的操作费用最低，收益率较高的设备。化工设备在不断地改进，不断地优化。功能和作用相同，可供选择的各种设备越来越多。先进的设备能达到高效、低耗、安全、减少污染，其可靠性和节能性更优越。

完成同样的生产任务，往往单台设备比多台设备更经济，单台设备便于操作管理，便于实现自动控制。如输送同一流量的液体时，选用单台泵比用多台泵更节约电能，操作和维修费用也将降低。

（3）以节能为中心，开发新工艺，新的生产方法。包括以下内容。

① 改变原料的配比或组分；用低毒或无毒的原料代替有害的原料；提高原材料的有效率、回收率和循环利用率，从而降低原材料和能源的消耗，达到产品低耗、优质的目的。

② 开发和采用新的催化剂和各种化学助剂，使催化剂的活性高，反应温度低，反应压力低，使用寿命长。这样有利于提高生产率，降低能耗，减少污染。

③ 开发和采用新技术和新工艺。以便最合理地使用能源来进行生产。同时在生产过程中，使副产物和废弃物得到综合利用，从而减少或消除污染，使之成为一种节能、低耗、高效、安全、无污染的工艺技术。

④ 实现最佳操作条件和自动化控制。生产和化学反应在最优化的条件下进行，可以提高反应速率，提高转化率和产率，节约能源。整个生产过程全部采用自动化控制，能显著提高生产水平和降低成本，使操作更安全可靠。

四、安全生产

安全是人类求得生存和发展的最基本条件，并且安全所带来的效益是非常直接和关键的，甚至比设备、工艺带来的效益更重要。设备、工艺可能完不成生产任务，但并不能造成破坏性损失；而设备、工艺出现安全问题则不仅是不能完成生产任务，还能造成巨大的人身伤害和经济损失。

安全问题不只是管理、操作和注意的问题，更重要的是在于提高设备、工艺过程和整个生产系统的安全性、可靠性和自控能力。这就是以安全为目的的技术，能够预知、预测、分析危险、限制和消除危险的技术。

安全技术是科学技术的重要组成部分，它随着生产的发展而发展。现代化工生产装置和系统对工程技术的严格性、严密性和安全性提出了更高的要求。没有安全技术的生产工艺是不完善的，是没有使用价值的。为了实现安全生产，在科研活动、设备制造、设备安装和生产操作的各个环节中，都要运用安全技术去解决遇到的安全问题。事故是可以避免的。正确运用良好的专业知识去解决安全问题，是最好的防止事故的方法。无条件地遵守安全规则，以便最大限度地保证安全，这关系到每个人的切身利益。

五、化工污染

随着经济的发展，环境污染问题日趋严重。环境污染就是指有害物质对大气、水质、土壤和食物产生污染达到致害的程度，以及噪声、恶臭、放射性物质等对环境的损害。环境保护已成为全世界共同关心的全球化问题。如何把化工的发展与环境保护有效地结合起来，是化工可持续发展的关键问题。

各国政府和环保机构制定了一系列的环境法规，这些法规将对化学工业产生相当大的影响。一是对化工企业提出了更高的环保要求；二是“三废”的治理、白色污染及生物降解聚合物的研制，城市垃圾的处理等环保课题都与化学工业有着密切的联系。

环境保护不能走先污染，后治理的老路，不能单靠治理，要以预防为主，从源头入手、从工艺入手，指导生产工艺和与防止污染有机地结合起来，将污染物减少或消灭在工艺过程中，从根本上解决工业的污染问题，这就是少废无废技术，也称为清洁工艺或绿色工艺。它是一种低能耗、低消耗、无污染的工艺技术，是当今工业发展的大趋势，是科学技术进步的具体体现。

化工生产过程中排放的有害物质主要是废气、废水、废渣，通称为“三废”。

1. 化工污染物的来源

① 原材料不纯，含有微量杂质。有时候这些杂质是有害的，或是在生产过程中转变成有害废物。如某些原料含微量的硫、氯、砷、汞的化合物；有机原料中的芳香族化合物等。

② 反应条件有限，转化率不高。受反应条件的制约，参与反应的物质不可能全部转化为产物或产品，致使少部分物料作为废物排出。

③ 副反应和副产物的生成。一般化学反应除主反应和目的产物外，同时伴随着副反应和副产物的产生，副产物有时成为有害的废料。

④ 分离过程不完全，导致产物或废料变得有害。许多化学反应后需要净化提纯，除去那些对生产过程或产品质量有害的副产物。因分离不充分，使有害物质进入产品；而分离出来的副产物不能回收利用时，也作废物排弃。

⑤ 循环效应产生的放空废料。由于许多反应转化率不高，需要将净化后的反应物循环使用。在循环过程中，副反应产物或惰性气体积累到一定的比例时，常作为废料放空。

⑥ 化工生产中的加热炉、蒸汽锅炉使用燃料燃烧时，产生大量的废气和废渣。

⑦ 有害气体、液体、粉尘的跑、冒、滴、漏。

2. 化工污染的防治

随着生产的发展，产品种类的增加，排放的污染物种类越来越多，治理污染的技术越来越高，难度也越来越大。为防止环境被污染，中国已有环境保护法和各种污染物的排放标准。新建厂时，要求主体工程与防止污染的设施同时设计、同时施工、同时投产。对已建的工厂，应积极治理污染，使有害物质的排放达到国家规定的排放标准。

(1) “三废”的治理　由于产品种类、生产工艺、规模大小不同，生产中产生污染物的状态、性质、浓度有很大的差异，处理的方法是多种多样的，要根据具体情况进行综合治理，化害为利；或者通过净化处理，使“三废”符合国家的排放标准，以减少对环境的污染和危害。

① 化工废水的处理。根据不同污染物的特性，按作用原理可以将处理方法分为四大类，即物理法、化学法、物理化学法和生物化学法。就废水处理的深度而言，根据需要又可以分为一、二、三级处理，见表10-2。

② 化工废气的处理。大气的污染物主要来自燃料的燃烧和工业

表 10-2 废水的分级处理

级 别	可除去污染物的种类	处 理 方 法
一级处理	悬浮物、酸、碱、胶状物质等	过滤、沉降、上浮、中和、凝聚等
二级处理	溶解性的有机物	生物、化学处理
三级处理	不可降解的有机物、溶解的无机物	活性炭吸附、离子交换、电渗析、超过滤、反渗透等

生产过程排放的废气。就其存在的状态，可以分为气溶胶（烟和雾的总称）和有害气体两大类（如下所示）。

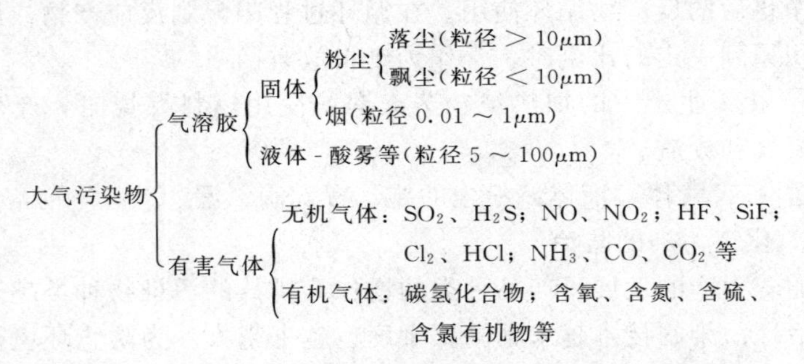

烟尘的治理，一是改造锅炉结构，使之燃烧完全；二是加强消烟除尘，制定严格的排放标准。常用的消烟除尘方法及设备有：重力式、过滤式和离心式除尘器；湿式除尘器；电除尘、除雾器等。

有害气体的治理要根据气体的不同性质，采用不同的方法和工艺流程。处理有害气体的方法很多，主要有催化还原法、液体吸收法和吸附法三大类。在选择不同方法治理废气的同时，要考虑变废为宝，达到综合治理和综合利用之目的。

③ 化工废渣的处理。根据固体废物的不同特性，采取相应的处理方法并充分利用。a. 固体废物资源化。即从废渣中回收有用的物质作工业原料（废铁、废塑料等）；将可燃物质作燃料，回收能量后，作土壤改良剂或肥料，作建筑材料（如炉渣制砖、水泥等）。b. 对废渣进行无害化处理。为防止有害废渣的渗漏、溶出而再次污染环境，可采用固化（与水泥掺合硬化）、烧成（高温下溶化）、辐射（用于污泥的处理，有效降解有机物、杀灭病菌、病毒

后，可用作农肥）等处理方法。c. 废渣的最终处理。废渣经回收利用，无害化处理后，最终处置就是填埋。可借填埋造地，在表土上种植物；在不破坏海洋生态的前提下，还可进行海洋投弃。

（2）从污染源入手，开发无废工艺　从工艺着手，把生产工艺和防治污染有机地结合起来，将污染物减少或消灭在生产过程之中，使原料和能源得到最合理的综合利用。

采用封闭循环系统，将生产过程中的废物经过一定处理后重新送回系统，从而形成一个闭路循环系统。在系统内部将废物最大可能地加以回收和利用，做到少排或不排废物。

（3）改进设备和操作　达到高效、低耗、安全、无污染。

六、测量和控制与工艺的关系

在化工生产中，对各种工艺变量都有一定的控制要求，例如温度、压力、流量、液位、成分（组成）等，而且必须及时地、准确地分析或测量出这些参数，这是实现化工过程自动调节与控制的依据和基础。

自动控制系统是为工艺生产服务的，自控设计人员不仅要熟悉自控技术，还必须熟悉工艺流程，操作条件，工艺参数，设备结构及性能，产品质量指标等，为自动控制系统的设计打下有利的基础。有时采用自控系统有可能简化工艺流程，取消或增加工艺设备，或者改变设备的选型等，为此自控人员和工艺人员还要密切配合。

合理选择被调参数是实现自控的关键一步。由于影响生产正常操作的因素很多，但并非所有因素都要加以自动调节。必须熟悉和认真分析工艺过程，找出对产品产量、质量及安全生产有决定性作用的、又可直接测量的工艺参数作为被调变量。如精馏过程要求产品达到规定的组成（摩尔分数），且尽可能的节约能量。但是，目前对组成的直接测量有一定的困难，往往滞后时间长达十几分钟到几十分钟（若组成分析的周期小于五分钟，即可用于自动调节系统），常用温度来代替组成作为被调变量，即用间接参数温度来控制产品的质量。

计算机在化工生产上的应用越来越广泛，已渗透到检测仪表领域，特别是一些成分分析仪表纷纷采用它，如以定量分析为主的色谱仪、红外线分析器、光电比色式分析器等。在计算机控制系统中，这些仪表应用专用数据处理装置，可以完成定量计算、自动分析任务。计算机控制系统可以通过集中控制而有效地发挥作用。在集中控制室内，仪表盘已发展成工艺模拟图，控制和指示仪表显示在工艺流程模拟图中适当位置上。有利于操作人员了解控制点和仪表的作用。

采用自动控制，改进操作，降低劳动强度，提高产品质量，保证生产安全，使之简便有效，所得到的效益可以抵消增加的仪表费用而有余。

第二节　硫　　酸

一、概述

（一）硫酸的性质

硫酸是三氧化硫与水的化合物。纯硫酸（H_2SO_4）的相对分子质量为98.08，是无色、无臭而透明的油状黏稠液体。

硫酸水溶液的密度与沸点随组成的增大而增大。当硫酸的质量分数在98.3%时有最大值，相对密度为1.84，沸点为336℃；大于98.3%时，密度与沸点又随组成的增加而降低。

硫酸是最活泼的无机酸之一，对金属材料的腐蚀性随硫酸组成和温度的增加而增大。浓硫酸具有极强的脱水性、氧化性和碳化等性质。浓硫酸的吸水能力很强，可作为气体的干燥剂，能使布、木、纸等有机物脱水碳化。

硫酸与水混合时放出大量的稀释热，故稀释硫酸时必须将硫酸缓慢注入水中，并不断搅拌；任何情况下都不允许将水注入硫酸中，以免热量集中引起爆炸或溅出硫酸而烧伤人。

发烟硫酸能放出SO_3，形成白色酸雾。

了解硫酸的性质，对指导生产，确定操作条件及安全规则有重要意义。

（二）工业用硫酸的种类及规格

硫酸与水可按任意比例混合，当SO_3与H_2O的摩尔分数比值等于1时，称为无水硫酸（即纯硫酸）；其比值大于1时，称为发烟硫酸；其比值小于1时，称为硫酸水溶液（即含水硫酸）。

生产上用得较多的是含水硫酸，含水硫酸的组成用质量分数表示；发烟硫酸的组成用所含游离SO_3的质量占全部发烟硫酸总质量的分数表示。工业用硫酸的规格有国家标准（GB 534—89），常用的规格种类见表10-3。

表10-3 工业硫酸种类

品　种	H_2SO_4的质量分数	游离SO_3的质量分数
浓硫酸	0.925 0.980	—
发烟硫酸	—	0.200

按用途不同还可以分为：工业硫酸、蓄电池硫酸、试剂硫酸、特种硫酸（用于特殊用途，对杂质含量要求很严格）。

（三）硫酸的用途

硫酸是化学工业中最基本的产品之一，是许多工业生产的重要原料。硫酸工业在国民经济中占有重要的地位，常被列入国家的主要重工业产品之中。硫酸是各种酸中用途最广，用量最大的酸，几乎没有一个工业部门不直接或间接地与硫酸有关。

无机化学工业：制造过磷酸钙（1t过磷酸钙需硫酸360kg）、硫酸铵等化肥；各种硫酸盐和磷酸等产品。

有机化学工业：生产各种磺化、硝化产品及酯、醚、有机酸、塑料、人造纤维、各种农药、有机染料和其他有机物。如生产1t锦纶需发烟硫酸1.7t。

石油工业：精炼石油产品，除去石油中的硫化物、不饱和烃等。如生产1t柴油需硫酸31kg。

冶金工业：铜、锌、铝、镁、镉、镍等金属的精炼；金属工业的电镀、搪瓷；金属的酸洗、除锈等都需用硫酸。

国防工业：制造炸药等。

原子能工业：硫酸用于离子交换从铀矿中提炼铀。

其他在制革、制药、油漆、电解、炼焦、机器制造、电池、食品等工业中都需用硫酸。虽然有些工业部门采用新工艺减少硫酸的消耗量，但是硫酸的总产量仍在不断地上升，增长情况见表 10-4。2002 年中国硫酸的产量达 3052 万吨，居世界第二位。

表 10-4　中国硫酸产量增长情况

年份	1949	1958	1965	1978	1995	2002
产量/万吨	4	74	225	517	1665	3052

二、生产硫酸的原料与方法

（一）生产硫酸的原料

生产硫酸所需原料有含硫物料、空气和水。通常所说生产硫酸的原料是指能够制得 SO_2 的含硫物料，含硫物料可以分为两类。第一类是天然原料：包括天然硫磺、硫铁矿、硫酸盐（石膏、芒硝）等；第二类是含硫的工业废料：包括冶金炉气中含 SO_2 的废气、炼焦中含 H_2S 的焦炉气、天然气和石油工业中含硫的废气、废液、废渣等，以及回收制得的硫磺。

（1）硫磺　是生产硫酸最理想的原料，其生产工艺过程简单，投资少，所得产品质量高，成本低。硫磺的来源有天然硫磺，从天然气、石油生产中及炼钢工业中回收的硫磺。

（2）硫铁矿　在中国硫铁矿是生产硫酸的主要原料。硫铁矿有三种，一是普通硫铁矿（呈金黄色，又称为黄铁矿），是分布较广的矿物，含硫 25％～52％，含铁 35％～44％，其余杂质有铜、锌、铅、砷、镍、硒、钴、碲等的硫化物以及钙、镁硫酸盐和碳酸盐，有时还含有石英及少量的金、银。其中砷和硒在生产硫酸时是有害的杂质。二是浮选硫铁矿。是浮选铜、锌、铅等硫化物矿时得到的副产物（又称尾砂），含硫为 30％～40％。由选矿厂来的浮选硫铁矿非常湿，焙烧前应进行干燥。三是含煤硫铁矿，是采煤或选煤后得到的副产物，一般含硫 35%～40%，含碳 10%～20%。

（3）硫酸盐　自然界存在的石膏（$CaSO_4 \cdot 2H_2O$）、芒硝（Na_2SO_4）可以作为生产硫酸的原料。如以石膏为原料，可与水泥联合生产；以芒硝为原料，可与纯碱联合生产。

（4）含硫工业废料　目前利用最多的是冶炼厂的含硫废气。利用工业废料制酸，化害为利，降低了成本，减少了污染，保护了环境。

生产硫酸对原料的选择要因地制宜，既来源要充足、方便，又要使成本低廉。据有关资料统计，中国硫酸生产中以硫铁矿为原料的占 71%，以废气为原料的占 12%。

（二）接触法生产硫酸

生产硫酸所采用的原料不同，制造 SO_2 的化学反应也会不同，则生产工艺流程也不一样。同一种原料也有多种不同的生产流程。不同原料用接触法生产硫酸的方法，见图 10-1。

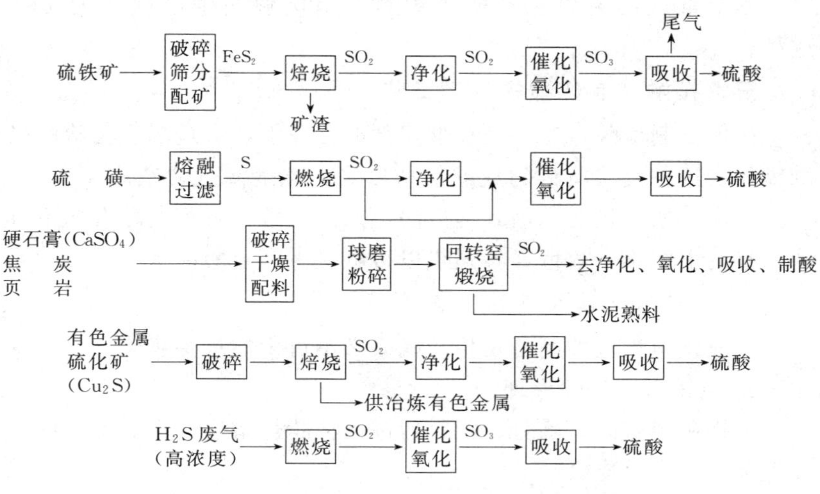

图 10-1　不同原料用接触法生产硫酸的原则流程

从上述不同原料的生产过程可见，接触法制硫酸主要有三个化学反应步骤，其余均属物理单元操作过程。

① SO_2 的制备（焙烧工序）；

② SO_2 的催化氧化（又称转化工序）；

③ SO_3 的吸收（吸收工序）。

由于原料不同，制造 SO_2 的化学反应及方法也不同（见表10-5），并且所含的杂质也不一样，使后续工序的净化方法有较大的差异。

表 10-5　不同原料制 SO_2 的反应方程式

原　　料	反 应 式
硫铁矿	$4FeS_2 + 11O_2 \longrightarrow 2Fe_2O_3 + 8SO_2$
硫磺	$S + O_2 \longrightarrow SO_2$
石膏	$2CaSO_4 + C \longrightarrow 2CaO + 2SO_2 + CO_2$
硫化矿	$Cu_2S + 2O_2 \longrightarrow 2CuO + SO_2$
废气	$2H_2S + 3O_2 \longrightarrow 2SO_2 + 2H_2O$

本节重点讨论以硫铁矿为原料，用接触法生产硫酸的工艺过程。

三、接触法制硫酸的生产工艺

接触法制硫酸，主要是在催化剂的存在下，进行二氧化硫的接触氧化。这种方法所得的成品酸浓度高，纯度高（含杂质少），生产强度大，成本较低。用其他方法生产浓硫酸、发烟硫酸有的不可能，有的很困难，故世界各国仍以接触法生产硫酸为主。

（一）二氧化硫炉气的制备

二氧化硫炉气的制备是生产硫酸必不可少的首要步骤。

1. 硫铁矿的焙烧原理

硫铁矿经破碎、筛分、配料后进入沸腾炉焙烧，在高温下依次发生下述三个反应。

（1）硫铁矿中二硫化铁首先发生分解反应，生成硫化亚铁和硫蒸气。

$$2FeS_2 \longrightarrow 2FeS + S_2\uparrow - Q$$

（2）硫蒸气燃烧，氧化生成二氧化硫。

$$S_2 + 2O_2 = 2SO_2\uparrow + Q$$

（3）硫化亚铁继续燃烧生成三氧化二铁和二氧化硫。

$$4FeS + 7O_2 = 2Fe_2O_3 + 4SO_2\uparrow + Q$$

合并以上三式，总化学反应方程式为：

$$4FeS_2 + 11O_2 = 2Fe_2O_3 + 8SO_2\uparrow + 3411kJ$$

该反应放出的热量足以维持反应温度还有余，需移走多余的热量（可副产蒸汽），保证焙烧反应在工艺要求的温度下进行。反应生成的 Fe_2O_3 呈红色，作为炉渣排出。

当空气用量不足（氧浓度低）时，会发生下列反应：

$$3FeS_2 + 8O_2 = Fe_3O_4 + 6SO_2 + 2435kJ$$

实际生产中，Fe_2O_3 和 Fe_3O_4 都存在，至于何者更多，决定于空气用量和温度等条件。

除上述主要反应外，焙烧过程中的副反应有：少量 SO_2 生成 SO_3；钙、镁的碳酸盐分解为 CO_2 和氧化物；钙、镁的氧化物又与 SO_3 反应生成相应的硫酸盐；砷、硒化合物转化成氧化物，呈气态存在于炉气中；氟化物生成氟化氢进入炉气等。

可见，焙烧后炉气中含有 SO_2、SO_3、O_2、N_2、As_2O_3、SeO_2、HF、水蒸气和矿尘等。只有 SO_2 和 O_2 是制酸所需的原料，N_2 是惰气，其余均为有害成分，必须除去。

2. 硫铁矿焙烧的工艺条件

硫铁矿在焙烧时不仅要烧得快，而且要烧得透，使炉渣中残余的硫要少。可从以下影响因素着手，确定工艺的操作条件。

（1）温度　在焙烧反应中，FeS_2 的分解速率大于 FeS 的燃烧速率，故 FeS 的燃烧反应对整个焙烧过程起主要作用。提高温度，氧向 FeS 固体表面的扩散加快，焙烧速率将增快。温度的提高以不使矿料熔融结块为限，否则影响焙烧的正常进行。

在沸腾炉中，焙烧温度一般控制在 850～900℃。

（2）硫铁矿粒度　粒度越小，气固接触面积增大，内扩散阻力降低，焙烧速率越大。粒度过小，破碎负荷增加；炉气含尘增多，给炉气净化造成困难。

在沸腾焙烧中，矿料的粒度一般在 6mm 以下，常为 0.07～4mm 之间。

（3）空气用量　硫铁矿在沸腾炉中的焙烧，采用鼓入空气使颗粒呈“沸腾”状态（即在流化床阶段操作）。加大空气用量，加剧气固的相对运动，提高氧气通过矿粒的内扩散速率，从而提高焙烧速率，使焙烧更完全。但风量不宜过大，氧过多会加快 SO_3 的生成，且使炉气中含尘增多，既降低 SO_2 的含量，又加重了净化负荷。

3. 沸腾焙烧炉

沸腾炉是制备 SO_2 的关键设备，中国硫酸厂均采用沸腾焙烧炉。该设备是利用固体流态化技术，使矿粒悬浮在气流中完成焙烧反应。沸腾炉的基本结构见图 10-2 所示。

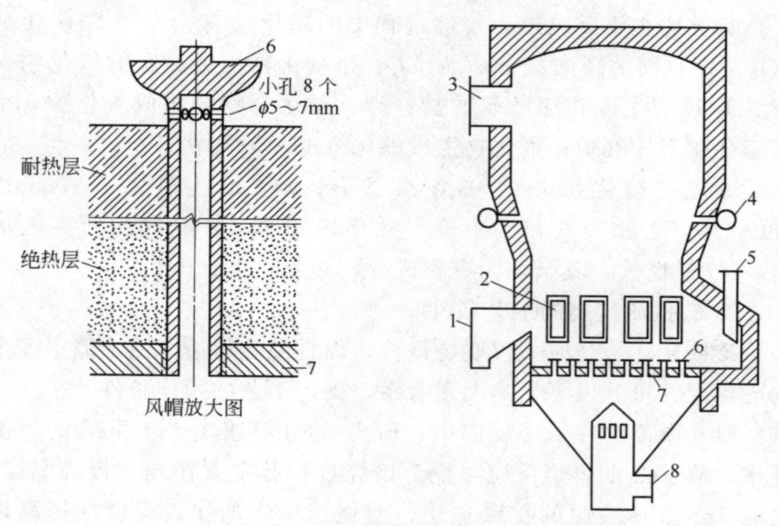

图 10-2　异径沸腾焙烧炉结构

1—卸渣口；2—水箱；3—炉气出口；4—二次空气入口；5—加料口；6—风帽；7—分布板；8—空气进口

沸腾炉的炉体是用钢板制成的圆筒体，内衬保温层（保温砖和耐火砖）。空气分布板把炉体分成上下两层，在分布板上安有若干风帽。下层为风室，使空气经分布板和风帽均匀地进入上层。上层为炉膛，包括沸腾段、过渡段和扩大段。在沸腾段有加料口和卸渣口，并设置冷却水箱或水管，以便回收热量副产蒸汽及控制反应温度；在过渡段气速降低，增加了矿粒的停留时间，同时有二次空气进口，以保证矿料焙烧完全；在扩大段因气速进一步降低，矿尘不易被带走。

沸腾焙烧炉设备简单，投资少；操作简便可实现自动控制；生产能力大；对矿料品位（含硫≥20%）要求不高；炉气中 SO_2 浓度高；热量容易回收利用等优点。其主要缺点是炉气含尘较多，净化负荷大；要求较高的风压，动力消耗大。

（二）炉气的净化

1. 炉气净化的目的

炉气净制的要求是由后续转化工序（SO_2 的催化氧化）的需要决定的。转化使用不同的催化剂，对炉气净化程度的要求也不相同。

南京化学工业公司使用 S101 型钒催化剂，其净化指标如表 10-6 所示。

表 10-6　炉气（标准状态）净化指标

杂质	粉尘	氟	砷	酸雾	水汽
含量/(mg/m^3)	<1	<1	<1	<5	<100

焙烧所得的炉气中，除 SO_2、O_2、N_2 外，其余为杂质。炉气所含杂质的种类及多少，与原料的组成、性质和焙烧方法有关。用硫铁矿为原料，在沸腾炉中制炉气，一般都含有矿尘、As_2O_3、SeO_2、HF、SO_3 和水蒸气等有害杂质，必须清除。

As_2O_3 和 SeO_2 能使钒催化剂中毒而降低其活性；SeO_2 还能使成品酸着色而影响其质量。

HF 能与催化剂中的载体（SiO_2）作用，使催化剂易粉化，严重降低其活性；HF 不仅能腐蚀管道和设备，而且还能损坏耐酸材料、瓷质填料等。HF 与 SO_3 还会增加污水的酸度，对环境不利。

矿尘包括矿料中的粉尘和 Fe_2O_3、Fe_3O_4、硫酸盐的粉尘。这些矿尘能堵塞管道、设备和催化剂床层，增加流动的阻力；矿尘覆盖在催化剂表面会降低其活性。

三氧化硫与水蒸气结合会生成硫酸蒸气，冷凝后形成酸雾。酸雾能覆盖在催化剂表面，降低其活性；酸雾能腐蚀管道和设备。

从后续 SO_2 的转化来考虑，上述各种有害杂质清除得越干净越好。但净化指标越高，相应的设备费用和操作费用将上升，应综合考虑确定适宜的净化指标。

2. 炉气净化的原则

气体中所含固体粉尘的分离，生产上总是按从大到小、由易到难、逐级净化的原则进行。前级净化是为了减轻后级净化的负担，最后一级净化是关键，必须保证净化的工艺指标。根据非均相物系分离的方法，气固分离可以用干法和湿法。

气体中所含气态杂质的分离，可以用液体吸收或固体吸附的方法，将有害组分除去。

二氧化硫炉气的净化，首先将炉气中的大颗粒矿尘分离除去，然后再除微粒与气态杂质。有时采用湿法净化可同时除去炉气中的微粒和气态杂质，还可以使炉气降温。

3. 炉气净化的主要设备

按炉气所含杂质的种类和目前常用的单元操作设备分述如下。

(1) 清除矿尘　沸腾炉出口炉气（标准状态）中一般含矿尘 $200 \sim 300 g/m^3$，炉气温度高达 800℃以上。

大颗粒矿尘常用机械方法除去，如旋风除尘器、袋滤器（参见第三章及图 3-1、图 3-4）等。

微小矿尘可用电除尘（其原理参见第三章第三节），能将 $0.01 \mu m$ 以上的微粒清除，除尘效率高。

(2) 清除有害气体　常用的方法为湿法。用水或稀硫酸洗涤炉气，在洗涤过程中，气液两相进行质量和热量的交换。炉气中的 As_2O_3、SeO_2、SO_3 和 HF 等有害气体进入洗涤液中，炉气的温度下降，同时微小矿尘也被清除。常用的设备如下。

文丘里（文氏管）洗涤器：其结构见图 10-3。主要由收缩管、喉管和扩散管组成，可除去 8μm 以上的所有尘粒，1μm 以下的仅能除去 90%，还需进一步净化。

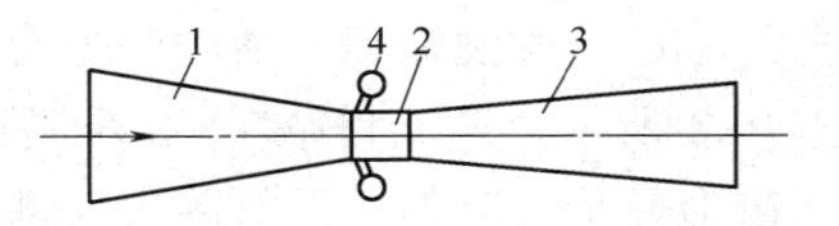

图 10-3　文丘里洗涤器简图

1—收缩管；2—喉管；3—扩散管；4—环形水管（与喷水孔连接）

泡沫塔、填料塔和喷淋塔其结构特点参见第三章及图 3-5。这类塔可除去 0.1μm 以上的微粒。

(3) 清除酸雾　炉气中的 SO_3 与水蒸气能形成酸雾；采用酸洗法也有酸雾存在，用机械方法是不能清除酸雾的。

通常用电除雾器，可除去 0.01μm 以上的雾粒。电除雾器的除雾原理与电除尘器相同，当雾滴在电极上沉积到一定数量后，便自行沿管壁流下。

(4) 清除水蒸气　电除雾后的炉气中还含有大量水蒸气，这是净化指标不允许的。可利用浓硫酸的脱水性，选用填料塔作干燥塔，使浓硫酸与炉气在塔内逆流接触，将炉气中的水蒸气除去。

4. 净化的工艺流程

根据炉气所含杂质的种类及量，按照净化的原则，炉气经机械除尘（旋风除尘）和废热锅炉回收热量后，炉气含尘 20～60g/m^3，温度降至 400～500℃。再选择多种净化设备串联组成水洗、酸洗或干法流程。

(1) 干法流程　干法净化主要采用旋风分离器、袋滤器、电除尘器等，在较高温度下除去炉气中的矿尘，基本上不能除砷、硒、氟等有害气体。此法只适用于炉气中含砷、硒、氟等杂质极少的净化，例如用纯硫磺、不含杂质的 H_2S、SO_2 制得的炉气。

由于干法利用和回收热量方便，流程简单，无废液排出，越来越受到人们的重视。若能开发出除砷剂、抗砷催化剂等，对推广此法打下了一定的基础。

(2) 水洗流程　水洗法有多种流程，例如“文-泡-电”流程，即用文丘里洗涤器、泡沫塔、电除雾器等净化设备串联组合而成。又如“二文-器-电”流程，用文丘里洗涤器、旋风分离器、第二个文丘里洗涤器、旋风分离器、水冷却器、电除雾器等串联而成。

（3）酸洗流程　酸洗法也有多种流程，典型的酸洗法流程如图10-4所示。该流程第1、2步是除尘；第3、4步用20%～30%稀硫酸使炉气降温，同时除去大部分冷凝出来的酸雾；第5步用电除雾除去1μm左右的酸雾；第6步用5%的稀硫酸使小于0.1μm的酸雾增湿长大；经第7步除去长大的酸雾，干燥后送下工序。该法因稀酸除砷效果较差，适宜含砷量少的炉气净化。

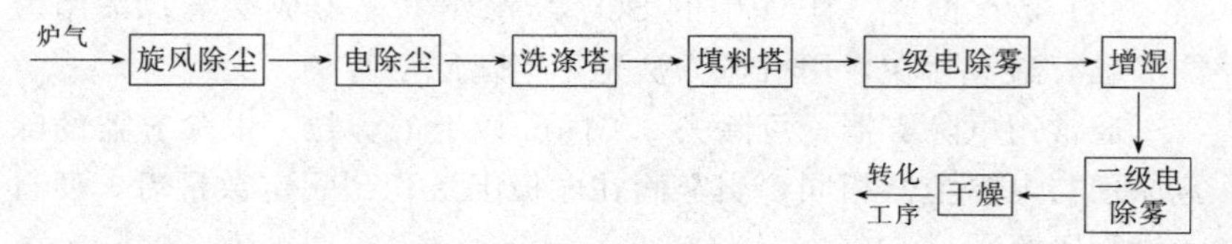

图10-4　酸洗法流程框图

图10-5是一种典型的较先进的封闭酸洗流程。经机械除尘和废热锅炉后的炉气，再经旋风除尘器1和电除尘器2，温度降至300～350℃，含尘在0.2g/m³以下。然后进入喷淋塔3（用15%～30%的稀硫酸喷淋）和泡沫塔4（用5%～15%的稀酸），洗涤过程中炉气被降温增湿；稀酸因水分蒸发被浓缩，同时温度升高，有利于HF、As_2O_3、SeO_2的溶解。炉气离开泡沫塔时温度约60℃，进入由内翅片铅管构成的间壁式列管冷却器5，用1%～5%的稀酸

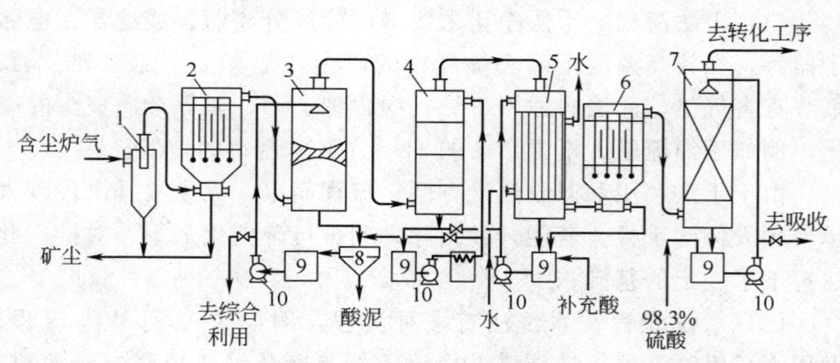

图10-5　酸洗净化流程

1—旋风除尘器；2—电除尘器；3—喷淋塔；4—泡沫塔；5—冷却器；6—电除尘器；7—填料干燥塔；8—沉降槽；9—酸循环槽；10—酸泵

与炉气同时从顶部经管内并流而下（管外用水冷却），稀酸冲洗管内壁既防结垢，又可提高传热效果。炉气出来温度为40℃左右，最后经电除雾器6和填料干燥塔7后，温度降至30～40℃，杂质含量符合净化指标。

自喷淋塔出来的稀酸进入沉降槽8，除去酸泥后稀酸循环使用。稀酸在循环中因水分蒸发而浓缩，可引出一部分浓缩的酸进行综合利用（如用于生产磷肥）；还可用泡沫塔的稀酸补充或稀释。该酸洗流程没有污水排出，只需处理酸泥。

可见，湿法在净化过程中不断地将炉气降温、增湿；而在后续转化时，又必须使炉气干燥、升温。这既造成热量的损失，又使工艺流程复杂，干法净化可以合理地利用热能。

（三）二氧化硫的催化氧化

净化后的炉气称为精制气，其主要成分是SO_2、O_2和N_2气。

在催化剂的作用下，二氧化硫氧化成三氧化硫，称为二氧化硫的催化氧化，工业上也称为二氧化硫的转化。这是接触法制硫酸的重要步骤。

1. 平衡转化率

二氧化硫转化的反应式如下。

$$2SO_2 + O_2 \xrightleftharpoons{\text{催化剂}} 2SO_3 + Q$$

此反应是一个可逆、放热和体积缩小的反应，故降低温度、增加压力、提高氧的含量都有利于反应向右进行，有利于提高平衡转化率。

温度与平衡转化率的关系见图10-6。该图表明，平衡转化率随温度的降低而升高，随SO_2含量的增加而降低。

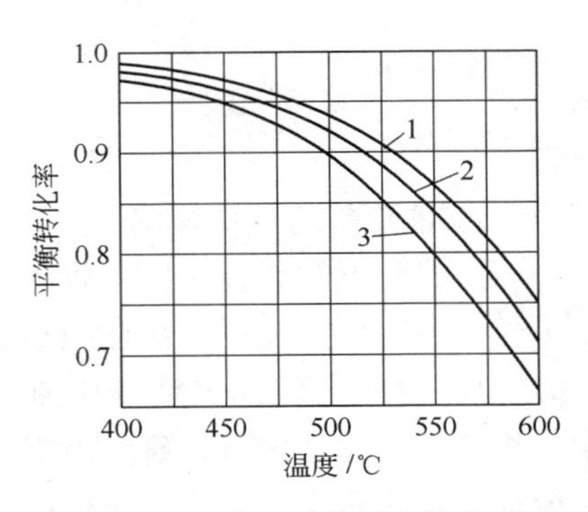

图10-6　温度与平衡转化率关系

1—SO_2 5%，O_2 13.9%，N_2 81.1%

2—SO_2 7%，O_2 11.1%，N_2 81.9%

3—SO_2 9%，O_2 8.1%，N_2 82.9%

压力与平衡转化率的关系见

表10-7。由表可知，压力增加则平衡转化率升高。在0.1MPa下，若温度低于500℃，平衡转化率可达95%以上。故在实际生产中采用常压操作即可。

表10-7　压力与平衡转化率的关系

温度/℃	压力/MPa				
	0.1	0.5	1	5	10
400	99.2%	99.6%	99.7%	99.9%	99.9%
450	97.5%	98.9%	99.2%	99.6%	99.7%
500	93.5%	96.9%	97.8%	99.0%	99.3%
550	85.6%	92.9%	94.9%	97.7%	98.3%
600	73.7%	85.8%	89.5%	95.0%	96.4%

氧含量与二氧化硫含量对平衡转化率的影响见表10-8。可见，平衡转化率随 SO_2 含量的增加而降低，随氧含量的增加而升高。当 SO_2<9%、O_2>9%时，平衡转化率可达95%以上。

表10-8　SO_2、O_2 含量与平衡转化率的关系

$\varphi(SO_2)$	$\varphi(O_2)$	平衡转化率	$\varphi(SO_2)$	$\varphi(O_2)$	平衡转化率
0.02	0.1814	97.1%	0.07	0.11	95.8%
0.03	0.1672	97.0%	0.08	0.0958	95.2%
0.04	0.1528	96.8%	0.09	0.0815	94.3%
0.05	0.1386	96.5%	0.10	0.0672	92.3%
0.06	0.1243	96.2%			

2．催化剂与反应速率

二氧化硫转化为三氧化硫的反应，虽然降低温度有利于提高平衡转化率，但是反应速率随温度的降低而急剧下降。例如，450℃时的反应速率比550℃的反应速率约小3/4；在常温下，反应速率极慢，生产无法进行。研究表明，只有在催化剂存在的情况下，方能加快反应速率，实施工业生产。

目前，二氧化硫转化用的催化剂仍是钒催化剂。它以 V_2O_5 为活性组分（含7%～12%）；配以少量助催化剂，如 K_2O、Na_2O、BaO、Al_2O_3 等，则可成百倍地提高其活性，并增强其耐热性；

以硅藻土（SiO_2）为载体，改善催化剂的孔隙结构，提高单位体积的活性。有时还加入氧化铝、氧化锑等。国内生产的钒催化剂有：S101、S102、S105型等。用得最多的是中温催化剂S101，它具有活性高、性能稳定、耐热、机械强度好，使用寿命可达10年，达到了国际先进水平。中温催化剂的操作温度（活性最大时的温度）为425～600℃，低温催化剂S105型的操作温度为400～550℃。

一般催化剂多制成圆柱形，直径5mm左右，近年来也有制成球形或环形的。

3. 最佳工艺条件

二氧化硫催化氧化的最佳工艺条件，应以经济效益为原则，使生产总的费用最少，产品成本最低。

（1）原料气的组成　原料气的组成决定于焙烧时所用的原料和操作条件。当增加 SO_2 含量时，降低了 O_2 的含量，则平衡转化率和反应速率都将降低；SO_2 含量过低，设备的生产能力又下降，根据总费用最低的原则，一般取原料气中 SO_2 含量为7%～7.5%，含量在1%范围内变化时，对总费用影响不大。

目前一转一吸（一次转化，一次吸收）流程，原料气组成 SO_2 为7%～8%，O_2 为9.6%～11%；二转二吸流程 SO_2 为10%，O_2 为6.7%。

（2）温度　转化的温度是影响可逆放热反应最重要的因素。升高温度，反应速率加快，但平衡转化率又降低。在一定转化率下，反应速率最大时的温度称为最适宜温度，它们之间的关系见图10-7。图中直线为最适宜温度线，它是每条转化率曲线上最大反应速率点的连线。该线表示，随

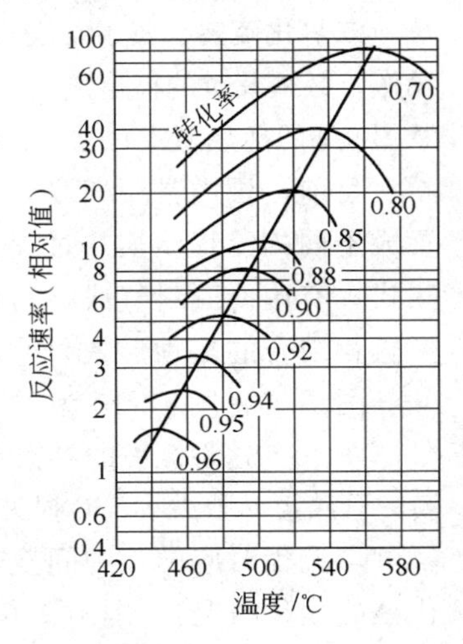

图10-7　反应速率与温度的关系

转化率的升高，最适宜温度逐渐降低；当转化率降低，最适宜温度升高时，有较大的反应速率。

S 101型钒催化剂的操作温度范围在 425～600℃。为此，在生产中反应初期使温度高些（低于 600℃），转化率约 70%，使反应速率加快；反应后期使温度低些（不低于 425℃），保持转化率在 95%以上，使反应完全。

（3）最终转化率　最终转化率越高，原料中硫的利用率也越高，越有利于环境保护。但最终转化率增加时，反应速率变慢，必须增加催化剂用量。如最终转化率为 98.5%时，所需催化剂量为 95%时的 4 倍，显然是不经济的。

一转一吸流程的最终转化率确定为 97%左右；二转二吸流程第一次转化率为 93%～95%，第二次转化剩余 SO_2 的 93%～95%，最终总的转化率可达 99%以上。

（4）压力　目前多为常压操作。常压下可减少动力消耗，转化率可达 95%以上。

4. 转化流程及设备

二氧化硫转化属于气固相催化放热反应，为保证在最适宜温度下操作，必须及时的移走热量。故常用多段式固定床反应器（参见第九章图 9-5 的换热型式），称为转化器，它是实现 SO_2 转化的关键设备。

目前，国内常用四段固定床作转化器，按照不同的换热方式配置成不同的流程。换热过程中有充分利用反应热来预热原料气的自热式；有用冷原料气或空气调节温度的冷激式；有内部换热与外部换热相结合的多种形式，使热量得到合理的利用。

图 10-8～图 10-10 为不同换热方式的四段转化流程。

图 10-8 这种流程的特点是换热器在转化器内部，流程简单、紧凑，管路短，阻力小，热损失小。但转化器结构复杂，维修不便。

与流程对应的是中间换热四段催化氧化操作过程图（温度与转化率的变化情况）。图上平衡曲线是理论上可能达到的最大转化率曲线；最适宜曲线即最适宜温度曲线，按图示的温度条件进行操作，则过程的反应速率最大。利用该图可从理论上分析二氧化硫接触的氧化过程，从而判明过程进行的温度条件是否接近最适宜温度的范围。图 10-8 中 AB、CD、EF、GH 分别代表转化器内各段催化剂层进行绝热反应的操作线，线上各点表示转化率与温度的关系；BC、DE、FG 分别代表转化后的气体通过催化剂层间换热器冷却降温的操作线。转化气冷却降温时，只有温度的改变，而无转化率的变化，故该线为平行于横轴的直线。

可见，转化器的段数越多，则过程的温度条件越接近最适宜曲线，催化剂利用率大为提高，可达较高的最终转化率。但段数过多，使得设备结构和操作控制变得复杂，一般接触段的数目以 3～4 段为宜，个别有采用五段操作的。

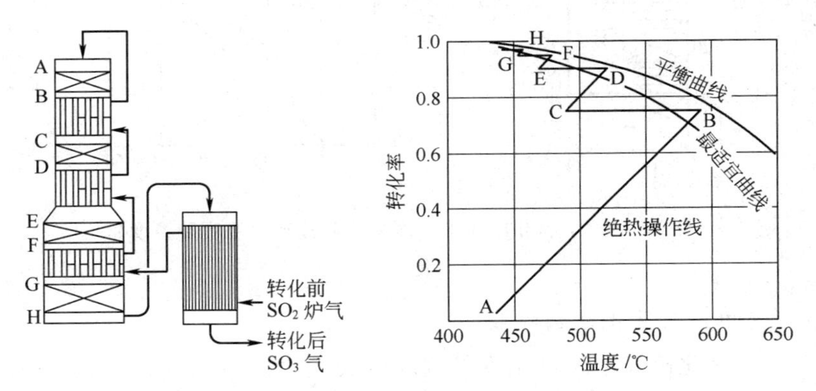

图 10-8　中间换热式四段转化流程和操作过程

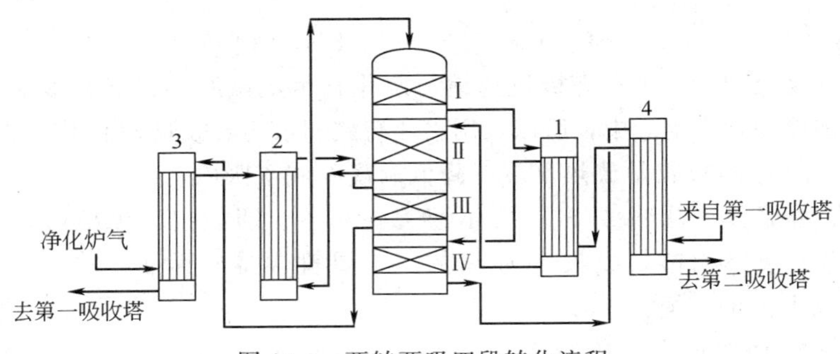

图 10-9　两转两吸四段转化流程

1～4—列管换热器　Ⅰ～Ⅳ—催化剂层

图 10-9 这种类型的流程有多种，两转两吸流程可使原料气中 SO_2 浓度提高，最终转化率高达 99.5%，提高了原料的利用率，减少尾气中 SO_2 的含量，对环境有利。但流程较复杂，设备投资增加，生产成本与一转一吸相近。

图 10-10 采用炉气冷激式，与多段间接换热式相比较，在转化率相同时，所需催化剂量大为增加，但节省换热器，便于调节温度。

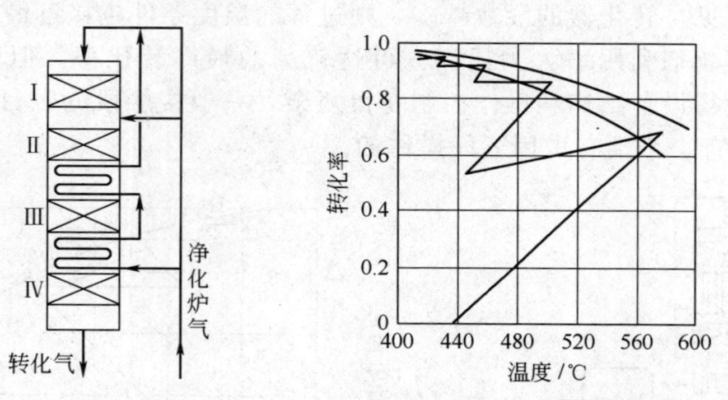

图 10-10 Ⅰ、Ⅱ段间炉气冷激式四段转化流程和温度与转化率关系

（四）三氧化硫的吸收

二氧化硫经催化氧化后的气体叫转化气。转化气含 SO_3 一般不超过 10%。

1. 吸收反应

$$SO_3 + H_2O \longrightarrow H_2SO_4 + Q$$

从反应看，SO_3 能极迅速地与水化合生成硫酸，并能溶解于任何浓度的含水硫酸中，所以，用水或硫酸的水溶液吸收 SO_3 均可以。

SO_3 的吸收是放热反应，降低温度有利于吸收。

生产上要求吸收 SO_3 要迅速、要完全；即能生产浓硫酸，又能生产发烟硫酸；吸收 SO_3 后的尾气要符合排放标准，做到少污染或不污染环境。

2. 吸收的工艺条件

① 用 98.3%的硫酸作吸收剂。实验证明，在任何温度下，质量

分数为 98.3%的硫酸总蒸气压最小，最有利于吸收 SO_3。只要转化气是干燥的，操作条件良好，就不会产生酸雾，吸收率可达 99.9%以上。

而用水或稀硫酸作吸收剂，极易形成酸雾而悬浮在气相中，酸雾很难被酸液或水吸收，随尾气排出污染环境，降低硫的利用率。用高于 98.3%的硫酸作吸收剂，水汽虽减少，但 SO_3 在气相中的平衡分压增大，会降低吸收推动力，使吸收速率降低，从而使尾气浓度增大。为了避免吸收过程中产生酸雾，为了吸收完全，应选用液面上方总蒸气压最小的 98.3%的硫酸作吸收剂。

② 吸收温度控制在 40～50℃。虽然降低温度有利于吸收，但温度过低，酸液的黏度增大，对吸收不利。吸收过程是剧烈的放热反应，温升过高则吸收率降低。故酸液不能吸收过多的 SO_3，一般吸收过程中酸液的温升不超过 20℃，每次循环只提高酸的浓度约 0.3%～0.5%，为此必须加大吸收剂的用量。

综上所述，必须严格控制吸收剂硫酸的质量分数为 98.3%；硫酸的进塔温度为 40℃。

3. 吸收流程

吸收塔一般多用填料塔，因为填料塔易解决耐腐蚀问题，如选用耐酸的瓷质填料。目前吸收率都可达到 99.9%以上，先进的可达 99.99%。

图 10-11 为生产浓硫酸的吸收流程。

图 10-12 为生产发烟硫酸和浓硫酸的吸收流程。

（五）接触法生产硫酸的总流程

接触法制硫酸的总流程至少包括四个工序：原料的焙烧、炉气的净化、SO_2 的转化、SO_3 的吸收。

生产的总流程，就是由各工序组成的。通过对上述主要工序的讨论，明确了各工序的任务，及所需化工单元操作设备和化学反应设备。工艺流程反映了物料通过这些主要设备的走向及各工序的衔接。不管有几个物料，其中总有一个是主流，通过物理或化学变化贯穿在从原料到产品的全过程中。抓住这个主流，才能将总流程搞清楚。

图 10-13 为封闭酸洗法、两转两吸生产硫酸的流程。图中未示

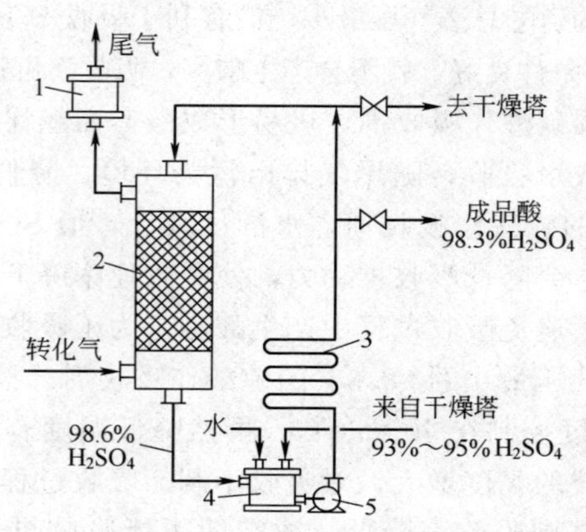

图 10-11　生产浓硫酸的吸收流程

1—捕沫器；2—吸收塔；3—冷却器；4—循环酸槽；5—酸泵

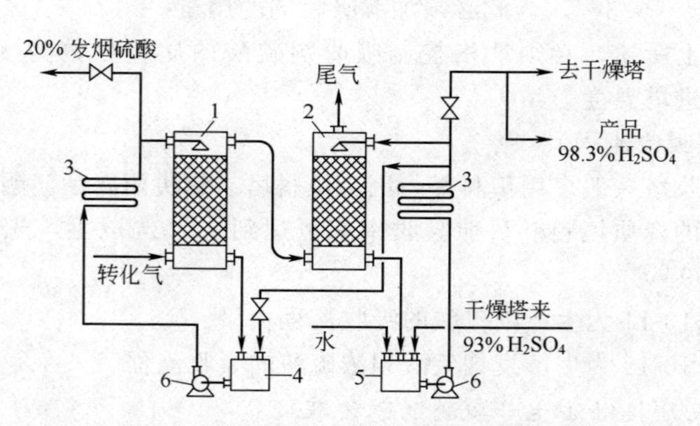

图 10-12　发烟硫酸和浓硫酸的吸收流程

1—发烟硫酸吸收塔；2—98.3%硫酸吸收塔；3—冷却器；

4—发烟硫酸槽；5—98.3%硫酸槽；6—酸泵

硫铁矿的处理（破碎、筛分及配料）和三废治理工序。

该流程与水洗流程、一转一吸流程相比，突出的特点是无废液排放，尾气中 SO_2、SO_3 含量很少，基本上消除了对环境的污染；原料利用率高，可将炉气中 SO_2 浓度提高到10%左右，以提高生产能力。缺点是投资和动力消耗大些，但处理三废的投资可降低，

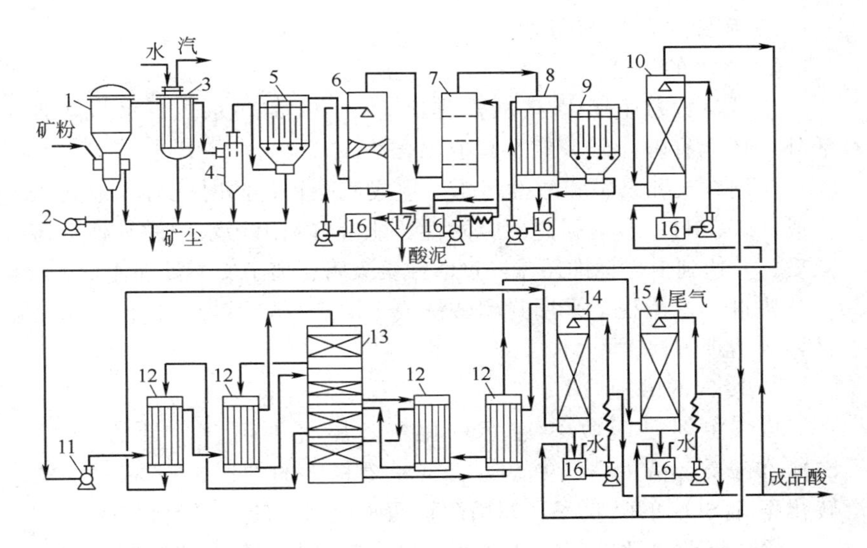

图 10-13　封闭酸洗法、两转两吸生产硫酸流程

1—沸腾焙烧炉；2—鼓风机；3—废热锅炉；4—旋风除尘器；5—电除尘器；6—喷淋塔；7—泡沫塔；8—冷凝器；9—电除雾器；10—干燥塔；11—加压鼓风机；12—列管换热器；13—转化器；14—第一吸收塔；15—第二吸收塔；16—循环酸槽；17—沉降槽

是目前大中型硫酸厂改造的主要方向。

四、硫酸生产中的三废治理

以硫铁矿为原料，若采用水洗流程生产硫酸，有大量的“三废”产生。在治理“三废”时，应变废为宝，综合利用。排放时必须符合国家颁布的污染物排放标准。

1. 废渣的治理

每生产 1t 硫酸，一般要排出 0.7～1t 的矿渣。矿渣主要含铁45％左右，其余为少量的有色金属和杂质。综合治理的途径如下。

① 炼铁。若采用磁化焙烧，磁选后矿渣含铁量可达 55％～60％，这是优质的炼铁材料。

② 生产水泥。作水泥的渗合剂、助熔剂。

③ 提炼贵重的有色金属。

④ 矿渣制砖，铺路等。

2. 废水的治理

水洗流程每生产 1t 硫酸需排出 10～15t 的污水。污水中除含酸外，还含有砷、硒、氟及其他化合物。

常用石灰乳来中和酸性污水，生成硫酸钙；同时还有氢氧化铁生成。$Fe(OH)_3$ 具有强烈的吸附性，能溶解吸附污水中的其他有害杂质。要达到卫生标准还需经过活性炭吸附、离子交换处理才行。

改进工艺流程，采用封闭酸洗或干法流程，不排或少排污水是最好的治理方法。

3. 废气的治理

废气主要是吸收 SO_3 后的尾气，尾气中仍含少量的 SO_2、SO_3 和酸雾。减少尾气中 SO_2、SO_3 最根本的方法是提高 SO_2 的转化率和 SO_3 的吸收率。如用两转两吸改造一转一吸流程。

尾气回收主要有氨法和碱法。氨法就是利用氨水来吸收尾气中的 SO_2，副产亚硫酸铵 [$(NH_4)_2SO_3$]；还可用碳酸氢铵代替氨水吸收 SO_2，副产固体亚硫酸铵。

碱法就是利用纯碱（Na_2CO_3）的水溶液吸收尾气中的 SO_2 和 SO_3，也可以副产亚硫酸钠。

第三节 合 成 氨

一、概述

氨(NH_3) 是一种重要的含氮化合物，很少单独存在于自然界中。

氮是蛋白质组成中不可缺少的成分，没有氮就不能形成蛋白质。没有蛋白质就没有生命。自然界中大部分的氮以游离状态存在于大气中，大气中约含氮 79%，可是游离氮不能被动植物吸收。因此，必须将氮转变成能被植物所吸收的化合物，这一转变过程称为固定氮。合成氨就是固定大气中氮的一种方法，也称为人工固定氮的工业。

用合成方法制出的氨多为液氨，它的水溶液称作氨水。液氨和氨水可直接施用于植物，还可以制成其他各种化肥（尿素、碳酸氢铵等）。在一年中，各种植物生长大概从每亩地带走 20～35kg 的氮，农家肥满足不了农业增产的需要，必须施用无机肥料。

氨也是一种重要的工业原料和常用的冷冻剂。可用它来制造硝酸、硝酸盐、铵盐、氰化物等无机化合物；也可制造胺、磺胺、腈等有机化合物。这些含氮物又是炸药、染料、医药、合成纤维与塑料和石油化学工业的重要原料。所以氨及氨的加工已成为现代化学工业中的一个重要部门。

合成氨工业的发展，带动和促进了许多新技术和其他工业的发展。随着生产发展的需要，必须解决与合成氨有关的高压技术、深冷技术、催化理论、煤的气化、气体净制、特种材料等问题，使之不断地发展。从而在理论上和技术上又指导了其他工业的发展，如甲醇、尿素、乙烯的高压聚合等。

二、生产合成氨的原料与方法

1. 原料

合成氨的原料是氮气和氢气。可以分别制得氮气与氢气，再混合而成；也可以直接制得氮氢混合气。

氮气的惟一来源就是我们周围的大气，即空气，可以用物理或化学的方法将空气中的氮气与其他气体分开。物理方法就是将空气液化，再用精馏操作分离出氮气；化学方法就是用燃料燃烧消耗掉空气中的氧，剩下氮气。

氢的来源比较广泛，主要有水和碳氢化合物（如天然气、焦炉气、炼油废气、重油等）。还可以在高温下，用水蒸气与固体燃料（煤、焦炭）反应，则水蒸气被炭还原而获得含 H_2 和 CO 的水煤气；若同时用空气和水蒸气与固体燃料反应，可制得含 H_2、N_2 和 CO 的半水煤气。同样可用空气和水蒸气与碳氢化合物反应制半水煤气。

可见，合成氨的原料除空气和水外，还需要各种燃料（能源），可以说合成氨工业是一个能耗工业，故节约能源是合成氨生产的一个重要课题。

2. 合成氨的生产方法

合成氨的生产过程主要有三步。一是原料气的制备（简称造气）。制造含一定比例的氢氮混合气。二是原料气的净化。必须除去对氨合成有害的杂质，以获得氢氮比为 3∶1 的纯净的氢氮混合气。三是氨的合成。一般在高温、高压和催化剂作用下合成为氨。

整个生产过程中，氨的合成是核心，造气和净化工序必须满足合成的要求，并受合成的制约。

合成氨的生产方法较多，主要区别在于用不同的原料造气，以及相应的不同净化方法，而氨的合成则基本上类同。

用不同原料生产原料气的方法见图 10-14。

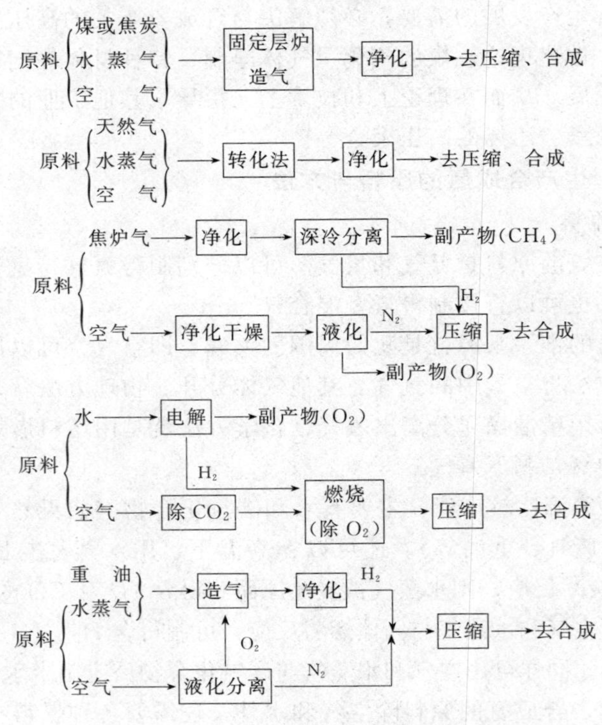

图 10-14　不同原料生产合成氨原料气流程

不同原料生产合成氨的经济指标见表 10-9。表中以煤或焦炭作

表 10-9　不同原料生产合成氨比较

原料	煤、焦炭	褐煤	焦炉气	天然气	重油	水电解
建厂投资	1	1.2～1.3	0.85～0.9	0.85～0.9	0.90	1.5～1.7
每吨氨成本	1	1.1～1.2	0.55～0.7	0.45～0.6	0.90	1.2～1.3

为比较的基准。

采用哪种原料来生产合成氨，主要决定于能否大量地、经济地获得该原料。从国内看以煤、焦炭为原料的占有很大的比重，新建的大中型厂多以天然气或重油为原料。从经济角度看，凡有气为原料的应首选气作原料，煤资源丰富的地区，用煤或焦炭作原料也是合理的。

根据我国的实际情况和发展趋势，主要介绍以煤（或焦）和天然气为原料的生产方法。

三、合成氨生产工艺

（一）原料气的制备

合成氨所需的原料气为氢气、氮气，可以同时用水蒸气和空气与燃料反应，即可得氢氮混合气，又可以充分利用反应热。而不必分别制氢气、氮气后再混合。这是目前工业生产上常用的方法。

1. 固体燃料气化法

以空气、水蒸气为气化剂，交替的与煤或焦炭反应的过程称为固体燃料气化，简称造气。

用空气作气化剂制得的煤气叫空气煤气，主要成分是 N_2、CO 和 CO_2；用水蒸气作气化剂制得的煤气叫水煤气，主要成分是 H_2 和 CO。空气煤气中 H_2 含量少，水煤气中 N_2 含量少，都不宜单独作合成氨的原料气。而将空气煤气和水煤气按一定比例混合得的煤气叫半水煤气，其氢（$CO+H_2$）氮比为 3.1～3.2，符合该比值的半水煤气才是合格的原料气。

（1）反应原理　因空气和水蒸气交替与煤气发生炉中的碳反应，故造气过程可以分为吹风与制气两个阶段。

① 吹风阶段——碳与氧（空气）反应。任务是提高炉温，制

得空气煤气（含 N_2、CO、CO_2 等）

主反应 $C+O_2 = CO_2+Q$

$2C+O_2 = 2CO+Q$

副反应 $2CO+O_2 = 2CO_2+Q$

$CO_2+C = 2CO-Q$

此阶段总的是放热，热量积蓄在炭层中，温度可达 1000℃左右。实验表明，升高温度则 CO 相对含量越高，而 CO_2 的含量越少。

② 制气阶段——碳与水蒸气反应。任务是使制得的水煤气中有较多的 H_2 和 CO（CO 经水蒸气变换后，可转变为同体积的氢）。

主反应 $C+H_2O(\text{汽}) = CO+H_2-Q$

$C+2H_2O(\text{汽}) = CO_2+2H_2-Q$

副反应 $C+2H_2 = CH_4+Q$

$CO+3H_2 = CH_4+H_2O(\text{汽})+Q$

制气阶段升高温度，有利于主反应的进行（反应速率加快，转化率提高）；而副反应是放热反应，高温可减少甲烷的生成。

为了符合合成氨原料气对氢氮比的要求，制得的水煤气全部收集，而空气煤气只收集一部分，其余放空。

（2）造气工艺流程　在实际生产中，为了保持炉内的热量平衡，制取符合要求的半水煤气，不是两个阶段交替进行，而是将吹风，制气两个阶段编制成一个工作循环，每个工作循环分为五步。其流程示意见图 10-15。主要设备是固定层煤气发生炉，该设备属于非催化气固相固定床反应器。

每个循环的步骤如下。

① 空气吹风升温。空气从炉底进入，目的是通过氧与碳燃烧产生热量，提高炉温。吹风气从炉顶排出，经燃烧室，废热锅炉由烟囱放空。

② 蒸汽上吹制气。水蒸气和部分空气从炉底进入，通入部分空气可以补充氮气，保持炉温，有利制气。制得的气体经燃烧室、废热锅炉、洗气箱、洗涤塔后，送入气柜。

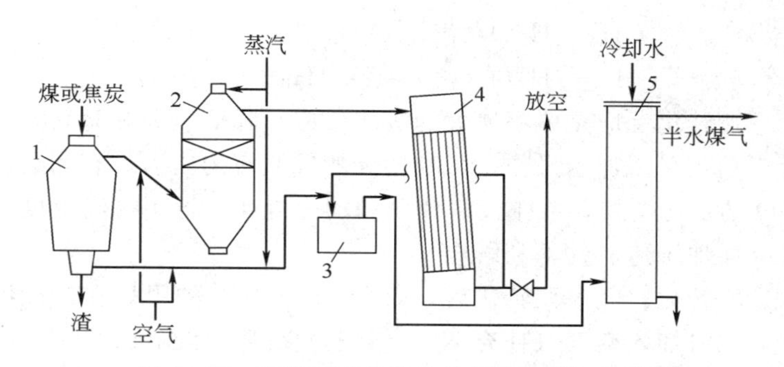

图 10-15　固定层煤气发生炉制半水煤气流程

1—发生炉；2—燃烧蓄热室；3—洗气箱；4—废热锅炉；5—洗涤塔

③ 蒸汽下吹制气。上吹制气时使炉底温度降低，火层上移至炉顶，还可利用制气。此时，水蒸气和空气经燃烧室升温后，从炉顶进入制气的同时，炉温又下移。制得的气体从炉底出来，温度不高，直接经洗气箱后，送入气柜。

④ 蒸汽二次上吹。其流程与蒸汽上吹相同。二次上吹的目的是把炉底和下吹管道中积存的煤气吹净，并回收到气柜中。防止下一步空气进入与积存的煤气混合而爆炸。

⑤ 空气吹净。空气从炉底吹入、目的是回收炉顶及管道中的煤气，经废热锅炉、洗气箱、洗涤塔后，送入气柜。

每一循环约 3～4min。各步依次分别所占时间的比值为22％～26％，24％～30％，38％～42％，8％～9％，3％～4％。

半水煤气的组成随原料（煤和焦炭）和操作条件的不同而异，大致组成为：H_2 38％～42％，CO 27％～31％，N_2 19％～22％，CO_2 6％～9％。此外还有少量的CH_4、O_2 和硫化物（如 H_2S 等）。

2. 天然气加压催化蒸汽转化法

此法不仅适用于天然气，也适用于油田气、炼油气、焦炉气及以甲烷为主的混合气。显然所用原料气不同，催化反应的条件应有所不同。

（1）反应原理　天然气和水蒸气的转化分两段进行。

一段转化：天然气中的甲烷与水蒸气发生如下反应。

$$CH_4+H_2O\text{（汽）}=\!=\!=3H_2+CO-Q$$

$$CH_4+2H_2O\text{（汽）}=\!=\!=4H_2+CO_2-Q$$

一般转化反应是体积增大的吸热反应，降低压力和升高温度对平衡有利。采用加压操作，可利用天然气原有的压力，有利后续工序 CO 的加压变换，减小设备体积和动力消耗。再用提高温度的办法来补偿加压造成的不利影响。

二段转化：经一段转化后，尚余 8%～10%的甲烷在二段继续转化，此时加入空气（补充 N_2）燃烧，提高气体温度。

$$CH_4+2O_2=\!=\!=CO_2+2H_2O+Q$$

$$H_2+\frac{1}{2}O_2=\!=\!=H_2O+Q$$

$$2CO+O_2=\!=\!=2CO_2+Q$$

经二段转化后，甲烷含量降至 0.2%～0.4%

把转化分为两段进行，在一段只转化 90%的 CH_4，使反应温度相对低一些，在 800℃以下进行，有利于管材的选择，节省加热的燃料。在二段转化不到 10%的 CH_4，可在 1000℃左右高温下进行，使 CH_4 含量降到最低，同时在二段巧妙地配以空气，使氢氮比达 3∶1 的要求。

（2）转化的工艺流程　一段转化炉采用管式催化反应器，炉内并列有数百根内径为 71～122mm，长为 10～12m 的耐热合金钢制成的反应管，管内装填镍催化剂。反应管外用燃料（天然气）加热，同时用蛇管装置来回收热量。

二段转化炉采用固定床催化反应器，内衬耐火砖，顶部为气体（甲烷和空气）的燃烧室，中部装有镍催化剂。

天然气加压两段催化蒸汽转化法造气流程如图 10-16 所示。首先将天然气中配入 0.25%～0.5%的氢，在 3.5MPa 下预热到 300～400℃，在脱硫槽中用氧化锌脱除 H_2S，使硫的体积分数降至 0.5×10^{-6}以下，以防催化剂中毒。

脱硫后的气体与水蒸气按一定比例混合，进一步预热到 500℃进入一段反应管。管外用天然气和空气燃烧加热，气体经管内在

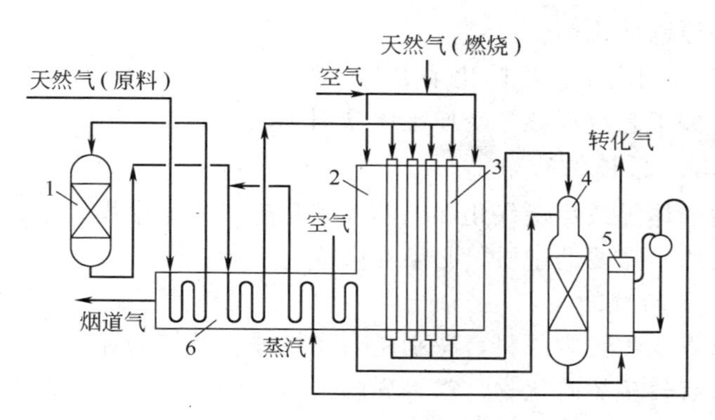

图 10-16　天然气加压两段催化蒸汽转化法造气流程

1—脱硫槽；2——一段转化炉；3—反应管；4—二段转化炉；5—废热锅炉；6—烟道气预热器

650～800℃下发生转化反应。经一段转化后，进入二段转化炉，在炉顶部加入适量的压力为3.4MPa、预热至450℃的空气。此时空气中的全部氧与转化气中的氢燃烧放热，使气体温度上升到1200℃以上，经二段催化转化后，CH_4 含量降至0.4%以下。气温达1000℃左右，经废热锅炉回收热量，转化气温降至370℃后送变换工序。

转化气的组成大致为：H_2 57%，CO 12.8%，N_2 22.3%，CO_2 7.6%，CH_4 0.3%。此外还有很少量的硫化物。

3. 原料气制备技术进展

① 采用耐温、耐压和高强度的薄壁管，在与原一段转化炉反应管外径相同的情况下，催化剂容积可增加20%～37%，阻力可下降40%，生产能力提高。

② 自热式一段转化炉（热交换式转化炉）。一段转化炉为圆筒形耐火材料衬里的压力容器，炉管与管板采用特殊的连接设计；用二段转化出来的热转化气取代燃料气加热一段炉，提高了热能的利用率，省去了昂贵的一段转化炉，省去了加热用天然气；转化管仅受很小的压差。

③ 采用新型的转化催化剂，如用稀土与钌的混合氧化物催化

剂代替原镍催化剂。

④ 采用新工艺后简化了工艺流程。

有关工艺流程参见变换工序（图 10-20）。

（二）原料气的净化

由固体煤或焦炭气化和天然气转化生产的半水煤气中，还含有合成氨所不需要的杂质，必须在合成之前除去。

1. 原料气的脱硫

以煤或焦炭为原料，特别是以褐煤或劣质煤为原料生产的原料气中含有较多的硫化物，需首先除去，以防变换的催化剂中毒。原料气中的硫化物 90%以上都是 H_2S，另有少量的有机硫化物，如二硫化碳（CS_2）、硫氧化碳（COS）、硫醇（C_2H_5SH）等。

合成氨生产中，对原料气含硫量的规定特别严格。一般要求原料气（标准状态）含 H_2S 小于 50～100mg/m^3；视催化剂的具体情况，有的要求含硫量更低。硫化物的存在会使合成氨生产中的多种催化剂中毒；还会腐蚀管道及设备。硫又是一种重要资源，清除时应尽量回收。

清除硫化物的操作，简称脱硫。脱硫的方法很多，按脱硫剂的物理形态不同，可分为干法和湿法两大类。湿法的脱硫效率稍低于干法，但湿法脱硫的生产能力大，投资和操作费用低，可连续生产。通常含硫量低时，只用干法；含硫量多或净化度要求不高时，可用湿式；当含硫量较多又要求净化度高时，先用湿法，后用干法。

(1) 干法脱硫　干法使用固体脱硫剂，进行气固相反应。常用的固体脱硫剂有：氧化锌、活性炭、氢氧化铁和分子筛等。

干法脱硫一般都采用固定床或多层固定床的结构型式，要求固体脱硫剂有较大的活性表面积，可增大气固接触面积。也有将固定床改为流化床，以提高脱硫效率的。

一般干法脱硫的反应速率较慢，反应是不可逆的，除要求有大的接触面积外，还应有足够的接触时间，这样可以达到很高的净化率。

干法脱硫的设备较庞大，脱硫剂需间断再生，操作不能连续，回收硫化物较困难。故常与湿法脱硫结合，用于最后一级少量硫的脱除，以保证高的净化程度。

（2）湿法脱硫　湿法脱硫是吸收单元操作的应用，按吸收剂是否能再生的特点，可将湿化脱硫分为循环法和氧化法。

*① 循环法。循环法是用弱碱性溶液为吸收剂，与硫化氢发生可逆的化学反应，生成新的硫化物。再生时改变操作条件，硫化氢又从吸收剂中解吸出来，而吸收剂可循环使用，从而降低操作费用。

循环法所用的吸收剂（又称脱硫剂）很多，吸收剂对硫化氢应具有相当强的吸收能力，又是可逆反应，且安全可靠，才符合经济原则。以稀氨水中和法为例，反应式如下。

$$NH_4OH+H_2S \rightleftharpoons NH_4HS+H_2O+Q$$

一般稀氨水脱硫效率不高，还需辅以干法脱硫；再生解吸的 H_2S 回收困难。为此，在小厂广泛采用的是氨水催化法，即在氨水中加入聚羟基苯类（如对苯二酚）催化剂，可提高脱硫效率；同时再生时通入空气，可析出副产品元素硫，又保护了环境。

② 氧化法。借吸收剂中载氧体的催化作用，把被吸收的 H_2S 氧化成单质硫的方法。如前述的氨水催化法即是一例。目前用得较多的还有蒽醌二磺酸钠法。

蒽醌二磺酸钠（英文缩写为 ADA）法又简称 ADA 法。该法使用的吸收剂是以蒽醌二磺酸钠为催化剂、以偏钒酸钠（$NaVO_3$）为氧化剂所组成的稀碳酸钠溶液。脱硫流程如图 10-17 所示，在脱硫塔内硫化氢被吸收剂中的碳酸钠吸收：

$$Na_2CO_3+H_2S \rightleftharpoons NaHS+NaHCO_3$$

吸收液集于循环槽中继续反应，硫氢化钠被偏钒酸钠迅速氧化成单体硫，而生成还原性的焦钒酸钠（也称四亚钒酸钠）。

$$2NaHS+4NaVO_3+H_2O = Na_2V_4O_9+4NaOH+2S\downarrow$$

将氧化后的溶液用泵打入再生塔底部，鼓入空气，在蒽醌二磺酸钠的作用下发生下列反应：

$$Na_2V_4O_9 + 2NaOH + O_2 = 4NaVO_3 + H_2O$$

$$NaHCO_3 + NaOH = Na_2CO_3 + H_2O$$

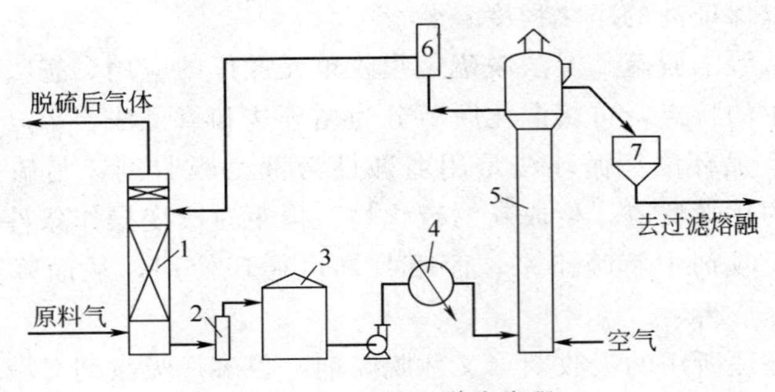

图 10-17　ADA 脱硫流程

1—脱硫塔；2—水封；3—循环槽；4—加热器；

5—再生塔；6—液位调节器；7—硫泡沫槽

生成的单质硫随空气泡上升，在再生塔顶部形成泡沫漂浮在液面上，经溢流管流至硫泡沫槽，而后过滤分离回收硫磺。再生后恢复活性的溶液返回脱硫塔循环使用。

ADA 法生产能力大，脱硫效率高，副产硫磺的质量高，吸收剂再生容易，价格低廉。此法还在不断地加以改进，如：加入少量酒石酸钾钠防止生成硫氧钒的复合物；加入微量二氯化铁可提高 ADA 在再生塔的氧化速率，并改善硫磺的颜色等。

2. 一氧化碳的变换

不论何种原料制得的原料气，均含有一氧化碳。一氧化碳既是有用成分，又是有害成分。

一氧化碳与水蒸气作用，可生成氢气。氢气是制合成氨的原料。故造气工序确定氢氮比时用$(H_2+CO)/N_2$。

一氧化碳能与氢气反应生成甲烷和水蒸气，使原料气中的氢气减少，惰性气量（甲烷）增加，对氨的合成不利；更为严重的是它会使合成的铁催化剂中毒。为此，原料气进入合成之前必须除去。

清除的方法是使一氧化碳与水蒸气作用，转变成氢和二氧化碳，这种方法叫一氧化碳的变换。变换后的气体称为变换气。

（1）反应原理　变换反应如下式。

$$CO+H_2O \rightleftharpoons CO_2+H_2+Q$$

这是一个可逆、等体积的放热反应，但反应速率很慢。反应后CO可转变为同体积的 H_2，且使难清除的CO转化为易清除的 CO_2。

反应的关键是CO的变换程度，显然变换率越高越好，可降低后工序除去残余CO的费用。从反应式可知：降低温度、增加水蒸气用量，有利于反应向右移动，从而提高CO的变换率。

*（2）变换的工艺条件

① 温度。变换率随温度的降低而增加，但反应速率将下降；升高温度，反应速率增加也不多，即使在1000℃下反应速率也不大。所以变换反应必须用催化剂以提高反应速率。如同 SO_2 的氧化，工业上采用两段变换，前段温度高些，有较高的反应速率；后段温度低些，有较高的变换率。

目前，变换使用的催化剂有中温和低温变换催化剂两种。中温变换催化剂有铁铬、铁镁催化剂，主要成分是 Fe_2O_3，工作时还原为 Fe_3O_4 才具有活性，其活性温度为350～500℃，耐硫性较好。低温变换催化剂有铜锌铬、铜锌铝催化剂，主要成分是CuO，其活性温度为170～280℃，耐硫性差，要求原料气中不含硫化物或含硫化物的体积分数小于 1×10^{-6}。

综上所述，若采用中低变换催化剂联合操作（简称中低变）时，前段（中温催化剂）操作温度一般控制在360～480℃，后段操作温度控制在180～260℃范围内。新的催化剂控制低的活性温度，随催化剂的老化逐步提高活性温度。

② 压力。从反应式知变换率与压力无关，但生产上常用加压变换。提高操作压力，可以提高反应速率，减少催化剂用量，缩小设备体积，有利于利用水蒸气的能量（因为水蒸气具有一定的压力），提高生产能力。如将操作压力从常压提高至2MPa，生产能力可增大3.9倍。加压变换的缺点在于设备的腐蚀性将加重，所以加压也是有限制的。一般小型厂采用0.7～1.4MPa，大中型厂采

用1.7～3MPa的操作压力。

③ 水蒸气用量。常用水碳比（H_2O/CO）来表示水蒸气的用量。增加水蒸气用量，副反应不易发生；有利抑制催化剂的硫中毒；可以提高CO的变换率，但不是成正比的增加。当（H_2O/CO）>8时，变换率的提高不显著，蒸汽耗量增大，变换反应温度不易正常。从经济上考虑，在保证一定变换率的前提下，尽量少用蒸汽，可降低能耗。

实际生产中，水蒸气用量还受到一定的制约，应随原料气成分（CO和毒物含量），催化剂的活性作相应的调整。

目前，在两段变换中，中温变换时，（H_2O/CO）为3～4，有利于提高反应速率；低温变换时（H_2O/CO）为5～7，有利于提高转化率。

（3）变换的工艺流程　变换工序的主要设备是变换炉，属于多段固定层催化反应器，采用内部，外部或冷激式换热。

流程的选择与原料气中CO含量，变换率的大小和催化剂的不同有关。

以固体为原料的加压中温变换流程见图10-18。

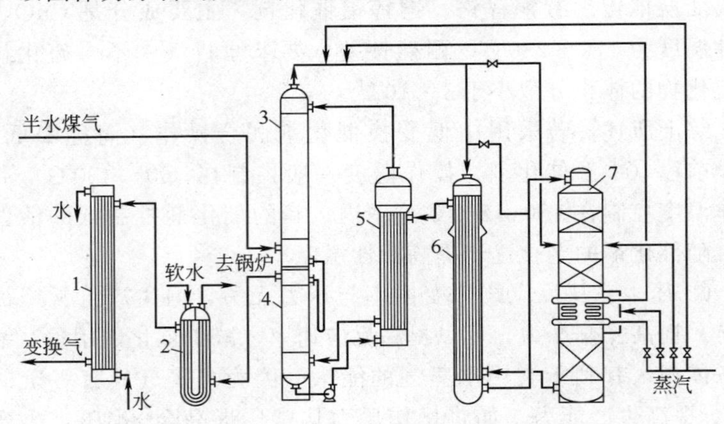

图10-18　半水煤气加压中温变换流程

1—冷却器；2—第二水加热器；3—饱和塔；4—热水塔；
5—第一水加热器；6—热交换器；7—变换炉

含 CO 30%左右的半水煤气，加压至 0.6～1MPa 进入饱和塔 3，与 125～140℃的热水在塔内逆流接触，被加热增湿后按一定比例与300～350℃的蒸汽混合，大部分气体经热交换器 6 预热至 380℃进入变换炉 7 的顶部；少部分（25%左右）气体不经热交换器，作为冷激气体可以直接进入变换炉的第二段催化剂。大部分气体经变换炉第一段催化反应后升温至 480～500℃，与冷激气混合后经第二、三段催化剂，从炉底出来的变换气温度为 400～410℃，残余 CO 含量降至 3%左右。变换气作热源进入热交换器加热半水煤气，再经第一水加热器 5 和热水塔 4 冷却减湿后，温度降至 100～110℃，最后进入第二水加热器 2 和冷却器 1 回收余热，温度降为常温返回压缩机加压。

该中温变换流程适用原料气中 CO 含量较高，变换率要求不很高，后工序除残余 CO 能力较强的场合。

图 10-19 为中、低变联合流程。此流程一般与后工序的甲烷化流程相配合，宜以烃类气体为原料用蒸汽转化法所生产的原料气，原料气中一般含 CO 为 13%～15%。

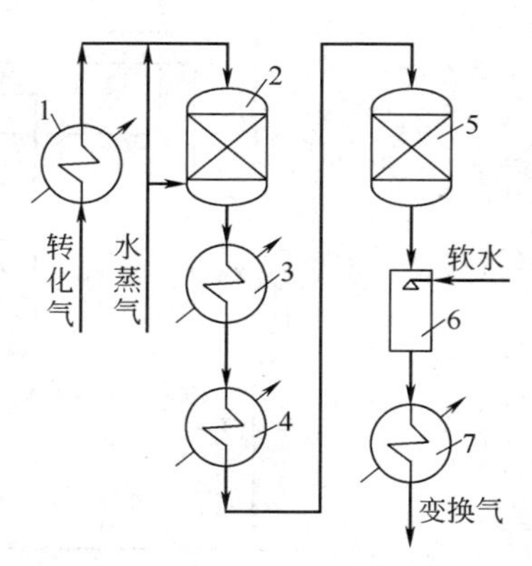

图 10-19　中、低变联合流程

1—废热锅炉；2—中变炉；3—中变废热锅炉；4—预热器（预热甲烷化工序气体）；5—低变炉；6—饱和器；7—再沸器（脱碳工序再生用）

从转化废热锅炉来的原料气含 CO 13%～15%，温度 370℃，压力 3MPa 直接进入中变炉（原料气中水蒸气含量较高，可以不添加水蒸气），催化反应后 CO 含量降至 3%左右，温度升至 425～440℃。经中变废热锅炉回收热量，气体温度降为 330℃，再经甲烷化炉预热器，降至 220℃进入低变炉。由低变炉出来的变换气温度为 235～250℃，CO 含量降至 0.3%～0.5%。回收热量后气体进入 CO_2 吸收塔。

在大型氨厂中，中变废热锅炉可产生高压蒸汽，而在中小型氨厂中则产生中压蒸汽。

(4) 一氧化碳变换技术的进展

① 开发新型的低温变换催化剂，降低反应温度，从而降低(H_2O/CO)的比值，节省工艺蒸汽（实际生产中蒸汽的消耗费用，有时占了变换工序总生产费用的一半以上）。

② 尽量回收和利用本工序的热量，特别是低位能废热的利用。图10-20为换热式串联蒸汽转化与中低变工艺流程。

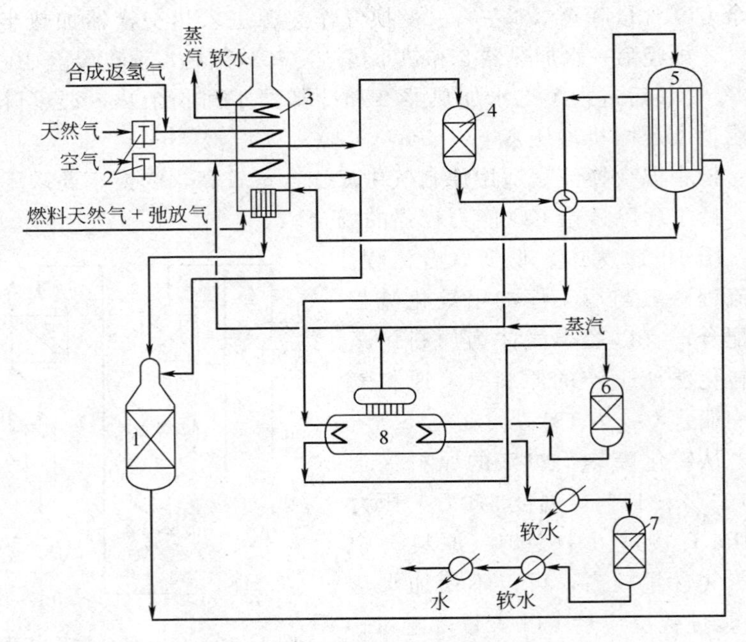

图10-20 换热式串联蒸汽转化与中低变工艺流程

1—二段转化炉；2—压缩机；3—中间转化炉；4—脱硫槽；5—一段转化炉；6—中变炉；7—低变炉；8—废热锅炉

该流程是针对小型氨厂间歇蒸汽转化法的改造而提出来的，是一项适宜在小型氨厂应用的工艺技术。其主要特点如下。

① 能耗低。利用了二段转化的高位热能来加热一段转化，减少副产的蒸汽过多，减少一段烟气排气量和热损失；回收合成工序

的全部弛放气，用于燃烧，节省了天然气。

② 投资省。主要增加换热式一段转化炉和中间转化炉，原有设备均可利用。而关键设备是换热式一段转化炉，要注意高温下材料的热膨胀、密封和传热强度三个方面的问题，需要慎重和特殊处理。

③ 效益好。

④ 风险小。即使换热式一段转化炉使用失败，该工艺仍能维持生产，只需降低生产负荷至原来的80%。

该工艺流程生产能力为年产合成氨1.5万吨，氨加工产品为碳酸氢铵。

3. 二氧化碳的脱除

脱除二氧化碳的过程，简称脱碳。

视原料的不同，变换气中大约含 CO_2 16%～30%。它会使氨合成的催化剂中毒，必须除去。但是 CO_2 又是重要的工业原料，干冰、尿素、碳酸氢铵的生产需要大量的、甚至是纯净的二氧化碳。因此，在脱除 CO_2 的同时，回收利用 CO_2 就具有重要的经济意义。

脱碳的方法很多，一般都采用吸收法，生产上用得最多的是化学吸收。小型氨厂多用浓氨水吸收 CO_2，在脱碳的同时又生产化肥产品碳酸氢铵；大中型厂多用改良热钾碱法（又称本菲尔德法），在活化剂（如二乙醇胺）存在的情况下，用热的碳酸钾溶液吸收 CO_2，可回收纯度很高的 CO_2。

(1) 改良热钾碱法　其总的可逆反应如下。

$$K_2CO_3 + CO_2 + H_2O \underset{\text{再生}}{\overset{\text{吸收}}{\rightleftharpoons}} 2KHCO_3 + Q$$

在碳酸钾溶液中加入2.5%～5%活化剂，极大地提高了该反应的速率。其脱碳流程见图10-21所示。

含 CO_2 18%左右的变换气经再生塔底部的再沸器7回收热量后，温度降为127℃，在2.74MPa下从吸收塔1的底部进入，在塔内与中部来的110℃半贫液（再生塔中部来的溶液）和顶部来的

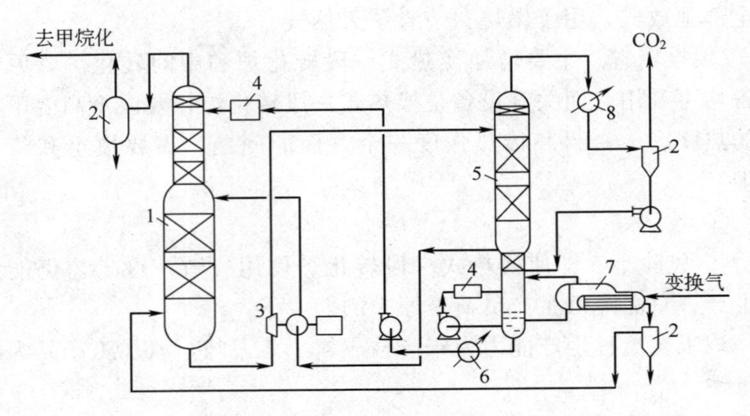

图 10-21　热钾碱法脱碳流程

1—吸收塔；2—分离器；3—水力透平；4—过滤器；5—再生塔；
6—冷却器；7—再沸器；8—冷凝器

70℃贫液（再生塔底部的溶液）进行逆流吸收反应，出塔气的温度为 70℃左右，CO_2 的净化浓度<0.1%，经分离器 2 后气体进入后工序。吸收塔底部出来的富液（含有 CO_2 的溶液）经水力透平 3 减压膨胀（放出的能量带动半贫液泵）后，借自身的余压自动流入再生塔 5 的顶部，由上而下与再沸器加热产生的蒸汽逆流接触。富液中的 CO_2 和部分水蒸气被蒸出，从塔顶部出来的气体（H_2O/CO_2）为 1.8～2，温度为 100～105℃，经冷凝器 8 冷却到 40℃左右，再经分离器将冷凝水分离后，得到几乎是纯的 CO_2 气体，可送往尿素工序。从再生塔中部引出部分溶液（半贫液），温度为 112℃，经半贫液泵加压后送入吸收塔中部；从再生塔底部又引出部分溶液（贫液），温度约 120℃，经换热或冷却到 70℃左右后，由贫液泵打入吸收塔顶部循环使用。再生塔所需热量由再沸器提供，再沸器的热源来自低变炉出来的变换气，该变换气进再沸器时的温度约 175℃，离开再沸器时降为 127℃左右，经分离器后去吸收塔底部。

溶液再生的耗热在整个脱碳工序中占有相当的比重，这是评价脱碳方法的一个重要经济指标。如何利用工艺自身的低位能废热，这是降低能耗的一个途径。如再生系统改用双塔：第一塔为闪蒸再生塔。上段为高压，下段为低压；第二塔为溶液再生塔。塔顶出来的蒸汽返回第一塔上段，作汽提剂用。该法节能效果较好。

（2）浓氨水吸收法　其化学反应式如下：

$$NH_3+H_2O+CO_2 \rightleftharpoons NH_4HCO_3+Q$$

在小型氨厂中，将这种既脱碳又生产成品的过程简称为“碳化”。碳化工艺流程参见图 10-22，实际生产中，取出碳酸氢氨是一个间断出料过程。首先分别在碳化主、副塔和固定副塔内加入一定高度的浓氨水，变换气依次鼓泡通过塔内的浓氨水，发生吸收 CO_2 的反应，在碳化主塔内生成碳酸氢铵结晶，形成悬浮液，热量由塔内水箱的冷却水移走。操作中控制好各塔的温度和液位，保证经碳化后原料气 CO_2 含量$<0.5\%$，做好取出与倒塔（将碳化主、副塔的作用倒换）准备。倒塔与取料同时进行。

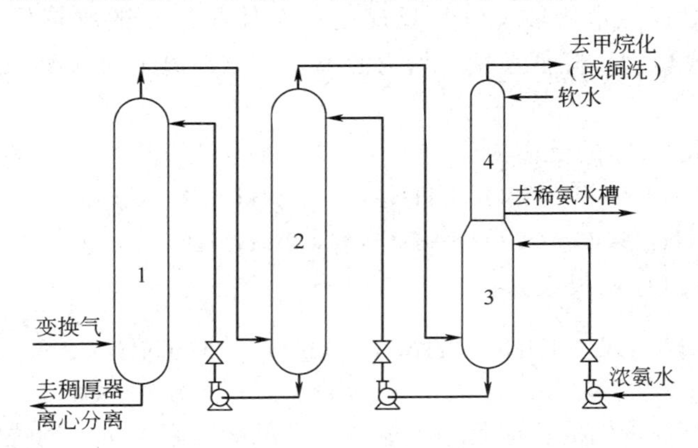

图 10-22　碳化工艺流程

1—碳化主塔；2—碳化副塔；3—固定副塔；4—回收清洗塔

4．原料气的精制

经变换和脱碳后的原料气仍含有微量的 CO、CO_2 和 H_2S 等气体。CO 和 CO_2 能使合成催化剂暂时中毒；H_2S 能使催化剂永久中毒。原料气的精制就是要将这些有害气体清除干净，以保证原料气中（$CO+CO_2$）总的体积分数小于 1×10^{-5}。精制后的原料气，简称精炼气。

由于用不同的原料造气，不同的方法净化气体，原料气中所含 CO、CO_2、H_2S 的量也有差异。工业上，以固体为原料的氨厂，多采用醋酸铜氨液吸收微量杂质的方法，简称“铜洗法”；采用了低温变换的氨厂，多用“甲烷化法”，把微量 CO 和 CO_2 转变为惰性气体 CH_4。

*（1）铜洗法　该法属于化学吸收过程，吸收剂为醋酸铜氨液。常用的吸收塔为填料塔。

醋酸铜氨液是由 $Cu(NH_3)_2Ac$（醋酸亚铜络二氨）、$Cu(NH_3)_4Ac_2$（醋酸铜络四氨）、游离氨和醋酸组成的。

吸收 CO 的反应为：

$$\underset{\text{醋酸亚铜络二氨}}{Cu(NH_3)_2Ac}+CO+NH_3 \rightleftharpoons \underset{\text{一氧化碳醋酸亚铜络三氨}}{[Cu(NH_3)_3CO]Ac}+Q$$

醋酸铜氨液吸收 CO 的反应是一个体积缩小的放热反应。因此，提高压力、降低温度、增大游离氨和亚铜离子的浓度，有利反应向右进行。

吸收 CO_2 的反应为：

$$2NH_3+CO_2+H_2O \rightleftharpoons (NH_4)_2CO_3+Q$$

$$(NH_4)_2CO_3+CO_2+H_2O \rightleftharpoons 2NH_4HCO_3+Q$$

吸收 O_2 的反应为：

$$2Cu(NH_3)_2Ac+4NH_3+2HAc+\frac{1}{2}O_2 \rightleftharpoons \underset{\text{醋酸铜络四氨}}{2Cu(NH_3)_4Ac_2}+H_2O$$

氧与低价铜的反应是不可逆的，且反应速率极快，铜洗后氧可以被除净。但 1 个氧分子要消耗 4 个低价铜离子，必须严格控制原料气中的氧含量，否则将使吸收 CO 的能力下降。

吸收 H_2S 的反应为：

$$2NH_3+H_2S+2H_2O \rightleftharpoons (NH_4)_2S+2H_2O+Q$$

H_2S 还能与醋酸铜氨液中的高、低价铜离子反应，生成硫化物（Cu_2S 或 CuS）沉淀，不仅消耗了氨和铜，而且沉淀物会堵塞设备和管道，故原料气中的 H_2S 含量越低越好。

目前，生产中吸收的操作压力多在10～12MPa，操作温度在8～15℃范围内；再生过程在常压和80℃左右进行，再生后的醋酸铜氨液循环使用。铜洗前的原料气约含CO与CO_2各3%左右，铜洗后（$CO+CO_2$）的体积分数低于1×10^{-5}。

（2）甲烷化法　该法是大中型氨厂清除微量CO和CO_2时普遍采用的方法。必须在镍催化剂的作用下，进行气固催化反应。反应式如下：

$$CO+3H_2 = CH_4+H_2O$$

$$CO_2+4H_2 = CH_4+2H_2O$$

反应所生成的甲烷对氨的合成来说是无用的惰性气体，但是反应时要消耗一部分H_2，对原料的利用率不利；在合成的循环过程中，CH_4不断积累增多，对合成反应不利。故采用甲烷化时，要求原料气中CO和CO_2总的体积分数应低于1%。经甲烷化后，可使（$CO+CO_2$）总的体积分数小于1×10^{-5}。这样的精炼气可送去合成氨。

甲烷化炉常为固定床催化反应器，在280～380℃和0.6～3MPa下进行操作。与铜洗法比较，由于省去了铜洗装置，总投资可减少7%，操作费用略低，净化度更高。

（三）氨的合成

原料气净化后，合格的氢氮混合气需压缩到一定的压力下，即可送往合成工序。

1. 氨的合成反应

氨合成的反应式如下：

$$3H_2+N_2 \rightleftharpoons 2NH_3+Q$$

这是一个可逆、放热和体积缩小的反应，降低温度，提高压力有利于氨的合成，但反应速率很慢；在常温常压下，没有催化剂时几乎不反应。就是有催化剂，且在催化剂的活性温度范围内，反应的转化率也较低，故合成氨的原料气必须循环使用，才能实现工业生产，这是氨合成的一个特点。

2. 氨合成的最佳工艺条件

由于氨合成的转化率低，原料气又需循环使用，循环时要消耗大量的动力。因此，从经济性考虑，既要提高生产强度，又要降低动力消耗，这些问题必将影响适宜的操作条件。

（1）催化剂　氨的合成反应，只有催化剂存在时，才有明显的反应速率。实验表明：氢氮比为3，在500℃和30MPa下，无催化剂时，10min后合成氨的体积分数为4×10^{-13}，10h后也只有1×10^{-11}；若使用含铁催化剂后，在相同条件下，5s后氨的体积分数达7%，10s后为10%，15s后约12%。可见，催化剂可加快氨合成的反应速率。

目前，公认的催化剂是铁催化剂，国内使用的A106、A109型催化剂都是以Fe_3O_4为主体（以Fe_2O_3和FeO的形态存在），加入适量的助催化剂，其化学组成及温度范围见表10-10。这些催化剂已达到和超过了国外同类型催化剂的主要性能指标。

表10-10　铁催化剂的组成与温度范围

型号	主催化剂	助催化剂	起燃温度/℃	操作温度/℃	耐热温度/℃
A106	Fe_3O_4	Al_2O_3、K_2O、CaO、SiO_2微量杂质	400	480～510	550
A109	Fe_3O_4	Al_2O_3、K_2O、CaO、MgO微量杂质	375	460～475	525

铁催化剂在使用前需用氢气把Fe_3O_4还原后，才能在氨合成过程中起催化作用，其反应为：

$$Fe_3O_4+4H_2 \rightleftharpoons 3Fe+4H_2O-Q$$

催化剂在使用过程中，因老化、中毒和机械杂质覆盖而降低活性。老化是由于温度过高引起的不可逆过程，防止老化的措施就是严格控制反应温度在规定的工艺条件内。含氧杂质（如CO）能使铁催化剂中毒，但这一过程是可逆的，排出含氧物后，催化剂又恢复活性，故称为暂时中毒；而硫、磷、砷等化合物能使催化剂发生不可逆的中毒，且不能恢复其活性，称为永久中毒，所以，有毒杂质的含量越低越好。油污、粉尘覆盖在催化剂表面，使催化剂活性降低，其后果介于可逆与不可逆之间。

（2）温度　最佳操作温度应在最适宜温度与催化剂的活性温度之间权衡而定。

氨合成的反应速率随温度的升高逐渐增大，到某一温度时达最大值，而后又随温度的升高而减小，即合成反应在一定的温度下有一最大反应速率值。当转化率一定，具有最大反应速率时的温度称为最适宜温度（与 SO_2 氧化类同，参见图 10-7）；最适宜温度随转化率的升高而降低。应该使最适宜温度在催化剂的活性温度范围内为最佳。

实际生产中，使合成反应的最佳操作温度先高后低，先有较大的反应速率，后有较大的转化率，这样有利于提高氨的含量。

（3）压力　提高压力既有利于提高平衡氨含量，又有利于提高反应速率。即使在 100MPa 下，氨的体积分数也只有 25%，但压力过高，会使设备费和动力消耗增加，应综合考虑。目前生产上采用的压力幅度很大，从几个到上百个兆帕的都有。

① 高压法　45～100MPa，反应温度 500～600℃。高压法设备少，但要求高；动力费用大，新建氨厂很少采用。

② 低压法　7.5～15MPa，反应温度 400～500℃。低压法节省动力，但冷冻负荷大，生产能力低，设备庞大，热能利用率差。

③ 中压法　15～45MPa，反应温度 450～550℃。中压法兼有高压法与低压法的优点。世界各国（包括中国）新建氨厂多用此法，便于用自产的高压蒸汽带动离心压缩机。因离心压缩机不宜产生过高的压力，迫使氨的合成用中压法。

从节能观点出发，应向降低压力的方向发展。目前，国内外大型氨厂有许多采用的操作压力为 15～22MPa。

（4）气体的组成　经净化后的气体，氢氮比必须等于 3，另外还含有少量的惰性气体（甲烷 CH_4 和氩 Ar）；同时生产过程中氢氮气又必须循环使用，使惰性气含量积累增多；未分离干净的氨又循环带入合成塔。这些气体成分的变化都将影响氨的合成。

① 氢氮比　不考虑反应速率的影响，按合成反应式，氢氮比为 3 能获得最大的平衡氨含量。实验证明，氢氮比为 2.7～2.9 时，合成氨的浓度最高，又有较大的反应速率。为此，生产上保持新鲜（净化后）气的氢氮比为 3，循环气的氢氮比为 2.5 左右，即可保持生产的稳定性，又可保证出口氨含量高。

② 惰性气含量　惰性气体含量增大后，对化学平衡、反应速率及氨的分离都不利。一般惰气含量每降低 1%，氨的产量可增加 1.8%。当操作压力低或催化剂活性差时，惰气含量维持低些，反之则可高些；若生产中以增产为主时，惰气含量维持低些，可控制在 10%～14%；若以降低成本为主时，惰气含量维持高些，可达 16%～20%；国内外大型氨厂一般控制在 12%～15%。生产中是通过间断地排放部分循环气（称为弛放气）来减少惰气的含量，若惰气含量越低，意味着损失的氢氮气也越多，成本越高。同时，在工艺流程中，要选择惰气含量最大和氨含量最少的地方作放空位置，以减少损失。放空的弛放气可回收其中的 NH_3 后，作为燃料气，以降低成本。

由于循环而使气体中含有氨，进口氨含量取决于氨分离的条件。进口氨含量越低，氨的产量越大，但氨分离时的冷冻负荷将增大，耗能也越多。一般操作压力越高，允许进口氨含量可高一些，如果操作压力为 30MPa 时，进口氨含量可定为 3%～3.8%；15MPa 时定为2.8%～3.2%；有些大型氨厂低到 2%～2.2%。

(5) 空间速率（简称空速）　指单位体积催化剂上每小时通过的气体体积量（标准状态），单位为 $m^3/(m^3 \cdot h)$ 或 h^{-1}。

在一定的温度和压力下，增大空速，气固催化反应接触时间减少，使出口气中合成的氨量降低，但不是成比例的降低；同时，气体流量的增大，总产量（生产强度）反而有所增加。参见表 10-11，不同空速下，氨含量与催化剂生产强度的关系。但空速的提高是有限度的，还受阻力损失、催化层温度、分离效率及生产成本等多因素的影响。一般空速控制在 20000～40000$m^3/(m^3 \cdot h)$。

表 10-11 不同空速时氨浓度与生产强度的关系

空速/h^{-1}	15000	30000	45000	60000
氨含量/%	23	18.2	16.5	14.6
生产强度/[kg/(m^3·h)]	2657	4204	5717	6745

3. 氨合成塔

合成塔是氨合成的主要设备之一，属于自热式固定床催化反应器。为使催化反应按最佳温度先高后低进行，必须及时地、不断地移走反应热。

氨合成塔主要由外壳和内件两部分构成。由于采用了降温措施，外壳温度一般不超过50～60℃，但壳体处在高压下，必须坚固。所以常用高强度、低合金钢制成长圆筒形。

内件供气体预热、冷却和气固催化反应之用。内件处在高温高压下，须采用耐氢、氮腐蚀的特种合金钢（高温高压下，氢与碳钢中的碳反应，使钢料变脆和出现裂纹；氮使钢氧化而变脆）；但承受的压差并不大，壁可薄一些。可见，把合成塔分成外壳与内件两部分，可节省合金钢，是降低投资的重要措施。

内件包括催化剂筐，换热装置，测温仪表等。合成塔的主要区别在于内件，内件的主要区别又在于换热方式和换热结构。根据换热方式的不同，可将合成塔分为间接换热（列管、螺旋板、波纹板、夹套套管、U 形管或蛇管等）和冷激式两大类。

(1) 间接换热式氨合成塔 内件由催化剂筐、分气盒和换热器三部分组成，图 10-23 是在双套管基础上改进而成的三套管并流合成塔。

① 换热装置。外壳与内件间的环隙夹套，可移走内件外壁的热量，使外壳温度只有 50～60℃；内件下部有列管式换热器（也有用螺旋板式，波纹板式的），供进入合成的气体与在催化剂层反应后的气体换热；催化剂筐内装有若干三套管（也有用双套管，U 形蛇管的），用以移走催化剂层的反应热；催化剂筐中间有一中心管，中心管内有电加热器可供开车升温用，或生产中催化剂层需升

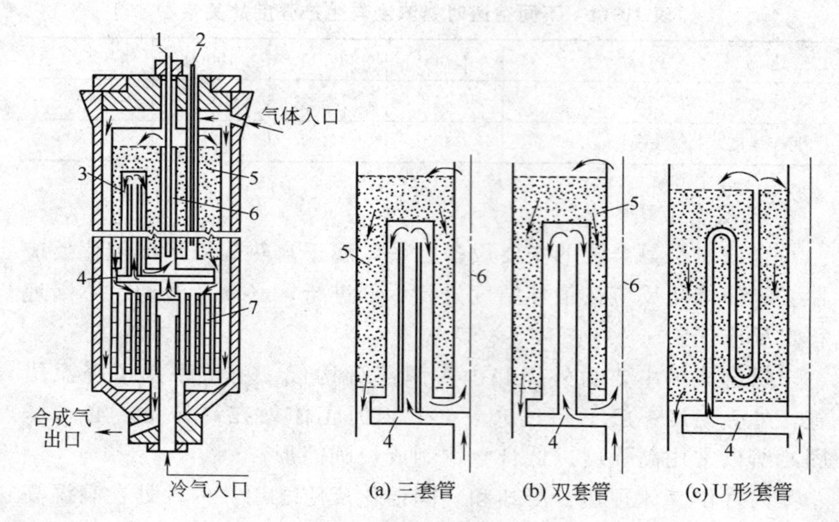

图 10-23　三套管并流合成塔

1—电加热器；2—热电偶温度计；3—三套管；4—分气盒；
5—催化剂筐；6—中心管；7—换热器

温时用；底部有一供冷气进入的入口管，又称冷气管或副线，冷循环气直接通过分气盒进入催化剂筐内的三套管，以便降低催化剂层的反应温度。

② 分气盒。内件中部的分气盒又分为上、下两室。上室与中心管相通；下室与列管换热器的壳程、冷气管和三套管相通。

③ 催化剂筐。筐内装催化剂和安装三套管外；还有一根装有电热器的中心管；在催化剂层的不同部位设有测温点，用不同长度的热电偶温度计测温，作为生产操作中控制温度的依据。

④ 三套管。三套管的结构见图 10-23(a)。它是由三根不同直径的同心圆管构成，内管是流体的一个通道；内管和中管的下端焊死，形成一层不流动的“滞气层”；中管与外管形成套管环隙。由于“滞气层”的导热系数远比金属管壁的小，所以气体经内管上升时温升很小，折向套管环隙由上而下时，在上部气体温度低；而上部催化反应速率快，放热多温度高，两者形成较大温差，有利于换

热。在下部催化反应放热少，与套管环隙内下降而升温的气体间形成较小的温差，传热量也少。这种换热过程，可以使反应温度接近最佳操作温度。

⑤ 合成塔内气体流向。氢氮混合气（约 30～40℃）从塔上部入口沿外壳与内件间的环隙夹套而下。从列管换热器下端进入壳程，与反应后的气体换热升温后，经分气盒下室进入三套管的内管并由下而上，再折回从套管环隙下降。再经分气盒的上室，由中心管上升至催化剂的上面，由上而下通过催化剂层进行合成反应。反应后的气体从分气盒外围进入列管换热器的管程，降温后出塔。

(2) 冷激式氨合成塔　这种合成塔是把催化剂分成若干段，在段与段之间用冷循环气进行冷却，使催化剂层的温度接近最佳操作温度。

图 10-24 为四段冷激式合成塔（也称凯洛格塔），大中型氨厂多采用此塔。塔的外形像瓶式，分为上下两筒体；也由外壳和内件组成。下部内件有四层催化剂，层间有冷激管，上部内件有列管式换热器。

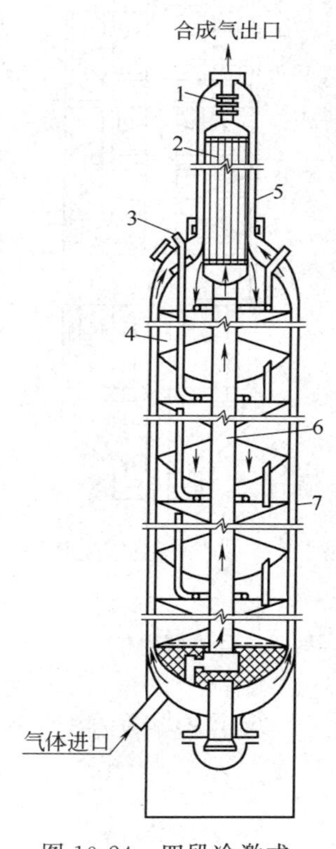

图 10-24　四段冷激式合成塔

1—波纹连接管；2—热交换器；3—冷激气接管；4—催化剂筐；5—上筒体；6—中心管；7—下筒体

四段冷激合成塔内气体流向：气体由底部进入外壳与内件间的环隙上升以冷却内件，上升气体经上部换热器的壳程（管外）被加热到 400℃左右，依次从上而下进入各段催化剂层，段间用冷激气降温。从底层催化剂出来的合成气经中心管上升，经换热器的管程（管内）降温后出塔。该塔结构简单，操作方便，温度分布均匀，易实现最佳温度操作，内件可靠性好。但检修不便，对冷激气的质量要求高（如不含油等杂质）。

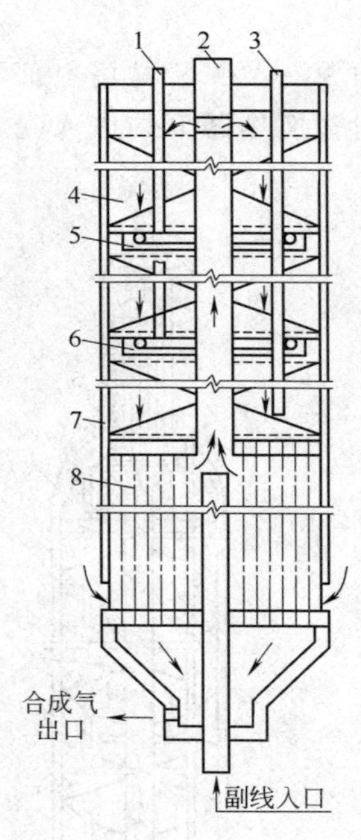

图 10-25　三段冷激式合成塔内件

1—冷激气接管；2—中心管；3—温度计套管；4—催化剂筐；5—上冷激器；6—下冷激器；7—筒体；8—列管换热器

三段冷激式合成塔如图 10-25 所示，中小型氨厂多用此塔。图示内件下部为列管式换热器，上部有三段催化剂层，段间设有冷激气管。操作时，气体从上部沿外壳与内件间的环隙向下流入换热器的壳程，经中心管上升至顶部，然后折向下依次通过各层催化剂进行反应，反应后的气体进入换热器的管程，冷却后出塔。副线的气体可不经换热器，直接由中心管进入顶部第一层催化剂，故可用副线调节该催化剂层的反应温度。

4. 氨合成的工艺流程

由于氢氮气每次通过合成塔时，只有一小部分合成为氨（转化率低）。为了提高原料气的利用率和经济性，需要把未反应的氢氮气分离出氨后，再送回合成塔内使用，故氨的合成常采用循环流程。

根据不同的操作条件，所用氨合成塔与压缩机的结构型式，氨分离的级数，热能回收及各设备的相对位置的差异，氨合成的工艺流程有多种。但要实现氨合成，在工艺流程中必须考虑下述几个重要问题。

① 合成反应后气体中氨分离的级数。常用冷凝法，即将气体中的气氨冷凝为液氨后分开，根据操作压力的不同，又可以采用一级（一次）氨分离或两级（两次）氨分离。

② 循环机位置的确定。用循环机提高循环气的压强时，根据循环机的结构，有油或无油润滑的影响，油分离的效果，确定循环

机在流程中的适宜位置。

③ 惰性气排放位置的确定。应在惰性气含量高，氨含量低，补充新鲜气之前的适当位置安装放空阀。

④ 新鲜气（精炼气）进入系统的位置。考虑气体中有少量油水杂质的影响，一般经分离杂质后，再进入合成塔。同时应在惰性气放空位置的后面。

（1）中压法流程　中国大多数氨厂采用该流程。图 10-26 为中压法氨合成的工艺流程。合成塔出来的气体含氨 12%左右，温度约 200℃，经水冷器 2 降到 20～35℃，已有液氨出现。再进入氨分离器 1 分离出液氨后，气体进入循环机 8 继续循环使用。进循环机前，根据需要可排放惰性气体。

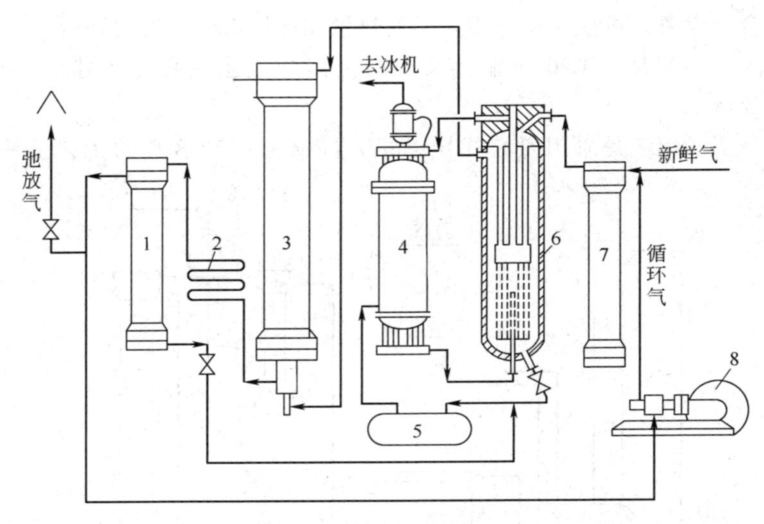

图 10-26　中压法氨合成工艺流程

1—氨分离器；2—水冷器；3—合成塔；4—氨冷凝器；5—液氨储槽；6—冷交换器；7—油分离器；8—循环机

净化后的精炼气（新鲜气）被压缩至 29MPa，与循环机来的循环气汇合后，进入油分离器 7 清除油水杂质，然后进入冷交换器 6 的上部换热器管内（冷交换器的上部为换热器，下部为氨分离器，是个二合一的设备）被冷却到10～20℃，再进入氨冷凝器4的蛇管内，蛇管外的液氨蒸发带走热量，将管内气体冷却至5℃左右。冷气又返回冷交换器下部的氨分离器，分离出液氨后，冷气上升进入上部换热器的管外，与油分离器来的气体换热，从5℃升至35℃后进合成塔3。

流程分析：①该流程采用两级氨分离，降低氨冷器的负荷，减少冰机冷冻气氨的冷冻量，节约电耗；②循环机放在两次氨分离之间，弛放气放空设在氨分离后和进循环机之前。此时放空压力最低，氨含量减少，惰性气量较多，又可以减轻循环机的负荷，符合经济原则；③循环气与新鲜气汇合后进入油分离器，可分离夹带的油水及微量杂质，提高气体的净化度，有利于氨的合成；④冷交换器为二合一设备，可使设备紧凑，又使热量和冷量得到合理的利用。

（2）采用离心式压缩机又副产蒸汽的工艺流程　新建厂多用此流程。

图10-27是采用离心式压缩机，同时又副产蒸汽的工艺流程。

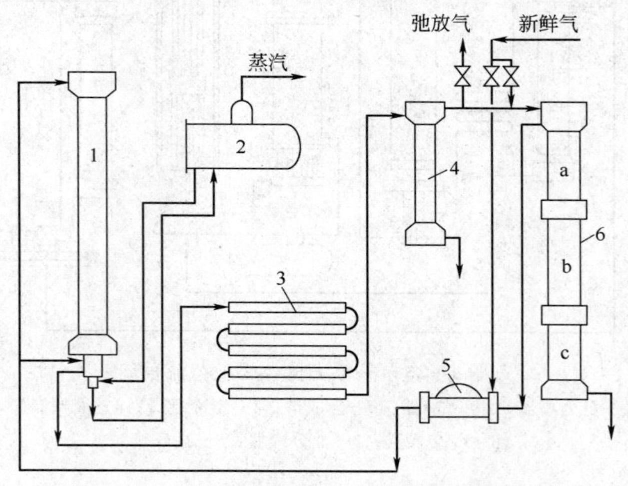

图10-27　采用离心机、副产蒸汽的氨合成流程

1—合成塔；2—锅炉；3—水冷凝器；4—氨分离器；
5—离心压缩机；6—三合一设备
a—冷交换器；b—氨蒸发器；c—氨分离器

该流程的冷交换器由三部分组成：上部是换热器，中部是氨蒸发器，下部是氨分离器。从合成塔 1 出来的气体，经水冷凝器 3 后，在氨分离器 4 内分出液氨。与新鲜气汇合后再进入三合一设备 6，沿上部换热器管内进入中部氨蒸发器的管内降温，在下部氨分离器分离出液氨后，折向进入氨蒸发器的中心管，再进入换热器的管间，放出冷量升温后出冷交换器。离开冷交换器的气体经离心压缩机 5 送往合成塔。

该流程的合成塔下部有两个换热器，进入合成塔的气体经两个换热器后，再进催化剂层反应。反应后的气温约 475～500℃，经第一换热器后冷至 360～380℃，此时引出塔外副产蒸汽，温度降至 230～240℃，又返回合成塔内，经第二换热器后，温度降为 100℃左右出塔去水冷凝器。

流程分析：①该流程保持了两级分离氨的特点；②循环离心压缩机放在两次氨分离后，氨已分离完，气体流量少，更节省压缩功，可提高进合成塔气体的压力；③弛放气在氨分离后，补充新鲜气之前；④新鲜气一般在进冷交换器之前补充，借冷交换器内的氨分离清除杂质；若新鲜气非常纯净，可以直接进入离心压缩机，以节约冷交换器中的冷量；⑤副产蒸汽，每吨氨可副产 0.8～0.85t、1～1.5MPa 的蒸汽；⑥冷交换器为三合一设备，更紧凑，还简化了流程。

（3）工艺流程的改进，德国某厂对凯洛格氨合成工艺的改造情况。

① 增加一台氨合成塔，该塔专供新鲜气一次通过。因新鲜气含惰气量很少，氨合成率可达 23%。

② 采用文丘里管喷射液氨来脱除新鲜气中的水分。取代用分子筛脱水。简化流程，降低能耗。

③ 合成压力从原来的 30MPa 降至 24MPa，提高了压缩机的生产能力。

④ 催化剂　用 3～6mm 小颗粒代替原来的 6～10mm 颗粒，提高氨的合成率。

图 10-28 为双合成塔流程。改造前后的比较见表 10-12。

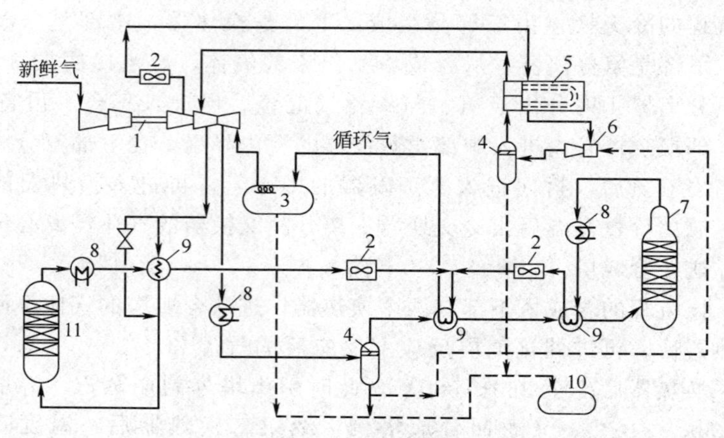

图 10-28　双合成塔流程

1—压缩机；2—冷却器；3—氨分离器；4—分离器；5—列管换热器；6—文丘里管；7—原合成塔；8—热回收器；9—热交换器；10—氨罐；11—新鲜气合成塔

表 10-12　流程改造前后的对比

项　目	产量/(t/d)	操作压力/MPa	合成氨含量			
			原合成塔		新鲜气合成塔	
			进口	出口	进口	出口
改造前	1469	30	2.9%	14.9%	—	—
改造后	1650～1700	24	2.9%	16.6%	2.1%	22.4%

四、生产合成氨的原则流程

1. 以固体为原料，生产合成氨的流程见图 10-29。

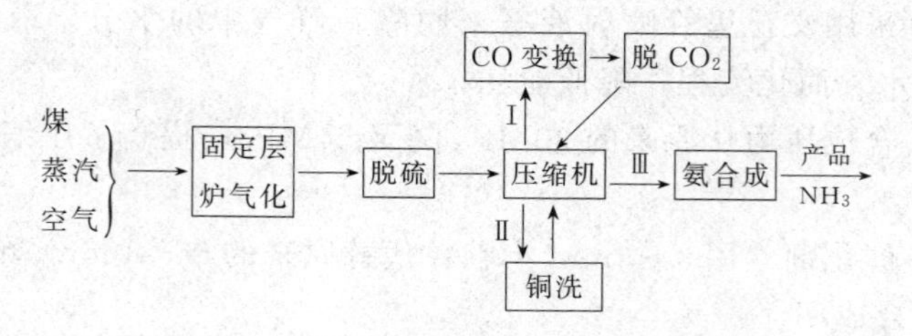

图 10-29　以煤为原料生产合成氨流程

2. 以天然气为原料，生产合成氨的流程见图 10-30。

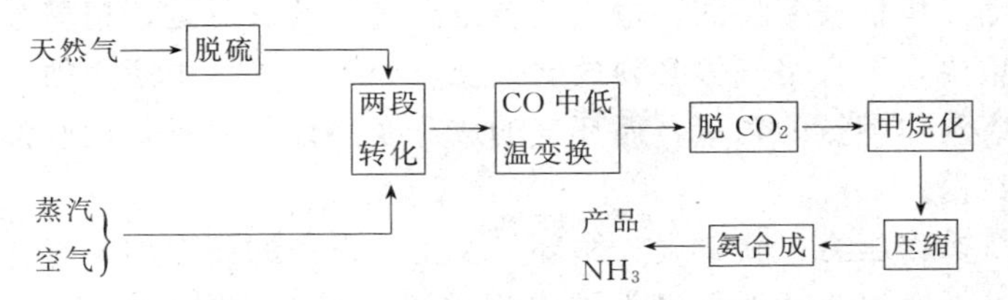

图 10-30 以天然气为原料生产合成氨流程

3. 以天然气为原料，生产碳酸氢铵流程见图 10-31。

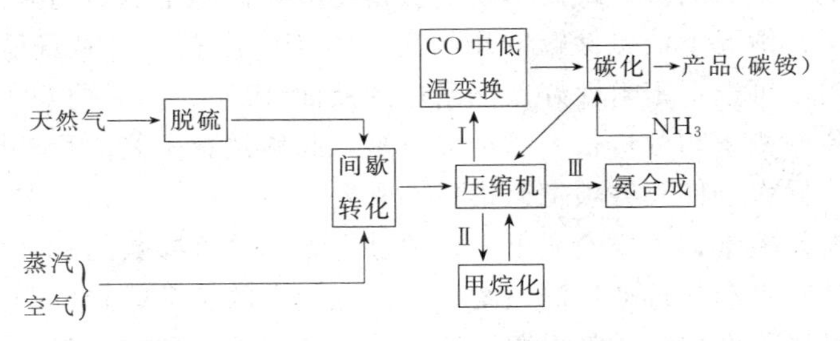

图 10-31 以天然气为原料生产碳酸氢铵流程

*五、氨合成的测控参数

在氨的合成及生产中，必须控制工艺条件在规定的范围内，一般中小氨厂都需要对温度、压力、气体组成和氨的产量进行测定。

常用热电偶来测量氨合成塔内催化剂的温度（即操作温度）。一般沿垂直方向，在催化剂层内分上、下选定测温点，以便掌握反应的最高温度区。同时配置手动测温和自动显示与记录仪表。

在氨合成的过程中，当操作压力一定时，必须严格控制好催化剂层的温度及分布，以保证系统有较高的生产能力。否则，温度过高或过低，温度分布不均，都将影响氨的产率。生产中调节催化剂层温度的方法有：改变冷气入口（副线）或冷激气的流量；用循环压缩机支路来调节送气量，从而改变空间速度。

气体组成的分析：一是要求精炼气含（$CO+CO_2$）的体积分数要小于 1×10^{-5}，$H_2:N_2=3$；二是要有正确的取样点；三是用适宜的方法和仪表进行准确的分析，有采用手工分析操作的，有用自动分析仪表分析的，也有两者结合进行的。总之，精炼气的组成很重要，不合格气体必须放空或回收处理。操作中还必须掌握进合成塔气体中氨的含量，循环气的成分及惰性气含量，这些都有待分析数据。

操作压力：新鲜气、循环气及主要设备的压力均要符合工艺要求，近距离或就地测量常用弹簧式压力表（氨用）；远距离或集中显示时，采用压力变送器与二次仪表配套使用。

氨产量的测量：最简单的方法是测液氨储罐中液氨的液位或体积，正常情况下液氨储罐的压力为1.5MPa左右，此时氨呈液态，液位指示可选用密封性好、能耐压的液面计。

各种测量和分析仪表的种类较多，必须熟悉工艺流程，设备的结构，操作条件及各项工艺指标，既要满足生产的工艺要求，又要易于操作控制，还要安全可靠。关键设备和关键参数的测量往往同时设计有手动和自动控制系统，以保证生产的正常运转。

目前，大型氨厂已采用计算机自动控制整个生产过程，实现高度的自动化。

第四节　石油化工

一、概述

石油化工是主要以石油或天然气及炼油气、油田气等为原料生产一系列化工产品的工业。目前，石油化工发展较快，一是石油、天然气输送方便，是比较廉价的原料；二是石油、天然气是流体，易实现连续化、自动化生产；三是原料含灰分、杂质少，利用率高，且便于综合利用；四是科技的发展，为石油化工的发展提供了技术上的可能性。在许多国家，石油化工的发展速度远远超过其他行业。

以石油为原料，经炼制加工，为工农业生产、交通运输、国防建设和航天工业提供了重要的燃料和润滑油。近年来，石油的炼制采用了催化裂化、加氢裂化、重整、催化合成等技术，能生产出繁多的化工产品。而且许多产品具有一定的直接用途外，还可以作为化工的基础原料；作为基本有机合成工业的原料，作为合成材料或高分子化工的原料；作为精细化工的原料。可见，石油化工不仅涉及工业的许多方面，还涉及到人们的衣、食、住、行、医的各个方面。因此，发展石油化工，是迅速发展国民经济的一个十分重要的环节，是提高人民生活水平不可缺少的重要工业。

（一）石油的组成与分类

1. 石油的性质

未经加工的石油叫原油，它是有机化合物的混合物，随产地、组成的不同，性质也不同。

色泽　石油是有油腻感，具有黏稠性的可燃液体，一般为深褐色或黑色。含的树脂或硬沥青越多，颜色越深。

气味　石油具有一种特殊的臭味，主要来自于不饱和烃、含硫化合物及一部分氧化物。

相对密度　绝大多数石油的相对密度在0.75～1.0之间。若含树脂、沥青较多，则相对密度增大。相对密度小的石油可炼制出较多的汽油和煤油。一般把相对密度大于0.9的称为重质石油；相对密度小于0.9的称为轻质石油。中国所产的石油含烷烃较多，多数是轻质石油。

黏度　一般含树脂少而汽油多的石油，其黏度小；含树脂和沥青多的石油，则黏度大。

闪点　是石油蒸气同空气混合物在临近火焰时，能发生燃烧（闪火）的温度。石油含汽油越多，则闪点越低。闪点是润滑油的一个指标，用途不同，对闪点的要求也不同。如航空润滑油的闪点要求在180～240℃。

凝固点　是石油开始变为固体时的温度。石油中含石蜡越多则凝固点越高。凝固点低的石油有较高的使用价值。

2. 石油的组成

石油的组成很复杂，随产地而有所不同。但主要含碳氢化合物，且占石油总质量的95%～98%；此外还有少量的含硫、氧、氮化合物及其他微量元素。大致组成如下。

碳83%～87%；氢11%～14%；硫0～4%；氧0～3.5%；氮0～2.5%；磷、钒、钾、镍、硅、铁、镁、钠等微量。

中国大庆原油含碳85.86%、氢13.74%、硫0.11%、氧0.16%、氮0.13%。

碳与氢主要以烷烃（C_nH_{2n+2}）、环烷烃（C_nH_{2n}，如环戊烷、环己烷、二甲基环己烷等）、芳香烃（C_nH_{2n-6}，如苯、甲苯、二甲苯、萘、蒽等）的形式存在。常温常压时，n 在4以下为气体，5～15为液体，16以上为固体。大多数石油中含环烷烃较多。

不同产地的石油含烃类的比例和数量不同，因而表现出不同的性质。掌握其性质，为石油的炼制和加工提供了基本的依据。

3. 石油的分类

根据石油中所含烃类的成分，可将石油分为以下六类。

（1）烷烃石油（又称石蜡基石油）　含有较多的石蜡，凝固点高。富含汽油和煤油的轻质石油属此类，我国许多地区的石油均属此种类型。如大庆油田的石油是低硫、低胶质、高石蜡类型。

（2）环烷烃石油　其中环烷烃含量不低于60%；含煤油和润滑油多；含汽油少，重质石蜡和树脂的含量也不多，没有沥青，凝固点较低。是提炼高级润滑油的原料。这种石油不多见，我国新疆克拉玛依油田所产的石油属此类型。

（3）芳香烃石油　含有较多的芳香烃，还含有胶质及硫。这类石油也不多见。

（4）烷烃-环烷烃石油　主要含环烷烃和重质石蜡，芳香烃、硬沥青和树脂的含量不多。中国玉门石油属此类。

（5）环烷烃-芳香烃石油　主要含环烷烃和芳香烃，树脂含量达15%～20%，而石蜡含量不多。含有重质树脂与硬沥青的石油属此类。这类石油分布广，其特点是含胶质较多。

（6）烷烃-环烷烃-芳香烃石油　三种烃的含量差不多，还含有10%的树脂和硬沥青以及1%左右的固体石蜡。这类石油最常见。

（二）石油化工生产方案

从原油出发，需要经过多次加工，才能制成化工产品。由原油加工成各种燃料油、润滑油及化工产品，可采用不同的工艺。而生产燃料、基础原料、基本有机原料及化工产品的方法，相互间有着密切的联系。应根据原油的性质、技术条件及所需产品的数量和质量要求而决定，按所得的主要产品可以分为三种类型。

（1）燃料型 以生产汽油、煤油、柴油、重油等为主要产品。

（2）燃料-润滑油型 除生产燃料油外，还生产润滑油。

（3）燃料-化工型 以生产燃料和化工产品为主。这种类型属于综合利用，经济上比较合理。近年来，许多国家的一些燃料型炼油厂已改建为燃料-化工型厂；新建炼油厂也多采用燃料-化工型方案。

燃料-化工型炼油方案的流程如图 10-32 所示。

（三）合成材料与石油化工

合成材料主要指三大合成材料：合成树脂及塑料、合成纤维和合成橡胶。合成树脂与塑料是有区别的，合成树脂是人工合成的各种高分子树脂状聚合物的统称。塑料是以合成树脂为主要成分，加入填料、增塑剂、稳定剂和其他添加剂后，经一定的加工程序形成塑料材料或塑料制品。

合成材料的生产，首先取决于原料的来源与制备。最初合成材料的原料来源于煤的干馏、电石和农林产品。随着石油化工的迅速发展，合成材料转为以石油和天然气为主要原料。现在，合成材料所需的原料，都可以通过不同的工艺方法由石油或天然气制得。石油经加工后的产品，如乙烯、丙烯、苯、乙炔等可作为化工的基础原料；醇、醚、酯、酚、醛等可作为基本有机工业的原料。再将这些原料加工后，可制成合成材料。例如：乙烯直接聚合可得聚乙烯树脂；乙烯氯化后成氯乙烯，再聚合可得聚氯乙烯树脂；乙烯和对二甲苯加工可得聚酯纤维（涤纶）；苯是聚酰胺纤维（锦纶）的原料；顺丁橡胶是有顺式结构的丁二烯的聚合物等。

合成材料的种类繁多，新的品种还在不断地出现，而基础原料

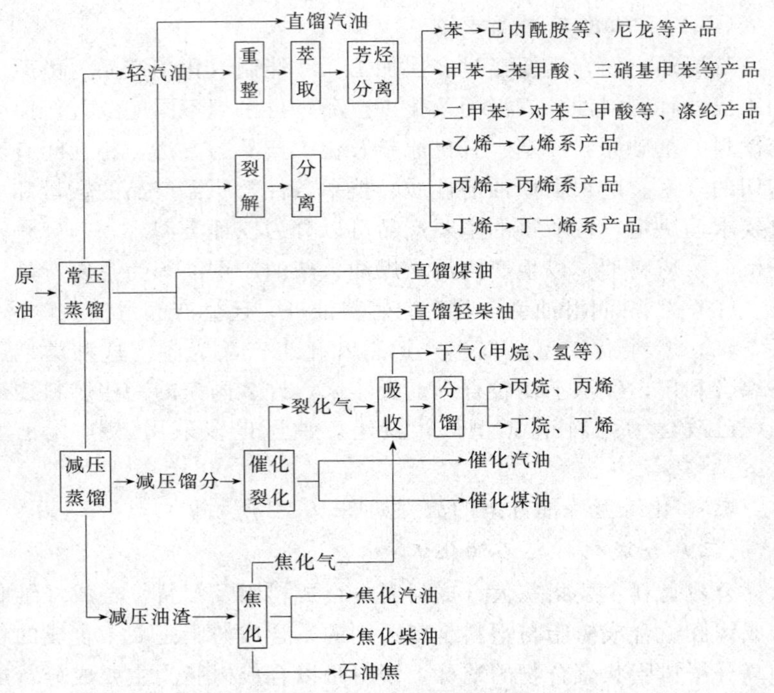

图 10-32　燃料-化工型炼油方案流程

都来源于石油化工。可见合成材料与石油化工的关系密切，可以说它们是同步发展、同步增长，甚至同步波动。

随着石油化工的高速发展，为合成材料提供了丰富而廉价的原料；化工技术的进步；人们对材料及性能多方面的需求，促使合成材料迅速发展。现在三大合成材料不仅在数量上，而且在若干重要性能方面都已超过天然材料，成为工业、科技、国防和人民生活中各方面都必不可少的材料。随着化工技术的进展，新型材料的开发，三大合成材料在国民经济中必将越来越重要。

二、石油的炼制

从原油出发经分馏得到各种石油产品的生产过程，称为石油炼制。原油的成分很复杂，从沸点看，40～400℃及以上的组分都有，至今不能将原油中不同的组分一个一个地分离出来，只能用蒸馏的方法取一定沸点范围内的馏分加以利用。原油无论加工成何种产品，首先必须进行常减压蒸馏，然后才能将馏分精制成各种燃料产品，或者加工成其他化工产品。

（一）石油的蒸馏

石油在常压和400℃以下进行蒸馏，称为常压蒸馏。常压蒸馏时在塔底引出高沸点的重油，若仍想在常压下分离重油，必须用更高的温度，而重油中的各组分在更高温度时会发生分解。因此，将这部分重油改在减压下再蒸馏，降低了沸点温度，不仅可以防止重油分解，而且符合经济原则。

这种把常压蒸馏与减压蒸馏串联起来的操作，就叫做常减压蒸馏。

1. 常减压蒸馏流程

图10-33是常减压蒸馏流程示意图。将原油预热至100℃左右（降低黏度）后，送入脱盐罐1。经脱盐和脱水的原油在换热器内预热至200～220℃，进入初馏塔2。利用回流液控制初馏塔顶温度

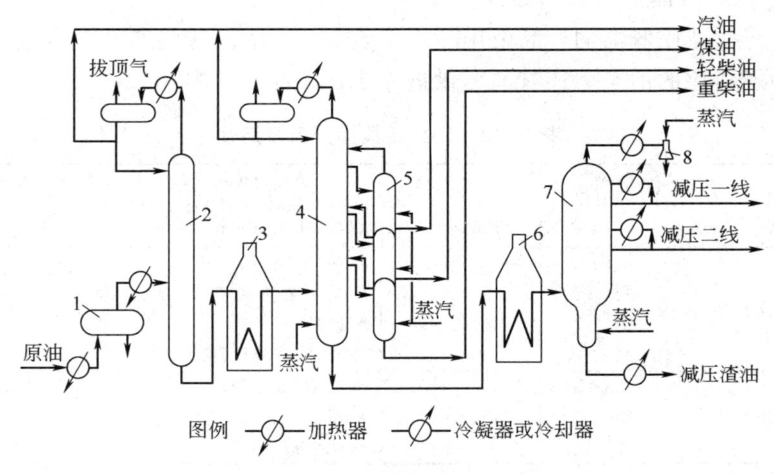

图10-33　常减压蒸馏流程

1—脱盐罐；2—初馏塔；3—常压炉；4—常压塔；5—汽提塔；6—减压加热炉；7—减压塔；8—喷射冷凝器

约95℃，塔底温度约230℃（初馏塔的任务是从塔顶馏出一部分95℃以下的轻汽油及溶于原油中的气态烃——拔顶气），塔顶馏出物经冷凝分离得到拔顶气和轻汽油。初馏塔底的油送常压炉升温至360～370℃，进入常压蒸馏塔4，常压塔顶温度约100℃，塔底约350℃。从塔的侧线引出不同温度下的油品，经汽提塔5汽提（汽提是用过热蒸汽，在汽提塔内把溶于油品中的低沸点组分吹出，并返回蒸馏塔）后，分别获得煤油、轻柴油、重柴油。在常压塔顶引出的蒸汽冷凝后得重汽油，轻汽油和重汽油统称直接蒸馏的汽油，简称直馏汽油；而在塔底引出的重油，作为减压蒸馏的原料。

重油经减压加热炉6升温至400℃左右进入减压蒸馏塔7（以便降低蒸馏温度，防止高温下的分解反应），通常用三级蒸汽喷射泵来保持塔顶的真空度在93kPa左右。用直接加入蒸汽的办法来降低塔底液体的沸腾温度。减压塔顶温度约80℃，获得柴油；塔底温度为380℃，排出渣油；侧一线（约180℃）获得热蜡油；侧二线引出润滑油。

2. 石油蒸馏的产品及用途

常减压蒸馏的产品及用途列于表10-13中。这些产品有直接作为燃料用的油类，还有的可供进一步加工时作原料用。

表10-13　常减压蒸馏产品及用途

馏出位置		沸点范围/℃	产品及用途	产率
初馏塔顶		初馏点～95	汽油(或重整原料)	2%～3%
常压塔	塔顶	95～130	汽油(或重整的原料)	3%～8%
	侧一线	130～240	灯用煤油(或航空煤油)	5%～8%
	侧二线	240～300	轻柴油	7%～10%
	侧三线	300～350	重柴油(或变压器油)	7%～10%
减压塔	侧一线	350～450	润滑油(催化裂解的原料)	10%～15%
	侧二线	450～520	润滑油(催化裂解的原料)	15%～20%
	塔底	＞520	焦化原料	35%～50%

3. 石油蒸馏的特点

石油蒸馏的基本原理与第七章的连续精馏原理相同，基本依据仍是混合液中各组分沸点的差异。但石油蒸馏也有自身的特点。

（1）石油蒸馏不是分离出纯组分，而是得到一定沸点范围内的一种馏出物。该馏出物也是混合物。

（2）石油蒸馏采用多侧线精馏塔，可以减少设备费用，同时在不同侧线位置，得到不同的馏出物。但侧线引出的馏出物含有低沸点物料，为了保证产品质量，回收低沸物，需将侧线馏出物经汽提塔进行汽提，即可达此目的。

（3）石油蒸馏塔不设塔釜，这是为了防止料液在釜中长时间受热而发生分解。蒸馏所需热量一是由塔外的加热炉提供，即把料液加热后送入塔内；二是在塔底从直接吹入的过热蒸汽中获得。这样即可降低塔底蒸馏温度，又起到了搅拌和增大汽化表面的作用。

以原油为原料，需要经过多次加工才能制成化工产品。第一次加工就是常减压蒸馏，可得不同沸点范围的馏分。第二次加工就是通过裂化、裂解、催化重整得到基础原料（如烯烃、芳烃等）。第三次加工是将烯烃、芳烃等制成基本有机原料（如甲醇、乙醇、醋酸、环氧乙烷、苯乙烯、苯酚、丙烯腈、氯乙烯……等）。第四次加工是利用基本有机原料制成三大合成材料及其他化工产品（如医药、涂料、染料、香料、溶剂、洗涤剂……等）。下面对裂化、裂解和重整的基本知识做简要介绍。

（二）催化裂化

常减压蒸馏分离出的产品中（见表10-13），汽油、煤油和轻柴油等轻质油品一般只占15%～20%，其中汽油仅占5%左右。而轻质油的用途很广，消耗量大，价格较高，且远远满足不了现代工业的需求。为了增加以汽油为主的轻质油品，提高经济效益，生产上将常减压蒸馏所得的重质油品经过二次加工后，转变成轻质油品。裂化就是实现这一目的而采用的一种加工方法。

1. 催化裂化的方法

催化裂化以重质油品（减压塔侧一线、侧二线和焦化中间馏分的油品）为原料，裂化方法有三种：热裂化、催化裂化和加氢裂化。

热裂化　完全依靠加热进行裂化，耗能高。

催化裂化　在催化剂的作用下，同时依靠热源进行裂化。

加氢裂化　实际上是催化剂与加氢相结合，该法设备投资大。

目前，多采用催化裂化，用硅酸铝作催化剂，在450～500℃和98～196kPa条件下进行裂化反应，以制取汽油等轻质油品，同时产生的气体中含有大量的丙烯、乙烯等，可作化工的重要原料。

2. 催化裂化反应的特点

催化裂化反应属于气固催化反应。由于重质油品原料是含有多种烃的复杂混合物，使催化反应极为复杂。催化裂化过程中的主要反应类型有下述几种。

裂化反应　大分子烷烃、烯烃分解裂化为小分子烃，如

$$C_{16}H_{34} \longrightarrow C_{13}H_{26} + C_3H_8$$

异构化反应　如直链结构变为支链；双键向中间转移等。如

$$\mathrm{C{-}C{-}C{-}C} \longrightarrow \mathrm{C{-}\overset{\displaystyle C}{\overset{|}{C}}{-}C}$$

$$\mathrm{C{=}C{-}C{-}C} \longrightarrow \mathrm{C{-}C{=}C{-}C}$$

芳构化反应　环烷烃脱氢或烯烃环化后再脱氢都可生成芳烃。如

$$\text{环己烷} \longrightarrow \text{苯} + 3H_2$$

氢转移反应　如多环芳烃缩合成焦炭等。

一般烃类的分子越大，分解裂化速率越快；支链越多，越易断裂；烯烃的分解速率比烷烃大；芳烃上的侧链易断裂。从上述反应可见，催化裂化反应具有下列特点。

① 多种组分同时发生反应，烷烃、环烷烃和芳烃等同时发生裂化反应。

② 同一种组分同时发生几种反应（平行反应），如烷烃分子同时发生裂化、异构化、脱氢和氢转移反应。

③ 反应后的产物继续发生二次反应（连串反应），如烃分子裂化的产物又继续裂化或进行其他反应。

④ 催化裂化的产物中饱和烃多，支链烃多，芳烃多，所以生

产的汽油辛烷值高，稳定性好。

⑤ 生成焦炭的反应是二次反应，焦炭能使催化剂失去活性。

可见，催化裂化反应是一个复杂的平行、连串反应。

3. 催化裂化的工艺流程

催化裂化反应的特点之一是有焦炭生成，这些焦炭附着在催化剂表面上，降低了催化剂的活性。必须使催化剂再生，恢复其活性。目前多采用双体流化床反应器（参见第九章图 9-15），一个流化床作反应器（催化裂化）用，另一个流化床作再生器用。其特点是结构简单，操作容易，处理量大，可连续生产，经济上非常有利。图 10-34 为催化裂化流程示意图。

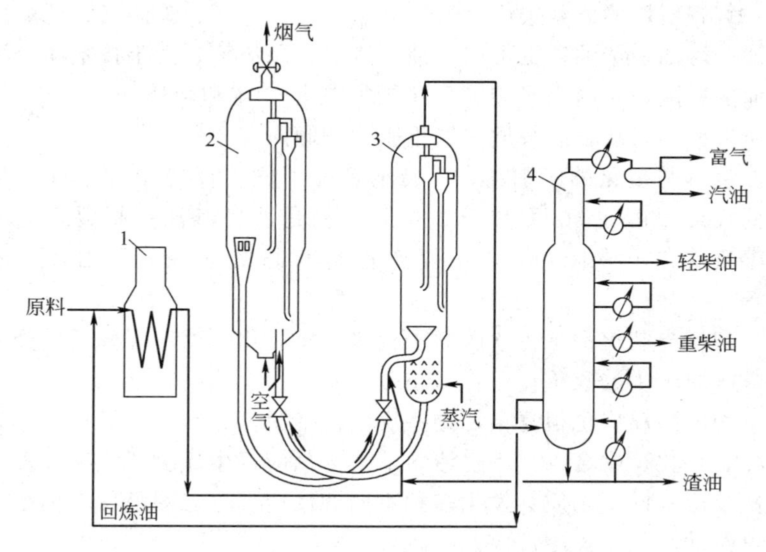

图 10-34 催化裂化流程

1—加热炉；2—再生器；3—反应器；4—分馏塔

原料油经加热炉 1 预热至 450～500℃，与再生后的催化剂汇合［催化剂：油＝1：(5～10)］后，一起进入反应器 3。反应过程中催化剂表面积炭，经汽提段的 U 形管送入再生器 2，用空气烧去积炭后恢复活性。再生温度约 600℃，燃烧产生的废气可回收热量后放空。反应器顶部所得产物引入分馏塔4分馏出汽油、轻柴油、重柴油。分馏塔顶部的不凝性气体称为富气，含乙烯、丙烷、丙烯等气体，可作为化工的原料；冷凝液为产品汽油。塔底排出的油浆（渣油），可作燃料或重新进入反应器回炼。

（三）裂解

裂解是石油化工获得三烯（乙烯、丙烯、丁二烯）与三苯（苯、甲苯、二甲苯）的重要手段。三烯和三苯既是产品有它的直接用途，又是进一步加工的基础原料，在化工产品生产中具有特殊的重要地位。

1. 裂解的方法

裂解所用的原料很广，可用天然气、油田气、炼油气；还可用汽油、煤油、柴油；也可用重油、渣油、原油等。由于技术和经济方面的原因，目前用于裂解的主要原料是气体和轻质油。近年来，轻质油原料紧缺，裂解原料有重质化的倾向。

裂解与裂化的区别在于：目的产品不同，反应条件不同。裂化的反应温度在500℃以下，主要产物是液态汽油；而裂解的反应温度在700～1000℃，主要产物是气态的烯烃，如乙烯、丙烯等。

裂解与裂化都是将含碳原子较多的碳氢化合物（大分子）分裂成含碳原子少的碳氢化合物（小分子）。

裂解的反应也很复杂，这些反应包括脱氢、断链、异构化、芳构化、环化、聚合等。不仅原料油发生反应，生成物还将继续发生二次反应；同一物质会发生多种不同的反应。总之裂解反应仍是一个复杂的平行、连串反应。

裂解的主要设备是管式炉，常用的是倒梯台型管式炉，它由许多合金钢管组成。管内通入原料和水蒸气，管外加热，烃类原料在高温下发生裂解反应。反应后的产物经汽油精馏塔可分馏出裂解气、汽油和重油。

2. 裂解气的分离

裂解气是一个多组分混合气，主要成分是氢、甲烷、乙烷、丙烷、戊烷、乙烯、丙烯、丁烯、戊烯和大分子烃等。它的含量主要随裂解的原料和裂解的操作条件不同而异，这些组分都有各自的用途，必须将裂解气进行分离。

分离裂解气的方法有：深冷分离（−100℃以下）、浅冷分离（−50℃左右）、溶剂吸收分离、吸附分离等。这些方法各有其特点，应根据进一步加工的需要和对气体纯度的要求，从技术上、经济上综合考虑，选用适当的分离方法。

深冷分离　是在−100℃左右的低温下，将裂解气全部冷凝下来，再利用各烃类的不同挥发度，用精馏操作逐一分离。其特点是能耗低，产品纯度高，但需大量耐低温的合金钢，此法适宜大型工厂使用。

吸收分离　利用各烃类气体溶解度的不同，用含 C_3～C_4 的馏分作吸收剂，在不同的温度和压力下进行吸收，吸收后的溶液通过解吸再生，获得被吸收的组分，吸收剂循环使用。

吸附分离　利用吸附剂（分子筛或活性炭）的选择性，将混合气中一种或几种组分吸附着，通过解吸可获得分离。

（四）重整

重整就是将烃类的分子结构（碳键）按要求被重新调整，所以叫重整。

随着生产的发展，对汽油的质量要求越来越高，催化裂化的产品也很难适应。这就需要改变汽油中烃类的分子结构，使其转变为芳烃及异构烷烃，从而提高汽油的辛烷值。因此，发展了制造高辛烷值，含烯烃量少的汽油生产工艺，即重整。目前，重整这一方法已成为生产芳烃的重要手段。

1. 重整的方法

重整的原料是常减压蒸馏操作分离出的直馏汽油，其沸点范围在60～140℃。因环烷烃易生成芳烃，原料中含环烷烃越高越好。重整的方法主要有热重整和催化重整。

热重整　依靠加热来实现重整，已很少应用了。

催化重整　在催化剂作用下，用较低的温度和压力实现重整，能生成较多的芳烃。一般都采用催化重整。

催化重整最常用的是铂催化剂，所以又称为铂重整。也有用铼-铂双金属作催化剂的；还有在双金属中加第三种金属（如铅或锡），成为多金属催化剂，以便提高芳烃产率。

催化重整是气固反应过程，多用固定床催化反应器。由于重整反应是强烈的吸热反应，为了便于控制反应温度，常用多个反应器串联操作，在器间加热。

重整反应在催化剂的作用下，一般适宜的操作温度为480～520℃，压力为1.8～3MPa，添加适量的氢气可除去原料油中的硫、氨等杂质，还可防催化剂中毒或结焦。重整后的产品叫重整油，其组成随原料油和重整操作条件而异，通常重整油中异构烷烃的含量增多，芳烃的含量达30％～60％，但仍有少量的烷烃和环烷烃。

催化重整的反应也比较复杂，主要有脱氢、芳构化、异构化、环化、缩合等化学反应。并且重整反应仍是一个复杂的平行、连串反应。

若重整的目的是为了生产芳烃，则应保证脱氢、芳构化、异构化反应顺利进行，促进环化反应，抑制缩合反应。

2. 重整油的分离

催化重整的生产流程包括三个步骤：预处理、重整和后处理。

预处理的目的是使原料油被净化，除去低沸点（60℃以下）的馏分和有害杂质（硫、氨、水等）。预处理包含脱水、预分馏和预加氢等。

后处理的目的是提高芳烃的纯度。因重整油中除芳烃外，还含有烷烃和少量的环烷烃，而芳烃与烷烃的沸点很接近，有的还形成共沸物，分离较困难。目前工业上广泛采用液-液萃取法分离重整油。

萃取操作需选定液体萃取剂，利用重整油中各组分在萃取剂中的溶解度不同，达到分离目的。常用的萃取剂为二甘醇，在萃取重整油时，因芳烃易溶于二甘醇中（环烷烃、烷烃难溶）形成新的溶液，且密度不同而分层分离。

萃取所得新的溶液再通过蒸馏，利用沸点的差异分离为纯度高的产品。

（五）石油化工的发展

1. 原料结构

石油既是化工生产的能源，又是化工生产的原料，而石油的产量远远跟不上市场的需求。因此，石油化工的原料结构应向多样化方向发展。

（1）重质化　用重质原料代替优质原料。使用天然气、炼油气、轻质油等优质原料，因其杂质含量少，可简化流程，提高转化率和产率。但随着生产的发展，优质原料越来越少，越来越贵，必将加速原料向重质化的方向发展；同时科技的发展为使用重质原料打下了基础。

（2）多样化　由于石油、天然气资源有可能出现短缺和枯竭，对其他原料应给予适当的重视。如煤及其他天然物质（脂肪类、油类和碳水化合物等）。

煤的气化和液化。如煤的气化可生产 CO，将 CO 变换可得 H_2，以 CO 和 H_2 为原料可生产甲烷、甲醇、乙醇、醋酸、氨等重要化工原料；又如炼焦的副产物煤焦油，曾是有机化学工业的重要原料来源，至今也占有一定的比重。

脂肪和油类存在于自然界中，主要成分是甘油三羧酸酯，还含有多种其他酸，来源于动物和植物。动物中最重要的是牛油和猪油，是提供以十八碳酸为主的原料来源。植物中菜籽油含芥酸较多；豆油、花生油、棉籽油含十八碳酸较多；椰子油、棕榈仁油是制备十二碳醇的主要原料，对合成表面活性剂也有重要意义。开发这些油脂产品，也可作为化工生产的原料。

碳水化合物主要来源于糖类、淀粉、纤维素、树胶等，是制取化工产品的又一资源。如淀粉酸性水解可得到葡萄糖，利用葡萄糖作原料，通过发酵能生产一系列化工产品。如乙醇、丁醇、丙醇、甘油、丙酮、乳酸……等。

2. 生产规模大型化

大型化的规模生产其经济效益显著，能降低投资和生产费用，易于实现资源和能源的综合利用，易于实现自动控制，有利于三废的集中处理和环境保护。

由于大型化生产设备庞大，自控程度高，很难进行工艺改革，一旦发生故障或开工率不足，会造成巨大的损失。因此必须注意安全生产，必须要有足够的原材料，对人员的素质要求也较高。

3. 能量的综合利用

石油化工生产中的换热设备占相当大的比例，同时生产中要烧掉不少的燃料。采用热交换技术回收和利用生产中的余热或反应热，并综合利用这些热能，逐级利用高位热能，使生产中的能耗大幅度下降，从而产生明显的经济效益。如20世纪60年代每生产1t乙烯耗电1600～1900度，而20世纪70年代则需电50～100度，这就是热能综合利用的结果。

4. 开发新工艺

简化生产步骤，研制新型催化剂，用低廉的粗劣原料代替价贵的优质原料，减少辅助材料的消耗，开展综合利用，少排或不排废料，使原料和能源得到充分的利用，使之成为一种节能、低耗、高效、安全、无污染的工艺技术。

三、聚氯乙烯

聚氯乙烯是由氯乙烯聚合而成的热塑性树脂之一。氯乙烯与聚氯乙烯的英文名缩写分别为VC和PVC。

PVC塑料有软质和硬质两种。软质PVC主要加工成薄膜，用于农业生产、包装材料；制造雨衣、床单、台布等。人造革、塑料凉鞋和日常生活中的许多塑料制品，以及电线、电缆的绝缘材料都是软质PVC的制品。硬质PVC主要用作管材和型材，用于制造各种工业设备和容器，制作家具和用于建筑等方面。

由于PVC化学性质稳定，耐酸碱及化学药品的侵蚀，有较好的机械强度及良好的绝缘性能，在工农业生产、国防、科研及日常生活中的应用越来越广泛。

（一）氯乙烯的合成

1. 生产氯乙烯的方法

氯乙烯的生产方法有四种：电石乙炔法、乙烯法、联合法和氧氯化法。各法的原则流程如下所示。

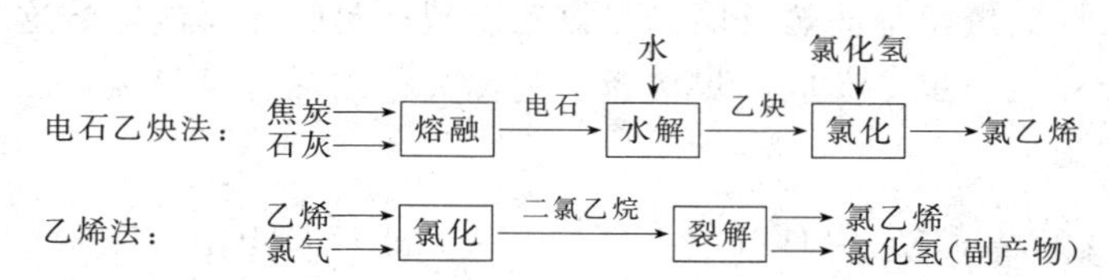

联合法：即乙烯法和乙炔法联合生产，利用乙烯法的副产物。

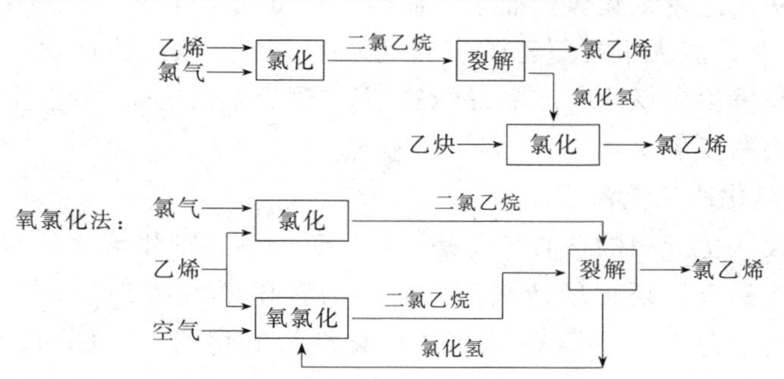

上述各法中，电石乙炔法耗电大，成本高，氯化反应需汞盐做催化剂，易污染环境；乙烯法的副产物（HCl）有待进一步处理；联合法综合利用了原料和副产物，宜于用电石法生产的老厂进行技术改造；氧氯化法工艺流程简单，成本低廉，特别适用于大型生产，新建厂主要采用此法。

2. 氧氯化法的主要反应

氧氯化法生产 VC 包括氯化、氧氯化和裂解三个主反应。第一步将乙烯分成两路，一路进行氯化反应；另一路进行氧氯化反应。第二步将两路生成的二氯乙烷一起进行热裂解。这种方法又称为两步法。

氯化：
$$CH_2{=}CH_2 + Cl_2 \longrightarrow CH_2ClCH_2Cl$$

氧氯化：
$$CH_2{=}CH_2 + \frac{1}{2}O_2 + 2HCl \longrightarrow CH_2ClCH_2Cl + H_2O$$

裂解： $CH_2ClCH_2Cl \longrightarrow CH_2{=}CHCl + HCl$

三式合并，总反应式为：

$$2CH_2{=}CH_2 + Cl_2 + \frac{1}{2}O_2 \longrightarrow 2CH_2{=}CHCl + H_2O$$

乙烯氧氯化是放热反应，二氯乙烷裂解是吸热反应，将这两步反应合并成一步，形成一步法新工艺，又称乙烯直接氧氯化法，其反应式为：

$$CH_2{=}CH_2 + HCl + \frac{1}{2}O_2 \longrightarrow CH_2{=}CHCl + H_2O$$

一步法工艺用氯化氢，而不用氯气；热量利用合理；工艺过程（步骤）简化，省去了二氯乙烷和氯气的生产。但该法因催化剂不够理想，易发生副反应，产品提纯麻烦，还需继续改进。目前生产上主要采用两步氧氯化法。

3. 氧氯化法工艺流程

氧氯化法生产中的核心设备是沸腾床反应器，使用流化技术易于控制反应温度，还可副产蒸汽。乙烯的转化率可达 99%，二氯乙烷的纯度超过 99%。反应所用的催化剂为氯化铜（$CuCl_2$），活性温度为200～300℃。正常操作温度控制在 200～250℃，操作压力为常压或稍高一些。

氧氯化法生产二氯乙烷的流程示意见图 10-35。氯化氢脱除乙炔（防乙炔进入反应器后发生副反应）后，与乙烯和空气一起进入沸腾床反应器 2 进行氧氯化反应。反应生成的二氯乙烷气体进骤冷塔 3 与水逆流接触，一是降温；二是洗去氯化氢和催化剂等杂质。从骤冷塔顶出来的二氯乙烷经冷凝器冷凝后，进入分层器 4，分离后获得粗二氯乙烷，该二氯乙烷送去精制和裂解。从分层器顶部出来的尾气含有少量二氯乙烷，可用吸收塔 5 中的溶剂吸收，尾气排空。吸收后的溶液被加热后在解吸塔 7 中解吸，解吸后的溶剂循环使用，解吸出来的二氯乙烷冷凝后送回分层器回收。

（二）氯乙烯的聚合

同种分子互相结合成大分子的反应，称为聚合反应。参与聚合

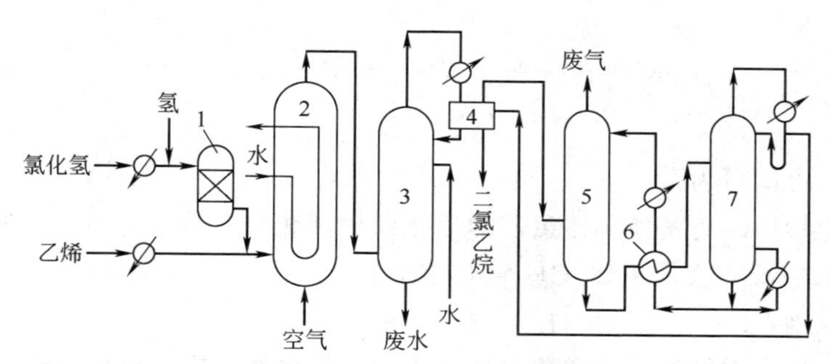

图 10-35　氧氯化法生产二氯乙烷流程

1—脱炔反应器；2—氧氯化沸腾床反应器；3—骤冷塔；

4—分层器；5—吸收塔；6—换热器；7—解吸塔

反应的单分子叫单体；聚合后所得的产物叫聚合物。

工业上将氯乙烯聚合成聚氯乙烯的方法有多种，聚合方法不同，产品的性能也不相同。目前，大部分 PVC 都是用悬浮聚合法生产的，该法散热条件好，后处理简单，所得的 PVC 颗粒大，质量好，加工制造方便，宜大规模生产。

*1. 聚合的化学反应

氯乙烯（ $CH_2{=}CHCl$ ）的分子结构中含有一个双键，平常情况下是相当稳定的。但双键中有一个键易受外界的影响，显示出不饱和的性质，给双键带来很大的活泼性，能与其他分子结合，易被氧化，易于聚合。在引发剂（催化剂）存在的情况下，氯乙烯易发生连锁聚合反应。

$$nCH_2{=}CHCl \longrightarrow {[}CH_2{-}CHCl{]}_n$$

式中 n 称为聚合度。可见聚氯乙烯分子是由几个—CH_2—CHCl—组成的。n 值从 200 到 2000 不等，相应的分子量为 1.25～12.5 万，甚至高达几十万。

悬浮聚合法属于游离基型链锁聚合反应，需要用引发剂来形成游离基。如用偶氮二异丁腈作引发剂，其反应机理如下。

（1）链的引发　首先引发剂（偶氮二异丁腈）受热分解产生游离基。

$$NC-\underset{CH_3}{\overset{CH_3}{C}}-N=N-\underset{CH_3}{\overset{CH_3}{C}}-CN \xrightarrow{\triangle} 2NC-\underset{CH_3}{\overset{CH_3}{C^*}} + N_2\uparrow$$

可简写为：$$I \xrightarrow{\triangle} 2R^* + N_2$$

然后游离基使单体氯乙烯活化而成活化单体分子（以 R^* 表示游离基，M 表示单体 $CH_2=CHCl$ ）。

则 $$R^* + M \longrightarrow R-M^*$$

（2）链的增长　活化单体分子与其他单体反应，形成长链。

$$R-M^* + M \longrightarrow R-M_2{}^*$$

$$R-M_2^* + M + M + \cdots \longrightarrow R-M_n^*$$

（3）链的终止　链在增长过程中，遇到下列几种情况将失去活性，形成稳定的 PVC 大分子。

增长的链相互作用：$R-M_n^* + R-M_m^* \longrightarrow R-M_{m+n}-R$

增长的链与活化单体作用：

$$R-M_n^* + R-M^* \longrightarrow R-M_{n+1}-R$$

增长的链与游离基作用：$R-M_n^* + R^* \longrightarrow R-M_n-R$

增长的链与杂质作用或在聚合反应器壁上引起链的终止。

2. 聚合的工艺条件

悬浮聚合是以无离子水为介质，借助悬浮剂的作用，在引发剂的引发下，发生聚合的一种方法。

悬浮剂　在搅拌下使 VC 单体分散成小珠状，悬浮于水中。防止单体之间、单体与聚合物之间的黏合，使之保持微粒状态。原来多用明胶为悬浮剂，现大多改用聚乙烯醇或顺丁烯二酸酐、甲基纤维素……等。用量为 0.05%～0.5%。

引发剂　起催化作用，使聚合反应在较低温度下，有较大的反应速率，且反应完全。常用的引发剂有偶氮化合物或过氧化合物两类。如偶氮二异丁腈、偶氮二异庚腈；过氧化十二烷酰、过氧化二碳酸二异丙酯……等。

（1）原料配方　悬浮聚合的配方很多，下表是典型配方之一

（按质量计）。

无离子水	氯乙烯	悬浮剂	引发剂	缓冲剂	消泡剂
100	50～70	0.05～0.5	0.02～0.3	0～0.1	0～0.002

（2）聚合条件

温度　聚合反应的温度将影响聚合物分子量的大小（每差2℃，则聚合物的分子量相差约23000），且直接影响聚合度。生产不同型号的聚合度产品，反应温度有所不同。一般聚合温度在45～65℃之间的一定温度下进行，温度波动范围不超过±0.8℃。

压力　聚合反应的压力与温度有关，它是操作温度下氯乙烯和水的蒸气压之和。如操作温度为45℃时，表压是0.6MPa；操作温度为55℃时，表压是0.8MPa。

3. 聚合的工艺流程

聚合工序的主要设备是聚合釜（即反应釜，参见第九章图9-7）。国内普遍采用搪瓷釜，料液不易粘釜壁。釜的容积多为13.5m³，也有用30m³的，国外最大为200m³。

图10-36是氯乙烯悬浮聚合工艺流程示意图，采用间歇操作方式。

投料之前，先用惰性气（N_2）置换聚合釜内空气。将过滤后的软水用泵打入釜中，然后配入悬浮剂、引发剂和其他助剂（若此时充入氮气置换空气也可以）。再将纯度高的VC单体计量和过滤后加入釜内，开动搅拌器，同时在夹套内通入蒸汽加热，进行聚合反应。开始链的引发是吸热过程，所需热量由蒸汽提供。

当釜内温度升至50～60℃时，停止加热。夹套内改用冷却剂（冷却水或冷冻水），因为链的增长是放热过程，要及时移走热量。在规定的温度和压力下，使氯乙烯进行集合。根据釜内压力降低到某一值时，即完成聚合反应。

未反应的氯乙烯气体经泡沫捕集器回收，被夹带出的少量聚合物流至沉降池，作为次品定期处理。

聚合釜中生成的聚氯乙烯（PVC）树脂，从釜底出料或用压缩氮气压出，经后续碱处理、过滤、水洗涤至中性，送去干燥，即

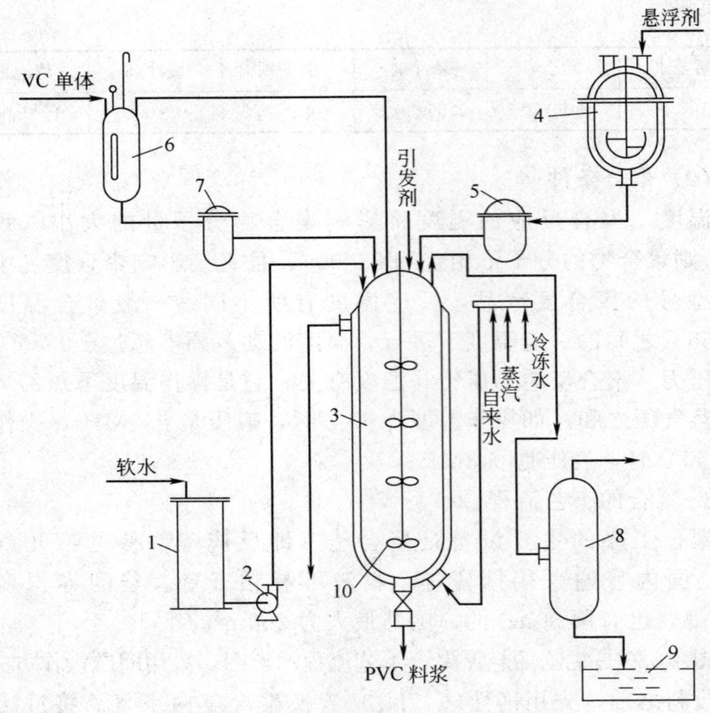

图 10-36　氯乙烯悬浮聚合工艺流程

1—软水过滤器；2—多级泵；3—聚合釜；4—悬浮剂配制槽；
5—悬浮剂过滤器；6—氯乙烯计量槽；7—过滤器；
8—泡沫捕集器；9—PVC 树脂沉降池；10—搅拌器

为 PVC 树脂。

*4. 间歇聚合釜的调控方案

影响聚合反应的因素很多，如悬浮剂、引发剂的用量多少；各物料之间的配比；釜内操作压力和温度；搅拌情况等。而反应过程中，链的引发是吸热反应；链的增长又是放热反应。根据以上情况，结合图 10-36 的聚合流程，聚合反应的调控方案分析如下。

① 无离子水、悬浮剂、引发剂和 VC 单体的质量、用量和配料比等在聚合釜外面调配好后，再分别加入釜内。也就是将这些影

响因素作为釜外的控制指标，而不必在釜内搞自动调节，这样可减少可控因素。

② 由于聚合反应的温度将影响压强，吸热反应时需加热，放热反应时需移走热量。所以调节聚合釜内的温度是关键，将温度作为聚合反应惟一的控制参数。为此，可设计以温度为主参数的自动控制方案。

③ 反应过程中需要加热与冷却，必须同时连接冷、热载热体，故调节方案要能使加热或冷却的载热体能分程动作。

④ 当冷却剂是自来水或冷冻水时，可考虑以釜内反应温度为主参数，夹套内冷却剂的温度为副参数，具有自动选择自来水或冷冻水的调节方案。

确定调控方案后，设计出控制流程图，考虑或选择适宜的仪表和执行装置及辅助装置。为保证安全生产，合理地确定自动保护和报警系统是必要的。可见，自动调节系统是为工艺生产服务的，熟悉工艺流程、操作条件、主要设备的结构特点和产品指标等，给自动控制系统的设计打下有利的基础。

第五节　精细化工简介

一、概述

（一）精细化工概念

精细化工是精细化学品生产工业的简称。精细化学品又称精细化工产品，它是化学工业用来与通用化工产品或大宗化学品相区别的一个专用术语。

所谓通用化工产品就是以天然资源（煤、石油、天然气、农副产品）为基本原料，经物理和化学加工过程而制成的产量大、应用范围较广的化工产品。如前述硫酸、合成氨、聚氯乙烯等。

精细化工产品是以通用化学品为原料，用复杂的生产工序进行深度加工，制成小批量、多品种、附加价值高，具有特定功能的化工产品。例如，聚氯乙烯树脂加工成塑料用的增塑剂是精细化工产品。增塑剂的用量不多，但它能使塑料变软，并降低脆性；改变增塑剂的用量能调节塑料的柔软度；采用耐温增塑剂可提高塑料的使用温度；通过配方加入辅助增塑剂、稳定剂等，使其性能更优良。

用石油化工的产品乙烯、丙烯、丁烯、乙醛等作原料，在催化剂的作用下，通过一系列的反应，可以合成所需的增塑剂。

（二）精细化工产品的特点

1. 专用特性

精细化工产品因具有特定的功能，故专用性强，而通用性弱；应用对象比较狭窄；用量少而效益显著。它的特定功能完全依赖于应用对象的要求，从这一点来说，精细化工产品的专用性显得特别重要。例如利血平药品只能用于降血压；杀虫剂农药是用于杀害虫的，误用会造成严重后果；人造卫星上用结构胶黏剂代替金属焊接，重 1kg 就有近 10 万元的经济效益。

2. 生产特性

精细化工产品的生产特性表现在以下几个方面。

(1) 小批量、多品种　由于精细化工产品的专用性决定了用量小，不少品种以克、毫克、甚至 10^{-6} 计量；而且更新换代快，市场寿命短，因此生产量小，一般年产几吨至几百吨，少的仅几百千克。

多品种的特性与批量小，专用性强有关，与市场需求有关。如国际上生产的原药有 3400 种，从原药加工成各种成品药，其品种数还要翻 10 倍；不同化学结构的染料品种已达 5232 个，再加上复配成不同的剂型或不同的色谱，其品种数是无限的。

(2) 技术密集度高　表现在生产工艺流程长，单元反应多，中间过程需严格控制，原料复杂，产品质量要求高等。生产上大量采用近代仪器测试手段，计算机处理技术，涉及到多领域，多学科的专业理论知识和技能，由此对人员的素质提出了更高的要求。技术密集还表现在新产品的开发费用高，成功率低，所需时间长，三废治理要求严。为此，必然带来技术的保密和垄断。

(3) 采用间歇式多功能装置　为适应小批量、多品种、更新快的生产特点，常用灵活性较大的间歇式多功能生产装置。由于精细品的合成多为液液反应，设备的通用性大，按反应单元来组织反应设备，如反应釜。

3. 经济特性

（1）附加价值率高　商品的附加价值率随深度加工急剧增长；加工深度越高，附加价值率也越高。精细化工产品的附加价值率在化学工业中是最高的，特别是医药的附加价值率处于领先的地位。

（2）利润率高　国际上 20 世纪 70 年代评价利润高低的标准是：销售利润率小于 15%的为低利润率；15%～20%为中利润率；大于 20%为高利润率。一般精细品的利润率都大于 20%。

（3）投资效益高　投资效益高，返本期短。一般投产五年内即可收回全部投资。

4. 商业特性

（1）技术保密，专利垄断　精细化工产品多数是复配型，配方与加工技术带有很高的保密性，以保证独家经营，独占市场，扩大销售，获取更多的利润。

（2）情报密集，信息快　由于精细化工产品是根据应用对象的要求而设计的，要随时适应新的要求，经常做好市场调研和预测，不断研究消费者的心理要求，不断开发新的品种，才能在市场竞争中取胜。必要时还需调查国内外同行的新动向。

（3）积极开发应用技术和开展技术服务工作，开拓市场，提高信誉，以增强竞争机制。

（三）精细化工产品的分类

精细化工产品的范围十分广泛，各国对精细化工产品的含义解释不一，所以至今无统一的分类标准。目前国内外用得较多的分类原则是：按产品的应用性能进行分类，即按产品的功能进行分类。

1984 年，日本《精细化工年鉴》中将精细化工产品分为 35 类，即：医药、农药、合成染料、涂料、黏合剂、香料、化妆品、表面活性剂、感光材料、催化剂、功能高分子、生化酶、有机颜料、合成洗涤剂及肥皂、印刷用油墨、增塑剂、稳定剂、橡胶助剂、试剂、高分子凝集剂、石油添加剂、食品添加剂、兽药和饲料添加剂、纸浆和纸化学品、金属表面处理剂、塑料助剂、汽车用化学品、芳香消臭剂、工业杀菌防霉剂、脂肪酸、稀土金属化合物、精细陶瓷、健康食品、有机电子材料、生命体化学品。其中前 12 类比较重要，在今后会有较大的进展。

上述分类法显得过多，不易统计。我国采用了按产品功能分类的方法，概括的范围与上述基本上类同。1986 年原化学工业部首先提出了一种暂行分类方法，包括 11 类产品。它们是：农药、染料、涂料（包括油漆和油墨）、信息用化学品（包括感光材料和磁性材料等能接受电磁波的化学品）、黏合剂、催化剂与各种助剂、化工系统生产的药品（原药）与日用化学品、功能高分子材料（包括功能膜和偏光材料等）、颜料、试剂与高纯物、食品与饲料添加剂。显然，分类工作尚未最后统一，可能还会不断地补充和修改。

（四）精细化工的地位和进展

精细化工产品的发展，开始是以医药、染料、香料等为代表，以后随着石油化工的兴起，合成材料的发展，促使有各种特性的稳定剂、增塑剂、添加剂等迅速发展。由于精细化工产品的范围十分广泛，目前还很难确定专业的学科领域，但从研制、生产、应用方面考虑，精细化工的基础是应用化学。也就是说要把无机化学、有机化学、分析化学及物理化学的基本知识用于精细化工产品的工业过程中。

近年来，我国的医药、农药、染料、涂料、表面活性剂、功能高分子材料、各类助剂、黏合剂等行业都制订了相应的发展规划，预计今后我国的精细化工产品会有高速的增长。精细化工产品以其特定的功能和专用性质，对增进工农业的发展，丰富人民的生活起到不可缺少的作用。精细化工在整个化学工业中的比重不断提高，其产品有着广阔的前景。对发展中的主要问题简述如下。

(1) 品种开发　新品种的开发是精细化工发展的重点方向。在一些新的领域，如功能高分子、精密陶瓷、电子材料、生化制品等的研究十分活跃，以便满足各种要求的品种。

（2）装置和设备　精细化工生产已逐步出现了单元反应设备，其特点是容积大，传热、传质效果好，适应不同的反应条件和不同的生产原料。在单元设备上，采用先进的技术装置，使反应操作控制精密化、自动化，并具有多功能的特性。

（3）开发新工艺　各国对新工艺的开发非常重视，节能技术、少废无废技术、催化技术的不断改进和完善，使成本大幅度降低，收到更好的经济效益。

（4）综合利用　石油化工的副产物，精细化工本身的副产物，都可能是精细化工的重要原料，都可能开发出许多重要的精细化工产品。开展综合利用，化害为利，既解决了三废的污染问题，又可提供新的产品，从而降低成本，具有更强的市场竞争能力。

二、应用举例

（一）表面活性剂

表面活性剂是指某种物质能溶于水或其他有机溶剂，即使浓度很小，也能在相界面上定向并改变界面的性质（如表面张力），这种物质称为表面活性剂。表面活性剂应具有下列特点。

（1）双亲媒性结构　即由难溶于水的亲油基（又称疏水基或憎水基）和易溶于水的亲水基组成。

亲油基　顾名思义即为亲油性原子团，它与油具有亲和性，与油接触时不但不排斥，反而相互吸引。所以亲油基与油一样，具有疏水性或憎水性，故又叫疏水基或憎水基。亲油基一般可以从石油化工或油脂产品中获得，它是由长烃链或支链等组成的。

亲水基　是易溶于水或易被水所润湿的原子团。如磺酸基、硫酸酯基、羧基、氨基等。

表面活性剂的分子结构都具有不对称的极性特点，分子中同时具有亲水基和亲油基，通常用符号表示如下。

如脂肪酸钠盐的分子结构如图所示：

$$\boxed{CH_3CH_2CH_2CH_2CH_2CH_2CH_2CH_2CH_2CH_2}-\text{(COONa)}$$

（2）溶解度　表面活性剂至少应溶于液相中某一相。

（3）界面吸附　达平衡时，表面活性剂在界面上的浓度大于溶液主体中的浓度。

（4）界面定向　表面活性剂分子会在界面上定向排列形成一层单分子膜。

（5）生成胶束　当表面活性剂的浓度达某一定值时，它的分子产生聚集而生成胶束。形成胶束时的最低浓度，称为临界胶束浓度。溶液的表面张力和有关物性，在高于或低于临界胶束浓度时，有很大差异。因此表面活性剂的浓度只有稍大于临界胶束浓度时，才能充分显示其作用。临界胶束浓度一般都很低，质量分数大约在0.02%～0.4%或0.0001～0.02mol/L左右。

（6）多功能性　表面活性剂的溶液通常具有多种复合功能。如去污、发泡、湿润、乳化、增溶、分散、渗透、消泡等作用，以及平滑柔软、抗静电、杀菌、防锈等间接作用。

表面活性剂对溶液性质的影响，在各种具体应用中都会有不同的表现，其作用往往是复合的。通常情况下，表面活性剂的浓度很低，但对溶液性质的影响却十分显著。

表面活性剂即使在低浓度下，也能显著降低水的表面张力。所谓表面张力就是使液体表面尽量缩小的力，也可认为是作用于液体分子间的凝聚力。水滴呈球形是表面张力的表现。表面张力降得越多，则表面活性剂的活性越大。

表面张力的降低，意味着与纯水相比，可以做较少的功就能使表面展开，它就容易形成薄膜或泡沫状。肥皂泡沫的形成就是这一性质的具体体现。

（二）表面活性剂的应用

表面活性剂的应用范围十分广泛，涉及到各种民用和工业部门，如纺织、轻工、化工、石油、冶金、机械、建筑、交通、农业、制药、化妆品、食品、造船、土建、采矿、催化剂及洗涤等各个领域，其用量虽少，但收效甚大，往往会出现意想不到的效果。下面仅举几例加以说明。

（1）洗涤　洗涤作用是表面活性剂最主要的功能。家用洗衣粉、液状洗涤剂和工业清洗剂要消耗大量的表面活性剂。

洗涤去污作用，是由于表面活性剂降低了表面张力而产生的润湿、渗透、乳化、分散、增溶等多种作用的结果。一种去污好的表面活性剂，就是各种功能协同配合得好。

（2）润湿和渗透　润湿和渗透作用，从本质上说是水溶液表面张力下降的结果。在水中加入少量表面活性剂（又称润湿剂或渗透剂），则润湿和渗透就较容易。

润湿剂和渗透剂广泛用于纺织印染工业中，使织物润湿易于染色。在农药中，增强其对植物或虫体的润湿性，提高杀虫效力。

（3）乳化　两种互不相溶的液体，如油和水，油相以微粒状态分散于水中（水的量大于油），形成乳浊液的过程称为乳化。当加入表面活性剂（乳化剂）后，降低了油水界面上的界面张力，亲油基端吸附到油中，形成均匀的细液滴，且能防止液滴碰撞合并或凝聚，从而保护了乳化液的稳定性。

乳化剂应用于食品工业，作添加剂之一，如鲜奶油是奶脂在水中的乳化液；黄油是水在油中的乳化体。

乳化剂应用于石油工业，在防止污染方面，处理流出外面的石油时，所用的处理剂中主要成分含乳化剂。

乳化剂还在纺织印染、农药、化妆品等多种行业中应用。

（4）浮选　浮选至少涉及到气、液、固三相，情况比较复杂。一般先采用能大量起泡的表面活性剂（起泡剂），使之形成气泡。然后用另一种起捕集作用的表面活性剂，有选择性地吸附在固体矿粉的表面，而疏水基端插入气泡内，这样在浮选过程中，气泡就可能把需要的矿粉带走，达到选矿的目的。

（三）表面活性剂的合成

表面活性剂有阴离子型、阳离子型、非离子型和两性型四大类。从理论上说，可作为表面活性剂的化合物多得不可胜数，已工业化生产的表面活性剂品种已有数千种，其中大多数是阴离子型。目前仍以阴离子表面活性剂为主，但非离子表面活性剂有迅速上升的趋势。

表面活性剂的合成以有机化学为基础，它与石油化工和油脂化工等密切相关。下面简要叙述一种阴离子表面活性剂的合成。

1. 烷基萘磺酸钠（简称BX）的合成

原料：萘（$C_{10}H_8$）、硫酸（H_2SO_4）、丁醇（C_4H_9OH）、碱（NaOH）。

合成反应：

磺化 $$C_{10}H_8 + H_2SO_4 + 2C_4H_9OH \xrightarrow{55\sim58℃} C_{10}H_5(SO_3H)(C_4H_9)_2 + 3H_2O$$

中和 $$C_{10}H_5(SO_3H)(C_4H_9)_2 + NaOH \longrightarrow C_{10}H_5(SO_3Na)(C_4H_9)_2 + H_2O$$

可见，BX的合成方法是同时进行磺化和缩合反应。所谓缩合反应，就是两个或两个以上的化合物，通过反应失去一个小分子化合物（如水、醇、盐等），而形成一个新的较大分子化合物的反应。然后用碱中和即成。

2. 应用

烷基萘磺酸钠具有良好的渗透及分散效果，同时具有润湿和乳化作用。

用于纺织印染工业的各道工序中，主要用作渗透剂和润湿剂。

用于橡胶工业，主要用作乳化剂和软化剂。

用于造纸工业，主要用作润湿剂。

（四）表面活性剂的展望

表面活性剂从20世纪50年代开始，随着石油化工的飞速发展，与三大合成材料一起，成为一种新型的化工产品。如前所述，表面活性剂在洗涤工业中的耗用量最大，而且还将继续处于领先的地位。预计今后非离子型表面活性剂的发展，将会超过阴离子表面活性剂。

以纯天然物质为原料，改变只依靠石油化工原料来源的倾向。其中一个方案是用淀粉作原料生产表面活性剂，特点是易于生化降解且无毒。

在资源开发方面，油田的二次或三次开采，正在研究利用微生物制造生化表面活性剂。现已发现不少细菌用原油作养料，因为它能合成高效的生化表面活性剂，把原油乳化而吸收。

在节能方面，已发现表面活性剂可降低管道内流体输送的阻力。在节能燃料中，采用乳化剂使油在水中乳化，不仅可减少用油量，而且可减少废气（如氧化氮）的排出。

在开发新品种方面，表面活性催化剂是一个新的系列。它把表面活性作用与催化作用集中在一个化合物中，改善催化剂的性能。

至今，表面活性剂的许多特性、功能和用途还有待进一步的开发，表面活性剂的科研和生产将是一个重要的发展领域。

第六节　生物化工简介

一、概述

（一）生物化工的概念

生物技术是指应用自然科学及工程的原理，依靠生物催化剂的作用，将物料进行加工以提供产品或为社会服务的技术。它的依据和出发点是生物有机体本身的各种机能，是各类生物在生长、发育与繁殖过程中进行物质合成、降解和转化的能力。它是一个高度跨学科与跨行业的高技术领域。现代生物技术包括基因工程、细胞工程、酶工程和发酵工程，它为人类生产出包括粮食、药品、化工原料、能源、金属等产品，为解决环境保护等问题开辟了新的途径，促进医药、农业、轻工、食品、化工等工艺的发展，对人类社会产生深远的影响。

生物化工是以应用基础研究为主，将生物技术与化学工程结合的学科。作为生物技术下游过程的支撑学科，生物化工对生物技术的发展和产业化的建立有着十分重要的作用，是生物技术走向产业化的必由之路。生物化工的任务不仅是把生物技术上游技术发展转化为实际的产品，以满足社会需要，而且在创造新物质、新材料、设计新过程、生产新产品、创建新产业中将起到关键作用，对可持续发展将作出巨大贡献。

（二）生物技术发展简史

酿造技术是人类最早通过实践所掌握的生物技术之一，距今几千年前的酿酒、制醋等为原始的生物技术，通过几千年人类的实践，到19世纪60年代，人类证实了酒精的发酵是由酵母菌引起的，其他不同的发酵产品是由不同的微生物作用而形成的，由此建立了纯种培养技术。到19世纪末，发酵现象的真相才真正被人们了解，并逐步应用到工业生产过程，出现一些发酵工业产品，如丙酮丁醇、乳酸、柠檬酸、淀粉酶、蛋白酶等，形成了生物技术的初级阶段。到20世纪40年代，以抗生素的生产为标志，进入了近代生物技术时代，抗生素生产的经验，有力地促进了其他发酵产品的发展，如出现了大规模或较大规模的抗生素工业、氨基酸工业、酶制剂工业、有机酸工业等。到现在应用DNA重组技术和原生质体融合技术等，使生物技术出现了突飞猛进的发展，不断推出新的产品和工艺，并且出现了许多大型化、多种经营的工业公司，形成了现代生物技术。

生物技术现已应用到诸如农业、医药、食品、化工等领域。现代生物技术产品，价值很大，社会效益巨大，是方兴未艾的高新技术产业。

（三）现代生物化工的特点

现代生物化工与传统生物化工比较，具有以下特点。

① 以生物为对象，不依赖地球上有限的资源，而着眼于再生资源的利用。

② 在常温常压下生产，工艺简单，可连续化生产，并可节约能源，减少环境污染。

③ 开辟了生产高纯度、优质、安全可靠的生物制品的新途径。

④ 可解决常规技术和传统方法不能解决的问题。

⑤ 可定向地按人们的需要创造新物种、新产品和其他有经济价值的生命类型。由于生物化工技术具有反应条件温和、能耗低、

效率高，选择性强、投资少、“三废”少，以及可用再生资源作原料等优点，已成为化工领域战略转移的目标。

一般生物化工过程由四个部分组成，如图 10-37。

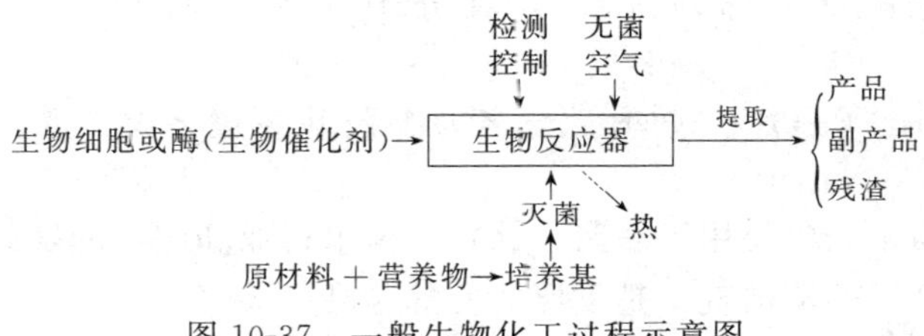

图 10-37　一般生物化工过程示意图

（1）原料的预处理及培养基的制备　发酵的原料是很丰富的，如薯类、谷物等，还可利用废糖蜜、工农业的下脚料等。在发酵前根据原料情况应进行预处理，如粉碎、蒸煮、水解等，并一定要灭菌，在无菌条件下接入目标微生物。

（2）生物催化剂的制备　要生产一种产品，往往许多菌种都能实现，应选择高产、稳产、培养要求不甚苛刻的菌种。发酵前必须经过多次扩大培养达到一定数量和质量后作为种子接种到反应器内。如果是酶反应过程，则需选择一定量的活力强的酶制剂。

（3）生物反应器及反应条件的选择　由于使用的生物类型不同，其代谢规律不一样，因而有厌氧发酵和好氧发酵两种方式。厌氧发酵是发酵过程中不需供氧，设备和工艺较为简单；好氧发酵是发酵过程中需消耗大量的氧气，需要通入无菌空气。不管是哪种发酵应根据菌种的特点、代谢规律和产品的特点，选择合适的发酵条件（如温度、风量等）。在发酵过程中．要绝对保证无杂菌，这是发酵成功与否的关键。

（4）产品的分离与纯化　分离与纯化是从发酵液中提取符合质量指标的制品。应根据产品的类型、特点选择合适的下游技术，即选择合适的单元操作或化学反应，并进行组合。

二、应用举例

生物化工产品泛指由生物法生产的产品及有机体作为产品，目前主要的产品有1500多种，主要为农用生化产品、医用生化产品、生化试剂和有机酸等。下面以发酵法生产柠檬酸为例，说明一般的生物化工过程。

柠檬酸（又称枸橼酸），其分子式为 $C_6H_8O_7$，结构式为

$$\begin{array}{c} \quad\quad\quad\quad\quad\quad OH \\ \quad\quad\quad\quad\quad\quad | \\ HOOC-CH_2-C-CH_2-COOH \\ \quad\quad\quad\quad\quad\quad | \\ \quad\quad\quad\quad\quad\quad COOH \end{array}$$

，学名为3-羧基-3-羧基戊二酸，为无色晶体或粉末，主要用于医药、饮料、糖果行业和印染的媒染剂，也可用于金属的清洁剂，是重要的发酵制品。

发酵法生产柠檬酸的原料主要有玉米、薯类、糖蜜等，发酵方法有固体发酵法、浅盘发酵法和深层发酵法。现国内多采用薯干的深层发酵法，使用的菌种为黑曲霉，其生产工艺过程分为菌种的制备、发酵过程和提取过程。

（1）生产菌种的制备　此过程要经历斜面、麸曲和摇瓶试验（其过程略）。

（2）发酵过程　此过程一般包括原料（薯干）粉碎处理、种子罐培养及发酵罐培养，其工艺过程如图10-38。

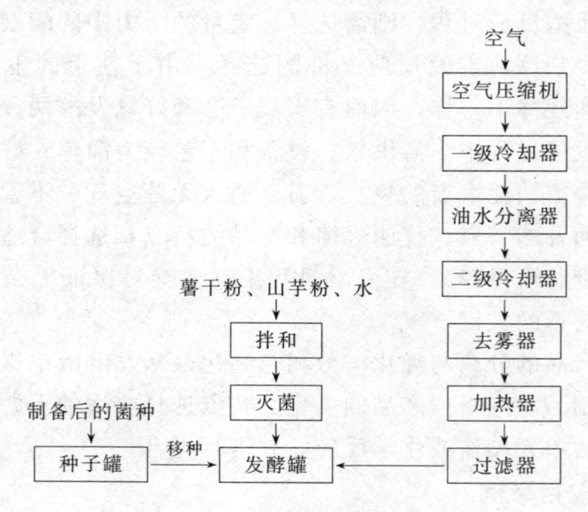

图10-38　深层发酵法工艺示意图

种子罐培养的目的是扩大培养菌种达到一定数量和质量，其培养基主要是薯干粉，另添加少量的硫酸铵以补充氮源，培养时应控制一定的罐压（如 0.1MPa），并应有一定的风量（前期小，后期可稍大一些），在搅拌的作用和控制一定的温度（34±1)℃下，培养约 25h。

在培养 25h 后，测定其 pH 值（pH 值为 3.0 以下）和产酸量（1%左右）及镜检菌丝生长良好（无杂菌），即可移种。

发酵罐培养，在投料前发酵罐应用蒸汽灭菌；加入的原料中，薯干粉的质量分数在 18%左右，其余为山芋粉和水，并加入少量的淀粉酶，拌和之后投入发酵罐（投料量为发酵罐容量的 80%～85%），投料后用蒸汽灭菌。将种子罐中培养合格的菌种接种到发酵罐中，接种量约为 10%。

发酵过程应控制一定的罐压（如 0.1MPa），风量前期小些后期大些，在搅拌作用和控制温度（34±1)℃下，一般发酵 80h。

（3）提取过程　目前，国内采用的钙盐方法提取柠檬酸钙的工艺大致路线如图 10-39。

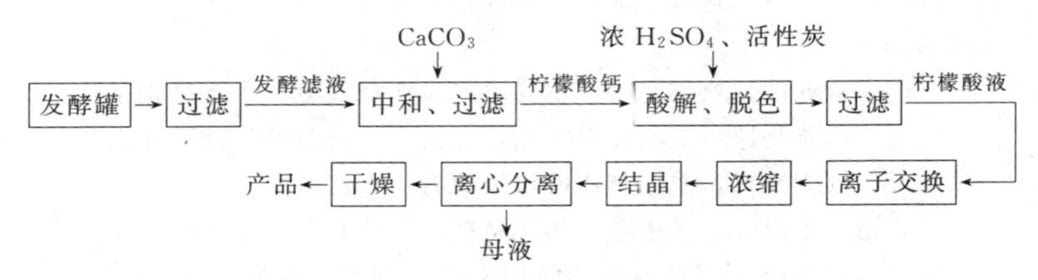

图 10-39　柠檬酸钙提取工艺示意图

将发酵完成后的物料加热至 80℃，进行过滤洗涤，得到发酵滤液，滤液在 80℃下加入 $CaCO_3$ 进行中和、过滤，得到柠檬酸钙的沉淀物；加入 90℃的热水和浓 H_2SO_4（其 pH 值为 1.8）进行酸解，加入活性炭脱色，并过滤，得到柠檬酸液和硫酸钙；将柠檬酸液经阳离子交换，得到含柠檬酸 15%～20%的柠檬酸液，再进行浓缩、结晶和离心分离，得到柠檬酸的结晶和母液，将柠檬酸结晶干燥，得到柠檬酸产品；母液可回收利用。

思 考 题

1. 化工生产中需要注意哪些问题？

2. 简述化工节能的意义和途径。

3. 简述化工污染的来源与防治方法。

4. 结合本专业的特点、说明学习化工工艺的重要性。

硫酸

1. 简述硫酸的性质及用途。

2. 生产硫酸的原料有哪些？不同原料制酸的主要区别是什么？

3. 以硫铁矿为原料接触法生产硫酸主要有哪几个工序？各工序的作用是什么？

4. 说明沸腾焙烧炉的主要结构及特点。影响焙烧的因素有哪些？

5. 炉气为什么要净化？试说明净化的原则和方法。

6. 二氧化硫催化氧化的工艺条件是什么？为什么采用多段式固定床催化反应器？不同转化流程有什么特点？

7. 三氧化硫吸收的工艺条件是什么？生产浓硫酸与发烟硫酸的流程有什么区别？

8. 封闭的酸洗法、两转两吸制酸的流程有什么特点？

9. 硫酸生产中哪些物质可能污染环境？如何治理？

合成氨

1. 生产合成氨的原料有哪些？不同原料生产合成氨的主要区别是什么？

2. 用煤或焦炭为原料造气，每个循环分几步？每步的目的是什么？

3. 以天然气为原料，采用加压两段转化有什么特点？

4. 什么是半水煤气？其中含有哪些杂质？为什么要清除这些杂质？

5. 简述清除 H_2S、CO、CO_2 的方法，反应原理及流程特点。

6. CO 变换的目的是什么？试分析其工艺条件。

7. 脱碳气为什么还要精制？主要有哪些方法？

8. 氨合成的最佳工艺条件是什么？

9. 试分析氨合成塔的结构、材料及特点；三套管并流合成塔和冷激式合成塔的优缺点。

10. 氨合成的工艺流程必须考虑哪几个方面？

11. 举例说明气体在氨合成流程中的走向。并分析该流程的特点。

12. 试述合成氨技术有哪些改进和进展情况。

石油化工

1. 什么叫石油化工？石油的性质、组成和分类如何？

2. 什么叫石油炼制？什么是常减压蒸馏？

3. 常减压蒸馏包括哪些单元操作？能得哪些产品？

4. 石油蒸馏具有哪些特点？

5. 催化裂化的目的是什么？具有哪些特点？

6. 催化裂化为什么采用流化床反应器？能得哪些产品？

7. 裂解与裂化有什么区别？裂解气的分离方法有哪些？

8. 什么叫重整？目的是什么？能得哪些产品？分离重整油为什么采用萃取操作？

9. 简述石油化工发展的有关问题。

10. 合成氯乙烯有哪几种方法？氧氯化法依据的主要化学反应原理是什么？

11. 什么叫聚合反应？简述氯乙烯聚合的机理。

12. 悬浮聚合的工艺条件有哪些？操作中为什么要用惰性气体置换空气？

精细化工

1. 什么是精细化工？精细化工产品与通用化工产品有什么不同？

2. 精细化工产品有什么特点？

3. 简述精细化工的地位与发展。

4. 表面活性剂具有什么特点？

5. 表面活性剂主要应用在哪些方面？发展情况如何？

生物化工

1. 什么是生物技术？现代生物技术包括的内容有哪些？为什么说生物技术对人类社会产生深远的影响？

2. 什么是生物化工？它与生物技术的关系是什么？

3. 现代生物化工有什么特点？

4. 一般生物化工由哪几部分组成？

5. 简述用深层发酵法生产柠檬酸的工业过程。

附　录

一、部分物理量的单位

量的名称	国际单位制		物理单位制		工程单位制	
	单位名称	单位符号	单位名称	单位符号	单位名称	单位符号
质量	千克(公斤)	kg	克	g	公斤力	kgf
力	牛[顿]	N	达因	$dyne=\frac{g \cdot cm}{s^2}$	公斤力·秒^2/米	$kgf \cdot s^2/m$
速度	米/秒	m/s	厘米/秒	cm/s	米/秒	m/s
加速度	米/秒^2	m/s^2	厘米/秒^2	cm/s^2	米/秒^2	m/s^2
密度	千克/米^3	kg/m^3	克/厘米^3	g/cm^3	公斤力/米^3	kgf/m^3

续表

量的名称	国际单位制		物理单位制		工程单位制	
	单位名称	单位符号	单位名称	单位符号	单位名称	单位符号
压力,压强	帕[斯卡]	Pa	达因/厘米^2	dyne/cm^2	公斤力/米^2	kgf/m^2
能[量],功	焦[耳]	J	尔格=达因·厘米	erg=dyne·cm	公斤力·米	kgf·m
功率	瓦[特]	W	尔格/秒	erg/s	公斤力·米/秒	kgf·m/s
[动力]黏度	帕斯卡·秒	Pa·s	泊$=\frac{达因·秒}{厘米^2}$	$P=\frac{dyne \cdot s}{cm^2}$	公斤力·秒/米^2	kgf·s/m^2
运动黏度	米^2/秒	m^2/s	厘米^2/秒	cm^2/s	米^2/秒	m^2/s
热导率	瓦[特]/(米·开)	W/(m·K)	卡/(厘米·秒·度)	cal/(cm·s·℃)	千卡/(米·小时·度)	kcal/(m·h·℃)
传热系数	瓦/(米^2·开)	W/(m^2·K)	卡/(厘米^2·秒·度)	cal/(cm·s·℃)	千卡/(米^2·小时·度)	kcal/(m^2·h·℃)

二、单位换算表

1. 压力，压强

帕，牛顿/米^2 Pa=N/m^2	标准大气压 atm	工程大气压 kgf/cm^2=at	毫米水柱 mmH_2O	毫米汞柱 mmHg
1	9.869×10^{-6}	1.02×10^{-5}	0.102	0.0075
1.013×10^{5}	1	1.033	10330	760
9.807×10^{4}	0.9678	1	10000	735.6
9.807	9.678×10^{-5}	10^{-4}	1	0.07356
133.3	1.316×10^{-3}	1.36×10^{-3}	13.6	1

2. ［动力］黏度

牛顿·秒/米^2（帕斯卡·秒）Pa·s	达因·秒/厘米^2（泊）P	厘泊 cP	千克/（米·秒）kg/（m·s）	公斤力·秒/米^2 kgf·s/m^2
1	10	1000	1	0.102
0.1	1	100	0.1	0.0102
0.001	0.01	1	0.001	0.102×10^{-3}
1	10	1000	1	0.102
9.807	98.07	9807	9.807	1

3. 功能及热量

焦耳 J=N·m	尔格 erg=dyne·cm	千克力·米 kgf·m	千卡 kcal	千瓦·时 kW·h
1	10^{7}	0.102	2.39×10^{-4}	2.778×10^{-7}
10^{-7}	1	0.102×10^{-7}	2.39×10^{-11}	2.778×10^{-14}
9.807	9.807×10^{7}	1	2.344×10^{-3}	2.724×10^{-6}
4187	4.187×10^{10}	426.9	1	1.163×10^{-3}
3.6×10^{6}	3.6×10^{13}	3.671×10^{5}	859.8	1

4. 热导率

瓦［特］/(米·开) W/(m·K)	焦耳/(厘米·秒·℃) J/(cm·s·℃)	卡/(厘米·秒·℃) cal/(cm·s·℃)	千卡/(米·时·℃) kcal/(m·h·℃)
1	0.01	2.389×10^{-3}	0.8598
100	1	0.2389	85.98
418.7	4.187	1	360
1.163	0.01163	0.002778	1

5. 传热系数

瓦［特］/(米²·开) $W/(m^2\cdot K)$	卡/(厘米²·秒·℃) $cal/(cm^2\cdot s\cdot ℃)$	千卡/(米²·时·℃) $kcal/(m^2\cdot h\cdot ℃)$
1	0.2389×10^{-4}	0.8598
4.187×10^{4}	1	3.6×10^{4}
1.163	2.778×10^{-5}	1

三、水的物理性质

温度 t /℃	密度 ρ /(kg/m³)	压力 $p\times10^{-5}$ /Pa	黏度 $\mu\times10^{5}$ /(Pa·s)	热导率 $\lambda\times10^{2}$/[W/(m·K)]	质量热容 $c_p\times10^{-3}$/[J/(kg·K)]	膨胀系数 $\beta\times10^{4}$ /(1/K)	表面张力 $\sigma\times10^{3}$ /(N/m)	普朗特数 Pr
0	999.9	1.013	178.78	55.08	4.212	−0.63	75.61	13.66
10	999.7	1.013	130.53	57.41	4.191	+0.70	74.14	9.52
20	998.2	1.013	100.42	59.85	4.183	1.82	72.67	7.01
30	995.7	1.013	80.12	61.71	4.174	3.21	71.20	5.42
40	992.2	1.013	65.32	63.33	4.174	3.87	69.63	4.30
50	988.1	1.013	54.92	64.73	4.174	4.49	67.67	3.54
60	983.2	1.013	46.98	65.89	4.178	5.11	66.20	2.98

续表

温度 t /℃	密度 ρ /(kg/m³)	压力 $p\times10^{-5}$ /Pa	黏度 $\mu\times10^{5}$ /(Pa·s)	热导率 $\lambda\times10^{2}$/[W/(m·K)]	质量热容 $c_p\times10^{-3}$/[J/(kg·K)]	膨胀系数 $\beta\times10^{4}$ /(1/K)	表面张力 $\sigma\times10^{3}$ /(N/m)	普朗特数 Pr
70	977.8	1.013	40.60	66.70	4.187	5.70	64.33	2.53
80	971.8	1.013	35.50	67.40	4.195	6.32	62.57	2.21
90	965.3	1.013	31.48	67.98	4.208	6.95	60.71	1.95
100	958.4	1.013	28.24	68.21	4.220	7.52	58.84	1.75
110	951.0	1.433	25.89	68.44	4.233	8.08	56.88	1.60
120	943.1	1.986	23.73	68.56	4.250	8.64	54.82	1.47
130	934.8	2.702	21.77	68.56	4.266	9.17	52.86	1.35
140	926.1	3.62	20.10	68.44	4.287	9.72	50.70	1.26
150	917.0	4.761	18.63	68.33	4.312	10.3	48.64	1.18
160	907.4	6.18	17.36	68.21	4.346	10.7	46.58	1.11
170	897.3	7.92	16.28	67.86	4.379	11.3	44.33	1.05
180	886.9	10.03	15.30	67.40	4.417	11.9	42.27	1.00
190	876.0	12.55	14.42	66.93	4.460	12.6	40.01	0.96
200	863.0	15.55	13.63	66.24	4.505	13.3	37.66	0.93
250	799.0	39.78	10.98	62.71	4.844	18.1	26.19	0.86
300	712.5	85.92	9.12	53.92	5.736	29.2	14.42	0.97
350	574.4	165.38	7.26	43.00	9.504	66.8	3.82	1.60
370	450.5	210.54	5.69	33.70	40.319	264	0.47	6.80

四、水在不同温度下的黏度和质量体积

温度 t /℃	黏度 μ /(mPa·s)	质量体积 $v\times10^3$/(m^3/kg)	温度 t /℃	黏度 μ /(mPa·s)	质量体积 $v\times10^3$/(m^3/kg)
0	1.792	1.0001	20.2	1.000	
1	1.731	1.0001	36	0.7085	1.0063
2	1.673	1.0001	37	0.6947	1.0067
3	1.619	1.0001	38	0.6814	1.0070
4	1.567	1.0000	39	0.6685	1.0074
5	1.519	1.0000	40	0.6560	1.0078
6	1.473	1.0000	41	0.6439	1.0082
7	1.428	1.0001	42	0.6321	1.0086
8	1.386	1.0001	43	0.6207	1.0090
9	1.346	1.0002	44	0.6097	1.0094
10	1.308	1.0003	45	0.5988	1.0099
11	1.271	1.0003	46	0.5833	1.0103
12	1.236	1.0004	47	0.5782	1.0107
13	1.203	1.0006	48	0.5683	1.0112
14	1.171	1.0007	49	0.5588	1.0117
15	1.140	1.0008	50	0.5494	1.0121
16	1.111	1.0010	51	0.5404	1.0126
17	1.083	1.0012	52	0.5315	1.0131
18	1.056	1.0013	53	0.5229	1.0136
19	1.030	1.0015	54	0.5146	1.0140
20	1.005	1.0017	55	0.5064	1.0145
21	0.9810	1.0019	56	0.4985	1.0150
22	0.9579	1.0022	57	0.4907	1.0156
23	0.9358	1.0024	58	0.4832	1.0161
24	0.9142	1.0026	59	0.4759	1.0166
25	0.8937	1.0029	60	0.4688	1.0171
26	0.8737	1.0032	61	0.4618	1.0177
27	0.8545	1.0034	62	0.4550	1.0182
28	0.8360	1.0037	63	0.4483	1.0188
29	0.8180	1.0040	64	0.4418	1.0193
30	0.8007	1.0043	65	0.4355	1.0199
31	0.7840	1.0046	66	0.4293	1.0205
32	0.7679	1.0049	67	0.4233	1.0211
33	0.7523	1.0053	68	0.4174	1.0217
34	0.7371	1.0056	69	0.4117	1.0223
35	0.7225	1.0060	70	0.4061	1.0228

续表

温度 t /℃	黏度 μ /(mPa·s)	质量体积 $v \times 10^3$/(m³/kg)	温度 t /℃	黏度 μ /(mPa·s)	质量体积 $v \times 10^3$/(m³/kg)
71	0.4006	1.0235	86	0.3315	1.0333
72	0.3952	1.0241	87	0.3276	1.0340
73	0.3900	1.0247	88	0.3239	1.0347
74	0.3849	1.0253	89	0.3202	1.0354
75	0.3799	1.0259	90	0.3165	1.0361
76	0.3750	1.0266	91	0.3130	1.0369
77	0.3702	1.0272	92	0.3095	1.0376
78	0.3655	1.0279	93	0.3060	1.0384
79	0.3610	1.0285	94	0.3027	1.0391
80	0.3565	1.0292	95	0.2994	1.0399
81	0.3521	1.0299	96	0.2962	1.0406
82	0.3478	1.0305	97	0.2930	1.0414
83	0.3436	1.0312	98	0.2899	1.0421
84	0.3395	1.0319	99	0.2868	1.0429
85	0.3355	1.0326	100	0.2838	1.0437

五、干空气的物理性质（p=101.3kPa）

温度 t /℃	密度 ρ /(kg/m³)	黏度 $\mu \times 10^5$ /(N·s/m²)	热导率 $\lambda \times 10^2$ /[W/(m·K)]	质量热容 $c_p \times 10^{-3}$ /[J/(kg·K)]	普朗特数 Pr
−50	1.584	1.46	2.034	1.013	0.727
−40	1.515	1.52	2.115	1.013	0.728
−30	1.453	1.57	2.196	1.013	0.724
−20	1.395	1.62	2.278	1.009	0.717
−10	1.342	1.67	2.359	1.009	0.714
0	1.293	1.72	2.440	1.005	0.708
10	1.247	1.77	2.510	1.005	0.708
20	1.205	1.81	2.591	1.005	0.686
30	1.165	1.86	2.673	1.005	0.701
40	1.128	1.91	2.754	1.005	0.696
50	1.093	1.96	2.824	1.005	0.697
60	1.060	2.01	2.893	1.005	0.698
70	1.029	2.06	2.963	1.009	0.701
80	1.000	2.11	3.044	1.009	0.699

续表

温度 t /℃	密度 ρ /(kg/m³)	黏度 $\mu\times10^5$ /(N·s/m²)	热导率 $\lambda\times10^2$ /[W/(m·K)]	质量热容 $c_p\times10^{-3}$ /[J/(kg·K)]	普朗特数 Pr
90	0.972	2.15	3.126	1.009	0.693
100	0.946	2.19	3.207	1.009	0.695
120	0.898	2.29	3.335	1.009	0.692
140	0.854	2.37	3.486	1.013	0.688
160	0.815	2.45	3.637	1.017	0.685
180	0.779	2.53	3.777	1.022	0.684
200	0.746	2.60	3.928	1.026	0.679
250	0.674	2.74	4.265	1.038	0.667
300	0.615	2.97	4.602	1.047	0.675
350	0.566	3.14	4.904	1.059	0.678
400	0.524	3.31	5.206	1.068	0.679
500	0.456	3.62	5.740	1.093	0.689
600	0.404	3.91	6.217	1.114	0.701
700	0.362	4.18	6.711	1.135	0.707
800	0.329	4.43	7.170	1.156	0.714
900	0.301	4.67	7.623	1.172	0.718
1000	0.277	4.90	8.064	1.185	0.720

六、饱和水蒸气

1. 以温度为准

温度 /℃	压力 /kPa	密度 /(kg/m³)	焓		汽化热 /(kJ/kg)
			液体 /(kJ/kg)	蒸汽 /(kJ/kg)	
0	0.608	0.00484	0	2491.3	2491.3
10	1.226	0.0094	41.87	2510.5	2468.6
20	2.334	0.01719	83.74	2530.1	2446.4
30	4.246	0.03036	125.6	2549.5	2423.9
40	7.375	0.05114	167.5	2568.7	2401.2
50	12.34	0.0830	209.3	2587.6	2378.3
60	19.92	0.1301	251.2	2606.3	2355.1
70	31.16	0.1979	293.1	2624.4	2331.3
80	47.37	0.2929	334.9	2642.4	2307.5

续表

温度 /℃	压力 /kPa	密度 /(kg/m³)	焓		汽化热 /(kJ/kg)
			液体 /(kJ/kg)	蒸汽 /(kJ/kg)	
90	70.12	0.4229	376.8	2660.0	2283.2
100	101.3	0.5970	418.7	2677.2	2258.5
105	120.8	0.7036	439.6	2685.1	2245.5
110	143.3	0.8254	461.0	2693.5	2232.5
115	169.1	0.9635	482.6	2702.5	2219.9
120	198.6	1.120	503.7	2708.9	2205.2
125	232.1	1.296	525.0	2716.5	2191.5
130	270.2	1.494	546.4	2723.9	2177.6
135	313.0	1.715	567.8	2731.2	2163.4
140	361.4	1.962	589.1	2737.8	2148.7
145	415.6	2.238	610.5	2744.6	2134.1
150	476.1	2.543	632.2	2750.7	2118.5
160	618.1	3.252	675.4	2762.9	2087.5
170	792.4	4.113	719.3	2773.3	2054.0
180	1003	5.145	763.3	2782.6	2019.3
190	1255	6.378	807.6	2790.1	1982.5
200	1554	7.840	852.0	2795.5	1943.5
220	2320	11.60	942.5	2801.0	1858.5
240	3347	16.76	1034.6	2796.8	1762.2
260	4693	23.82	1128.8	2780.9	1652.1
280	6220	33.47	1225.5	2752.0	1526.5
300	8591	46.93	1325.5	2708.0	1382.5
320	11300	65.95	1436.1	2648.2	1212.1
340	14610	93.98	1563.0	2568.6	1005.6
360	18660	139.6	1729.2	2442.6	713.4
374	22070	322.6	2098.0	2098.0	0

2. 以压力为准

压力 /kPa	温度 /℃	密度 /(kg/m³)	焓		汽化热 /(kJ/kg)
			液体 /(kJ/kg)	蒸汽 /(kJ/kg)	
1	6.3	0.00773	26.48	2503.1	2476.8
10	45.3	0.06798	189.6	2578.5	2388.9
20	60.1	0.1307	251.5	2606.4	2354.9
30	66.5	0.1909	288.8	2622.4	2333.6
40	75.0	0.2498	315.9	2634.1	2312.2
50	81.2	0.3080	339.8	2644.3	2304.5
60	85.6	0.3651	358.2	2652.1	2393.9
70	89.9	0.4223	376.6	2659.8	2283.2
80	93.2	0.4781	390.1	2665.3	2275.2
90	96.4	0.5338	403.5	2670.8	2267.3
100	99.6	0.5896	416.9	2676.3	2259.4
120	104.5	0.6987	437.5	2684.3	2246.8
140	109.2	0.8076	457.7	2692.1	2234.4
160	113.0	0.8298	473.9	2698.1	2224.2
180	116.6	1.021	489.3	2703.7	2214.4
200	120.2	1.127	493.7	2709.2	2204.5
250	127.2	1.390	534.4	2719.7	2185.5
300	133.3	1.650	560.4	2728.5	2168.1
350	138.8	1.907	583.8	2736.1	2152.3
400	143.4	2.162	603.6	2742.1	2138.5
450	147.7	2.415	622.4	2747.8	2125.4
500	151.7	2.667	639.6	2752.8	2113.2
600	158.7	3.169	670.2	2761.4	2091.2
700	164.7	3.666	696.3	2767.8	2071.5
800	170.4	4.161	721.0	2773.7	2052.7
900	175.1	4.623	741.8	2778.1	2036.3
1000	179.9	5.143	762.7	2782.5	2019.8
1500	198.2	7.594	843.9	2794.5	1950.6
2000	212.2	10.034	907.3	2799.7	1892.4
4000	250.3	20.097	1082.9	2789.8	1706.9
6000	275.4	30.849	1203.2	2759.5	1556.3
8000	294.8	42.577	1299.2	2720.5	1421.3
10000	310.9	55.541	1384.0	2677.1	1293.1
20000	365.6	176.6	1817.8	2364.2	546.4
22070	374.0	322.6	2098.0	2098.0	0

七、某些液体的物理性质

名称	分子式	相对分子质量	密度(20℃)/(kg/m³)	沸点(101.325kPa)/℃	黏度(20℃)/mPa·s	质量热容(20℃)/[kJ/(kg·K)]	热导率(20℃)/[W/(m·K)]	汽化潜热/(kJ/kg)
盐水(25%NaCl)			1186(25℃)	107	2.3	3.39	0.464	
盐水(25%$CaCl_2$)			1228	107	2.5	2.89	0.57	
硫酸	H_2SO_4	98.08	1831	340(分解)	23	1.42	0.384	
硝酸	NHO_3	63.02	1513	86	1.17(10℃)	1.74		481.1
盐酸(30%)	HCl	36.47	1149	(110)	2	2.55	0.42	
二硫化碳	CS_2	76.13	1262	46.3	0.38	1.005	0.16	352
戊烷	C_5H_{12}	72.15	626	36.07	0.229	2.320	0.113	357.4
己烷	C_6H_{14}	86.17	659	68.74	0.313	2.261	0.119	335.1
庚烷	C_7H_{16}	100.2	684	98.43	0.41	2.219	0.123	316.5
辛烷	C_8H_{18}	114.2	703	125.7	0.540	2.198	0.131	306.4
苯	C_6H_6	78.11	879	80.1	0.737	1.704	0.148	393.9
甲苯	C_7H_8	92.13	867	110.6	0.675	1.70	0.138	363
邻二甲苯	C_8H_{10}	106.2	880	144.4	0.811	1.742	0.142	347
间二甲苯	C_8H_{10}	106.2	864	139.1	0.611	1.70	0.167	343
对二甲苯	C_8H_{10}	106.2	861	138.4	0.643	1.704	0.129	340
三氯甲烷	$CHCl_3$	119.4	1489	61.2	0.58	0.992	0.138(30℃)	253.7
四氯化碳	CCl_4	153.8	1594	76.8	1.0	0.850	0.12	195

续表

名　称	分子式	相对分子质量	密度(20℃)/(kg/m³)	沸点(101.325kPa)/℃	黏度(20℃)/mPa·s	质量热容(20℃)/[kJ/(kg·K)]	热导率(20℃)/[W/(m·K)]	气化潜热/(kJ/kg)
苯乙烯	C_8H_8	104.1	906	145.2	0.72	1.733		(352)
氯苯	C_6H_5Cl	112.6	1106	131.8	0.85	1.298	0.14(30℃)	325
硝基苯	$C_6H_5NO_2$	123.2	1203	210.9	2.1	1.47	0.15	396
苯胺	$C_6H_5NH_2$	93.13	1022	184.4	4.3	2.07	0.17	448
甲醇	CH_3OH	32.04	791	64.7	0.6	2.48	0.212	1101
乙醇	C_2H_5OH	46.07	789	78.3	1.15	2.39	0.172	846
乙醇(95%)			804	78.2	1.4			
乙二醇	$C_2H_4(OH)_2$	62.05	1113	197.6	23	2.35		799
酚	C_6H_5OH	94.11	1050(50℃)	181.8	3.4(50℃)	2.345		511
萘	$C_{10}H_8$	128.2	963(100℃)	217.9	0.59(100℃)	1.80(100℃)		314
甘油	$C_3H_5(OH)_3$	92.09	1261	290(分解)	1499	2.34	0.593	650
乙醛	C_2H_4O	44.05	778	20.2	1.3	1.884		574
糠醛	$C_5H_4O_2$	96.09	1160	161.7	1.15(50℃)	1.59		452
丙酮	C_3H_6O	58.08	792	56.2	0.32	2.35	0.17	523
甲酸	CH_2O_2	46.03	1220	100.7	1.9	2.17	0.26	494
醋酸	$C_2H_4O_2$	60.03	1049	118.1	1.3	1.99	0.17	406
乙醚	$C_4H_{10}O$	74.12	714	84.6	0.24	2.336	0.14	360
醋酸乙酯	$C_4H_8O_2$	88.11	901	77.1	0.48	1.922		368

八、管道内各种流体常用流速范围

流体种类及状况	流速/(m/s)	流体种类及状况	流速/(m/s)
自来水（3个表压以下）	1～1.5	一般气体（常压）	10～20
水及黏度较低液体	1.5～3.0	压力较高气体	15～25
黏度较大液体	0.5～1.0	低压空气	12～15
饱和水蒸气		高压空气	15～25
0.3MPa	20～40	离心泵排出管（水类液体）	2.5～3
0.8MPa	40～60	真空管道内的气体	<10
过热蒸汽	30～50		

九、常用金属管规格

1. 水、煤气输送钢管（摘自 GB 3091—93，GB 3092—93）

公称直径/mm	外径/mm	壁厚/mm		公称直径/mm	外径/mm	壁厚/mm	
		普通管	加厚管			普通管	加厚管
6	10.0	2.0	2.50	40	48.0	3.50	4.25
8	13.5	2.25	2.75	50	60.0	3.50	4.50
10	17.0	2.25	2.75	65	75.5	3.75	4.50
15	21.3	2.75	3.25	80	88.5	4.00	4.75
20	26.8	2.75	3.50	100	114.0	4.00	5.00
25	33.5	3.25	4.00	125	140.0	4.50	5.50
32	42.3	3.25	4.00	150	165.0	4.50	5.50

2. 无缝钢管

热轧无缝钢管（摘自 GB 8163—87）

外径/mm	壁厚/mm		外径/mm	壁厚/mm		外径/mm	壁厚/mm	
	从	到		从	到		从	到
32	2.5	8	76	3.0	19	219	6.0	50
38	2.5	8	89	3.5	(24)	273	6.5	50
42	2.5	10	108	4.0	28	325	7.5	75
45	2.5	10	114	4.0	28	377	9.0	75
50	2.5	10	127	4.0	30	426	9.0	75
57	3.0	13	133	4.0	32	450	9.0	75
60	3.0	14	140	4.5	36	530	9.0	75
63.5	3.0	14	159	4.5	36	630	9.0	(24)
68	3.0	16	168	5.0	(45)			

注：壁厚系列有2.5,3,3.5,4,4.5,5,5.5,6,6.5,7,7.5,8,8.5,9,9.5,10,11,12,13,14,15,16,17,18,19,20mm等;括号内尺寸不推荐使用。

冷拔(冷轧)无缝钢管(摘自 GB 8163—88)

外径/mm	壁厚/mm	外径/mm	壁厚/mm
6	0.25～2.0	34	0.4～8.0
8	0.25～2.5	36	0.4～8.0
10	0.25～3.5	38	0.4～9.0
12	0.25～4.0	40	0.4～9.0
14	0.25～4.0	42	1.0～9.0
16	0.25～5.0	45	1.0～10
18	0.25～5.0	48	1.0～10
20	0.25～6.0	50	1.0～12
22	0.4～6.0	56	1.0～12
25	0.4～7.0	60	1.0～12
27	0.4～7.0	65	1.0～12
28	0.4～7.0	70	1.0～12
29	0.4～7.5	80	1.4～12
30	0.4～8.0	90	1.4～12
32	0.4～8.0	100	1.4～12

注：壁厚系列有 0.25,0.3,0.4,0.5,0.6,0.8,1.0,1.2,1.4,1.5,1.6,1.8,2.0,2.2,2.5,2.8,3.0,3.2,3.5,4.0,4.5,5,5.5,6,6.5,7,7.5,8.0,8.5,9.0,9.5,10,11,12。

3. 承插式铸铁直管

内径/mm	壁厚/mm	有效长度/m	内径/mm	壁厚/mm	有效长度/m
75	9	3	400	12.8	4
100	9	3	450	13.4	4
125	9	4	500	14.0	4
150	9	4	600	15.4	4
200	10	4	700	16.5	4
250	10.8	4	800	18.0	4
300	11.4	4	900	19.5	4
350	12.0	4	1000	22.0	4

十、IS 型水泵性能（摘录）

型　号	流量		扬程	效率/%	功率/kW		转数	汽蚀
	m^3/h	L/s	/m		轴	电机	/(r/min)	余量/m
IS 50-32-200	12.5	3.47	50	48	3.54	5.5	2900	2
	6.3	1.74	12.5	42	0.51	0.75	1450	2

续表

型号	流量		扬程	效率/%	功率/kW		转数	汽蚀
	m^3/h	L/s	/m		轴	电机	/(r/min)	余量/m
IS 50-32-250	12.5 6.3	3.47 1.74	80 20	38 32	7.16 1.06	11.0 1.5	2900 1450	2 2
IS 65-40-200	25 12.5	6.94 3.47	50 12.5	60 55	5.67 0.77	7.5 1.1	2900 1450	2 2
IS 65-50-160	25 12.5	6.94 3.47	32 12.5	65 55	3.35 0.77	5.5 1.1	2900 1450	2 2
IS 65-40-315	25 12.5	6.94 3.47	125 32	40 37	21.3 2.94	30 4	2900 1450	2.5 2.5
IS 80-65-125	50 25	13.9 6.94	20 5	75 71	2.63 0.48	5.5 0.75	2900 1450	3 2.5
IS 80-65-160	50 25	13.9 6.94	32 8	73 69	5.97 0.79	7.5 1.5	2900 1450	2.5 2.5
IS 80-50-200	50 25	13.9 6.94	50 12.5	69 65	9.87 1.31	15 2.2	2900 1450	2.5 2.5
IS 80-50-250	50 25	13.9 6.94	80 20	63 60	17.3 2.27	22 3	2900 1450	2.5 2.5
IS 80-50-315	50 25	13.9 6.94	125 32	54 52	31.5 4.19	37 5.5	2900 1450	2.5 2.5
IS 100-80-125	100 50	27.8 13.9	20 5	78 75	7 0.91	11 1.5	2900 1450	4.5 2.5
IS 100-80-160	100 50	27.8 13.9	32 8	78 25	11.2 1.45	15 2.2	2900 1450	4 2.5
IS 100-65-200	100 50	27.8 13.9	50 12.5	76 73	17.9 2.33	22 4	2900 1450	3.6 2

续表

型号	流量		扬程/m	效率/%	功率/kW		转数/(r/min)	汽蚀余量/m
	m^3/h	L/s			轴	电机		
IS 100-65-250	100 50	27.8 13.9	80 20	72 68	30.3 4	37 5.5	2700 1450	3.8 2
IS 100-65-315	100 50	27.8 13.9	125 32	66 63	51.6 6.92	25 11	2900 1450	3.6 2
IS 125-100-200	200 100	55.6 27.8	50 12.5	81 76	33.6 4.48	45 7.5	2900 1450	4.5 2.5
IS 125-100-315	200 100	55.6 27.8	125 32	75 73	90.8 11.2	110 15	2900 1450	4.5 2.5
IS 125-100-400	100	27.8	50	65	21	30	1450	2.5
IS 150-125-400	200	55.6	50	75	36.3	45	1450	2.8
IS 200-150-400	400	111.1	50	81	67.2	90	1450	3.8

十一、常见固体的热导率

材料	温度/℃	热导率/[W/(m·K)]	材料	温度/℃	热导率/[W/(m·K)]
钢	20	45	石棉	100	0.19
铜	100	377	石棉板	50	0.146
铸铁	53	48	石棉绳		0.105～0.209
不锈钢	20	16	水泥珍珠岩制品		0.07～0.113
铝	300	230	矿渣棉	30	0.058
耐火砖		1.05	超细玻璃棉	36	0.030
普通砖		0.8	玻璃棉毡	28	0.043
绝热砖		0.116～0.21	聚氯乙烯	30	0.14～0.151

续表

材料	温度/℃	热导率/[W/(m·K)]	材料	温度/℃	热导率/[W/(m·K)]
硅藻土		0.114	聚四氟乙烯	20	0.19
膨胀蛭石	20	0.052～0.07	水垢	65	1.314～3.14

十二、列管式换热器的传热系数

冷流体	热流体	传热系数/[W/(m^2·K)]	冷流体	热流体	传热系数/[W/(m^2·K)]
水	水	850～1700	水	低沸点烃类冷凝	455～1140
水	气体	17～280	气体	水蒸气冷凝	30～300
水	有机溶剂	280～850	有机溶剂	有机溶剂	115～340
水	轻油	340～910	水沸腾	水蒸气冷凝	2000～4250
水	重油	60～280	轻油沸腾	水蒸气冷凝	455～1020
水	水蒸气冷凝	1420～4250	重油沸腾	水蒸气冷凝	140～425

十三、污垢热阻经验数据

流体	污垢热阻/(m^2·K/kW)	流体	污垢热阻/(m^2·K/kW)
1. 水（$t<50$℃，$u<1$m/s）		2. 气（汽）	
海水	0.09	不太干净的气体	0.344
软水	0.172	含尘、含焦油气	0.6～1.72
自来水	0.233	干净的水蒸气（不含油）	0.052～0.086
清洁的河水	0.344	3. 液体	
一般的河水	0.602	有机溶液	0.176
硬水、井水	0.58	冷冻剂（氨、丙烯）	0.172
2. 气（汽）		液化气、汽油、溶剂油	0.172
空气	0.26～0.53	煤油	0.172～0.43
有机化合物气体	0.086	柴油	0.344～0.688
一般油田气、天然气、溶剂气体、变换气	0.172	重油	0.86

十四、列管换热器标准系列（摘录）

1. 固定管板式（摘自JB/T 4715—92）

公称直径 DN /mm	公称压力 PN /MPa	管程数 N	管子根数 n		中心排管数		管程流通面积 /m^2		计算换热面积/m^2							
									换热管长/mm							
									1500		2000		3000		6000	
			19	25	19	25	19	25	19	25	19	25	19	25	19	25
325	1.60	1	99	57	11	9	0.0175	0.0179	8.3	6.3	11.2	8.5	17.1	13.0	34.9	26.4
	2.50 4.00	2	88	56	10	9	0.0078	0.0088	7.4	6.2	10.0	8.4	15.2	12.7	31.0	25.9
	6.40	4	68	40	11	9	0.0030	0.0031	5.7	4.4	7.7	6.0	11.8	9.1	23.9	18.5
400	0.60	1	174	98	14	12	0.0307	0.0308	14.5	10.8	19.7	14.6	30.1	22.3	61.3	45.4
		2	164	94	15	11	0.0145	0.0148	13.7	10.3	18.6	14.0	28.4	21.4	57.8	43.5
		4	146	76	14	11	0.0065	0.0060	12.2	8.4	16.6	11.3	25.3	17.3	51.4	35.2
500	1.00	1	275	174	19	14	0.0486	0.0546	—	—	31.2	26.0	47.6	39.6	96.8	80.6
		2	256	164	18	15	0.0226	0.0257	—	—	29.0	24.5	44.3	37.3	90.2	76.0
		4	222	144	18	15	0.0098	0.0113	—	—	25.2	21.4	38.4	32.8	78.2	66.7
600	1.60	1	430	245	22	17	0.0760	0.0769	—	—	48.8	36.5	74.4	55.8	151.4	113.5
		2	416	232	23	16	0.0368	0.0364	—	—	47.2	34.6	72.0	52.8	146.5	107.5
		4	370	222	22	17	0.0163	0.0174	—	—	42.0	33.1	64.0	50.5	130.3	102.8
	2.50	6	360	216	20	16	0.0106	0.0113	—	—	40.8	32.2	62.3	49.2	126.8	100.0

续表

公称直径 DN /mm	公称压力 PN /MPa	管程数 N	管子根数 n		中心排管数		管程流通面积/m²		计算换热面积/m²							
									换热管长/mm							
									1500		2000		3000		6000	
			19	25	19	25	19	25	19	25	19	25	19	25	19	25
700	4.00	1	607	355	27	21	0.1073	0.1115	—	—	—	—	105.1	80.0	213.8	164.4
		2	574	342	27	21	0.0507	0.0537	—	—	—	—	99.4	77.9	202.1	158.4
		4	542	322	27	21	0.0239	0.0253	—	—	—	—	93.8	73.3	190.9	149.1
		6	518	304	24	20	0.0153	0.0159	—	—	—	—	89.7	69.2	182.4	140.8
800	0.60	1	797	467	31	23	0.1408	0.1466	—	—	—	—	138.0	106.3	280.7	216.3
		2	776	450	31	23	0.0686	0.0707	—	—	—	—	134.3	102.4	273.3	208.5
		4	722	442	31	23	0.0319	0.0347	—	—	—	—	125.0	100.6	254.3	204.7
		6	710	430	30	24	0.0209	0.0225	—	—	—	—	122.9	97.9	250.0	199.2
900	1.60	1	1009	605	35	27	0.1783	0.1900	—	—	—	—	174.7	137.8	355.3	280.2
		2	988	588	35	27	0.0873	0.0923	—	—	—	—	171.0	133.9	347.9	272.3
	2.50	4	938	554	35	27	0.0414	0.0435	—	—	—	—	162.4	126.1	330.3	256.6
		6	914	538	34	26	0.0269	0.0282	—	—	—	—	158.2	122.5	321.9	249.2
1000	4.00	1	1267	749	39	30	0.2239	0.2352	—	—	—	—	219.6	170.5	446.2	346.9
		2	1234	742	39	29	0.1090	0.1165	—	—	—	—	213.6	168.9	434.6	343.7
		4	1186	710	39	29	0.0524	0.0557	—	—	—	—	205.3	161.6	417.7	328.8
		6	1148	698	38	30	0.0338	0.0365	—	—	—	—	198.7	158.9	404.3	323.3

注：1. 换热管长 19 为 ϕ19mm×2mm；25 为 ϕ25mm×2.5mm。

2. 计算换热面积按式 $A=\pi d_0(L-0.1-0.006)n$ 确定。式中 d_0 为换热管外径。

2. 浮头式及冷凝器（摘自 JB/T 4714—92）

公称直径 DN /mm	管程数 N	管子根数 n		中心排管数		管程流通面积 /m²		计算换热面积/m²							
								换热管长/mm							
								3000		4500		6000		9000	
		19	25	19	25	19	25	19	25	19	25	19	25	19	25
325	2	60	32	7	5	0.0053	0.0050	10.5	7.4	15.8	11.1	—	—	—	—
	4	52	28	6	4	0.0023	0.0022	9.1	6.4	13.7	9.7	—	—	—	—
400	2	120	74	8	7	0.0106	0.0116	20.9	16.9	31.6	25.6	42.3	34.4	—	—
	4	108	68	9	6	0.0048	0.0053	18.8	15.6	28.4	23.6	38.1	31.6	—	—
500	2	206	124	11	8	0.0182	0.0194	35.7	28.3	54.1	42.8	72.5	57.4	—	—
	4	192	116	10	9	0.0085	0.0091	33.2	26.4	50.4	40.1	67.6	53.7	—	—
600	2	324	198	14	11	0.0286	0.0311	55.8	44.9	84.8	68.2	113.9	91.5	—	—
	4	308	188	14	10	0.0136	0.0148	53.1	42.6	80.6	64.8	108.2	86.9	—	—
	6	284	158	14	10	0.0083	0.0083	48.9	35.8	74.4	54.4	99.8	73.1	—	—
700	2	468	268	16	13	0.0414	0.0421	80.4	60.6	122.2	92.1	164.1	123.7	—	—
	4	448	256	17	12	0.0198	0.0201	76.9	57.8	117.0	87.9	157.1	118.1	—	—
	6	382	224	15	10	0.0112	0.0116	65.6	50.6	99.8	76.9	133.9	103.4	—	—

续表

公称直径 DN /mm	管程数 N	管子根数 n		中心排管数		管程流通面积 /m^2		计算换热面积/m^2 换热管长/mm							
								3000		4500		6000		9000	
		19	25	19	25	19	25	19	25	19	25	19	25	19	25
800	2	610	366	19	15	0.0539	0.0575	—	—	158.9	125.4	213.5	168.5	—	—
	4	588	352	18	14	0.0260	0.0276	—	—	153.2	120.6	205.8	162.1	—	—
	6	518	316	16	14	0.0152	0.0165	—	—	134.9	108.3	181.3	145.5	—	—
900	2	800	472	22	17	0.0707	0.0741	—	—	207.6	161.2	279.2	216.8	—	—
	4	776	456	21	16	0.0343	0.0353	—	—	201.4	155.7	270.8	209.4	—	—
	6	720	426	21	16	0.0212	0.0223	—	—	186.9	145.5	251.3	195.6	—	—
1000	2	1006	606	24	19	0.0890	0.0952	—	—	260.6	206.6	350.6	277.9	—	—
	4	980	588	23	18	0.0433	0.0462	—	—	253.9	200.4	341.6	269.7	—	—
	6	892	564	21	18	0.0262	0.0295	—	—	231.1	192.2	311.0	258.7	—	—
1200	2	1452	880	28	22	0.1290	0.1380	—	—	374.4	298.6	504.3	402.2	764.2	609.4
	4	1424	860	28	22	0.0629	0.0675	—	—	367.2	291.8	494.6	393.1	749.5	595.6
	6	1348	828	27	21	0.0396	0.0434	—	—	347.6	280.9	468.2	378.4	709.5	573.4

注：1. 管数按正方形旋转45°排列计算。

2. 换热管长19为ϕ19mm×2mm；25为ϕ25mm×2.5mm。

3. 计算换热面积按光管及公称压力2.5MPa的管板厚度δ确定，$A=\pi d_0 (L-2\delta-0.006) n$。式中$d_0$为换热管外径。

3. 固定管板式换热器折流板间距　　单位：mm

公称直径	管　长	折流板间距				
≤500	≤3000	100	200	300	450	600
	6000	—				
600～800	1500～6000	150	200	300	450	600
900～1200	≤6000	—	200	300	450	600
1400～1600	6000	—	—	300	450	600
1800	6000	—	—	—	450	600

4. 浮头式换热器折流板（支持板）间距　　单位：mm

管长	公称直径	折　流　板　间　距							
3000	≤700	100	150	200	—	—	—	—	—
4500	≤700	100	150	200	—	—	—	—	—
	800～1200	—	150	200	250	300	—	450（480）	—
6000	400～1000	—	150	200	250	300	350	450（480）	—
	1200～1800	—	—	200	250	300	350	450（480）	—
9000	1200～1800	—	—	—	—	300	350	450	600

十五、双组分汽液平衡数据与温度（或压力）的关系

1. 苯-甲苯（101.3kPa）

温度/℃	苯摩尔分数		温度/℃	苯摩尔分数	
	液体中	气体中		液体中	气体中
110.6	0.0	0.0	89.4	0.592	0.789
106.1	0.088	0.212	86.8	0.700	0.853
102.2	0.200	0.370	84.4	0.803	0.914
98.6	0.300	0.500	82.3	0.903	0.957
95.2	0.397	0.618	81.2	0.950	0.979
92.1	0.489	0.710	80.2	1.00	1.00

2. 乙醇-水（101.325kPa）

温度/℃	乙醇摩尔分数		温度/℃	乙醇摩尔分数	
	液体中	气体中		液体中	气体中
100	0.0	0.0	81.5	0.3273	0.5826
95.5	0.0190	0.1700	80.7	0.3965	0.6122
89.0	0.0721	0.3891	79.8	0.5079	0.6564
86.7	0.0966	0.4375	79.7	0.5198	0.6599
85.3	0.1238	0.4704	79.3	0.5732	0.6841
84.1	0.1661	0.5089	78.74	0.6763	0.7385
82.7	0.2337	0.5445	78.41	0.7472	0.7815
82.3	0.2608	0.5580	78.15	0.8943	0.8943

3. 甲醇-水（101.325kPa）

温度/℃	甲醇摩尔分数		温度/℃	甲醇摩尔分数		温度/℃	甲醇摩尔分数	
	液相	气相		液相	气相		液相	气相
100	0	0	84.4	0.15	0.517	69.3	0.70	0.870
96.4	0.02	0.134	81.7	0.20	0.579	67.6	0.80	0.915
93.5	0.04	0.230	78.0	0.30	0.665	66.0	0.90	0.958
91.2	0.06	0.304	75.3	0.40	0.729	65.0	0.95	0.979
89.3	0.08	0.365	73.1	0.50	0.779	64.5	1.00	1.00
87.7	0.10	0.418	71.2	0.60	0.825			

4. 二硫化碳-四氯化碳（101.325kPa）

温度/℃	二硫化碳的摩尔分数		温度/℃	二硫化碳的摩尔分数	
	液相	气相		液相	气相
76.7	0	0	59.3	0.3908	0.6340
74.9	0.0296	0.0823	55.3	0.5318	0.7470
73.1	0.0615	0.1555	52.3	0.6630	0.8290
70.3	0.1106	0.2660	50.4	0.7574	0.8780
68.6	0.1435	0.3325	48.5	0.8604	0.9320
63.8	0.2585	0.4950	46.3	1.00	1.00

5. 正庚烷-正辛烷（101.325kPa）

温度/℃	正庚烷蒸气压/kPa	正辛烷蒸气压/kPa	正庚烷摩尔分数（计算值）	
			液相	气相
98.4	101.3	44.4	1	1
105	125.3	55.6	0.6557	0.8110
110	140	64.5	0.4874	0.6736
115	160	74.8	0.3110	0.4913
120	180	86.6	0.1574	0.2797
125.6	205	101.3	0	0

参 考 文 献

1 彭石松，马竞主编．化学工业概论．北京：化学工业出版社，1989

2 化工机械手册编辑委员会．化工机械手册．天津：天津大学出版社，1992

3 陈敏恒，丛德滋，方图南编．化工原理（第二版）·上册．北京：化学工业出版社，1999

4 天津大学化工原理教研室．化工原理．天津：天津科技出版社，1992

5 大连理工大学化工原理教研室编．化工原理·下册．大连：大连理工大学出版社，1992

6 李云倩编．化工原理·下册．北京：中央广播电视大学出版社，1991

7 汤金石，赵锦全编．化工过程及设备．北京：化学工业出版社，1996

8 陆美娟主编．化工原理·下册．北京：化学工业出版社，1995

9 张弓主编．化工原理（2000版）．北京：化学工业出版社，2000

10 成都科技大学化工原理教研室．化工原理·上册．成都：成都科技大学出版社，1986

11 崔恩选主编．工业化学．北京：高等教育出版社，1989

12 П. Г. 罗曼科夫等编．化工过程及设备．程祖球，顾辉译．北京：化学工业出版社，1993

13 庞玉学，张珂，刘武烈．化工进展．1992，(3)～(6)、1993，(1)～(4)

14 张淑琼，廖培成．化工进展．1994，(3)、(4)

15 程铸生主编．精细化学品化学．上海：华东化工学院出版社，1994

16 程侣柏，胡家振，姚蒙正，高崑玉编译．精细化工产品的合成及应用．大连：大连理工大学出版社，1994

17 黄恩才主编．化学反应工程．北京：化学工业出版社，1996

18 曾之平，王扶明编．化工工艺学．北京：化学工业出版社，2001

19 贺小贤主编．生物工艺原理．北京：化学工业出版社，2003

20 童海宝编．生物化工．北京：化学工业出版社，2001

21 中国化工信息中心．中国化工业年鉴．第二十卷．2004

内 容 提 要

全书共十章，包括绪论、流体流动与输送、非均相物系的分离与设备、传热、蒸发、吸收、蒸馏、干燥、化学反应器和化工生产工艺。其中化工生产工艺又包括生产的一般知识、硫酸、合成氨、石油化工、精细化工简介和生物化工简介。内容深度和广度适宜，基本概念及基础理论侧重于定性阐述。每章配有思考题，部分章节附有习题。书后附录供查取有关数据。

本书为中等职业学校工业分析与检验、化工过程监测与控制、高分子材料加工工艺、计算机、企业管理等专业教材，也可作技术工人的培训教材，也可供相关管理人员参考。